点云智能处理

杨必胜　董　震　著

科学出版社

北　京

内 容 简 介

随着对地观测技术的发展，以点云为代表性的新型数据源不断涌现，其具有数据海量、高冗余、高密度、不规则分布等特性。从点云中获取准确、可靠的三维信息既是科学研究的前沿也是各类应用提出的迫切需求，急需解决地物目标认知与提取自动化程度低和知识化服务能力弱的严重缺陷、建立点云智能处理的系统性理论方法、架设点云与应用的桥梁。本书是作者在点云智能处理领域内多年的研究积累，重点围绕点云智能处理方面的核心理论方法：获取与质量改善、模型与特征描述、配准与融合、分割与分类、三维提取与建模等方面进行系统性阐述，并结合实例介绍工程问题的解决方案，为点云的智能处理与工程化应用提供系统性理论方法指导和科学工具支撑，是国内第一部点云智能处理方面的系统性专著。

本书可作为测绘遥感、地理信息、计算机视觉等领域研究生教材和研究机构、高科技企业科技人员及业余爱好者的参考用书。

图书在版编目(CIP)数据

点云智能处理/杨必胜，董震著. —北京：科学出版社，2020.6

ISBN 978-7-03-064941-6

I. ①点… II. ①杨… ②董… III. ①测绘学–研究 IV. ①P2

中国版本图书馆 CIP 数据核字（2020）第 071388 号

责任编辑：杨光华/责任校对：高　嵘
责任印制：彭　超/封面设计：苏　波

科学出版社 出版
北京东黄城根北街 16 号
邮政编码：100717
http://www.sciencep.com
武汉精一佳印刷有限公司印刷
科学出版社发行　各地新华书店经销
*
开本：787×1092　1/16
2020 年 6 月第　一　版　　印张：21 1/2
2024 年 3 月第三次印刷　　字数：500 000

定价：268.00 元

（如有印装质量问题，我社负责调换）

作者简介

杨必胜，男，博士，教授，博士生导师，“万人计划”科技创新领军人才（2019年），科技部中青年科技创新领军人才（2018年），国家杰出青年科学基金获得者（2017年），教育部长江学者特聘教授（2016年）。主要从事点云处理、空间智能、激光扫描与摄影测量、城市遥感与GIS应用等方面的研究，担任国际摄影测量与遥感学会点云处理工作组联合主席（2016～2020年），国际大地测量学会第四委员会第五工作组主席（2011年-），*ISPRS Journal of Photogrammetry and Remote Sensing* 编委（2016～2024年），国际数字地球学会中国国家委员会激光雷达专业委员会副主任委员（2017～2022年）；作为第一完成人曾获2019年全球Carl Pulfrich奖、中国测绘学会科技进步奖特等奖、湖北省科技进步奖一等奖及教育部自然科学奖一等奖各1项。

董震，博士/特聘副研究员、硕士研究生导师，武汉大学和卡耐基梅隆大学联合培养博士，国家博士后创新人才支持计划入选者（2018年），湖北省长江学子（2018年），国际数字地球学会中国国家委员会激光雷达专业委员会委员（2018～2022年），国际学术会议Laser Scanning学术委员会委员。主要研究方向为3D计算机视觉、点云深度学习、点云处理及其在智能交通、智慧城市、文物数字化保护等方面的应用。发表点云处理相关SCI论文15篇、EI论文5篇，授权发明专利7项，软件著作权3项。开发了具有自主知识产权的Point2Model软件平台，广泛应用于多平台点云处理及城市级导航电子地图更新，作为“‘出行地图+’动态服务计算关键技术及应用”的核心支撑技术，获湖北省科技进步奖一等奖。

序　一

以激光扫描、倾斜摄影等为主的时空数据采集方式为现实世界的三维数字化提供了一种直接有效的手段，获取了具有三维空间位置和属性信息的三维稠密点云。点云已成为继地图和影像后的第三类重要的时空数据，并在全球变化、智慧城市、自然资源监测、智能交通等科学研究与工程应用中发挥了十分重要的作用。点云具有典型的非均匀采样、非结构化、真三维等特点。如何将点云转化为具有结构和功能的三维地理信息是科学发展的必然，也是测绘遥感科学研究和工程应用的前沿，但面临三维信息提取、表达等方面的难题。

随着点云获取手段的日趋进步，点云处理研究日益受到国内外研究的广泛关注。点云处理涉及点云的融合、信息提取、三维表达及工程应用四大方面，但到目前为止，国内外尚未有系统性点云处理方面的书籍。杨必胜教授及其团队多年以来从事点云处理方面的研究，得到了国家重点研发计划项目、国家 973 项目、国家自然科学基金杰出青年科学基金/重点/面上等多个项目的支持，在多源点云融合处理、三维信息提取、多细节层次表达等核心难题方面做出了创新性研究成果，系统地构建了“广义点云”理论方法，显著提升了点云处理与应用的智能化水平，被国内外同行广泛认可。《点云智能处理》系统地阐述了该团队在点云处理方面的最新研究成果。该书的出版恰当其时，是第一部关于点云处理方面的系统性专著，具有重要的意义和价值。

该书系统地阐述了点云处理方面涉及的关键难点与创新研究成果，具有明显的先进性、创新性和实用性。先进性在于该书撰写的内容是点云智能处理的核心技术与前沿问题，为点云智能处理奠定了理论基础；创新性在于该书源于研究团队十多年来的潜心研究之所得，提出的“广义点云”理论方法，解决了多源点云自动融合、精准提取、按需表达等核心问题，对同行研究具有重要的借鉴价值；实用性则体现在该书结合科研团队承担的系列工程项目，如：电力走廊风险诊断、高速公路改扩建、智慧城市建设等方面的典型应用，对点云工程应用具有重要的指导作用。

我相信该书的出版将会在点云处理研究中发挥重要的引领和推动作用，吸引更多的人参与该方面的研究，进一步提升点云处理与应用的智能化水平。

中国科学院院士
中国工程院院士
李德仁

序　二

点是人类感知和认知世界最为原始的概念，也是欧氏几何学中最简单的图形。在宁静的夜晚，当我们仰望星空时，能看到散布在宇宙中的无数星星点点；在超真实的艺术家手里，密集的点云下是栩栩如生的人物肖像、怒放的花朵。点的云集掀开了人类观测世界的新篇章，重构了我们的世界。

今天，点云被广泛运用于物理世界三维数字化的直接表达，在科学研究和工程实践中得到广泛应用。特别是近十年来，点云获取技术与装备取得了跨越式的发展，点云大数据获取的效率与质量不断提高，城市规模点云场景乃至全球精细尺度的点云场景时代即将来临，深度学习、人工智能等理论方法的发展不断助力点云大数据的智能处理水平的提升。

在测绘科学领域，点云既是一种时空数据，也是一种模型，是物理世界数字化和语义化的重要基础设施。武汉大学杨必胜教授及其研究团队近十多年来一直致力于点云处理与应用方向的研究，积累了一批具有实用性的创新研究成果，提出了面向三维信息提取与建模的“广义点云”理论方法，并被授予 2019 年全球唯一的 Carl Pulfrich 奖，得到了国内外同行的一致认可。《点云智能处理》一书是他们基于国家重点研发计划项目、国家 973 项目、国家自然科学基金等多个项目资助下的研究成果，系统地阐述了点云获取的手段、点云模型与管理、点云配准与融合、点云三维信息提取、点云多细节层次建模的创新研究成果，并通过工程实例进行了验证。

作为我国点云研究的一本开山之作，《点云智能处理》的出版恰逢其时，它是第一部关于点云处理的系统性专著，反映了我国学者在点云融合、三维信息提取与表达方面的最新研究成果，也对当前的智慧城市建设、数字孪生、城市信息模型（CIM）等应用具有重大的指导意义。

我相信该书的出版将吸引更多的青年科技工作者参与到点云处理研究中来，对测绘与地理信息高端人才的培养、我国地理空间信息领域的研究水平和国际竞争力的提升等方面起到积极的推动作用，将进一步促进地理信息与人工智能、大数据等跨界深度融合，有力提升我国地理空间信息的自主创新和服务能力。

中国科学院院士

前　言

点云是物理世界三维数字化的代表性表达形式，是认知和理解物理世界的重要基础。从点云中快速准确地获取三维地理空间信息，既是测绘地理信息领域的一个重要科学问题，也是地学研究、自然资源监测、导航与位置服务、城市精细化管理、遥感应用、智能交通等提出的重大需求。经过多年的发展，以激光扫描和倾斜摄影为主的空、天、地、海点云获取手段飞速发展，以点云为代表性的新型数据源不断涌现，具有数据海量、高冗余、高密度、不规则分布等特性，急需解决地物目标认知与提取自动化程度低和知识化服务能力弱的严重缺陷、建立点云智能处理的系统性理论方法、架设点云与应用的桥梁。作者带领团队多年以来紧紧围绕多源点云融合、点云三维信息提取和自适应建模表达三大核心难题开展理论方法研究工作，并结合工程案例进行技术攻关，建立了广义点云理论方法。本书系统性地阐述作者与其团队在点云处理领域的研究积累，尤其是点云模型、点云特征刻画与表达、目标三维提取与建模等方面的研究成果，力求在点云处理方面做一系统性梳理，为相关人员提供有益参考。

在撰写本书时，作者较为全面地梳理了点云处理领域国内外最近的研究进展与成果，力求做到内容新颖、通俗易懂。本书内容共 9 章，各章内容相对完整，同时具有内在的逻辑和关联，使得全书整体不失系统性，具体结构如下：第 1 章介绍点云的基本概念、采集设备、处理软件、数据特点等；第 2 章介绍点云模型的理论方法、点云可视化等；第 3 章介绍点云特征的提取与表达；第 4 章和第 5 章分别介绍点云和影像的自动化配准及多平台点云的配准；第 6 章介绍点云目标三维提取方法；第 7 章介绍点云多细节层次三维建模；第 8 章重点介绍点云在电力线路巡检、智慧城市、智能交通等领域的工程化应用；第 9 章展望点云研究的未来方向和技术趋势。

武汉大学的陈驰、米晓新、代文霞、梁福逊、李健平、周雨舟、吴唯同，福州大学的方莉娜，中国科学院精密测量科学与技术创新研究院的黄荣刚，南京信息工程大学的臧玉府等参与撰写了书中的部分章节，在此表示由衷感谢。

本书相关工作的完成得到如下项目资助：国家自然科学基金杰出青年项目“广义点云多细节层次三维建模理论与方法”（编号：41725005）、国家自然科学基金重点项目“广义影像点云构建与多细节层次建模”（编号：41531177）、教育部长江学者奖励计划、国家自然科学基金面上项目“车载激光扫描点云与全景影像的高精度配准方法”（编号：41371431）和“车载激光扫描数据的特征感知与实体对象重建”（编号：41071268）。

由于作者学识有限和经验不足，书中难免会有疏漏，恳请各位专家、学者及读者同仁不吝指正，并告知 bshyang@whu.edu.cn 或 Dongzhen@whu.edu.cn，作者在此表示感谢。

杨必胜　董　震

2020 年 2 月于武汉大学

目　　录

第1章 绪　论

1.1 引　言

准确、实时的地理信息，尤其是三维地理信息是地球系统科学研究不可或缺的重要支撑，也是地球科学大数据、数字地球、智慧城市等科学与工程的重要组成部分。以地图和影像为代表的二维空间数据表达已经走过了漫长的历史，但远远不能满足人们对现实三维空间认知和地学研究的需求。以激光扫描为代表的主动采集方法和以倾斜摄影为代表的被动采集方法为现实世界的三维数字化提供了直接有效的手段，获取了具有三维空间位置和属性信息的稠密点云。点云（point cloud）已成为继地图和影像后的第三类空间数据，并在全球变化、智慧城市、全球制图、智能交通等科学与工程研究中发挥十分重要的作用。如何将点云转化为具有结构和功能的三维地理信息是科学发展的必然，也是地学研究和工程应用的前沿（杨必胜 等，2017）。

激光扫描方法通过在不同的平台上集成全球定位系统、惯性测量单元和激光扫描仪，进行激光发射器的位置、姿态信息和到目标区域距离的联合解算，获取目标区域的三维点云。当前，激光扫描点云的采集方式已形成从星载、有人/无人机载到车载、地面、便携式背包等空、天、地多种平台。星载激光扫描有美国国家航空航天局（National Aeronautics and Space Administration，NASA）于2003年和2018年分别发射的ICESat-1及ICESat-2卫星，以及中国2017年发射的资源3号02星携带的激光测高计。有人/无人机载和车载移动激光扫描主要有 Riegl、Optech、Hexagon 等国外公司的系列化激光扫描系统和立得空间、北科天汇、中海达、华测、南方测绘等国内公司相继推出的系列化机载、车载、背包式激光扫描系统。测深雷达则通过发射蓝、绿两种不同波段的激光束对水域进行测深，获得水底地形点云。

摄影测量方法通过摄影/倾斜摄影测量专业软件（如：INPHO，nFrame，PixelGrid 等）对拍摄的多视角影像数据进行位置和姿态的恢复，生成具有颜色信息的密集影像点云，与激光扫描点云形成有益的互补。另外，消费级深度相机、结构光相机、飞行时间（time of flight，TOF）相机或双目相机等手段亦被广泛使用获取三维点云，如：苹果 Prime Sense[①]、微软 Kinect-1[②]、英特尔 RealSense[③]、ZED[④]、Bumblebee[⑤]等手持式设备被大量用于室内环境点云获取。

---

① https://www.apple.com/

② www.microsoftstore.com

③ http://www.intel.com

④ https://www.stereolabs.com

⑤ www.flir.com/iis/machine-vision/stereo-vision

1.2 点 云 获 取

1.2.1 激光扫描点云获取

经过多年的发展，三维激光扫描硬件在稳定性、精度、易操作性等方面取得了长足的进步，其中具有代表性的三维激光扫描硬件研制厂商有：奥地利 Riegl 公司①、瑞士 Leica 公司②、美国 Trimble 公司③、加拿大 Optech 公司④、美国 FARO 公司⑤和 Velodyne 公司⑥及中国的北科天绘⑦、海达数云公司⑧等。根据搭载激光扫描仪的平台类型，现有的激光扫描系统可分为：地面激光扫描（terrestrial laser scanning，TLS）系统、手持/背包式激光扫描（backpack laser scanning，BLS）系统、车载激光扫描（mobile laser scanning，MLS）系统、机载激光扫描（airborne laser scanning，ALS）系统和星载激光扫描（satellite laser scanning，SLS）系统。

1. 地面激光扫描点云获取

地面激光扫描系统通过扫描镜及伺服马达对地物表面的三维几何信息进行高速度、高密度、高精度地采集，获取三维点云（图 1.1），具有机动灵活、便于携带等优点，被广泛应用于工程建设、施工监理、滑坡监测、文化遗产保护、工业设施测量、犯罪现场调查及事故现场重建等领域（臧玉府，2016）。目前主流的商用地面站激光扫描系统主要有：

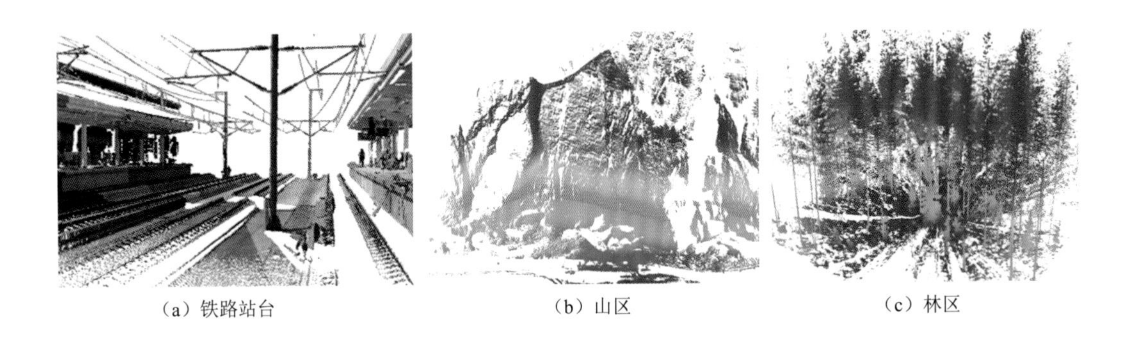

（a）铁路站台　（b）山区　（c）林区

① http://www.riegl.com/
② https://leica-geosystems.com
③ https://geospatial.trimble.com
④ http://www.teledyneoptech.com
⑤ https://knowledge.faro.com
⑥ http://www.velodynelidar.com/
⑦ http://www.isurestar.com/
⑧ http://www.hi-cloud.com.cn/

（d）城区

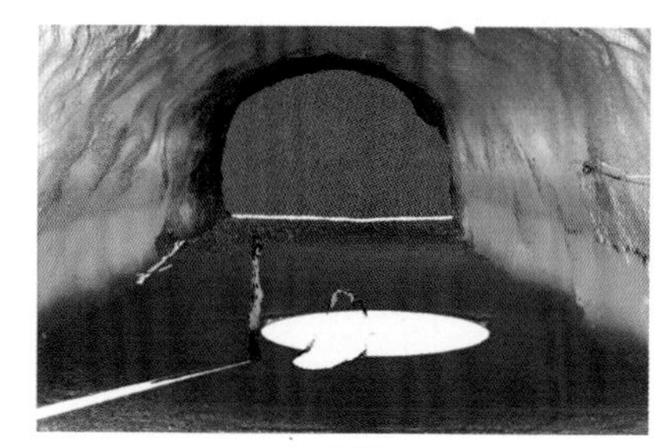

（e）隧道

图 1.1 典型的地面激光扫描点云场景

奥地利 Riegl 公司的 VZ 系列[①]、美国 Trimble 公司的 TX 系列[②]、瑞士 Leica 公司的 ScanStation 系列[③]、美国 FARO 公司的 PHOTON 系列[④]及国内海达数云公司的 HS 系列[⑤]等（图 1.2）。各种地面扫描仪性能上的差别主要在于扫描的距离、频率、精度等，表 1.1 列举了上述激光扫描系统的重要参数。

（a）Riegl 公司的 VZ-400

（b）Trimble 公司的 TX

（c）Leica 公司的 ScanStation C10

（d）FARO 公司的 PHOTON 120

（e）海达数云公司的 HS-450

图 1.2 商用地基激光扫描仪

① http://www.riegl.com/nc/products/terrestrial-scanning/
② https://geospatial.trimble.com/products-and-solutions/laser-scanning-solutions
③ https://leica-geosystems.com/products/laser-scanners/scanners
④ https://knowledge.faro.com/Hardware/Laser_Scanner/Photon
⑤ http://www.hi-cloud.com.cn/html/hardware/2015-10-15/1054.html

表 1.1　地基激光扫描仪相关参数

项目		扫描仪型号				
		VZ 400	TX	ScanStation C10	PHOTON 120	HS-450
生产厂家		奥地利 Riegl	美国 Trimble	瑞士 Leica	美国 FARO	中国海达数云
扫描速率/（次/s）		122 000	500 000	50 000	976 000	500 000
最大测距/m		600	120	300	153	450
测距精度/mm		3	/	4	2	5
视场角	水平方向	360°	360°	360°	360°	360°
	竖直方向	100°	60°	270°	320°	100°
测距方法		脉冲	脉冲	脉冲	相位差	脉冲

2. 手持/背包式激光扫描点云获取

手持/背包式激光扫描系统通过集成激光扫描仪、全景相机、惯性测量单元等传感器，利用 3D 即时定位与地图构建（simultaneous localization and mapping，SLAM）技术，对运动平台的位姿进行估计，完成对环境的三维数字化，被广泛应用于林业资源普查与管理（Hyyppä et al.，2020）、建筑工程项目中的建筑信息模型（building information modeling，BIM）应用（Wang et al.，2018）、城市三维建模和大比例尺地图测绘等领域，具有车载移动测量系统和地面激光扫描系统不可比拟的优势：①能够在全球导航卫星系统（global navigation satellite system，GNSS）信号缺失的室内、地下对环境进行三维数字化；②能够在仅限人通行的区域进行高效三维数字化。目前主流的商用手持/背包式激光扫描系统主要有：瑞士 Leica 公司的 Pegasus[①]、BLK 系列[②]、英国 GeoSLAM 公司的 ZEB Discovery[③]、ZEB HORIZON[④]、ZEB REVO[⑤]等，美国 KAARTA 公司的 STENCIL 系列[⑥]，中国数字绿土公司的 LiBackpack 系列[⑦]、中国立得空间公司的背包侠[⑧]，以及中国欧思徕公司的 3D SLAM 激光全景背负式机器人[⑨]等，如图 1.3 所示。图 1.4 示例了一些典型的手持/背包式激光扫描系统获取的点云场景。表 1.2 列举了一些典型的手持/背包激光扫描系统的性能参数。

① https://leica-geosystems.com/products/mobile-sensor-platforms/capture-platforms/leica-pegasus-backpack
② https://www.blk2go.com/#product?tdsourcetag=s_pctim_aiomsg
③ https://geoslam.com/solutions/zeb-discovery/
④ https://geoslam.com/solutions/zeb-horizon/
⑤ https://geoslam.com/solutions/zeb-revo/
⑥ https://www.kaarta.com/zh/products/stencil-2-for-rapid-long-range-mobile-mapping/
⑦ https://www.lidar360.com/archives/category/libackpack
⑧ http://www.leador.com.cn/contents/63/9.html
⑨ http://www.oslamtec.com/?page_id=881

（a）Leica 公司的 Pegasus

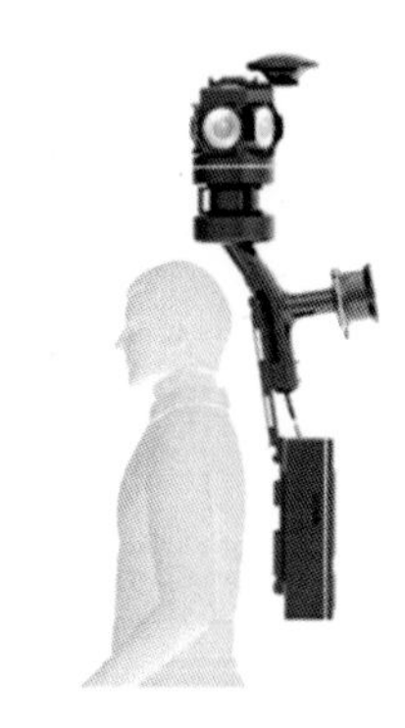
（b）欧思徕公司的 SR-DLP6-Lite

（c）GeoSLAM 公司的 ZEB Discovery

（d）Leica 公司的 BLK2GO

（e）KAARTA 公司的 STENCIL 2-16

（f）GeoSLAM 公司的 ZEB HORIZON

图 1.3 商用手持/背包式激光扫描仪

（a）建筑物

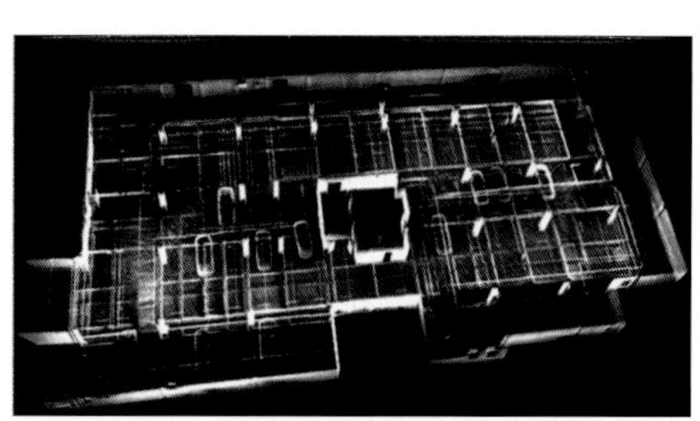
（b）地下停车场

（c）电力环境

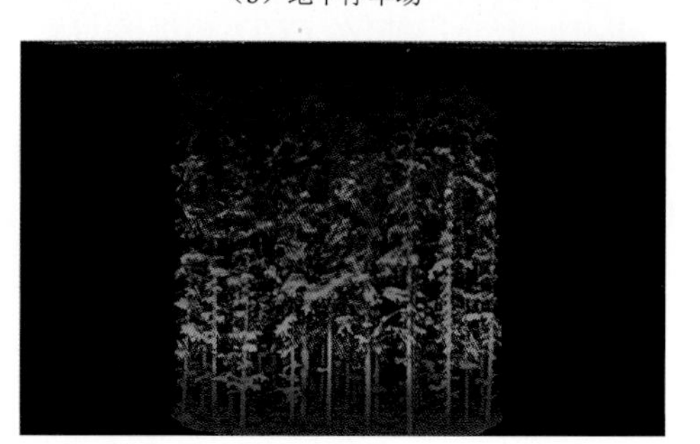
（d）林区

图 1.4 手持/背包式激光扫描系统获取的不同场景点云①

① http://greenvalleyintl.com/sample-data/

表 1.2　手持/背包式激光扫描仪相关参数

项目	扫描仪型号				
	BLK2GO	STENCIL 2-16	STENCIL 2-32	ZEB HORIZON	ZEB REVO
生产厂家	瑞士 Leica	美国 KAARTA	美国 KAARTA	英国 GeoSLAM	英国 GeoSLAM
激光扫描仪类型	two-axis 2D laser	16 线 3D laser	32 线 3D laser	16 线 3D laser	2D laser
是否外部旋转激光扫描仪	/	否	否	是	是
相机类型与数量	3 全局相机（全景）+1 卷帘相机	1 个全局相机	1 个全局相机	/	/
激光最大测距/m	25	100	100	100	30
点云相对精度/mm	6～15	/	/	10～30	10～30
重量（不含电池）/g	650	1 730	2 200	3 700	850

3. 车载激光扫描点云获取

车载激光扫描系统以车辆为搭载平台，集成全球定位系统（global positioning system，GPS）、惯性导航系统（inertial navigation system，INS）、激光扫描仪和电荷耦合器件（charge coupled device，CCD）相机等多传感器，利用 GPS 和惯性测量单元（inertial measurement unit，IMU）提供的定位定姿信息，对获取的影像和点云进行航迹解算、检校及坐标转换，进行地理定位，生成高精度的三维坐标信息，实现道路及周围地物的三维点云获取。

车载激光扫描系统主要由控制各个传感器的同步、数据采集、记录和传输的主控制模块，GPS、IMU 等联合的定位定姿导航模块，激光扫描仪和 CCD 相机构成的数据采集模块，解算点云、影像位置和坐标转化的数据后处理模块等组成。其中 GPS 传感器实时获取车辆运动过程中 GPS 天线中心的大地坐标；惯性测量单元记录车辆运动的姿态，包括航向角、翻滚角及俯仰角；激光扫描仪通过获取激光束从发射到反射回激光扫描仪的时间差，得到激光扫描仪到被测物体的距离；CCD 相机主要为了获取地物的纹理信息。由于 GPS、IMU、激光扫描仪、CCD 相机等传感器在车辆上安装的位置不同，需要将所有传感器采集的数据都转化到统一的坐标系下，获得每一个传感器相对于 GPS 和 IMU 的位置和姿态。另外由于各传感器开始采集的时间和采集数据的频率不同，需要对激光扫描仪、IMU、CCD 相机进行时间上的同步（魏征，2012）。

车载激光扫描系统源自于 1983 年北美地区提出的移动式高速公路设施维护系统，即用于公路设施巡检的车载测图系统。1988 年加拿大 Calgary 大学研制了 Alberta MHIS 系统（Schwarz et al.，1993），将相机搭载在汽车上，用陀螺仪、加速计和里程计等设备进行定位定姿，利用相对定位法求解定位点坐标，建立了车载移动测图系统的雏形。随着 GPS 定位技术的发展，1990 年俄亥俄州立大学开发了第一个具有现代意义的移动测图系统：GPSVan 系统（He et al.，1994）。该系统利用搭载的 2 台 CCD 相机（Kodak DCS）实现道路立体观测，利用 GPS、INS 和里程计实现直接影像地理定位，通过近景摄影测量原理计算道路点的三维坐标。1994 年 Galgary 大学改进 Alberta MHIS 的位置与姿态测量系统（position and orientation system，POS），集成了差分 GPS、INS 技术，发展成第一代 VISAT 系统（El-Sheimy，1996），接着引入导航级 INS 系统，并将单色 CCD 相机升级成彩色 CCD 相机、摄像机等组合，形成了第二代 VISAT 系统（El-Sheimy et al.，1999）。

随着惯性测量器件 IMU 性能和 GPS 和 INS 组合定位技术等不断提升，加之 CCD 数字传感器、激光扫描仪等在测量精度、抗干扰、轻便、易操作等性能的提高，国内外的研究机构和公司相继研发了各种车载移动测量系统，其中有美国 JECA 公司研制的主要用来测量道路的 TruckMap 系统（Reed et al.，1996）、德国慕尼黑联邦大学研制的 KiSS 车载系统（Klemm et al.，1997）、日本东京大学空间信息科学研究中心研制的 VLSM 系统（Zhao et al.，2005；Manandhar et al.，2002）、西班牙凯特罗那制图协会研制的 GEOMobile 系统（Alamus et al.，2004）、德国陆海空大学的 MoSES 系统（Gräfe et al.，2001）、芬兰的 Roamer 系统（Kukko et al.，2007）、荷兰的 TeleAtlas 系统、加拿大的 TiTAN 系统等。中国有 1999 年武汉大学研制的 WUMMS 系统（Li et al.，2001）、武汉立得空间信息技术发展有限公司研制的 LD2000-RM 系统（李德仁，2006）、山东科技大学和武汉大学联合研制的车载式近景目标三维数据采集系统 ZOYON-RTM 系统（卢秀山 等，2003）、南京师范大学与武汉大学联合研制的 3DRMS 系统（梁诚，2008）、华东师范大学研制的“GPS/北斗双星制导高维实景采集系统”（ECNC-VLS）系统（吴宾 等，2013），以及 2011 年由中国测绘科学研究院、首都师范大学等共同研制的我国首台车载激光扫描系统 SSW-MMTS，该系统采用国产全方向激光扫描仪 RA-360°型（张迪 等，2012）。图 1.5～图 1.7 分别是典型的陆地和船载移动激光扫描系统和采集的点云场景。表 1.3 列举了目前国内外典型车载激光扫描系统一些参数信息（Kaartinen et al.，2012；Puente et al.，2011；Ellum et al.，2002）。

图 1.5 Lynx SG1 Mobile Mapper 陆地移动测量激光扫描系统

图 1.6 Applanix Landmark Marine 船载移动扫描系统

图 1.7　车载激光扫描系统获取的点云

表 1.3　国内外代表性车载激光扫描测量系统

车载激光扫描系统名称	研发单位	POS 装置	数据采集传感器	参考文献/网址
SSW	首都师范大学	GPS，IMU，里程计	国产 360°扫描仪	张迪等（2012）
Lynx M1	加拿大 Optech	Applanix POS/LV 420	2 个 LS，2 个 CCD 相机	http://www.optech.com/index.php/products/mobile-survey/
Landmark	加拿大 Applanix	Applanix POS MV	2 个 CCD，Video，多于 1 个 LiDAR	http://www.applanix.com/solutions/marine/landmark-marine.html
IS-P2	日本 Topocan	GPS、IMU、DMI、激光陀螺仪	3 个 Sick LMS 291/HDL-64E-Velodyne，一个 Ladybug 全景成像系统	http://www.topconpositioning.com/products/mobile-mapping/ip-s2-hd
MX8	美国 Trimble	Applanix POS/LV 420	2 个 Rigel VQ-250,6 个 CCD 相机	https://www.trimble.com/imaging/Trimble-MX8.aspx
VMX 450/250	奥地利 Rigel	GNSS、IMU	2 个 Riegl VQ-450/250，一个 VMX-450-CS6 数码相机系统	http://www.riegl.com/nc/products/mobile-scanning/produktdetail/product/scannersystem/10/
Tele Atlas	Tele Atlas	GPS、IMU、DMI	LiDAR，一个 CCD 相机	www.teleatas.com
CityGrid		GPS	LiDAR，CCD 相机	CityGrid（2007）
StreetMapper 360	英国 3DLM 和德国 IGI	GPS，IMU	LiDAR，CCD 相机	http://www.streetmapper.net/

续表

车载激光扫描系统名称	研发单位	POS 装置	数据采集传感器	参考文献/网址
RouteMapper	英国 IBI	GPS，IMU	LIDAR，CCD 相机	http://www.routemapper.net/
VISAT VAN	加拿大 Calgary 大学	双频 GPS/导航级 IMU	LiDAR，6 个单色 CCD，1 个 VHS	www.amsvisat.com
4S-Van	韩国 ETRI 和 Daejeon	GPS，IMU，DMI	CCD 相机	Lee 等（2006）
LARA-3D		GPS，IMU	LiDAR	Goulette 等（2006）
SITECO	SITECO 和 Parma，Bologna 大学	IXSEA Landings 导航系统	8 个 Basler Scount 相机	http://www.sitecoinf.it/index.php/en/solutions/road-scanner-mms
FGI Roamer	芬兰大地所（FGI）	GPS、INS	1 个 LiDAR，2 个 CCD 相机	Kukko 等（2007）
ON-SIGHT	美国俄亥俄州立大学	GPS，导航级 IMU	5 个数字 CCD 相机	www.transmap.com
VLMS	日本东京大学	GPS，IMU	3 个 LiDAR，6 个线阵 CCD 相机	Manandhar 等（2002），Zhao 等（2005）
GEOMOBIL	西班牙 ICC	GPS，IMU	LiDAR，CCD 相机	Alamus 等（2004）
MoSES	德国慕尼黑联邦军事大学	GPS，导航级 IMU，里程计，气压计	2 个 CCD（可搭载 LiDAR）	Gräfe 等（2001）
VMS	美国 Redhen Systems 公司	GPS、IMU、加速器	LiDAR，CCD 相机、声音记录器	www.redhensystems.com
WUMMS	武汉大学	GPS、航位推算仪	激光测高仪，3 个 CCD 相机	Li 等（2001）
CDSS	Deodetic Insititude Aachen	C/A 编码 GPS，里程计，气压计	2 个单色 CCD 相机	Benning 等（1998）
TruckMAP	John E.Chance 和 Associates	双频 GPS，数字高度传感器	无棱镜激光测高仪	Reed 等（1996）
KISS	德国慕尼黑联邦军事大学	GPS，IMU，里程计，气压计、倾角计	一个 SVHS，2 个单色 CCD	Hock 等（1995）
GIM	NAVSYS 公司	GPS，低成本 IMU	CCD 相机，VHS 相机	Coetsee 等（1994）
VISAT	加拿大卡尔加里大学	双频 GPS，导航级 IMU	8 个单色 CCD 相机，1VHS 录音机	EL-Sheimy 等（1999）
GPSVan	美国俄亥俄州立大学	GPS，2 个陀螺仪，2 个里程计	2 单色 CCD 相机，2VHS 录音机	Goad（1991），Novak（1991）

4. 机载激光扫描点云获取

与车载激光扫描系统类似，机载激光扫描系统由激光扫描仪、GPS、IMU 及高分辨率数码相机等部件组成，如图 1.8（a）所示。机载激光扫描系统以各类低、中、高空飞行器（如：航空飞机、直升机、无人旋翼机、飞艇等）为平台获取观测区域的三维空间信息。机载 LiDAR 系统观测目标三维坐标原理如图 1.8（b）所示。其中，动态差分 GPS 测定 GPS 天线相位中心的坐标，IMU 确定飞行器的姿态（俯仰角、航偏角和侧滚角），激光扫描仪测量激光扫描中心与观测点之间的距离并记录扫描镜的方位信息，以此计算观测点在 WGS-84 坐标系下的三维坐标。由于各观测单元（GPS、IMU、激光扫描仪）测量的数据均在各自独立的坐标系下，且参考中心和坐标轴方向都不同，需要严格的坐标系转换处理。在坐标系转换过程中涉及 6 个坐标系之间的 5 步转换。6 个坐标系分别是瞬时激光束坐标系、激光扫描坐标系、惯性平台参考坐标系、当地水平参考坐标系、当地垂直参考坐标系及 WGS-84 坐标系。对于坐标系转换的平移和旋转参数，可以通过飞行作业前系统检校结果（如：各参考中心平移参数、安置角误差等）、相关传感器相互关系测定数据等来确定。

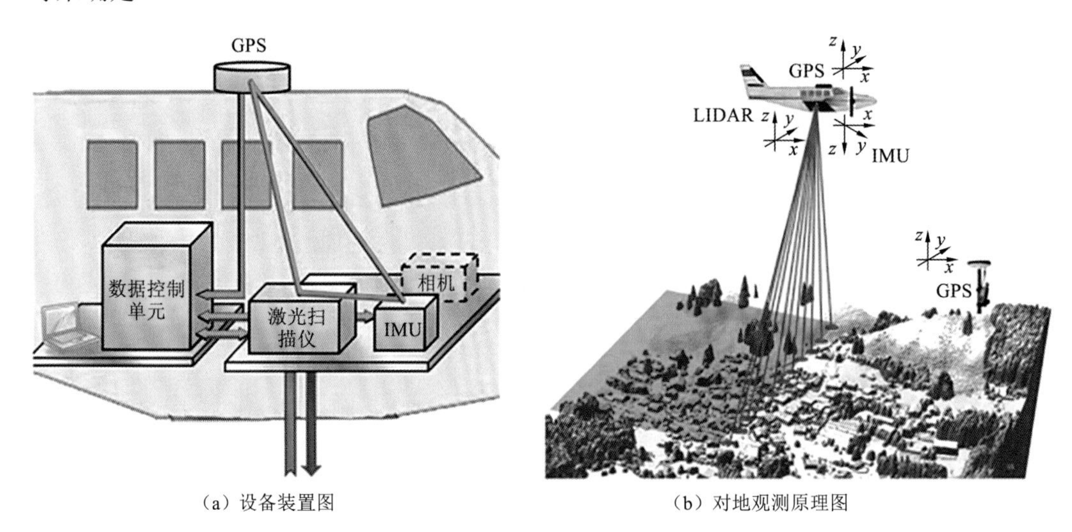

（a）设备装置图　　（b）对地观测原理图

图 1.8　机载 LiDAR 系统（Vosselman et al.，2010）

机载激光扫描系统通常需要在观测区域内架设一定数量的 GPS 基准站与飞行器上 GPS 进行实时差分，来提高飞行器定位的精度。此外，为了获取观测目标更真实的纹理信息，弥补激光数据对目标物理特性表达的不足，在飞行器上可以搭载光学成像设备，如 CCD 相机等。当前，机载激光扫描仪设备主要有多回波 LiDAR 和全波形 LiDAR 两大类（图 1.9）。多回波 LiDAR 采用简单的回波探测方法[如：恒定系数鉴别器（constant fraction discriminator，CFD）] 实时检测回波，得到目标相对观测中心的距离（Baltsavias，1999）。全波形 LiDAR 在激光束发射后以很小时间间隔（如：1 ns）不断记录后向散射信号，通过各种波形分解方法，如：高斯分解（Chauve et al.，2009，2008）、去卷积方法等，可获取观测目标表面的几何信息和物理特性。

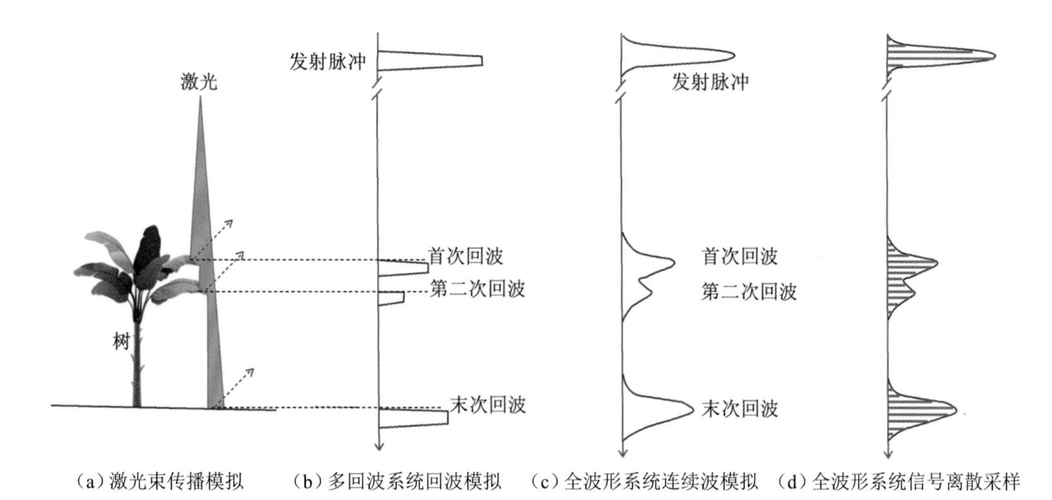

（a）激光束传播模拟 （b）多回波系统回波模拟 （c）全波形系统连续波模拟 （d）全波形系统信号离散采样

图 1.9 多回波和全波形 LiDAR 系统距离探测原理示意图

按照搭载平台的不同，机载激光扫描系统又可以分为有人机载激光扫描系统和无人机载激光扫描系统（陈驰，2016）。当前，有人机载激光扫描系统主要有：加拿大 Optech 公司的 Eclipse①、Galaxy②，瑞士 Leica 公司的 ALS 系列③、SPL 系列④，以及奥地利 Riegl 公司的 LMS-Q 系列⑤，如图 1.10 所示。

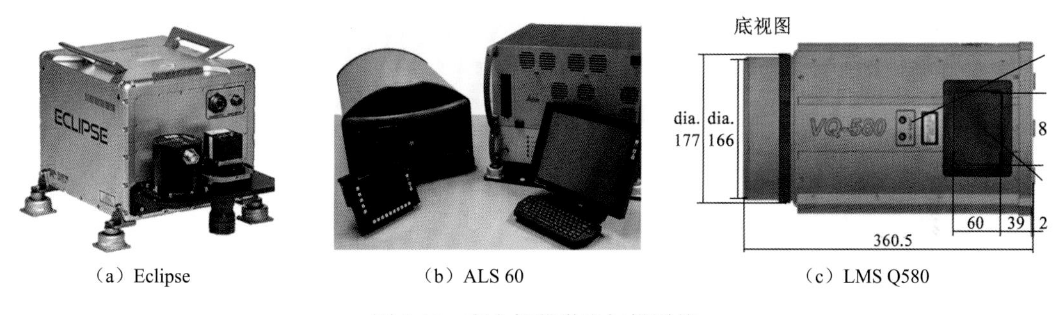

（a）Eclipse （b）ALS 60 （c）LMS Q580

图 1.10 有人机载激光扫描系统

无人机载移动激光扫描系统具有机动灵活、可控性强、成本低、受外界环境影响小等传统测绘手段无可比拟的优势，正在基础测绘、智慧城市及导航与位置服务等行业中发挥越来越重要的作用（陈驰，2016）。目前主流的无人机载移动激光扫描系统主要包括：东京大学在雅马哈 RPH2 无人机平台开发的模块化多传感器集成移动测量系统（Nagai et al.，2009）；武汉大学测绘遥感信息工程国家重点实验室研制的 Heli-mapper 低空无人机 LiDAR 系统（Yang et al.，2015a）；Wallace 利用八旋翼无人机系统搭载轻小型激光扫描仪

① http://www.teledyneoptech.com/index.php/product/eclipse/
② http://www.teledyneoptech.com/index.php/product/optech-altm-galaxy/
③ https://leica-geosystems.com/products/airborne-systems/lidar-sensors/leica-als80-airborne-laser- scanner
④ https://leica-geosystems.com/products/airborne-systems/lidar-sensors/leica-spl100
⑤ http://www.riegl.com/nc/products/airborne-scanning/

构建的 TerraLuma UAV-LiDAR 系统（Wallace et al.，2012）；Riegl 公司推出的无人机搭载平台 VUX-SYS①和 miniVUX②，武汉大学研制的无人机激光扫描系统麒麟云（杨必胜 等，2018），如图 1.11 所示。

（a）武汉大学 Heli-mapper 低空无人机 LiDAR 系统

（b）东京大学研制的搭载 LiDAR、多光谱相机的无人机遥感系统

（c）TerraLumaUAV-LiDAR 系统

（d）Riegl VUX-SYS 无人机 LiDAR 系统

（e）武汉大学麒麟云低空无人机 LiDAR 系统

图 1.11　轻小型低空无人机载移动激光扫描系统

① http://www.riegl.com/products/unmanned-scanning/ricopter-with-vux-sys/

② http://www.riegl.com/products/unmanned-scanning/new-riegl-minivux-1dl/

图 1.12 展示了机载激光扫描系统获取的点云，可以根据不同的需要进行多种可视化展示。

（a）全局图示（纹理）

（b）局部图示（纹理）

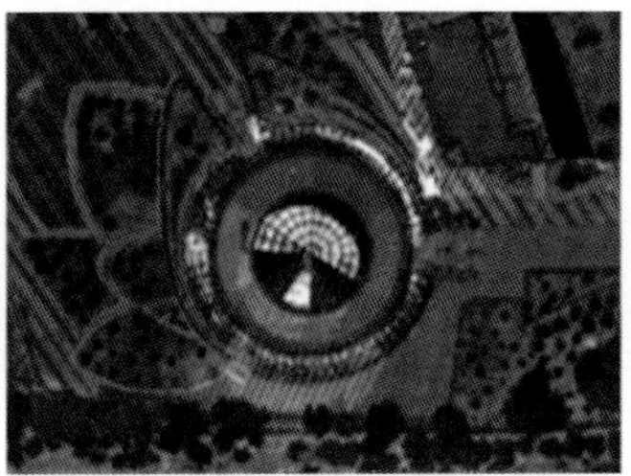

（c）局部图示（强度）

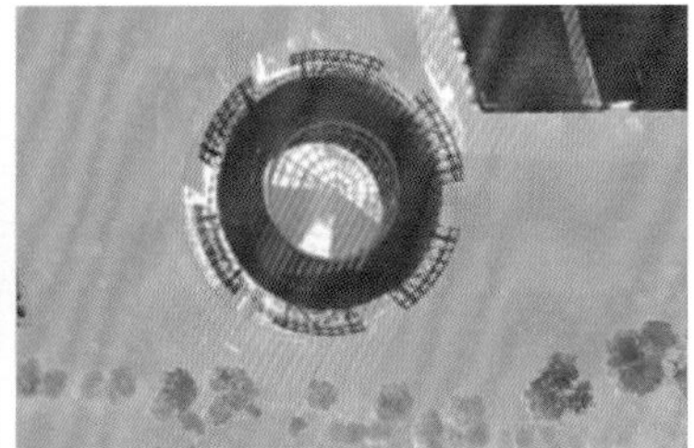

（d）局部图示（高程）

图 1.12　机载扫描点云

5. 星载激光扫描点云获取

星载激光扫描系统基于卫星平台，具备主动获取全球地表及目标三维信息的能力，在极地冰盖测量、植被高度及生物量估测、云高测量、海面高度测量及全球气候监测等方面均具有重要作用（李国元 等，2018）。美国在 2003 年成功发射了 ICESat 卫星①，通过搭载地球科学激光测高系统（geoscience laser altimeter system，GLAS）开展了极地冰盖监测、海冰高程测量、森林生物量估算、全球陆地高程控制点获取等应用，在国际上形成广泛的影响。美国在 2018 年发射 ICESat-2②，设计服役年限为 3 年，搭载先进地形激光测高系统（advanced topographic laser altimeter system，ATLAS）。ATLAS 激光为可见绿色脉冲（波长 532 nm），共为 6 束，排列成 3 对，每对激光点间隔约为 3 km，如图 1.13 所示。中国 2016 年 5 月 30 号成功发射了资源三号 02 星③，搭载了国内首台对地观测激光测高载荷，主要用于测试激光测高仪的性能，开展全球高程控制点获取、树高和生物量等森林参数估算等应用。ICESat-2 系统获取的点云如图 1.14 所示。

① https://www.nasa.gov/mission_pages/icesat/index.html

② https://icesat-2.gsfc.nasa.gov/

③ http://www.cresda.com/CN/Satellite/10804.shtml

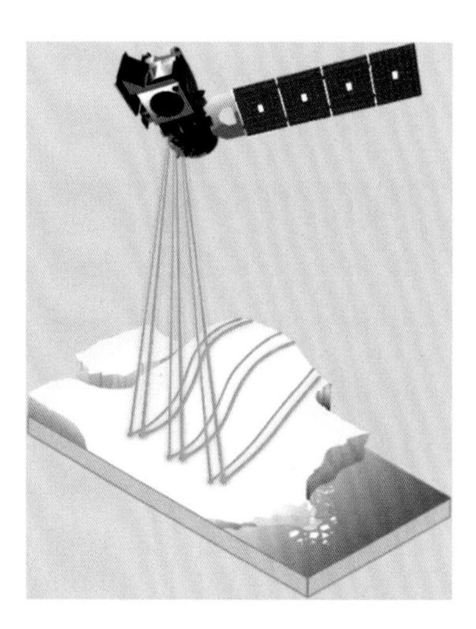

图 1.13　ICESat-2 星载激光扫描系统示意图

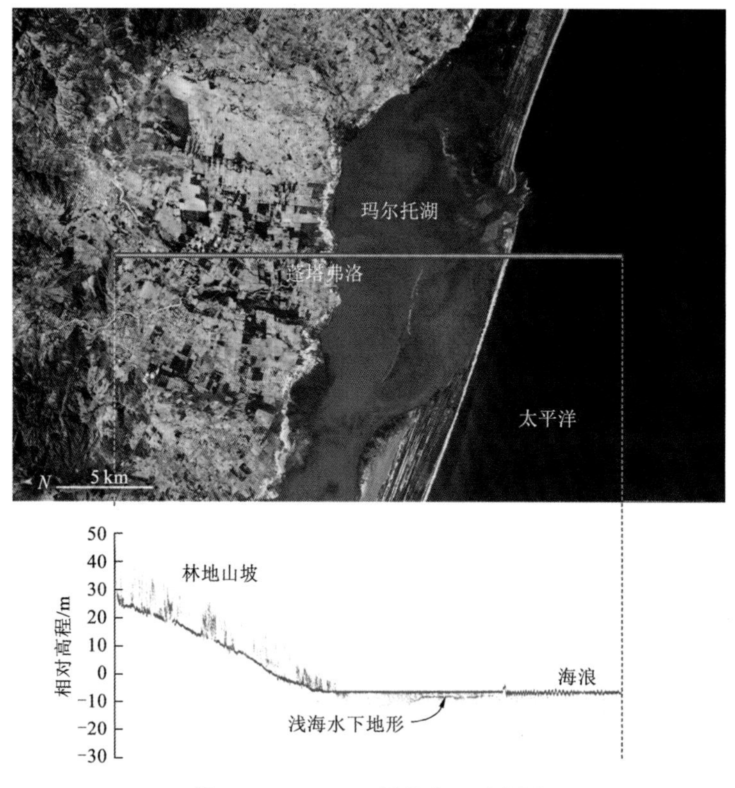

图 1.14　ICESat-2 星载点云示意图

1.2.2　影像点云获取

倾斜摄影/摄影测量为从二维影像获取三维影像点云提供了有效手段，由此生成的影像点云具有密度高、纹理丰富的特点。影像点云已经广泛运用于生产数字表面模型（digital surface model，DSM）、数字高程模型（digital elevation model，DEM）和数字正射影像图

(digital orthphoto map，DOM)。目前，国内外主要的摄影测量硬件主要有：Leica RCD30[1]、Microsoft ultracam[2]、IGI Digicam[3]、华测 DG3[4]等，如图 1.15 所示。

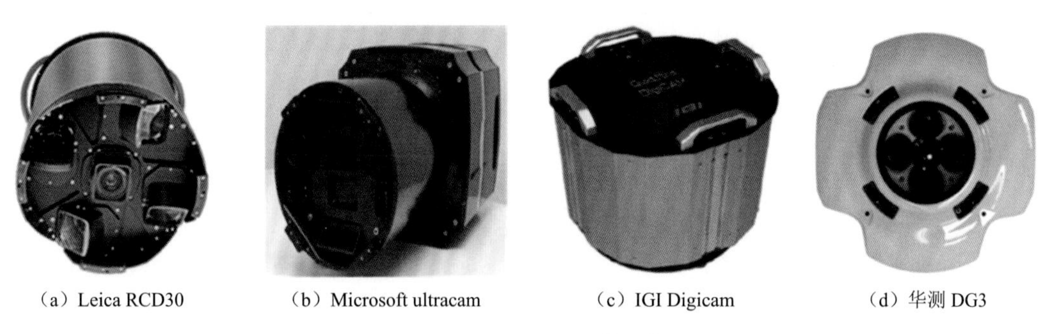

(a) Leica RCD30 (b) Microsoft ultracam (c) IGI Digicam (d) 华测 DG3

图 1.15 摄影测量硬件设备

由采集到的二维影像生成三维影像点云的流程主要包括影像空三与密集匹配两个部分。影像空三利用影像特征点匹配、地面控制点、机载 POS 等信息确定影像外方位元素。密集匹配依据影像的外方位元素，进行逐像素级别的核线匹配，从而生成高密度的点云，如图 1.16 所示。目前，已经有大量的商业摄影测量处理软件面世，如：Photoscan[5]、Pix4dMapper[6]、ContextCapture[7]、DP-Grid 等。

图 1.16 影像密集匹配点云

① https://leica-geosystems.com/products/airborne-systems/imaging-sensors/leica-rcd30
② https://www.vexcel-imaging.com/
③ https://www.igi-systems.com/largeformat-digicam.html
④ http://www.huace.cn/
⑤ https://www.agisoft.com/
⑥ https://www.pix4d.com/product/pix4dmapper-photogrammetry-software
⑦ https://www.bentley.com/en/products/brands/contextcapture

1.2.3 点云获取的发展趋势

随着人们对地理空间信息粒度和内涵要求的不断提高，点云获取在内容上从原来几何为主走向几何与光谱/纹理的同步获取，如：多光谱激光扫描系统（Virtanen et al.，2017）；在方式上从扫描式三维成像到面阵单光子/量子三维成像转变，面阵单光子 LiDAR 在遥感领域具有广泛应用前景，已成为未来主动式对地观测激光的发展趋势（Li et al.，2018）；在平台方面从单一的专业化装备走向多元化的消费级智能装备。随着传感器的尺寸、重量和价格进一步微型化、轻量化和廉价化，消费级、便携式集成化智能扫描装备蓬勃发展（蒋赫敏 等，2019；李德仁，2017）。美国国防部高级研究计划局（Defense Advanced Research Projects Agency，DARPA）研发了地面机器人与空中机器人自主协同扫描系统，在同时定位与制图技术（simultaneous localization and mapping，SLAM）和机器人控制规划支持下对未知环境进行扫描，大大减少人力成本，并解决危险、特殊环境下人工无法作业的问题（Kelly et al.，2006）。

1. 全波形 LiDAR

全波形 LiDAR 系统能够以波形的形式记录一定高程范围内不同高程点上的后向散射能量，根据不同高程点反射能量的大小，能够检测出激光光束传播过程中目标垂直方向的分布情况（Xue et al.，2017；赵泉华 等，2015）。与传统的 LiDAR 系统比较而言，全波形 LiDAR 系统有两个方面的优点：系统接受完整的回波信息，这意味着全波形 LiDAR 系统能提供更详细的垂直信息（特别是在林地区域内）；对接收的波形进行数据处理、波形分解可以得到波形的振幅（也称为密度）和脉冲宽度，这两个特征值能反映地物表面的空间几何关系和背向散射属性等相关信息，从而为地物分类提供更多可用信息。

2. 多光谱 LiDAR

目前大多数的激光扫描系统以单波长方式工作，可以快速获取地表三维空间信息和单波长回波强度信息。虽然其在三维空间信息获取方面具有突出优点，但受单一波长探测能力限制，在地物物性判别、地物状态探测等方面存在严重不足。为了进一步提高激光扫描技术的对地观测能力，国内外诸多学者借鉴多/高光谱遥感的物性探测能力，发明了多光谱激光扫描系统。该技术使得激光扫描系统在保留高空间分辨探测能力的同时，还兼具光谱探测能力，提高了系统对植被、土壤、岩石等地物的区分能力和对植被生长状态、土壤成分等地物状态的探测能力（宋沙磊，2010）。

3. 单光子 LiDAR

目前大多数三维激光主动成像技术主要采用扫描方式，通过对目标区域逐点扫描来获取目标的三维信息。要实现对目标区域的扫描，需要在激光发射与接收系统中加入扫描装置，因此系统体积庞大，功耗和重量增加，不利于系统整体的小型化与集成化，同时限制了系统的分辨率和采样频率（罗韩君，2013）。近年来，各国大力开展了无扫描激光主动三维成像技术的研究。集成度和灵敏度极高的单光子（single photon）紧凑型探测器阵列主动三维成像技术，可满足系统的小型化、集成化与高速成像要求，同时具有高灵敏度、高精度和高分辨率等优点，是目前激光主动三维成像技术的重要发展方向之一。目前主流的商用单光子激光扫描系统主要有:美国 Sigma Space 公司研制的单光子激光雷达系统 Sigma Space SPL①和瑞士 Leica 公司的 SPL100②。Sigma Space SPL 系统具有更高的空间分辨率和采样频率（比传统的扫描式三维激光成像技术快 30 倍），能够穿透稀疏的植被和稀薄的云雾，并且可以穿透水体，同时实现水体表面和水底地形的测量。

点云获取平台和方式的多样性，导致了点云的采样粒度、质量、表达方式等方面存在巨大的差异和冲突，面向平台的点云处理方式无法有效协同多平台点云实现优势互补，亟待发展点云智能化处理理论方法，为点云大数据智能理解提供科学的决策和手段。

1.3 点云的基本特点

点云是现实世界三维数字化的一种表达方式，其不同于传统的二维栅格影像数据和结构化的矢量地图数据，并具有如下特点。

（1）三维表达、高密度、非结构化。点云是目标表面结构三维数字化表达，由一个个散乱的三维点组成，具有准确的三维位置信息，并具有高密度特性，如：每平方米点数可达几百个。但点与点之间没有显示的空间关系，导致海量点云的组织管理、浏览查询及空间关系计算困难。目前，通常采用索引构建的方式来解决，例如：四叉树、八叉树、Kd-Tree、不规则三角网（triangulated irregular network，TIN）等。

（2）具有一定的属性信息。根据点云获取方式的不同，点云还具有一定的属性特性，如：激光扫描点云具有强度信息（intensity）、回波信息等。强度信息一定程度上反映了目标的表面后向散射能力，即目标的辐射能力，对地物目标表面材质分类方面具有一定作用（曾齐红，2009）；回波信息主要表征了激光的穿透能力，在植被或者建筑物边缘等区域可能有两个或者更多个回波，而在地面、建筑物屋顶等区域一般只有一个回波，而在点云分类时，激光束的回波次数可以很好地辅助建筑物和植被进行区分。影像点云则具有反映地物表面纹理的 RGB 颜色信息。点云属性信息对点云的处理具有一定的辅助作用。

（3）存在数据“空洞”。传感器成像视觉不可避免地存在地物之间的相互遮挡，导致被遮挡目标表面存在数据缺失；一些区域（如：水体等）对近红外激光吸收和物体表面的特殊材质（如：光滑物体表面的镜面反射等）导致回波信息无法接收，造成的数据缺失。数据缺失导致目标表面存在数据“空洞”，影响目标提取的完整性。

（4）非均匀空间分布。点云密度通常采用单位范围内点的数量来表达，亦可以采用点间距来描述点云分布的疏密。成像方式、与地物表面的距离等差异性导致点云在空间分布的严重不均性。例如：单条航带内，星下点区域点云密度比较大，而离飞行器星下点

① http://www.sigmaspace.com/single-photon-LiDAR

② https://leica-geosystems.com/products/airborne-systems/lidar-sensors/leica-spl100

越远则点间距越大；相邻航带重叠区域，点云一般更密。点云密度分布的不均性对点云特征的刻画等带来了一定的困难。

1.4 点云处理的关键内容

1.4.1 点云质量自动改善

点云质量改善主要包括点云位置修正、点云反射强度校正和点云属性数据整合等方面。在点云位置修正方面主要有不同点云条带间平差，基于人工控制点或融合影像参考的点位修正及运动平台轨迹的姿态精化进行点云重解算等方法（Lichti et al.，2019；Yan et al.，2018；Cheng et al.，2017；张祖勋 等，2017；Habib et al.，2009），用来减弱或消除点云的不一致，实现点云位置修正。在点云反射强度校正方面主要集中在机载点云的强度校正（谭凯 等，2017；Kashani et al.，2015；Kaasalainen et al.，2009）；根据校正的点云强度，可显著提供点云的分类精度。在点云属性数据整合方面，主要通过点云与影像的融合，实现点云属性的丰富，可生成具有纹理信息的点云（Zang et al.，2019；Chen et al.，2018；Li et al.，2018；Yang et al.，2015b）。

1.4.2 点云模型构建

点云模型是点云处理的核心部分之一，也是点云表达与处理的关键。点云模型包括点云数据模型、处理模型与表达模型三大部分。点云数据模型负责点云的存储、管理、查询与索引等基本操作，包括数据模型和逻辑模型的设计等。点云处理模型负责点云的预处理（如：去噪、点云位置校正等）、点云特征提取、点云分类等。点云表达模型负责点云处理结果的应用分析，是架设点云与应用分析的桥梁。三者的有机统一构成了点云模型，也是点云处理的理论基础。

1.4.3 点云特征精准描述

点云特征描述是刻画点云形态结构的关键，也是多平台点云配准（Weber et al.，2015；Weinmann et al.，2015；Theiler et al.，2014）、语义信息提取（Hackel et al.，2016；Savelonas et al.，2016；Yang et al.，2015b，2013；Guo et al.，2013；Mian et al.，2006）、结构化模型重建（Liu et al.，2013）、SLAM（Dong et al.，2014；Zhang et al.，2014；Tong et al.，2013）等应用的基础和前提。当前，点云特征描述子构建主要通过人工设计的特征和深度网络学习两种方法。在人工设计特征方面主要有自旋影像（Johnson et al.，1999）、基于特征值的描述子（Lalonde et al.，2006）、快速点特征直方图（Rusu et al.，2009）、旋转投影统计特征描述（Guo et al.，2013）、二进制形状上下文（Dong et al.，2017）等。但该类特征依赖设计者的先验知识，且往往具有参数敏感性。基于深度学习的方法从大量训练数据中自动学习特征的表达，且学习到的特征中可以包含成千上万的参数，提高了特征描述能力

（Zhang et al.，2018a；张继贤 等，2017）。根据深度学习模型的不同，可以分为基于体素、基于多视图和基于不规则点三类，其中具有一定代表性的有基于体素的模型 VoxNet（Maturana et al.，2015）、基于多视图的模型 Multiview-CNN（Su et al.，2015）和基于不规则点的模型 PointNet（Qi et al.，2017a）。

1.4.4 点云语义信息提取

语义信息提取是从杂乱无序的点云中识别与提取地物要素的过程（Nie et al.，2019；Qi et al.，2017a，2017b；Oesau et al.，2014；Puente et al.，2011），为场景高层次理解提供底层对象和分析依据。一方面，点云场景中包含地面、植被、桥梁、建筑物、交通基础设施等地物的高密度、高精度三维信息，提供了地物目标的真实三维视角和缩影。另一方面，点云的高密度、海量、空间离散特性及场景中三维目标的数据不完整性，目标间的重叠性、遮挡性、相似性等现象也给语义信息提取带来了巨大的挑战（Yang et al.，2017a）。在语义信息提取方面主要有基于特征描述子的逐点分类方法（Guo et al.，2016；Guo et al.，2015）或分割聚类分类方法（Huang et al.，2019a；Kang et al.，2018；Yang et al.，2017b；Zhang et al.，2016）和基于深度学习的语义信息提取方法（Song et al.，2018；Qi et al.，2017a；Yang et al.，2016）。相比于深度学习的方法，基于特征的语义信息提取结果依赖于特征描述子的特征描述能力。基于深度学习网络的方法依赖于训练样本的选择和学习网络的泛化能力（Wen et al.，2019；Zhang et al.，2018a）。与图像的深度学习网络相比，点云深度学习网络无论在网络架构设计还是训练样本方面均有待进一步提高。

1.4.5 点云目标结构化重建与场景理解

为刻画点云场景中目标的功能与结构及多目标间的位置关系，需要将点云场景中的地物目标进行结构化表达，从而支撑复杂的计算分析。目前，国内外大量的研究集中在建筑物对象的多细节层次（levels of detail，LoD）重建、建筑物立面重建、树木重建与胸高直径（diameter at breast height，DBH）参数提取、高清道路地图、室内三维重建等方面。不同于基于 Mesh 结构的数字表面模型重构，目标结构化重建的关键在于准确提取不同功能结构体的三维边界，从而把离散无序的点云转换成具有拓扑的几何基元组合模型，如：基于模型驱动（Jarzabek-Rychard et al.，2016；Xiong et al.，2014）和数据驱动（Xia et al.，2018；Zhang et al.，2018b）的建筑物三维重建。基于模型驱动的方法受制于模型库基元的完备性；基于数据驱动的结构化重建受数据质量的影响，存在结构提取错误等问题。针对机载点云，Yang 等（2017b）提出利用基于结构约束的形态学重建方法迭代生成多细节层次建模物点云，并采用数据驱动方法构建 LoD 模型。在室内三维重建方面，主要有基于空间剖分（Mura et al.，2016；Oesau et al.，2014）、基于线和面几何要素提取重构（Cui et al.，2019）、基于构造实体几何方法（Xiao et al.，2014）等。为促进室内三维重建的研究，国际摄影测量与遥感学会（International Society for Photogrammetry and Remote Sensing，ISPRS）的工作组专门发布了室内三维重建的公开数据集供研究者进行重建结果的质量比较。由于人工地物的复杂性，对于大规模的城市场景复杂建筑模型的三维重建，仍然需要大量的人工编辑。因此，追求三维模型的自动生成或尽可能少的人工编辑操作是建筑物三维重建研究不断努力的方向。

表 1.4 列出了当前国内外公开的点云数据集的下载网址、特点等信息，为各类研究服务。

表 1.4 激光点云公开数据集

数据集名称	采集设备	下载网址	数据集应用	数据说明
Semantic 3D	TLS	http://semantic3d.net/	大范围点云分类	每个点的三维坐标、反射强度和颜色（RGB）
Robotic 3D Scan Repository	TLS	http://kos.informatik.uni-osnabrueck.de/3Dscans/	点云配准、模型重建等	每个点的三维坐标、反射强度和颜色（RGB）
Sydney Urban Objects	MLS	http://www.acfr.usyd.edu.au/papers/SydneyUrbanObjectsDataset.shtml	匹配和分类	每个点的三维坐标和反射强度
IQmulus & TerraMobilita	MLS	http://data.ign.fr/benchmarks/UrbanAnalysis/	分割，目标提取	每个点的三维坐标、反射强度和回波次数
Paris-rue-Madame database	MLS	http://cmm.ensmp.fr/~serna/rueMadameDataset.html	分割，目标提取	每个点的三维坐标和反射强度
Oakland	MLS	http://www.cs.cmu.edu/~vmr/datasets/oakland_3d/cvpr09/doc/	分割，目标提取	每个点的三维坐标
Paris-Lille-3D-Dataset	MLS	http://caor-mines-paristech.fr/fr/paris-lille-3d-dataset/	分割，目标提取	每个点的三维坐标和反射强度
ISPRS WG II/4	ALS	http://www2.isprs.org/commissions/comm3/wg4/3d-semantic-labeling.html	目标提取，模型重建	每个点的三维坐标
Optech Titan	ALS	http://www.teledyneoptech.com/index.php/product/titan/	土地覆盖、浅海测深	每个点的三维坐标和三个光谱信息（多光谱 LiDAR）
AHN	ALS	http://dev.fwrite.org/radar/data.html	DEM 生成，变化检测	每个点的三维坐标、反射强度和颜色（RGB）
Liblas	多平台激光扫描系统	https://www.liblas.org/samples/	/	包含全波形 LiDAR 数据
ICESat-1	SLS	https://nsidc.org/data	全球冰盖、森林检测	每个点的三维坐标
ASL dataset	便携式激光扫描系统	https://projects.asl.ethz.ch/datasets/doku.php?id=laserregistration:laserregistration	点云配准	每个点的三维坐标和反射强度
WHU-TLS	地面站激光扫描仪	http://3s.whu.edu.cn/ybs/en/benchmark.htm	点云配准	每个点的三维坐标和反射强度

1.5 点云处理的部分通用软件

在三维点云通用处理软件方面，商业化的软件主要有 TerraSolid 公司的 TerraSolid 系列[①]产品、Orbit GT 公司的 OrbitMobileMapping[②]、PointCab GmbH 公司的 PointCab 3DPro[③]、InnovMetric 公司的 PolyWorks[④]、Trimble 公司的 RealWorks[⑤]、Leica 公司的 Cyclone[⑥]、Bentley 公司的 Pointools[⑦]、FARO 公司的 FARO 系列[⑧]产品、Geomagic 公司的逆向工程软件 Geomagic Studio[⑨]等。开源的点云处理软件则有意大利比萨大学开发的 MeshLab[⑩]、独立开源软件 CloudCompare[⑪]、LAStools、中国科学院空天信息创新研究院的点云魔方等，如图 1.17 所示。国内外亦有一些面向特定行业（如：面向林业、电力、铁路等）的专用点云

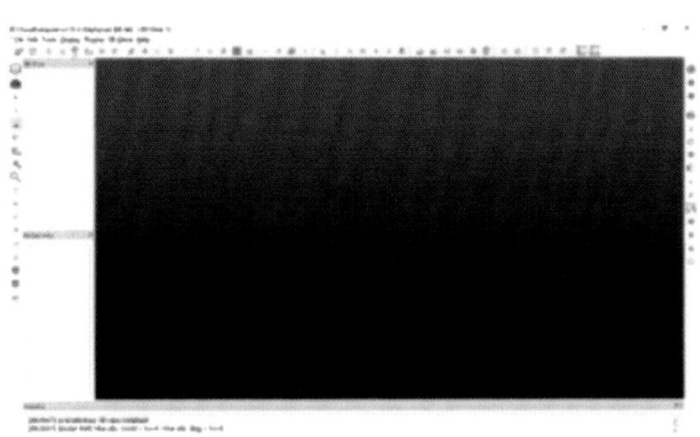

（a）Cloud Compare

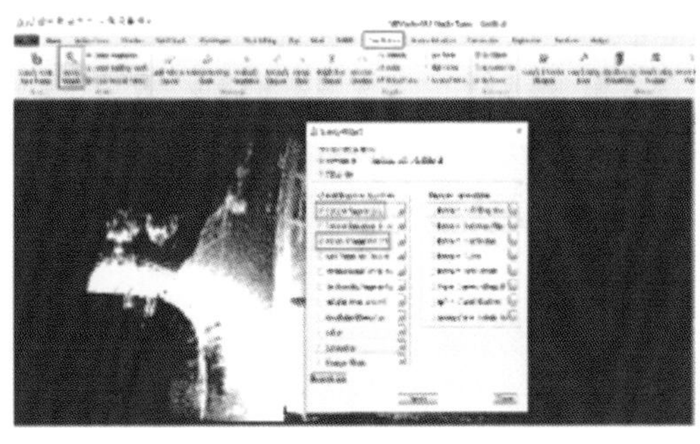

（b）VRMesh

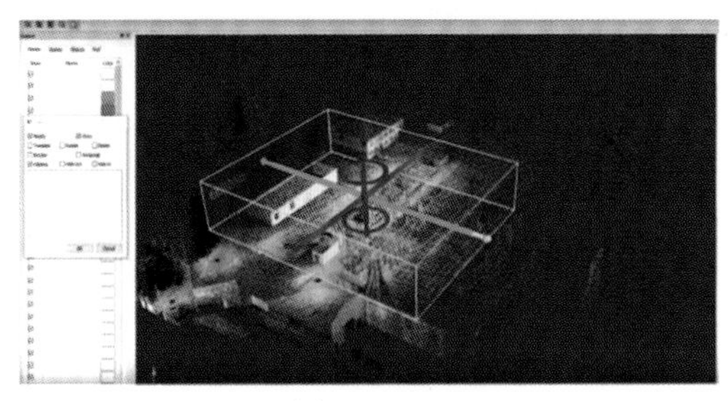

（c）VisionLidar

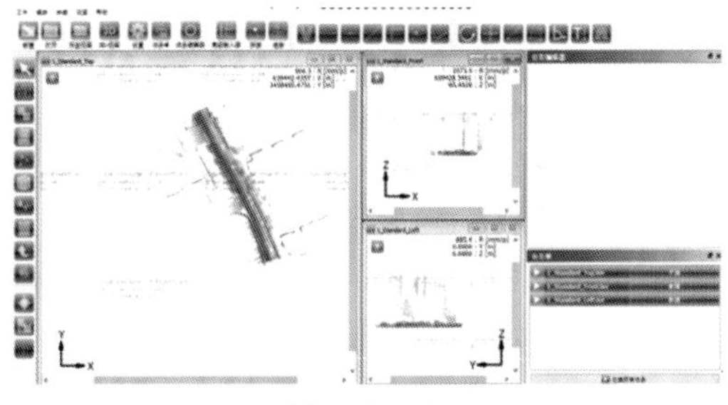

（d）PointCab

---

① http://www.terrasolid.com/home.php
② https://orbitgt.com/mobile-mapping/
③ http://www.pointcab-software.com/en/
④ https://www.innovmetric.com/
⑤ https://geospatial.trimble.com/products-and-solutions/trimble-realworks
⑥ http://leica-geosystems.com/blog-content/2014/leica-cyclone-9
⑦ https://www.bentley.com/en/products/brands/pointools
⑧ https://knowledge.faro.com/Software/PointSense_and_CAD_Plugins/PointSense
⑨ https://cn.3dsystems.com/press-releases/geomagic/announces-studio-2013
⑩ http://www.meshlab.net/
⑪ http://www.cloudcompare.org/

（e）3D MOBILE MAPPING

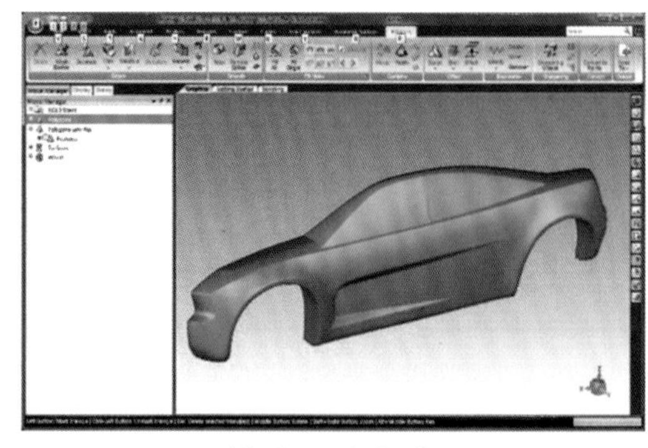

（f）Geomagic Studio

图 1.17 部分三维点云处理软件示例

处理软件。当前的点云通用处理软件的功能主要集中在点云的滤波、分类等方面，在地物目标的三维提取、大比例尺三维线划图生产、矢量化三维建模等方面还存在较大的欠缺，存在自动化程度低、海量数据高效管理及可视化支撑不足、人机交互体验差等问题。针对上述问题，武汉大学杨必胜教授团队开发了具有自主知识产权的点云智能处理软件Point2Model。该软件包括海量点云和影像数据的组织管理和可视化、多源异构数据质量改善和高精度融合、城市全息地物要素结构化提取、典型地物要素按需多细节层次模型重建四大模块，如图 1.18 所示。

（a）点云与全景影像联合显示

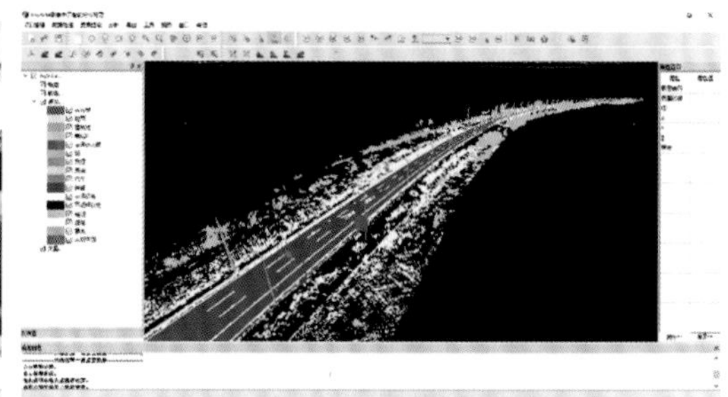

（b）点云场景目标提取

图 1.18 点云智能处理软件 Point2Model

在点云的存储格式方面，通用的存储格式是美国摄影测量与遥感协会制定的 LAS 格式[①]。LAS 格式是目前最常用的点云存储格式，可以较好地解决多属性离散激光点云的存储问题，具有结构严谨、便于扩展等优点，允许不同的硬件和软件提供商输出可互操作的统一格式。现在 LAS 格式文件已发展到 LAS 3.0 版本，并成为点云存储的工业标准格式。一个符合 LAS 标准的点云文件分为三个部分：公用文件头块（PUBLICHEADERBLOCK）、变量长度记录（VARIABLELENGTHRECORDS）和点数据记录（POINTDATARECORD）。公用文件头块包含一些描述数据整体情况的记录，比如点个数、坐标偏移量、数据范围等。变量长度记录包含一些边长类型的数据，比如投影信息、元数据、波形数据和用户数据等。

① https://en.wikipedia.org/wiki/LAS_file_format

点数据记录按每条扫描线排列的方式存储数据，包括激光点的三维坐标、多次回波信息、强度信息、扫描角度、分类信息、飞行航带信息、飞行姿态信息、项目信息、GPS时间信息、数据点的颜色信息等。

1.6 点云典型应用

随着点云获取装备的快速发展，点云作为三维地理信息获取的重要数据源在科学研究与工程应用中发挥越来越重要的支撑，如：地球系统科学、基础测绘、智慧城市、文化遗产数字化保护、无人驾驶、基础设施安全监测、影视娱乐等领域。

1.6.1 地球系统科学研究

点云中蕴含的丰富三维地理信息可准确刻画森林、冰川、岛礁与周边的水下地形的三维形态结构，为全球森林的蓄积量和生物量估算、全球冰川物质平衡、海洋经济开发与管理、海防安全等提供重要支撑（Huang et al.，2019b；Nie et al.，2019；Eitel et al.，2016）。通过对森林点云的获取可及时准确地了解林区内植被的类型、数量、质量、分布、长势及其动态变化情况，获取森林几何参数估计（森林高度、森林冠层上表面的水平分布和垂直结构信息等）及林区地形，为地球科学研究（如：水和碳循环模拟和分析）、森林保护、林业政策制定及林业经济发展提供重要的依据。

1.6.2 基础测绘

点云为地理空间信息服务数据的采集和更新开辟了新的途径（李德仁，2006）。如：北美、欧洲和澳洲的众多互联网、GIS和制图公司，如Google、Microsoft、Intel日本、美国的GeoNav Group International等公司采购车载激光扫描系统采集全球三维街景和点云。全球最大的两家导航数据生产商Tele Atlas和NavTech均将车载激光扫描系统作为其数据采集与更新的主要手段。作为一种新型的三维数据源，点云被广泛用于基础测绘中的数字地面模型、数字线划图、大比例尺基础地形图等生产实践中，有效地提高了基础测绘的生产效率，降低了劳动强度，如：地物的三维地物边界信息生成3D DLG，可以辅助航空摄影测量或遥感数据进行DOM生成（卢小平 等，2014）等。

1.6.3 智慧城市建设

城市的规模、市政设施的种类在急剧增加，城市的结构也在发生巨大的变化。城市环境中的各种设施，如公用设施、道路交通等均是城市管理的对象，需要精细化的管理。点云智能处理理论方法可为数字建造（digital construction）、BIM、地下灾害探测与预警等方面提供全方位支撑，建立全数字的地下空间基础设施与动态汇聚物联网数据，为空间综合规划、建设项目、过程监督、现状等全生命数据库建设，以及项目规划管理全过程“落图”、全生命周期精细化管理提供科学的管理与决策手段，服务城市综合管理和科学决策。

1.6.4　文化遗产数字化保护

文化遗产的数字化是文化遗产保护、修复与传承的重要科学手段。文化遗产的数字化重建是对文化遗产的几何形状、颜色、姿态、历史等完整采集、整合和模型化表示，是文化遗产数字化存档的基础。我国的文化遗产具有类型多样、非接触性、不可移动性等特点，同时文化遗产几何差异巨大、外形复杂、全局空间分辨率尺度差别迥异，对三维数字化提出了严峻挑战。点云作为三维数字化的重要表达，可为文化遗产的数字化采样、虚拟修复、三维重建存档等提供最直接最重要的支撑，并已在敦煌莫高窟数字化保护、千手观音虚拟修复等我国重要文化遗产数字化保护中发挥了重要作用。

1.6.5　无人驾驶

无人驾驶智能车，也称“无人驾驶车”，又称“轮式移动机器人”，被评为未来 15 年内 20 个超乎想象未来发明之一。它利用车载传感器感知车辆周围环境，并根据感知所获得的道路、车辆姿态和障碍物信息，控制车辆的转向和速度，从而使得车辆能够安全、可靠地在道路上行驶。点云作为行驶环境三维数字化的表现形式，一方面可以为驾驶环境的动态感知提供科学的数据源，如：各种运动目标的检测，实现行人、车辆等运动目标的探测与跟踪；另外，可以为道路环境的三维建图提供科学支撑，如：道路边界、交通标志、标线等自动识别与提取，从而为高清地图的生成提供重要信息。

1.6.6　基础设施安全监测

铁路、地铁、隧道、地下工程、电力线路、桥梁等国家重要基础设施的安全运维是保障社会经济活动正常运转的关键。点云为基础设施的三维数字化建模提供了不可或缺的数据源，是各类重要基础设施的数字化管理、安全分析、乃至数字孪生的前提和基础，从而为道路路面健康普查（塌陷、破损等）、桥梁与隧道形变发现等提供精准有效的三维信息，为基础设施的运营安全做出重要保障，如：电力线路走廊巡检（陈驰　等，2015），通过机载 LiDAR 系统获取三维点云用于计算电力线及其附属设备的几何形态参数，如：电力线与下方地物的距离、电力塔倾斜角度、电力线弧线角度等，并对电力线及其相关设备进行三维重建，方便直观表达运行现状（林祥国　等，2016；Lai et al.，2014），有效克服了人工巡检手段工作量大、效率低的缺陷。

1.6.7　影视娱乐

点云作为现实世界精细三维数字化表达的主要形式，对现实空间、虚拟空间的三维精细表达起到至关重要的作用，在虚拟交互、仿真模拟、增强现实、粒子模拟、网络游戏等三维场景的设计与模拟方面具有独特的优势，可支撑从宏观大规模的场景建模到微观粒子结构的精细模拟，是三维造型、模拟分析等方面的重要支撑。

1.7 本章小结

本章重点介绍了点云获取的方法、装备与趋势，点云的特点，点云处理的关键内容，点云处理的基本软件及点云应用领域，系统地阐述了点云这一新型的三维数据在三维地理信息提取与应用方面的重要性，旨在使读者对点云的获取、处理与应用有一个全面的了解和认识。

参考文献

陈驰, 2016. 多视角高分辨率距离成像与可见光成像数据鲁棒融合. 武汉: 武汉大学.

陈驰, 杨必胜, 彭向阳, 2015. 低空 UAV 激光点云和序列影像的自动配准方法. 测绘学报, 44(5): 518.

蒋赫敏, 钟若飞, 谢东海, 2019. 智能手机移动测量方法的设计与实现. 测绘通报(6): 71-76.

李德仁, 2006. 对空间数据不确定性研究的思考. 测绘科学技术学报, 23(6): 391-392, 295.

李德仁, 2017. 从测绘学到地球空间信息智能服务科学. 测绘学报, 46(10): 1207-1212.

李国元, 黄佳鹏, 唐新明, 等, 2018. 距离门宽度对单光子激光测高卫星探测概率及测距精度的影响. 测绘学报, 47(11): 63-70.

梁诚, 2008. 面向 GIS 的车载空间数据采集系统研究. 南京: 南京师范大学.

林祥国, 张继贤, 2016. 架空输电线路机载激光雷达点云电力线三维重建. 测绘学报, 45(3): 347-353.

卢小平, 庞星晨, 武永斌, 等, 2014. 机载 LiDAR 基础测绘关键技术及应用. 测绘通报(9): 26-30.

卢秀山, 李清泉, 冯文灏, 等, 2003. 车载式城市信息采集与三维建模系统. 武汉大学学报(工学版), 36(3): 76-80.

罗韩君, 2013. 单光子成像探测关键技术研究. 武汉: 华中科技大学.

宋沙磊, 2016. 对地观测多光谱激光雷达基本原理及关键技术. 武汉: 武汉大学.

谭凯, 程效军, 张吉星, 2017. TLS 强度数据的入射角及距离效应改正方法. 武汉大学学报(信息科学版), 42(2): 223-228.

魏征, 2012. 车载 LiDAR 点云中建筑物的自动识别与立面几何重建. 武汉: 武汉大学.

吴宾, 余柏蒗, 岳文辉, 等, 2013. 一种基于车载激光扫描点云数据的单株行道树信息提取方法. 华东师范大学学报(自然科学版) (2): 38-49.

杨必胜, 梁福逊, 黄荣刚, 2017. 三维激光扫描点云数据处理研究进展、挑战与趋势. 测绘学报, 46(10): 1509-1516.

杨必胜, 李健平, 2018. 轻小型低成本无人机激光扫描系统研制与实践. 武汉大学学报(信息科学版), 43(12): 1972-1978.

臧玉府, 2016. 多平台点云空间基准统一与按需三维建模. 武汉: 武汉大学.

曾齐红, 毛建华, 李先华, 等, 2009. 建筑物 LiDAR 点云的屋顶边界提取. 武汉大学学报(信息科学版), 34(4): 383-386.

张迪, 钟若飞, 李广伟, 等, 2012. 车载激光扫描系统的三维数据获取及应用. 地理空间信息(1): 7, 32-33, 36.

张继贤, 林祥国, 梁欣廉, 2017. 点云信息提取研究进展和展望. 测绘学报(10): 262-271.

张祖勋, 陶鹏杰, 2017. 谈大数据时代的“云控制”摄影测量. 测绘学报, 46(10): 1238-1248.

赵泉华, 李红莹, 李玉, 2015. 全波形LiDAR数据分解的可变分量高斯混合模型及RJMCMC算法. 测绘学报, 44(12): 1367-1377.

ALAMUS R, BARON A, BOSCH E, et al., 2004. On the accuracy and performance of the geomobil system// International Archives of Photogrammetry, Remote Sensing and Spatial Information Sciences, 35(Part 5): 262-267.

BALTSAVIAS E P, 1999. A comparison between photogrammetry and laser scanning. ISPRS Journal of Photogrammetry & Remote Sensing, 54(2-3): 83-94.

BENNING W, AUSSEMS T, 1998. Mobile mapping by a car driven survey system(CDSS)// The International Symposium on Kinematic System, Geodesy, Geomatics and Navigation.

CHAUVE A, MALLET C, BRETAR F, et al., 2008. Processing full-waveform LiDAR data: modelling raw signals// International Archives of Photogrammetry, Remote Sensing and Spatial Information Sciences, 36 (Part 3/W52): 102-107.

CHAUVE A, VEGA C, DURRIEU S, et al., 2009. Advanced full-waveform LiDAR data echo detection: Assessing quality of derived terrain and tree height models in an alpine coniferous forest. International Journal of Remote Sensing, 30(19): 5211-5228.

CHEN C, YANG B S, TIAN M, et al., 2018. Automatic registration of vehicle-borne mobile mapping laser point cloud and sequent panoramas. Acta Geodaetica et Cartographica Sinica, 47(2): 215-224.

CHENG L, CHEN S, LIU X Q, et al., 2018. Registration of laser scanning point clouds: A review. Sensors, 18(5): 1641.

COETSEE J, BROWN A, BOSSLER J, 1994. GIS data collection using the GPSVan supported by a GPS/inertial mapping system// Proceedings of the 7th International Technical Meeting of the Satellite Division of The Institute of Navigation: 85-93.

CUI Y, LI Q, DONG Z, 2019. Structural 3D reconstruction of indoor space for 5G signal simulation with mobile laser scanning point clouds. Remote Sensing, 11(19): 2262.

DONG H, BARFOOT T D, 2014. Lighting-invariant visual odometry using LiDAR intensity imagery and pose interpolation//Springer Tracts in Advanced Robotics, 92: 327-342.

DONG Z, YANG B, LIU Y, et al., 2017. A novel binary shape context for 3D local surface description. ISPRS Journal of Photogrammetry and Remote Sensing, 130: 431-452.

EL-SHEIMY N, 1996. The development of VISAT: A mobile survey system for GIS applications. Calgary: Unversity of Calgary.

EL-SHEIMY N, SCHWARZ K P, 1999. Navigating urban areas by VISAT: A mobile mapping system integrating GPS/INS/digital cameras for GIS applications. Navigation, 45 (4): 275-285.

EITEL J U H, HÖFLE B, VIERLING L A, et al., 2016. Beyond 3-D: The new spectrum of LiDAR applications for earth and ecological sciences. Remote Sensing of Environment, 186: 372-392.

ELLUM C, EL-SHEIMY N, 2002. Land-based mobile mapping systems. Photogrammetric Engineering & Remote Sensing, 68(1):13-17, 28.

GRÄFE G, CASPARY W, HEISTER H, et al., 2001. The road data acquisition system MoSES–determination and accuracy of trajectory data gained with the Applanix POS/LV// Proceedings, The Third International Mobile Mapping Symposium, Cairo, Egypt, January. 2001: 3-5.

GOAD C C, 1991. The Ohio State University mapping system: The positioning component// Proceedings 47th Annual Meeting, Institute of Navigation (ION), Williamsburg, VA: 121-124.

GOULETTE F, NASHASHIBI F, ABUHADROUS I, et al., 2006. An integrated on-board laser range sensing system for on-the-way city and road modelling// Proceedings of the ISPRS Commission I Symposium,

"From Sensors to Imagery", Paris: 43.

GUO Y, SOHEL F, BENNAMOUN M, et al., 2013. Rotational projection statistics for 3D local surface description and object recognition. International Journal of Computer Vision, 105(1): 63-86.

GUO Y, BENNAMOUN M, SOHEL F, et al., 2016. A comprehensive performance evaluation of 3D local feature descriptors. International Journal of Computer Vision, 116(1): 66-89.

GUO Y, SOHEL F, BENNAMOUN M, et al., 2015. A novel local surface feature for 3D object recognition under clutter and occlusion. Information Sciences, 293: 196-213.

HABIB A, KERSTING A P, BANG K I, et al., 2009. Alternative methodologies for the internal quality control of parallel LiDAR strips. IEEE Transactions on Geoscience and Remote Sensing, 48(1): 221-236.

HACKEL T, WEGNER J D, SCHINDLER K, 2016. Fast semantic segmentation of 3D point clouds with strongly varying density. ISPRS Annals of Photogrammetry, Remote Sensing and Spatial Information Sciences, III–3: 177-184.

HE G, NOVAK K, TANG W, 1994. The accuracy of features positioned with the GPSVan. International Archives of Photogrammetry and Remote Sensing, 30: 480-486.

HOCK C, CASPARY W, HEISTER H, et al., 1995. Architecture and design of the kinematic survey system KiSS// Proceedings of the 3rd International Workshop on High Precision Navigation: 569-576.

HUANG R, HONG D, XU Y, et al., 2019a. Multi-scale local context embedding for LiDAR point cloud classification. IEEE Geoscience and Remote Sensing Letters, Institute of Electrical and Electronics Engineers: 1-5.

HUANG R, JIANG L, WANG H, et al., 2019b. A bidirectional analysis method for extracting glacier crevasses from airborne LiDAR point clouds. Remote Sensing, Multidisciplinary Digital Publishing Institute, 11(20): 2373.

HYYPPÄ E, KUKKO A, KAIJALUOTO R, et al., 2020. Accurate derivation of stem curve and volume using backpack mobile laser scanning. ISPRS Journal of Photogrammetry and Remote Sensing, 161: 246-262.

JARZABEK-RYCHARD M, BORKOWSKI A, 2016. 3D building reconstruction from ALS data using unambiguous decomposition into elementary structures. ISPRS Journal of Photogrammetry and Remote Sensing, 118: 1-12.

JOHNSON A E, HEBERT M, 1999. Using spin images for efficient object recognition in cluttered 3D scenes. IEEE Transactions on Pattern Analysis and Machine Intelligence, 21(5): 433-449.

KAARTINEN H, HYYPPÄ J, KUKKO A, et al., 2012. Benchmarking the performance of mobile laser scanning systems using a permanent test field. Sensors, 12(9): 12814-12835.

KAASALAINEN S, HYYPPÄ H, KUKKO A, et al., 2009. Radiometric calibration of LiDAR intensity with commercially available reference targets// IEEE Transactions on Geoscience and Remote Sensing, 47(2): 588-598.

KANG Z, YANG J, 2018. A probabilistic graphical model for the classification of mobile LiDAR point clouds. ISPRS Journal of Photogrammetry and Remote Sensing, 143: 108-123.

KASHANI A, OLSEN M, PARRISH C, et al., 2015. A review of LiDAR radiometric processing: From Ad Hoc intensity correction to rigorous radiometric calibration. Sensors, 15(11): 28099-28128.

KELLY A, STENTZ A, AMIDI O, et al., 2006. Vehicles operating environments. International Journal of Robotics Research, 25(5-6): 449-483.

KLEMM J, CASPARY W, HEISTER H, 1997. Photogrammetric data organisation with the mobile surveying system KiSS// Proceedings of the 4th Conference on Optical: 300-308.

KUKKO A, ANDREI C O, SALMINEN V M, et al., 2007. Road environment mapping system of the Finnish Geodetic Institute—FGI Roamer. Int. Arch. Photogramm. Remote Sens. Spat. Inf. Sci, 36: 241-247.

LAI X, DAI D, ZHENG M, et al., 2014. Powerline three-dimensional reconstruction for LiDAR point cloud data. Journal of Remote Sensing, 18(6): 1223-1229.

LALONDE J F, VANDAPEL N, HUBER D F, et al., 2006. Natural terrain classification using three-dimensional ladar data for ground robot mobility. Journal of Field Robotics, 23(10): 839-861.

LEE S Y, CHOI K H, JOO I H, et al., 2006. Design and implementation of 4S-Van: A mobile mapping system. ETRI Journal, 28(3): 265-275.

LI J, YANG B, CHEN C, et al., 2018. Automatic registration of panoramic image sequence and mobile laser scanning data using semantic features. ISPRS Journal of Photogrammetry and Remote Sensing, 136: 41-57.

LI Q, LI J, CHEN Q H, et al., 2001. 3D mobile mapping system for road modelling. Proc. 3rd International Symposium on Mobile Mapping Technology, January 3–5.

LICHTI D D, GLENNIE C L, AL-DURGHAM K, et al., 2019. Explanation for the seam line discontinuity in terrestrial laser scanner point clouds. ISPRS Journal of Photogrammetry and Remote Sensing, 154: 59-69.

LIU C, SHI B, YANG X, et al., 2013. Automatic buildings extraction from lidar data in urban area by neural oscillator network of visual cortex. IEEE Journal of Selected Topics in Applied Earth Observations and Remote Sensing, 6(4): 2008-2019.

MANANDHAR D, SHIBASAKI R, 2002. Auto-extraction of urban features from vehicle-borne laser data. The International Archives of Photogrammetry, Remote Sensing and Spatial Information Sciences, 34(4): 650-655.

MATURANA D, SCHERER S, 2015. VoxNet: A 3D convolutional neural network for real-time object recognition//IEEE International Conference on Intelligent Robots and Systems. Institute of Electrical and Electronics Engineers Inc., 2015-December: 922-928.

MIAN A S, BENNAMOUN M, OWENS R A, 2006. A novel representation and feature matching algorithm for automatic pairwise registration of range images. International Journal of Computer Vision, 66(1): 19-40.

MURA C, MATTAUSCH O, PAJAROLA R, 2016. Piecewise-planar reconstruction of multi-room interiors with arbitrary wall arrangements. Computer Graphics Forum, 35(7): 179-188.

NAGAI M, TIANEN C, SHIBASAKI R, et al., 2009. UAV-Borne 3-D mapping system by multisensor integration. IEEE Transactions on Geoscience and Remote Sensing, 47(3): 701-708.

NIE S, WANG C, XI X, et al., 2019. Assessing the impacts of various factors on treetop detection using LiDAR-derived canopy height models. IEEE Transactions on Geoscience and Remote Sensing: 1-17.

NOVAK N, 1991. The Ohio State University mapping system: The stereo vision system component// Proceedings 47th Annual Meeting, Institute of Navigation (ION), Williamsburg, VA: 121-124.

OESAU S, LAFARGE F, ALLIEZ P, 2014. Indoor scene reconstruction using feature sensitive primitive extraction and graph-cut. ISPRS Journal of Photogrammetry and Remote Sensing, 90: 68-82.

PUENTE X S, PINYOL M, QUESADA V, et al., 2011. Whole-genome sequencing identifies recurrent mutations in chronic lymphocytic leukaemia. Nature, 475(7354): 101-105.

QI C R, SU H, MO K, et al., 2017a. PointNet: Deep learning on point sets for 3D classification and segmentation// IEEE Conference on Computer Vision and Pattern Recognition (CVPR): 652-660.

QI C R, YI L, SU H, et al., 2017b. PointNet++: Deep hierarchical feature learning on point sets in a metric space// Advances in Neural Information Processing Systems: 5099-5108.

REED M D, LANDRY C E, WERTHEr K C, 1996. The application of air and ground based laser mapping systems to transmission line corridor surveys// Proceedings of Position Location & Navigation Symposium. IEEE: 444-451.

RUSU R B, BLODOW N, BEETZ M, 2009. Fast Point Feature Histograms (FPFH) for 3D registration// Institute of Electrical and Electronics Engineers: 3212-3217.

SAVELONAS M A, PRATIKAKIS I, SFIKAS K, 2016. Fisher encoding of differential fast point feature histograms for partial 3D object retrieval. Pattern Recognition, 55: 114-124.

SCHWARZ K P, MARTELL H E, EL-SHEIMY N, et al., 1993. VIASAT-A mobile highway survey system of high accuracy// Proceedings of VNIS'93-Vehicle Navigation and Information Systems Conference. IEEE: 476-481.

SONG Y H, YANG C, SHEN Y J, et al., 2018. SPG-Net: Segmentation prediction and guidance network for image inpainting. arXiv: 1805.03356.

SU H, MAJI S, KALOGERAKIS E, et al., 2015. Multi-view convolutional neural networks for 3D shape recognition// Proceedings of the IEEE International Conference on Computer Vision: 945-953.

THEILER P W, WEGNER J D, SCHINDLER K, 2014. Keypoint-based 4-points congruent sets-automated marker-less registration of laser scans. ISPRS Journal of Photogrammetry and Remote Sensing, 96: 149-163.

TONG C H, BARFOOT T D, 2013. Gaussian process Gauss-Newton for 3D laser-based visual odometry// Proceedings- IEEE International Conference on Robotics and Automation: 5204-5211.

VIRTANEN J-P, KUKKO A, KAARTINEN H, et al., 2017. Nationwide point cloud: The future topographic core data. ISPRS International Journal of Geo-Information, 6(8): 243.

VOSSELMAN G, MAAS H G, 2010. Airborne and terrestrial laser scanning. Boca Raton: CRC Press.

WALLACE L, LUCIEER A, WATSON C, et al., 2012. Development of a UAV-LiDAR system with application to forest inventory. Remote Sensing, 4(6): 1519-1543.

WANG C, HOU S, WEN C, et al., 2018. Semantic line framework-based indoor building modeling using backpacked laser scanning point cloud. ISPRS Journal of Photogrammetry and Remote Sensing, 143: 150-166.

WEBER T, HÄNSCH R, HELLWICH O, 2015. Automatic registration of unordered point clouds acquired by Kinect sensors using an overlap heuristic. ISPRS Journal of Photogrammetry and Remote Sensing, 102: 96-109.

WEINMANN M, URBAN S, HINZ S, et al., 2015. Distinctive 2D and 3D features for automated large-scale scene analysis in urban areas. Computers and Graphics (Pergamon), 49: 47-57.

WEN C, SUN X, LI J, et al., 2019. A deep learning framework for road marking extraction, classification and completion from mobile laser scanning point clouds. ISPRS Journal of Photogrammetry and Remote Sensing, 147: 178-192.

XIA S, WANG R, 2018. Extraction of residential building instances in suburban areas from mobile LiDAR data. ISPRS Journal of Photogrammetry and Remote Sensing, 144: 453-468.

XIAO J, FURUKAWA Y, 2014. Reconstructing the world's museums. International Journal of Computer Vision, Kluwer Academic Publishers, 110(3): 243-258.

XIONG B, OUDE ELBERINK S, VOSSELMAN G, 2014. A graph edit dictionary for correcting errors in roof topology graphs reconstructed from point clouds. ISPRS Journal of Photogrammetry and Remote Sensing, 93: 227-242.

XUE B Y, CHENG W, XIAO H X, et al., 2017. Wavelet transform of Gaussian progressive decomposition method for full-waveform LiDAR data. Journal of Infrared and Millimeter Waves, 36(6): 749-755.

YAN L, TAN J, LIU H, et al., 2018. Automatic non-rigid registration of multi-strip point clouds from mobile laser scanning systems. International Journal of Remote Sensing, 39: 1713-1728.

YANG B S, DONG Z, 2013. A shape-based segmentation method for mobile laser scanning point clouds. ISPRS Journal of Photogrammetry and Remote Sensing, 81: 19-30.

YANG B S, XU W, YAO W, 2014. Extracting buildings from airborne laser scanning point clouds using a marked point process. GIScience and Remote Sensing, 51(5): 555-574.

YANG B S, CHEN C, 2015a. Automatic registration of UAV-borne sequent images and LiDAR data. ISPRS Journal of Photogrammetry and Remote Sensing, 101: 262-274.

YANG B S, DONG Z, ZHAO G, et al., 2015b. Hierarchical extraction of urban objects from mobile laser scanning data. ISPRS Journal of Photogrammetry and Remote Sensing, 99: 45-57.

YANG B S, DONG Z, LIANG F, et al., 2016. Automatic registration of large-scale urban scene point clouds based on semantic feature points. ISPRS Journal of Photogrammetry and Remote Sensing, 113: 43-58.

YANG B S, DONG Z, LIU Y, et al., 2017a. Computing multiple aggregation levels and contextual features for road facilities recognition using mobile laser scanning data. ISPRS Journal of Photogrammetry and Remote Sensing, 126: 180-194.

YANG B S, HUANG R, LI J, et al., 2017b. Automated reconstruction of building lods from airborne LiDAR point clouds using an improved morphological scale space. Remote Sensing, 9(1): 14.

YANG B S, LIU Y, DONG Z, et al., 2017c. 3D local feature BKD to extract road information from mobile laser scanning point clouds. ISPRS Journal of Photogrammetry and Remote Sensing, 130: 329-343.

ZANG Y, YANG B, LI J, et al., 2019. An accurate TLS and UAV image point clouds registration method for deformation detection of chaotic hillside areas. Remote Sensing, 11(6): 647.

ZHANG J, SINGH S, 2014. LOAM: LiDAR odometry and mapping in real-time// Proceedings of Robotics: Science and Systems, 2(9): 109-111.

ZHANG L, ZHANG L, 2018a. Deep learning-based classification and reconstruction of residential scenes from large-scale point clouds. IEEE Transactions on Geoscience and Remote Sensing, 56(4): 1887-1897.

ZHANG L, LI Z, LI A, et al., 2018b. Large-scale urban point cloud labeling and reconstruction. ISPRS Journal of Photogrammetry and Remote Sensing, 138: 86-100.

ZHANG W, QI J, WAN P, et al., 2016. An easy-to-use airborne LiDAR data filtering method based on cloth simulation. Remote Sensing, 8(6): 501.

ZHAO H, SHIBASAKI R, 2005. A novel system for tracking pedestrians using multiple single-row laser-range scanners. IEEE Transactions on systems, man, and cybernetics-Part A: Systems and Humans, 35(2): 283-291.

第2章 点云模型

2.1 引 言

三维点云具有真三维、高冗余、非结构化、质量差异大、采样粒度分布严重不均和不完整等典型特点，同时点云中存在一定的噪声。三维点云的智能化处理面临的关键问题是：①多视角、多平台、多源点云难以有效整合，限制了数据间的优势互补，导致复杂场景描述不完整；②点云模型对复杂场景的结构和语义特征表达能力不足，模型可用性严重受限；③点云的噪声剔除、高效组织管理、快速查询和可视化。点云模型是点云智能处理的理论基础和关键，是架设从点云到应用之间的桥梁。本章将详细介绍点云模型相关的知识。

2.2 广义点云模型

点云模型是点云智能处理的理论基础和核心，包括点云的数据模型、处理模型与表达模型三个部分，是解决面向点云场景特征多层次准确刻画、三维信息的抽取与融合及场景的按需结构化表达等难题的关键，也是科学研究和工程应用的核心支撑，如图2.1所示。

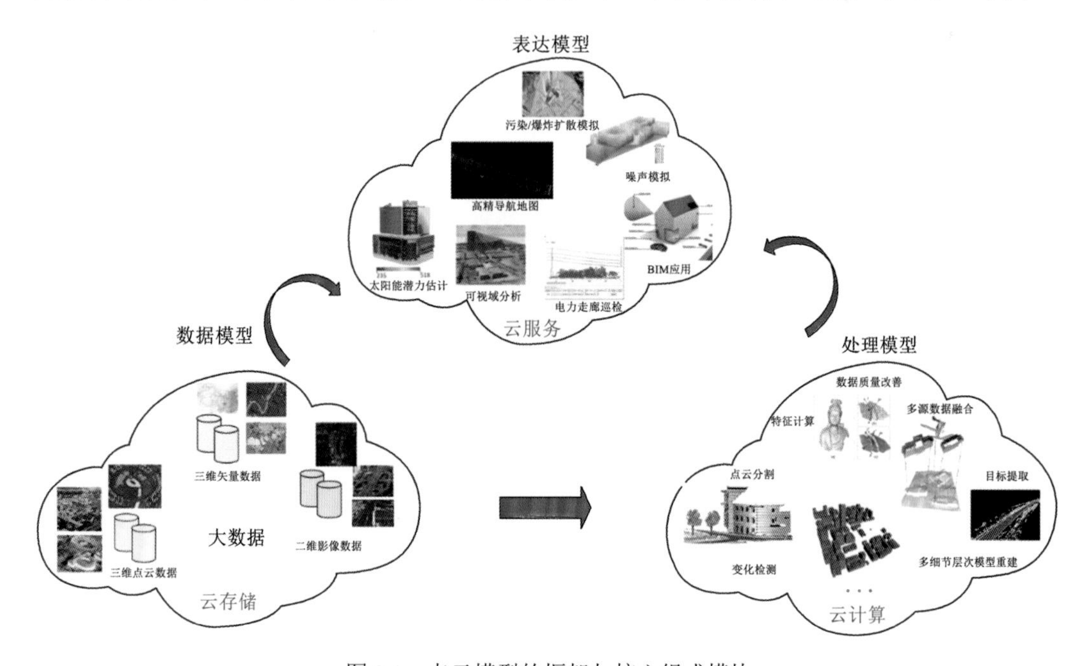

图2.1 点云模型的框架与核心组成模块

在点云模型方面，杨必胜等（2017）首次提出了“广义点云”的科学概念与理论研究框架，被国际摄影测量与遥感学会遴选为重要研究主题之一，并初步构建了广义点云理论方法，为多平台点云的智能处理与工程应用提供了科学支撑，得到国际同行的高度认可，被授予2019年度唯一的Carl Pulfrich奖。广义点云模型定义了客观现实世界的最小描述单元——点。广义点云模型中的点不只是空间一个简单的几何点，而是具有空间位置、边界、时间、类别、内外部属性几大基本特点。其被抽象表达为空间中一个具有一定体积、内部和外部特性的体素（voxel），是地物目标、地理现象等描述的最小单元，也是空间计算与分析的最小计算单元。广义点云模型充分实现了狭义点云（单一平台采集点云）间的优势互补，在数据模型方面把过去孤立、分散表达转变为多模统一表达，在处理模型方面从人工辅助分类到智能化场景理解，在表达模型方面把过去的可视、量算转变为计算与分析（图2.2）。

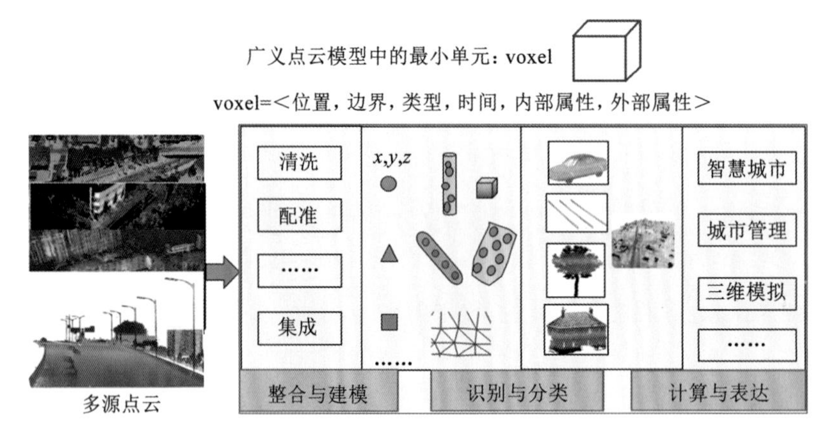

图2.2　广义点云模型框架

2.2.1　广义点云数据模型：从孤立、分散到多模统一

由于单一视角、单一平台的观测范围有限且空间基准不严格统一，为了获取目标区域全方位的空间信息，不仅需要进行站间/条带间的点云融合，还需要进行多平台（如机载、车载、地面站等）的点云融合，以弥补单一视角、单一平台带来的数据缺失，实现大范围场景完整、精细的数字现实描述（Yang et al.，2015a；陈良良 等，2014）。此外，由于激光点云及其强度信息对目标的刻画能力有限，需要将激光点云和影像数据进行融合，使得点云不仅有高精度的三维坐标信息，也具有了更加丰富的光谱信息（陈驰 等，2015a；张良 等，2014）。不同数据（如：不同站点/条带的激光点云、不同平台激光点云、激光点云与影像）之间的融合，需要同名特征进行关联。针对传统人工配准方法效率低、成本高的缺陷，国内外学者研究基于几何或纹理特征相关性的统计分析方法（Yang et al.，2016a，2014）。

由于不同平台、不同传感器数据之间的成像机理、维数、尺度、精度、视角等各有不同，目前仍然缺少普适性和稳健性强的点云数据模型构建方法。为此，杨必胜等（2017）

发展了基于多视几何和机器视觉方法的多平台观测数据多元结构特征（点、线、面）鲁棒提取，创建同名特征配对模型，解决弱交会、小重叠区域同名几何特征自动提取和配对难题；建立基于同名几何特征配对的一致性映射模型，发展重叠区域闭合环约束自动构建、顾及精度差异的自动分区策略，实现一致性映射模型参数初始值的准确估计；发展分区控制、分步迭代的全局优化求解方法，克服优化求解中局部收敛、全局发散的缺陷，解决模型参数非线性优化问题，实现大范围三维场景内多源、异质数据的全自动统一定位、定姿与表达，如图 2.3 所示。

图 2.3　大范围三维场景内多源、异质数据高精度融合

红色为机载点云；绿色为地面站点云；蓝色为车载点云；黄色为背包点云

2.2.2　广义点云处理模型：从人工辅助分类到智能化场景理解

三维点云的精细分类是从杂乱无序的点云中识别与提取人工与自然地物要素的过程（Yang et al.，2017a，2017b，2016b，2014；Fang et al.，2015），是数字地面模型生成、复杂场景三维重建等后续应用的基础。然而，不同平台激光点云分类关注的主题有所不同。机载激光点云分类主要关注大范围地面、建筑物顶面、植被、道路等目标（Yang et al.，2017b，2016b；Hu et al.，2014；隋立春 等，2011），车载激光点云分类关注道路及两侧道路设施、植被、建筑物立面等目标（Yang et al.，2017a，2015a，2013；Li et al.，2016；Yu et al.，2015），而地面激光点云分类侧重特定目标区域的精细化解译（Joerg et al.，2015）。但是，点云场景存在目标多样、形态结构复杂、目标遮挡和重叠及空间密度差别迥异等现象，是三维点云自动精细分类的共同难题。如：基于特征的逐点分类方法（Gu et al.，2017；Guo et al.，2015）或分割聚类分类方法（Yang et al.，2017b，2015b，2013）对点云标识，并且对目标进行提取。但是由于特征描述能力不足，分类和目标提取质量无法满足应用需求，极大地限制了三维地理信息数据的使用价值。目前，深度学习方法突破了传统分类方法中过度依赖人工定义特征的困难，已在二维场景分类解译方面表现出极大潜力，但是在三维场景的语义和实例分割方面，还面临许多难题有待解决：①研究包括建筑、街道、植被、树木等全要素时空场景的语义内涵、分类体系及编码方法，建立城市空间语义模型及语义分类体系；②研究城市复杂场景基元结构特征的局部自适应描述和表达，实现多尺度、多

层次及位置无关的时空特征表达；③研究众包分布式数据标注任务规划技术，通过多粒度分布式网络系统融合众源标注信息，实现多类型目标千万级多源异构数据基准库的高效构建，如图 2.4 所示；④研究基于深度学习、强化学习、迁移学习等人工智能手段的全要素地理实体结构与语义信息自动化提取方法，提高点云场景理解的智能化水平。

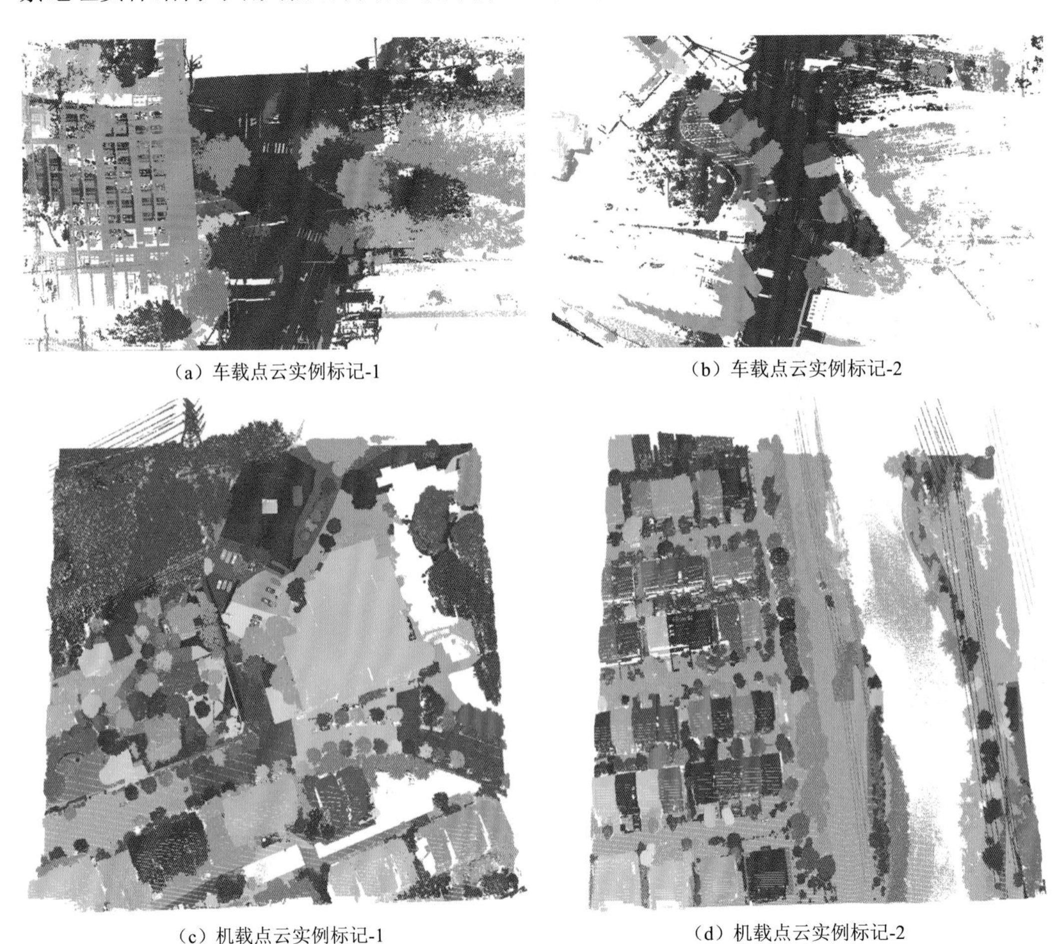

（a）车载点云实例标记-1　（b）车载点云实例标记-2

（c）机载点云实例标记-1　（d）机载点云实例标记-2

图 2.4　全类型地物要素样本库构建

2.2.3　广义点云表达模型：从可视、量算到计算与分析

在大范围点云场景分类和目标提取后，目标点云依然离散无序且高度冗余，不能显式地表达目标结构及结构之间的空间拓扑关系，难以有效满足三维场景的应用需求。因此，需要通过场景三维表达，将离散无序的点云转换成具有拓扑关系的几何基元组合模型，常用的有数据驱动和模型驱动两类方法（Xiong et al., 2015；Perera et al., 2014），还面临的主要问题和挑战包括：三维模型的自动修复，以克服局部数据缺失对模型不完整的影响（Elberink et al., 2009）；形状、结构复杂地物目标的自动化稳健重构；从可视化为主的三维重建发展到可计算分析为核心的三维重建，以提高结果的可用性和好用性。此外，不同的

应用主题对场景内不同类型目标的细节层次要求不同（Biljecki et al., 2014），场景三维表达需要加强各类三维目标自适应的多尺度三维重建方法（Yang et al., 2017b; Biljecki et al., 2016; Verdie et al., 2015），建立语义与结构正确映射的场景–目标–要素多级表达模型，如图 2.5 所示。基于构建的结构化语义模型，可以为智慧城市综合治理提供菜单式服务。例如，应急管理部门需要实时动态全空间数据，水务管理部门需要河流数据，绿化管理部门需要绿地数据，建设管理部门需要高层建筑数据，亦或是高架墩柱数据等，都可以通过个性化定制服务，通过智能过滤后提取所需模型。

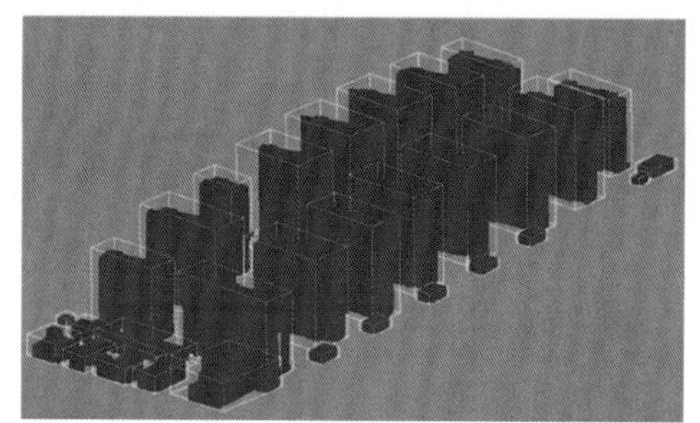

（a）LoD0：单一纹理

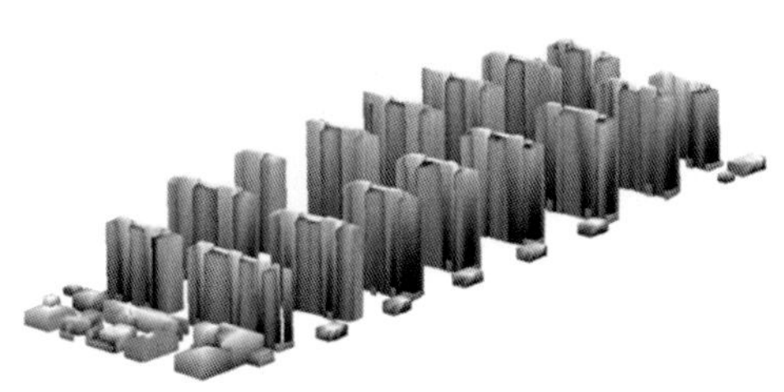

（b）LoD1：法向量纹理

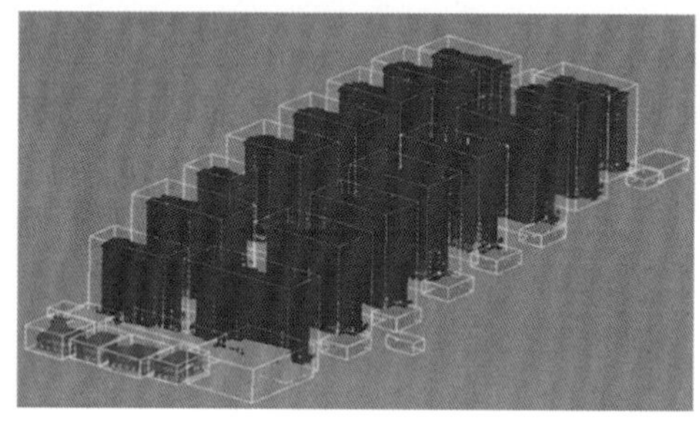

（c）LoD2：类别纹理

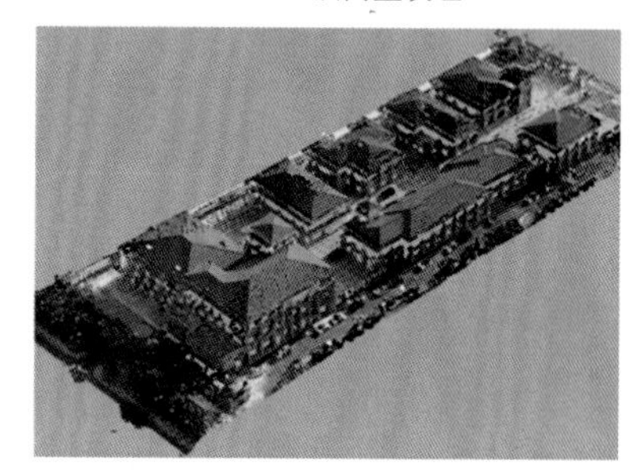

（d）LoD3：真实纹理

图 2.5　城市实体要素按需多层次表达

目前以数据驱动和模型驱动为主的方法面临的主要问题和挑战：①挖掘并构建复杂场景与场景目标的几何、语义、属性及场景目标间的空间关系和依存关系的规律性和关联性，形成包含“语义–结构–关系”的要素建模语法；②基于“语义–结构–关系”迭代耦合的场景三维语义建模方法，支持全要素结构化语义建模与分析，形成场景结构化语义模型构建的一体化、规范化表达方法体系；③扩展现有的 CityGML 层次化模型表达体系（LoD），形成包含语义、几何、纹理信息的城市要素按需多层次表达体系。

尽管点云模型在数据模型、处理模型、表达模型等方面已经取得了长足的进步，但是相关研究仍需进一步的突破。①点云深度学习网络架构设计，尤其是如何构建适用于超大规模点云场景的深度学习网络，直接对三维点云进行学习，实现端到端的三维目标提取与结构化重建，需要在损失函数构造、三维点云卷积等方面进一步深入研究（Song et al., 2018; Lang et al., 2018; Su et al., 2018; Yu et al., 2018）。②点云深度学习公开数据集。虽然，目前已经有 NYU（Silberman et al., 2012）、Kitti（Geiger et al., 2012）、ShapeNet（Chang et al.，2015）、S3DIS（Armeni et al.，2017）、ScanNet（Dai et al.，2017）、Semantic 3D（Hackel et al.，2017）等三维点云公开数据集，然而，上述公开的标准数据集存在目标种类少、场景范围小及场景多元化不足等缺点，因此亟须构建更全面、覆盖范围更广、更接近真实世界的标准数据集。③点云数字现实，在点云数字基础设施的基础上汇聚物联网数据，发展点云与动态时空流数据（如：视频监控数据、车辆轨迹数据、空气质量数据、水质水文数据、气象数据、水电气表数据等）的时空误差耦合优化技术与多结构约束的物联网数据与点云空间信息融合理论，突破物联网多模态传感器数据到点云数字基础设施准确匹配的关键技术，提升点云数字基础设施与物联网动态传感数据的时空一致性。④5G 时代的点云边缘计算，5G 具备的超高带宽、低时延、高可靠、广覆盖、大连接等特点，同时与边缘计算能力结合使得点云大数据的实时传输和在线处理变为现实，将进一步促进点云大数据在虚拟/增强现实、无人驾驶、电力线路巡检、物流配送等行业的应用。

2.3　点 云 去 噪

受到扫描设备精度、环境因素、电磁波衍射特性、被测物体表面性质变化等因素的影响，点云模型中的最小单元——点，不可避免地存在噪声。除此之外，由于受到视线遮挡、障碍物等外界因素的影响，也往往存在一些远离目标点云的离群点。噪声点和离群点会严重影响局部点云特征（如：表面法线、曲率）的计算精度，从而影响点云配准、目标提取、模型重建等点云处理模型的结果。

2.3.1　Statistical Outlier Removal 滤波器

Statistical Outlier Removal 滤波器主要用来剔除离群点。其本质是通过统计输入点云区域内点的分布密度来判别离群点。点云越聚集的地方分布密度越大，反之越小。通过定义每个点与其 k 近邻点的平均距离作为密度度量指标。如果某处点云小于一定密度阈值，则视为离群点，并将其剔除。

Statistical Outlier Removal 算法实现的主要过程如下：

（1）搜索兴趣点的 k 近邻点，计算兴趣点到其 k 近邻点的距离均值，记作该点的平均距离；

（2）假设输入点云中所有点的密度满足由均值和标准差决定的高斯分布，计算目标点云中所有点的平均距离及标准差，设置距离阈值 d，d 为平均距离加上 1~3 倍标准差；

（3）根据设定的距离阈值与（1）中求得的点的平均距离进行比较，平均距离大于距离阈值 d 的点被标记为离群点并去除。

根据上述原理对点云进行噪声剔除，设置参数为：k=50，d=平均距离+1.0 倍标准差，结果如图 2.6 所示。

（a）原始点云

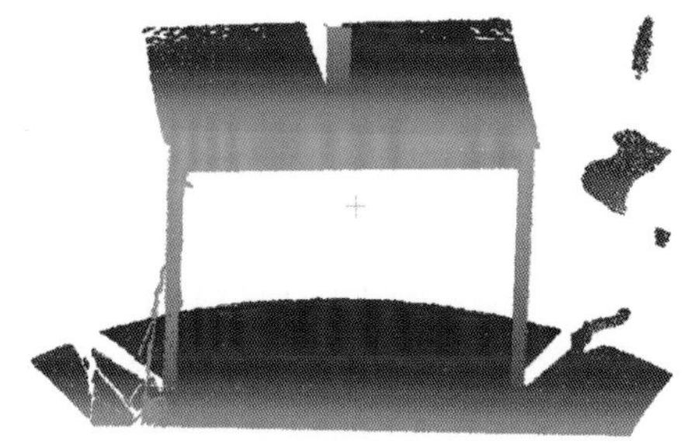

（b）离群点剔除后的点云

图 2.6 Statistical Outlier Removal 滤波器离群点去除结果

2.3.2 Radius Outlier Removal 滤波器

Radius Outlier Removal 滤波器是以半径作为判别依据，能够滤除在输入点云的一定范围内没有达到足够邻域点数量的所有查询点。设置邻域点阈值为 N，逐个以当前点为中心，确定一个半径为 d 的球体。计算当前球体内邻域点的数量，数量大于 N 时，该点被保留；反之就被剔除。如图 2.7 所示，当 N=1 时，从点云中剔除黄色点；N=2，则从点云中剔除黄色和绿色点。

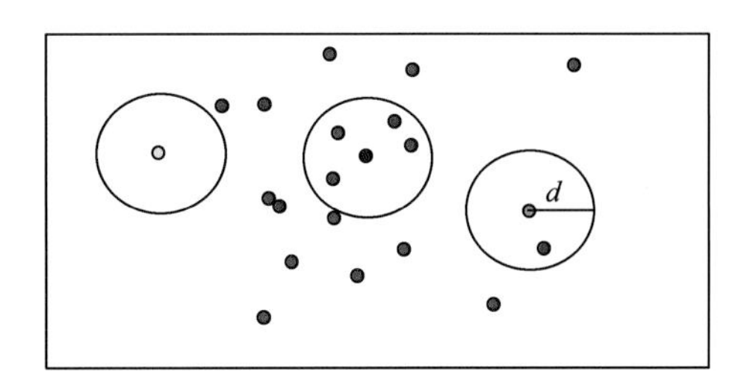

图 2.7 Radius Outlier Removal 滤波处理示意图

Radius Outlier Removal 算法实现的主要过程如下：

（1）计算输入点云中每个查询点的 d 邻域内邻域点的数量，记作 k；

（2）设置点数阈值 K；

（3）若 $k<K$，则标记该查询点为离群点，若 $k \geqslant K$，则保留该点。

根据上述原理对点云进行噪声剔除，设置实验参数为 d=0.05 m，K=100，其结果如图 2.8 所示。

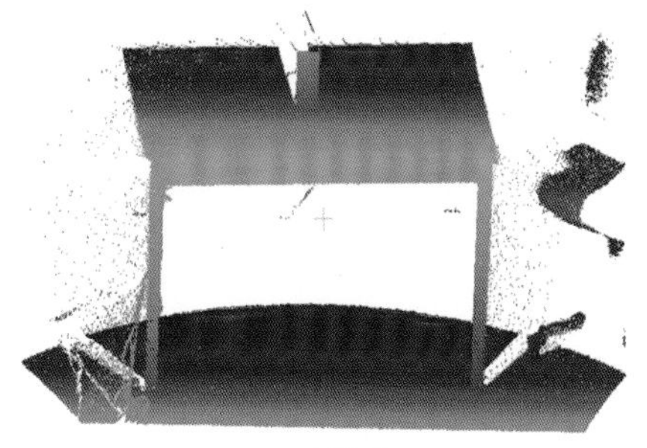

（a）原始点云

（b）离群点剔除后的点云

图 2.8 Radius Outlier Removal 滤波器离群点去除结果

2.4 点云强度校正

LiDAR 系统发射出的激光信号经大气衰减到达目标表面，与目标表面发生作用，散射后再经大气作用回到接收机，光电探测器将接收的来自目标的反射回波信号转换成电信号，放大电路对该电信号进行放大后再由信号处理电路进行处理，如图 2.9 所示。在整个激光扫描过程中，激光强度受到扫描仪特性、大气传输衰减、目标特性、扫描几何构造等众多因素的影响，并不能直接从激光强度中提取目标特性。在利用强度数据之前，必须对激光强度数据进行改正或者辐射校正，去除各种因素的影响。

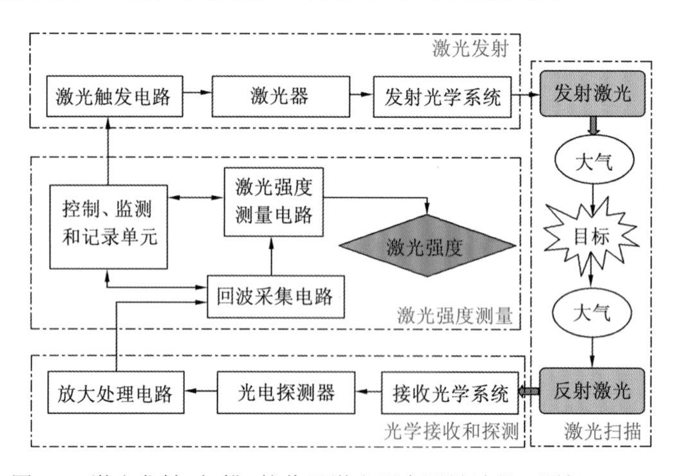

图 2.9　激光发射、扫描、接收及激光强度测量过程（谭凯，2016）

根据 Höfle 等（2007）扩展目标激光雷达方程为

$$P_{\mathrm{r}}=\frac{P_{\mathrm{t}}D_{\mathrm{r}}^{2}\rho\cos\theta}{4R^{2}}\eta_{\mathrm{sys}}\eta_{\mathrm{atm}} \tag{2.1}$$

其中：P_{r} 和 P_{t} 分别为激光接收功率和发射功率；D_{r} 为接收机孔径；ρ 为目标反射率；θ 为入射角；η_{atm} 为大气衰减；η_{sys} 为仪器衰减；R 为与目标的距离。

一般而言，激光反射强度 I 与接收功率 P_{r} 呈正相关，即：$I\propto P_{\mathrm{r}}$。对于 LiDAR 系统而言，P_{t}、D_{r} 及 η_{sys} 都可以看作与系统相关的常数，因此式（2.1）可简化为

$$I\propto\frac{\rho\cos\theta}{R^{2}}\eta_{\mathrm{atm}} \tag{2.2}$$

根据式（2.2）可得，反射强度与目标反射率、入射角余弦及大气衰减因子呈正比，与距离的平方呈反比。因此，为了获得与目标反射率相关的改正后强度值，需要对入射角、距离及大气三个主要的影响因素进行改正。

2.4.1 距离改正

由式（2.2）可得，原始激光强度值 I 与距离的二次方呈反比。为了得到一个与距离无关的强度值，通常定义一个标准距离 R_{S}，将所有点的强度值改正到标准距离下。距离

改正后强度值 $I(R_s)$如下：

$$I(R_s)=I\frac{R^2}{R_s^2} \tag{2.3}$$

2.4.2 入射角改正

由式（2.2）可得，原始激光强度值 I 与入射角的余弦呈正比。为了得到一个不受入射角影响的强度值，可以定义一个标准角度 θ_s，将所有点的强度值改正到标准入射角下。入射角改正后强度值 $I(\cos\theta_s)$如下：

$$I(\cos\theta_s)=I\frac{\cos\theta_s}{\cos\theta} \tag{2.4}$$

2.4.3 大气改正

由式（2.2）可得，原始激光强度值 I 与大气衰减因子 η_{atm} 呈正比。大气衰减主要是指大气对激光产生散射与吸收效应。大气衰减受湿度、温度、气压等的影响。假定目标与扫描仪之间大气条件是稳定的，即激光能量的衰减主要是由大气对激光光子的散射和吸收引起的，可得大气衰减随着距离的增大而减少（Eitel et al.，2016），因此可通过一定的大气衰减模型对大气效应进行改正。比较经典的是比尔–朗伯定律（Beer-Lambert law）模型（Yan et al.，2012）。

比尔-朗伯定律模型以自然底数 e 为底，距离反比函数为指数来模拟大气对激光的衰减，如下：

$$\eta_{atm}=e^{-2\alpha R} \tag{2.5}$$

式中：$\alpha=\tau_{as}(\lambda)+\tau_{ms}(\lambda)+\tau_{aa}(\lambda)+\tau_{ma}(\lambda)$；$R$ 为距离；$\tau_{as}(\lambda)$ 与 $\tau_{ms}(\lambda)$ 分别为米氏散射与瑞利散射，其计算公式如式（2.6）所示。$\tau_{aa}(\lambda)$ 与 $\tau_{ma}(\lambda)$ 分别为气溶胶吸收与分子吸收，其计算可利用 HITRAN 2008 数据库。HITRAN 2008 数据库由 Rothman 等建立，包含 42 种分子的 2 700 000 条光谱曲线。通过设置具体的分子、距离、光谱曲线、温度、气压等，可以根据 HITRAN 2008 数据库直接计算气溶胶吸收与分子吸收。

$$\begin{cases}\tau_{as}(\lambda)=(-2.656\ln\lambda+2.449)\times\upsilon^{-0.199\ln\lambda+1.157}\\ \tau_{ms}(\lambda)=N_s\sigma_r(\lambda)\dfrac{P}{P_s}\dfrac{T_s}{T}\\ \sigma_r(\lambda)=\dfrac{24\pi^3[n_s(\lambda)^2-1]^2}{\lambda^4N_s^2[n_s(\lambda)^2+2]^2}F_k\end{cases} \tag{2.6}$$

式中：λ 为激光波长，其余参数为与大气特性相关的参数。

2.4.4 总体改正

综合式（2.3）～式（2.5），可得 LiDAR 激光强度理论改正的总体模型为（Eitel et al.，2016）

$$I_{\mathrm{s}} = I \frac{R^2}{R_{\mathrm{s}}^2} \frac{\cos\theta_{\mathrm{s}}}{\cos\theta} \frac{1}{\eta_{\mathrm{atm}}} \tag{2.7}$$

式中：I_{s}为只与目标反射率相关的强度值。

点云强度经改正后可在目标含水量变化检测（Lerones et al.，2016）、森林植被营养成分与病害检测（Wang et al.，2009）、地物分类识别（Li et al.，2014）、自然灾害评估（Koenig et al.，2015）、精细农业（Malinowski et al.，2016）、冰川积雪研究（Kukko et al.，2013）等领域有着广泛的应用前景。例如：Kukko 等（2013）利用光谱辐射测量数据作为参考，利用ALS激光强度数据提取目标反射率对雪与冰进行分类，计算了冰川融化面积与速率。Lerones 等（2016）根据历史建筑表面强度及反射率的差异，结合数字图像处理技术，对建筑表面受损区域进行提取。Joerg 等（2015）以光谱仪实测的冰川辐射数据作为标准，对机载强度数据进行改正，对冰川的反射率进行了计算。

2.5 点云位置偏差改正

受全球导航卫星系统（global navigation satellite system，GNSS）系统定位误差、IMU定姿误差、扫描仪测角和测距误差、多传感器安装误差、传感器同步误差、数据解算误差等的综合影响，激光扫描点云的位置在不同环境中存在较大的差异（Xu et al.，2015）。当卫星信号良好时，GNSS 和 IMU 组合导航的实时定位精度优于 5 cm，定姿精度优于 0.05°，车载或机载点云的点位精度可达厘米级（Kaartinen et al.，2012；Barber et al.，2008；Norbert et al.，2008）。但是在高楼林立的城区，卫星信号遮挡严重、定位精度差，导致激光扫描系统往返和不同时相观测的点云之间存在分米甚至米级偏差，无法满足科学研究和工程应用的需求。在工程应用中，通常沿车辆采集的路线布设密集控制点，依据地面控制点改正车载点云的相对与绝对精度，但是存在控制点布设难度大、劳动力成本高、自动化水平低等问题（李峰 等，2011）。针对上述问题，作者提出了一种用于改善城市场景车载点云位置偏差的方法，有效地消除车载点云重访位置的不一致，实现位置偏差自动化发现与改正，其技术路线如图 2.10 所示。

2.5.1 基于轨迹的车载点云分段

车载激光扫描系统沿轨迹采集点云时，各类误差随时间累积，导致车载点云存在分米甚至米级位置偏差。为解决车载点云中存在的非刚性形变，需要将车载点云进行分段，假设段内点云不存在形变，纠正段间的非刚性形变。车载点云中的位置偏差常常出现在测量车速度和方向急剧变化的地方，并且这些地方的误差是非线性分布的，因此可用速度和方向急剧变化的轨迹点将点云分段。依据点云误差分布特性分段可以使得段内误差分布较均匀，便于后续据此优化轨迹以取得更高的数据质量。此外，为提高算法在大偏差、对称性、几何特征稀疏场景下的适应性，作者提出顾及点云误差分布特性的车载点云自适应分段方法，包括：选择候选分段点、寻找重访分段点、筛选分段点、车载点云分段 4 个部分，如图 2.11 所示。

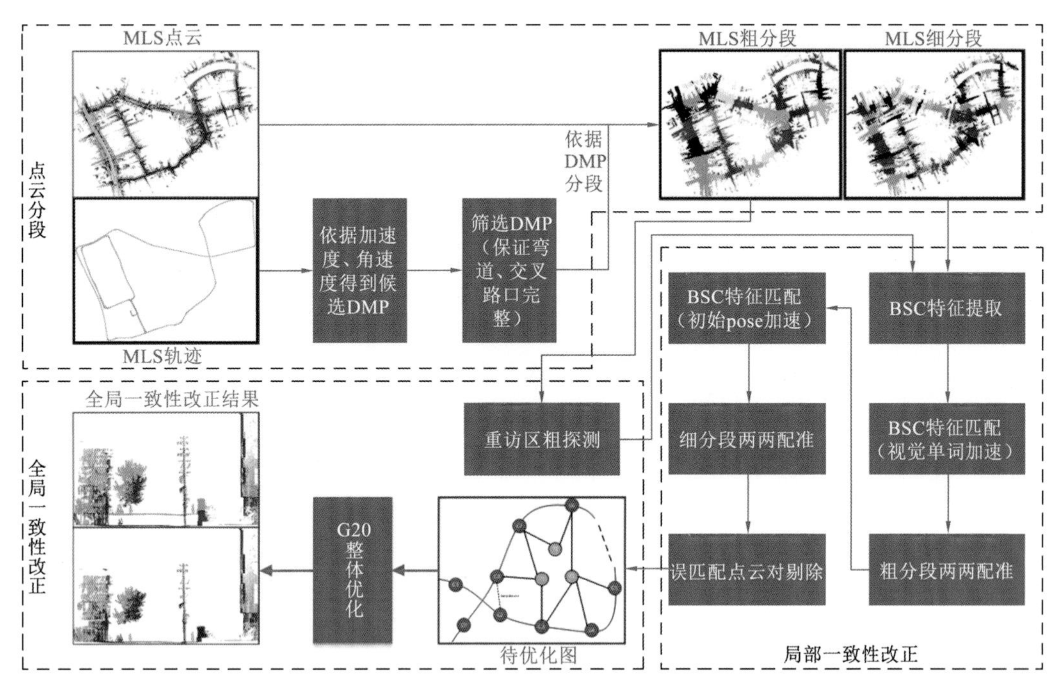

图 2.10 点云重访位置偏差改正技术路线图

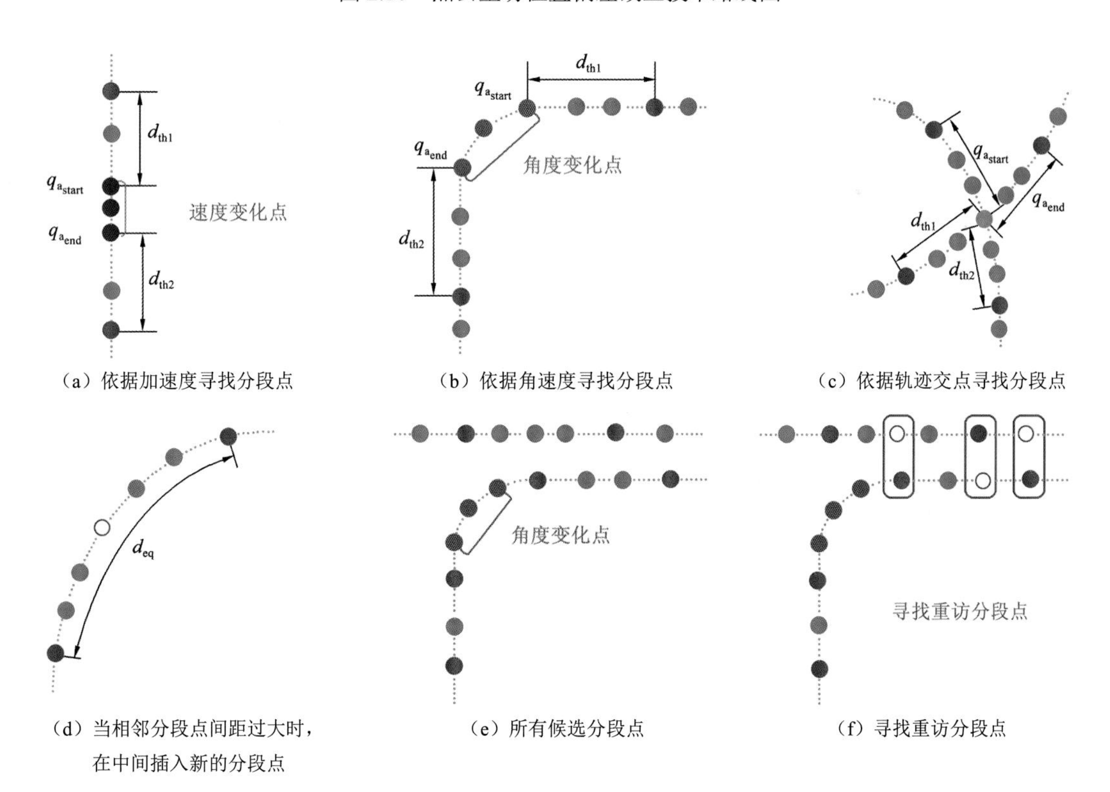

（a）依据加速度寻找分段点 （b）依据角速度寻找分段点 （c）依据轨迹交点寻找分段点

（d）当相邻分段点间距过大时，在中间插入新的分段点 （e）所有候选分段点 （f）寻找重访分段点

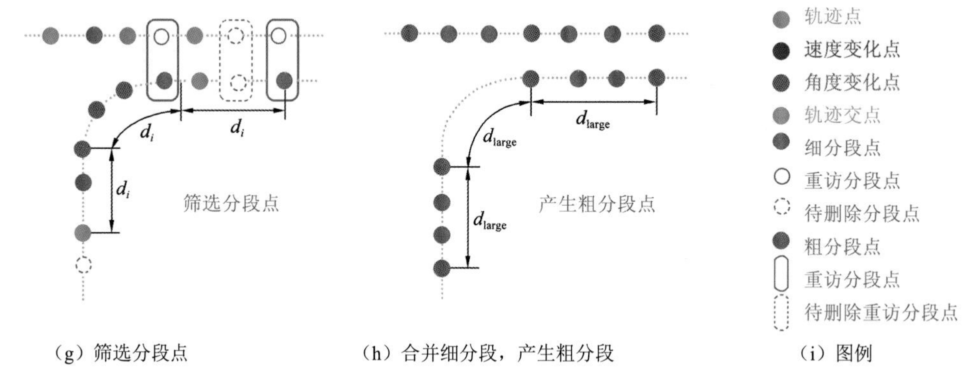

（g）筛选分段点　　（h）合并细分段，产生粗分段　　（i）图例

图 2.11　车载点云分段算法流程图

1. 选择候选分段点

计算轨迹点的加速度和角速度，加速度 Q_a 大于阈值 a_{th} 的轨迹为速度变化点，即 $Q_a=\{q_j \| |v_j-v_{j-1}| / (t_j-t_{j-1}) \geqslant a_{th}\}$，其中 q_j 为一轨迹点，其速度 $v_j=\|q_j-q_{j-1}\| / (t_j-t_{j-1})$；角速度 Q_o 大于阈值 ω_{th} 的轨迹点为角度变化点，即 $Q_o=\{q_j | (\varphi_j-\varphi_{j-1}) / (t_j-t_{j-1}) \geqslant \omega_{th}\}$，其中 φ_j 为轨迹点 q_j 的航向角。记 $q_{a_{start}}$，$q_{a_{end}}$ 分别为连续速度变化轨迹段的首尾轨迹点，$q_{o_{start}}$，$q_{o_{end}}$ 分别为连续角度变化轨迹段的首尾轨迹点，分别沿轨迹向外扩展一定距离 d_{th1}，取该处轨迹点为候选分段点，如图 2.11（a）和图 2.11（b）所示。寻找轨迹的交点 q_{cross}，沿轨迹向外扩展一定距离 d_{th2}，取该处轨迹点为候选分段点，如图 2.11（c）所示。当相邻候选分段点间隔大于 d_{eq} 时，取中点处的轨迹点为新增候选分段点，如图 2.11（d）所示。

2. 寻找重访分段点

对于每个候选分段点，寻找半径阈值 d_c 内最近的轨迹点，候选分段点到该轨迹点间的轨迹距离必须大于一定距离 d_i，满足上述条件时，将寻找到的轨迹点作为候选分段点的重访分段点，如图 2.11（f）所示。寻找重访分段点的目的在于使重访分段间的重叠度最大，使得后续两两配准更为鲁棒。

3. 筛选分段点

以上找到的候选分段点分布可能不均匀，在交叉路口附近的分段点可能会过于密集，因此，需要在候选分段点中筛选得到最终的分段点。首先，删除轨迹交点中间的候选分段点，然后以一定间隔 d_i 将轨迹均匀分段，每段内最多保留一个分段点，且优先保留成对的分段点，如图 2.11（g）所示。

4. 车载点云分段

依据得到的分段点，将车载点云进行分段，得到的分段为细分段，再将细分段按长度阈值 d_{large} 合并得到粗分段，如图 2.11（h）所示；每个细分段都有唯一的编号，沿轨迹编号逐渐增大，记作 ID_{seg}。

2.5.2　由粗到细的点云分段两两配准

在探测到重访段后，需要通过两两配准纠正重访点云的位置偏差。两两配准分为粗配准和精配准，粗配准一般使用同名特征点、线、面、体等构建几何约束。对于复杂城市场景下获取的车载点云，一般的两两配准算法鲁棒性差，难以适用于偏差大、结构对称、几何特征稀疏的复杂场景；此外，对于分段点云，当分段较长时，段内非刚性形变大，但几何特征丰富，两两配准精度低，但对偏差大、结构对称、几何特征稀疏场景的鲁棒性很强；当分段较短时，段内形变小，但几何特征相对较少，两两配准精度高，但鲁棒性极差（邹响红，2019）。为解决该问题，作者提出基于二进制形状上下文的由粗到细的车载点云两两配准方法，该方法包括：重访段探测、预处理与 BSC 特征提取、粗分段两两配准、细分段两两配准、错误两两配准结果剔除 5 个步骤。

1. 重访段探测

首先，判断所有粗分段是否相交，计算相交的粗分段间的重叠度 IOU_1，当 IOU_1 大于 $\mathrm{IOU}_{\mathrm{large}}$ 时，认为两粗分段重访；对于重访粗分段内包含的细分段，计算可能重访的细分段间的重叠度 IOU_2，当 IOU_2 大于 $\mathrm{IOU}_{\mathrm{small}}$ 时，认为两细分段重访。

2. 预处理与 BSC 特征提取

对于所有重访细分段，先按一定分辨率 R_{th} 抽稀，再提取段内 BSC 特征，并用 k-means 算法对提取的 BSC 特征进行聚类，每个类作为视觉单词。

3. 粗分段两两配准

对于粗分段 Seg_i，其编号为 i，与其重访的粗分段组成的集合为 $\Omega=\{\mathrm{Seg}_j|\mathrm{IOU}_{\mathrm{Seg}_i\mathrm{Seg}_j}>\mathrm{IOU}_{\mathrm{large}}, j<i\}$，其中，$\mathrm{Seg}_j$ 为 Seg_i 的一个重访段，$\mathrm{IOU}_{\mathrm{Seg}_i\mathrm{Seg}_j}$ 为两者的重叠度。Seg_k 为 Ω 中元素，Seg_k 及其相邻粗分段组成的集合为 $\Omega_A=\{\mathrm{Seg}_m|\mathrm{Seg}_m\in\Omega,|k-m|<\varepsilon\}$，其中 ε 一般设置为 5，当 Seg_i 存在 N 次重访时，集合 Ω_A 的个数为 N。

为提高粗分段两两配准的鲁棒性，对于粗分段 Seg_i 的每一个相邻重访粗分段集合 Ω_A，将该集合内粗分段当作整体，再与 Seg_i 进行两两配准，如图 2.12 所示。合并 Seg_i 内细分段的 BSC 特征得到特征集合 F_{Seg_i}，合并 Ω_A 所包含的所有细分段的 BSC 特征得到特征集合 F_{Ω_A}，依据同名特征匹配，得到同名特征集合 $\mathrm{FP}_{\mathrm{Seg}_i\Omega_A}$，再依据 $\mathrm{FP}_{\mathrm{Seg}_i\Omega_A}$ 进行两两配准，得到 Seg_i 与 Ω_A 的转换关系与同名特征的均方根误差（root mean square error，RMSE），将 Seg_i 与 Ω_A 的两两配准结果专递给 Seg_i 与 Ω_A 中的所有粗分段，依据下文中“5. 错误两两配准结果剔除”剔除错误两两配准结果。

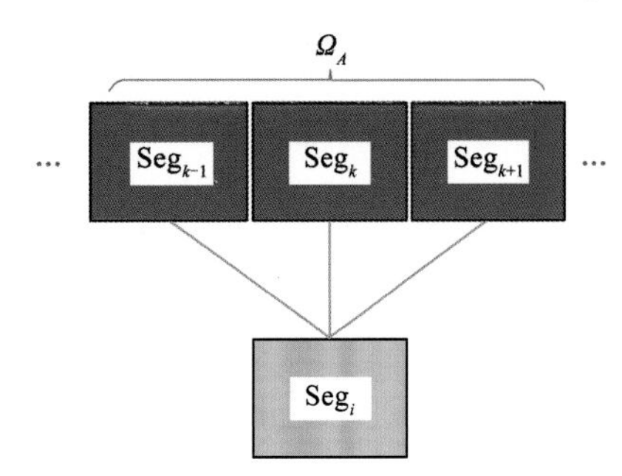

图 2.12　粗分段两两配准示意图

蓝色、黄色方框为粗分段

4. 细分段两两配准

将粗分段两两配准中重访粗分段两两配准结果（相对转换关系和同名点均方根误差）传递至细分段，依据粗分段配准结果和视觉单词重新进行同名特征匹配，重新计算重访细分段间的转换关系，再依据下文中“5. 错误两两配准结果剔除”剔除错误两两配准结果。

5. 错误两两配准结果剔除

在结构对称、特征稀疏场景下，上述由粗到细的两两配准方法仍不够鲁棒，两两配准结果中仍可能存在粗差，而后续整体优化是完全基于两两配准结果的，当两两配准结果存在粗差时，整体优化后车载点云位置精度很难达到预期。为解决该问题，需要充分利用各种信息，剔除两两配准结果中的粗差，保证整个算法的鲁棒性，为此通过利用重访段同名特征数、自身旋转量两个条件剔除错误匹配结果。

1）重访段同名特征数

理论上重访段间同名特征数量越多，两两配准结果越可靠，因此可剔除同名特征过少的重访段两两配准结果。对于重访粗分段，剔除同名特征少于 $fpNum_{large}$ 的两两配准结果；对于重访细分段，剔除同名特征少于 $fpNum_{small}$ 的两两配准结果。

2）自身旋转量

车载激光扫描系统搭载的 POS 系统一般精度很高，获取的车载点云在重访区域姿态偏差很小，因此可依据两两配准结果中重访段相对姿态，剔除相对旋转过大的两两配准结果。无论粗分段还是细分段，当相对旋转量（航向角、俯仰角、横滚角）大于阈值 Rot_{th} 时，认为该两两配准结果不可靠。

2.5.3 基于图优化的点云位置全局偏差改正

车载点云经过由粗到细的两两配准的局部位置改正后，得到重访点云分段间的相对转换关系，但是分段间转换关系极其复杂且不一致。因此，需要对这些转换关系进行全局调整，使得位置偏差均匀分布在整份车载点云中。基于图优化理论，从车载点云位置改正问题中抽象出优化变量和目标函数，构建待优化的图，再使用 G2O 框架进行解算。

1. 构建目标函数

依据重访段间的转换关系及同名点约束构建目标函数。目标函数分为两类：目标函数 1 依据分段间相对位姿构建，目标函数 2 依据同名点提供的几何约束构建。当车载点云中存在大量重访时，其对应的图中边的数量将很庞大，优化速度极慢；此外，大偏差场景下点云分段位姿的初值较差，也导致迭代次数增加，优化速度变慢。而目标函数 1 仅包含分段位姿间的约束，边的数量很小，优化速度快，可为目标函数 2 的优化提供良好的初值。

1）目标函数 1（分段位姿提供约束）

目标函数 1 分为数据项与平滑项，数据项为重访段相对位姿提供约束，表示将重访段相对位姿向两两配准结果调整，平滑项为相邻段相对位姿提供约束，表示维持相邻段相对位姿不变，见式（2.8）。

$$E=\sum_{i}^{|S|}\sum_{j}^{|S|}\Phi\left(S_i,S_j\right)d\left(\boldsymbol{T}_{S_iS_j}^{-1}\boldsymbol{T}'_{S_iS_j}\right)+\sum_{i}^{|S|}\sum_{j}^{N(S_i)}d\left(\boldsymbol{T}_{S_iS_{N(Si)_j}}^{-1}\boldsymbol{T}'_{S_iS_{N(Si)_j}}\right) \tag{2.8}$$

式中：前一项为数据项，后一项为平滑项；S 和$|S|$分别为车辆行驶轨迹上的分段和分段个数；$\boldsymbol{\Phi}(S_i,S_j)$为分段 S_i 和 S_j 间的重访关系，重访为 1，非重访为 0；$\boldsymbol{T}$ 为分段对应的转换矩阵集合；$\boldsymbol{T}_{S_i}$ 为 S_i 对应的转换矩阵；$\boldsymbol{T}_{S_iS_j}=\boldsymbol{T}_{S_i}\boldsymbol{T}_{S_j}^{-1}$ 为分段 S_i 和 S_j 间相对转换矩阵；$\boldsymbol{T}'_{S_iS_j}$ 为分段 S_i 和 S_j 在优化后的相对转换矩阵；$d(\boldsymbol{T}_{S_iS_j}^{-1}\boldsymbol{T}'_{S_iS_j})$为优化前后分段 S_i 和 S_j 相对转换矩阵的变化量；$N(S_i)$为分段 S_i 的相邻分段组成的集合。数据项与平滑项间相对权重设置方式较简单，可设置为等权。

在构建目标函数 1 时，以同名特征数为依据，对于每个分段，当在历史分段有重访段时，只取同名特征最多的重访段构建数据项，如图 2.13 所示。目的在于保证用于构建目标函数的重访段提供的约束是可靠的，提高了整体优化算法的鲁棒性，同时也减小了计算量。

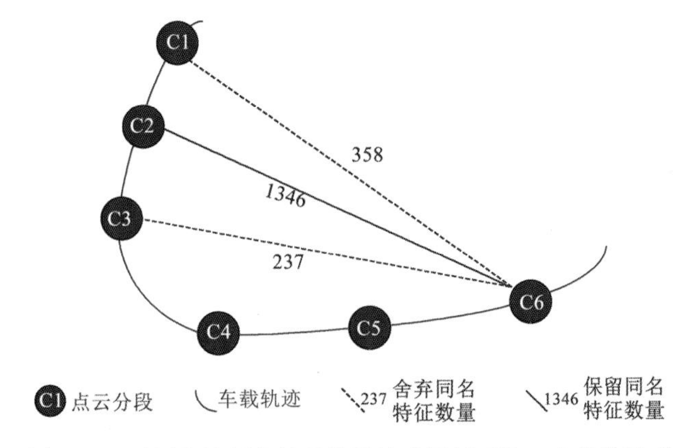

图 2.13　以同名特征多的重访段构建目标函数 1 中的数据项

2）目标函数 2（同名点提供约束）

目标函数 2 分为数据项、平滑项、惯性项，数据项为重访段中同名点欧氏距离残差，平滑项为相邻点云分段转换参数变换后的距离残差，惯性项为优化过程中分段转换矩阵变化量，见式（2.9）。

$$E=\sum_{(F_i,F_i')\in C}d\left[\boldsymbol{T}_{F_i}(F_i),\boldsymbol{T}_{F_i'}(F_i')\right]+\omega_{\text{smooth}}\sum_{i}^{|S|}\sum_{j}^{|\varphi(S_i,S_{i+1})|}d\left[\boldsymbol{T}_{S_i}(\varphi_j),\boldsymbol{T}_{S_{i+1}}(\varphi_j')\right]+\omega_{\text{inertial}}\sum_{i}^{|S|}d(\boldsymbol{T}_{S_i},\boldsymbol{T}'_{S_i}) \tag{2.9}$$

式中：第一项为数据项 E_{data}，第二项为平滑项 E_{smooth}，第三项为惯性项 E_{inertial}，ω_{smooth}、ω_{inertial} 为后两项的权值，$\omega_{\text{smooth}}=E_{\text{data}}/E_{\text{smooth}}$，$\omega_{\text{inertial}}$ 取值很小，一般取 10^{-3}；C 和 T 分别为

同名特征的集合与其对应的转换矩阵集合；(F_i, F_i') 为一对同名特征；$\boldsymbol{T}_{F_i}$ 和 $\boldsymbol{T}_{F_i'}$ 分别为与 F_i 和 F_i' 关联的转换矩阵；$\boldsymbol{T}_{F_i}(F_i)$ 和 $\boldsymbol{T}_{F_i'}(F_i')$ 分别为 F_i 和 F_i' 转换后的矩阵；$d[\boldsymbol{T}_{F_i}(F_i), \boldsymbol{T}_{F_i'}(F_i')]$ 为同名特征转换后的距离残差；S 和$|S|$分别为车辆行驶轨迹上的分段和分段个数；$\varphi(S_i, S_{i+1})$ 和 $|\varphi(S_i, S_{i+1})|$ 为相邻分段 S_i 和 S_{i+1} 间同名点及其个数；φ_j 和 φ_j' 为 $\varphi(S_i, S_{i+1})$ 中第 j 对同名点；$\boldsymbol{T}_{S_i}$ 为分段 S_i 的位姿转换矩阵；$d[\boldsymbol{T}_{S_i}(\varphi_j), \boldsymbol{T}_{S_{i+1}}(\varphi_j')]$ 为相邻分段 S_i 和 S_{i+1} 中同名点利用矩阵 $\boldsymbol{T}_{S_i}$ 和 $\boldsymbol{T}_{S_{i+1}}$ 转换后的距离残差；$d(\boldsymbol{T}_{S_i}, \boldsymbol{T}_{S_i}')$ 为分段 S_i 优化前后转换矩阵的变化量。

对于单线激光扫描仪获取的车载点云，相邻分段不存在重叠，无法提取同名点以构建目标函数中的平滑项，为此，使用在分段轨迹点周围一定空间内均匀采样的方式获取虚拟同名点。分段 i 和 i+1 的同名点是在两者的分段点处一定的正方体内均匀采样得到的，正方体边长可为分段长度的两倍，采样空间越大平滑项作用越大。

3）增量式构建

依据上述目标函数构建的图包含数量庞大的顶点和边，当车载点云中存在较大位置偏差时，分段位姿初值不好，整体优化结果可能不理想。为增加整体优化过程的鲁棒性，采用增量的方式构建目标函数。沿车载轨迹增量构建目标函数，如果当前分段与历史分段存在重访，则增加新构建的数据项和与上一段构建的平滑项，如果当前分段与历史分段不存在重访，则只增加新构建的平滑项。如图 2.14 所示，沿车载轨迹构建目标函数，C7 为第一个在历史分段中存在重访的分段，之前的分段只构建平滑项（目标函数 2 对应有惯性项），C7 与 C2、C3 重访，需要构建对应数据项，往后以此类推。

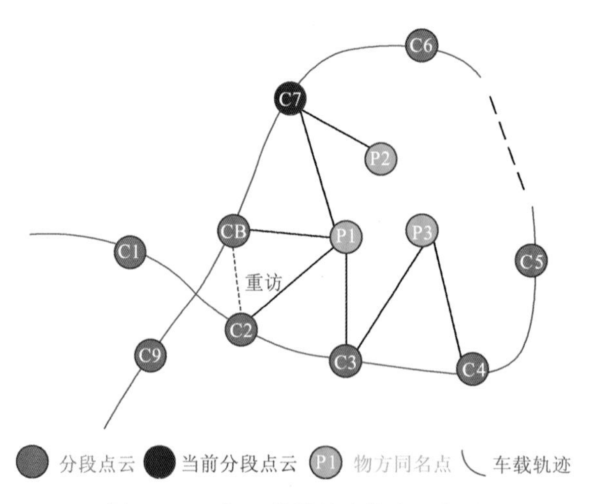

图 2.14 目标函数增量式构建示意图

随着目标函数中数据项、平滑项与惯性项，特别是数据项的增加，待优化的图中顶点和边的数量逐渐增加，当待优化的图中顶点和边的数量过于庞大时，优化过程将十分耗时，因此需要采取一些手段简化待优化的图，以加速优化求解的进程。最为常用的方法是使用滑动窗口和边缘化，滑动窗口是指只取当前点云段和距离当前点云段一定距离的历史点云段构建待优化的图，其余历史点云段的待优化变量则固定，不予优化，但是存在丢失大量有用约束的问题（Sibley et al., 2010）。边缘化是指在求解非线性优化问题时，利用 Schur 补（Schur complement）只更新部分待优化变量，从而减小计算量，但是不会丢掉任何约束（Horn et al., 2005）。相比之下，边缘化明显优于简单的滑动窗口，因此，基于边缘化策略减小计算量。当待优化的图中边的数量达到一定数量时，将历史点云分段对应的位姿变量边缘化，从而保证计算量维持在一个较固定的水平。

2. 目标函数优化

目标函数是沿着车载轨迹增量式构建的，因而待优化的目标函数也是增量式解算的。首先依据精简后的分段间相对位姿关系构建目标函数 1 对应的位姿图，并使用 G2O 进行解算，得到当前分段及历史分段的位姿，并更新后续分段的位姿，然后以此为初值，依据重访段同名特征和相邻段虚拟同名点构建目标函数 2 对应的图，并使用 G2O 进行解算，得到当前分段及历史分段的位姿，并更新后续分段的位姿。

2.5.4　实验分析

1. 实验数据

为检验上述改正方法的有效性，通过上海市陆家嘴区域、张江八区，武汉市江汉区及爱沙尼亚塔林 4 份数据进行验证，如图 2.15～图 2.18 所示。

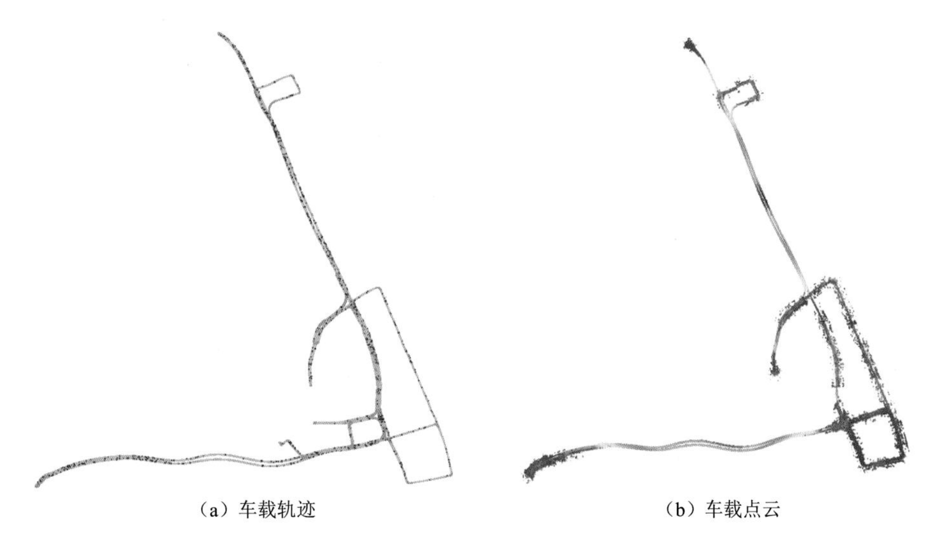

（a）车载轨迹　（b）车载点云

图 2.15　车载点云分段实验数据 1 俯瞰图

数据 1 为上海市测绘院提供的车载点云，数据采集于陆家嘴区域，轨迹全长约 39 km，包含约 12.8 亿点，测试数据俯瞰图如图 2.15 所示。

数据 2 为上海市测绘院提供的车载点云，数据采集于张江八区，轨迹全长约 20.6 km，包含约 9.3 亿点，测试数据俯瞰图如图 2.16 所示。

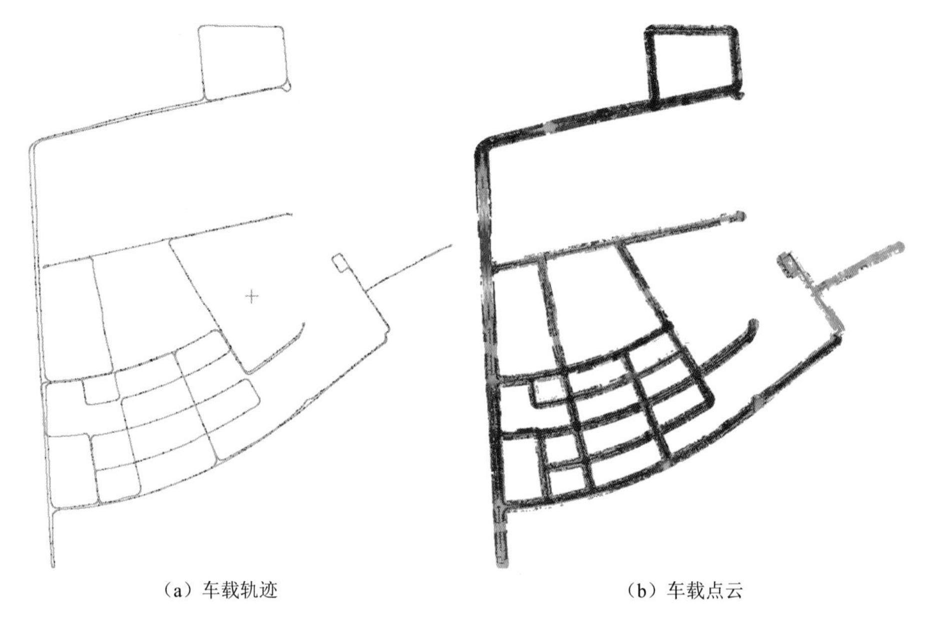
（a）车载轨迹　　（b）车载点云

图 2.16　车载点云分段实验数据 2 俯瞰图

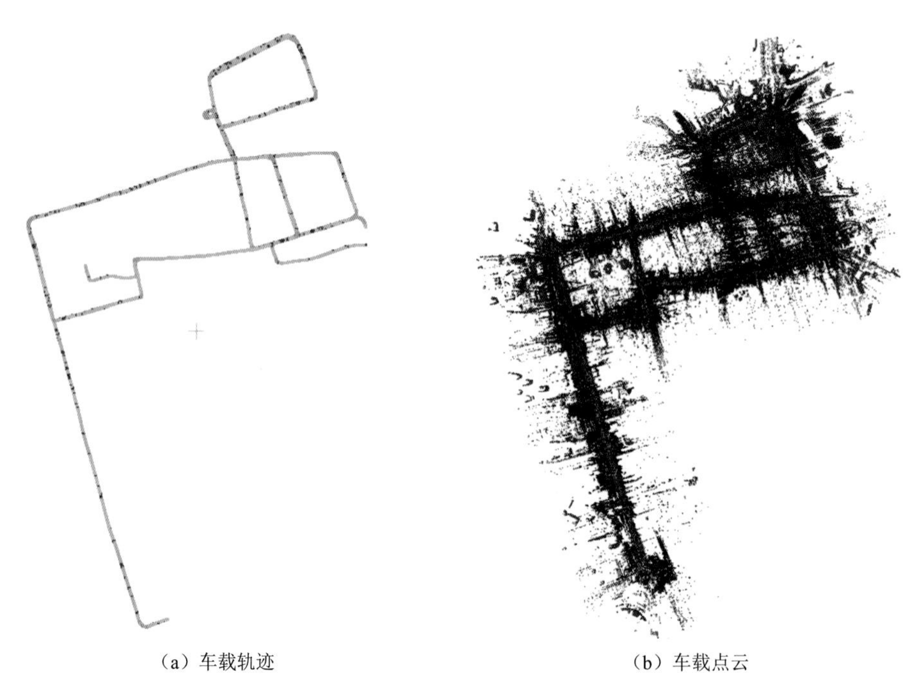
（a）车载轨迹　　（b）车载点云

图 2.17　车载点云分段实验数据 3 俯瞰图

数据 3 为武汉市测绘院提供的车载点云，数据采集于江汉区万松园路，轨迹全长约 10 km，包含约 14 亿点，测试数据俯瞰图如图 2.17 所示。

数据 4 为爱沙尼亚塔林理工大学提供的车载点云，数据采集于塔林附近，轨迹全长约 15 km，包含约 4.5 亿点，测试数据俯瞰图如图 2.18 所示。

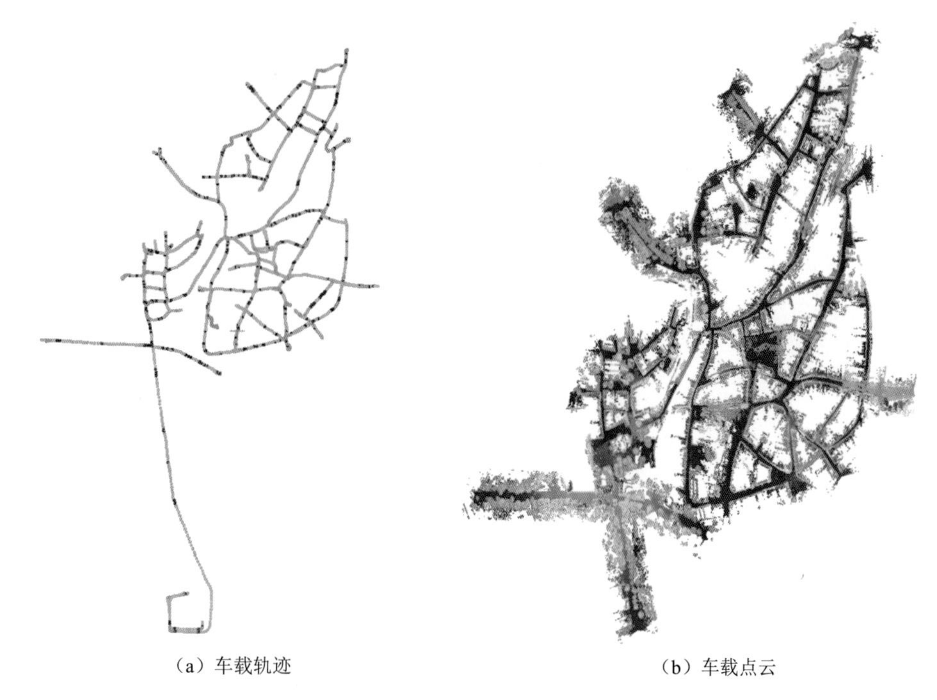

图 2.18 车载点云分段实验数据 4 俯瞰图

2. 数据分析

数据 1 全局位置改正结果截面图如图 2.19 所示，数据 2 全局位置改正结果截面图如图 2.20 所示，数据 3 全局位置改正结果截面图如图 2.21 所示，数据 4 全局位置改正结果截面图如图 2.22 所示，图中左侧为点云分块结果，右侧为重访区域点云改正结果，绿色和红色分别为往返点云。数据 1 最大改正误差约为 9 m，整个精度改善过程耗时约 4 h；数

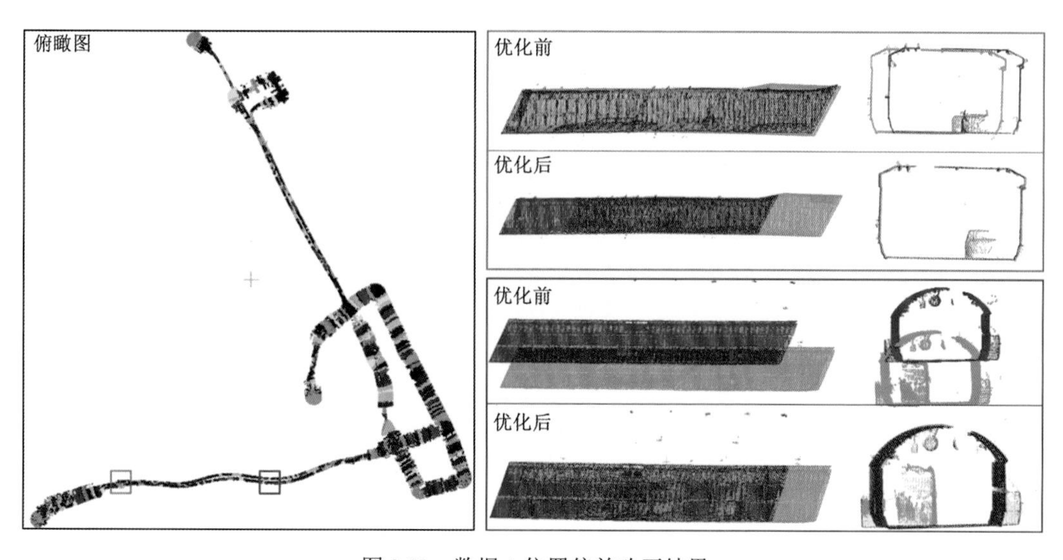

图 2.19 数据 1 位置偏差改正结果

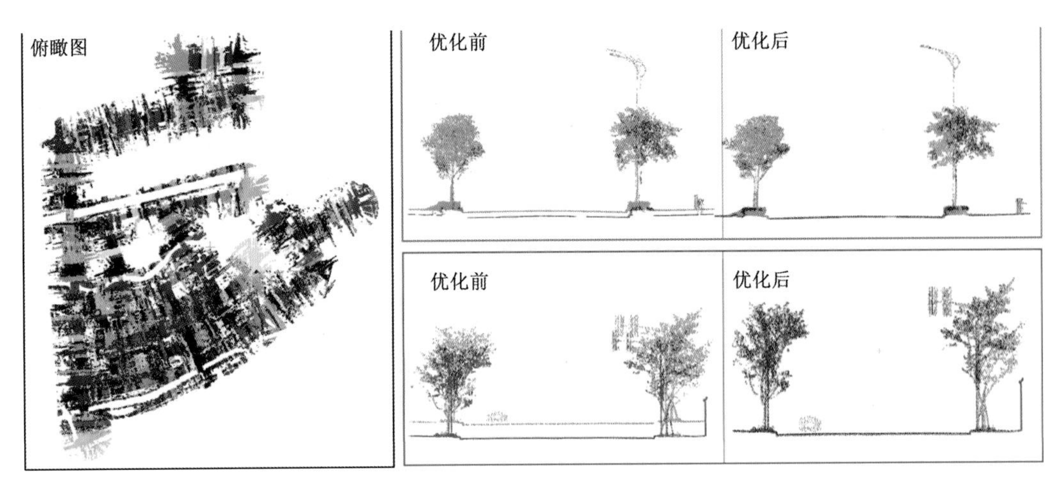

图 2.20　数据 2 位置偏差改正结果

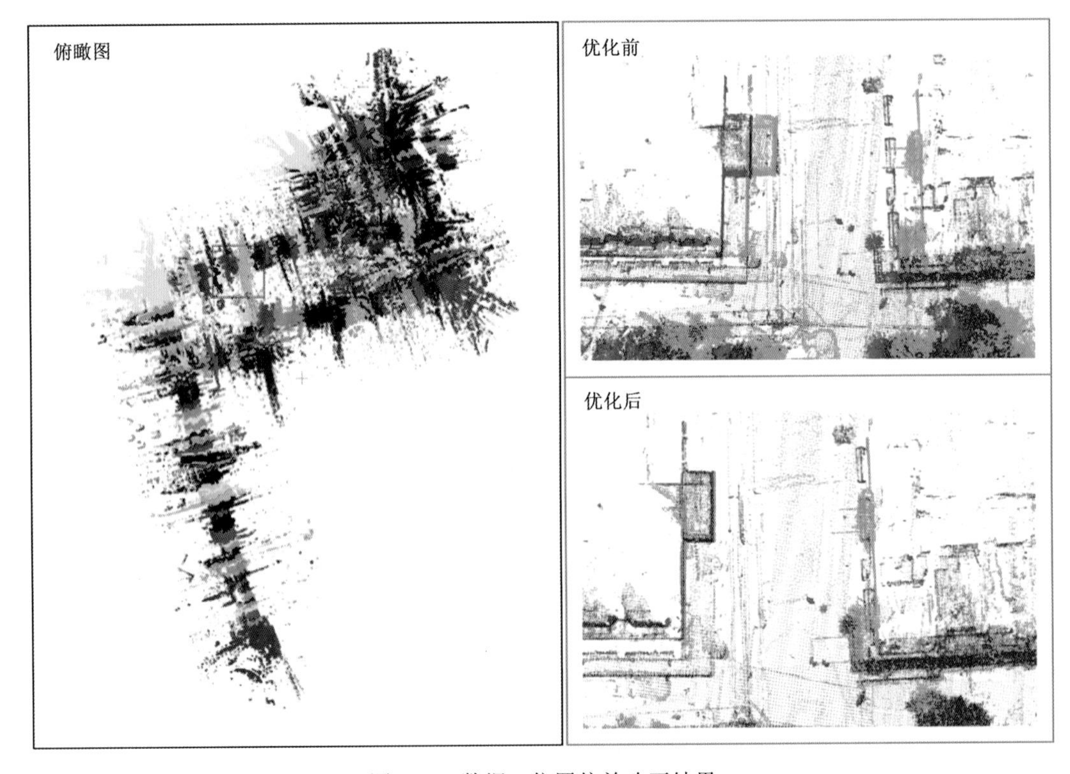

图 2.21　数据 3 位置偏差改正结果

据 2 最大改正误差约为 0.8 m，整个精度改善过程耗时约 7.5 h；数据 3 最大改正误差约为 1.8 m，整个过程耗时约 10 h；数据 4 最大改正误差约为 1.9 m，整个过程耗时约 3 h。由于采用增量式构建和解算目标函数，随着分段长度增大，重访段数量减少，进行全局优化的次数也随之减少，总的迭代次数减少，耗时也随之减少。对于 4 份实验数据，本小节介绍的方法均可进行有效的位置偏差改正，只是对分段长度稍敏感，位置改正精度在 7～10 cm。

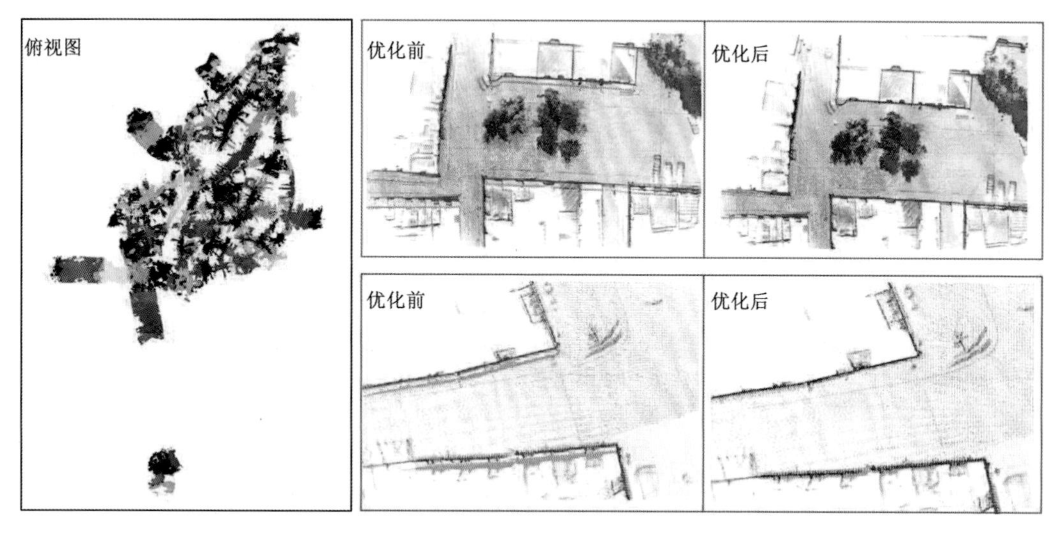

图 2.22　数据 4 位置偏差改正结果

顾及非刚性形变的车载点云位置改正模型通过同名特征鲁棒匹配、顾及非刚性形变的位置改正模型构建、基于增量式平滑的改正模型优化求解等关键技术，实现了无控条件下重访点云位置偏差改正，且鲁棒性高，对参数敏感性低，处理效率高。实验结果表明：经改正后，点云位置偏差的相对点位精度优于 5～10 cm，为地物要素结构化提取与模型重建提供了高质量数据保障。

2.6　点云三维可视化

移动激光扫描系统可快速实现大空间范围内的条带地形覆盖，单次作业的数据量可达到 TB 级。点云的海量性给数据处理带来挑战，必须针对点云的特点设计高效的点云索引结构，实现点云的高效组织管理、快速查询和海量点云可视化。

2.6.1　海量车载移动测量系统点云索引

空间数据的检索一直以来是地理信息系统（geographic information system，GIS）学科的核心研究问题，其检索方法多样，常用的数据检索方法有四叉树（Finkel et al.，1974）、K-D 树（Bentley，1975）、R 树（Guttman，1984）、R*树（Beckmann et al.，1990）及八叉树（Meagher，1982）等。在 LiDAR 点云快速检索需求的推动下，诸多研究将传统空间数据检索方法，在离散三维点索引方面进行了扩展。R 树（Zhu et al.，2007）、八叉树索引（Kovač et al.，2010）等在机载 LiDAR 点云索引中得到了较为广泛的应用。

车载移动测量系统（mobile mapping system，MMS）采集的 LiDAR 点云集有较大的空间覆盖范围，但仅在沿采集轨迹两旁地物立面有点云覆盖，测区中多数立体空间无数据（空间稀疏性）。图 2.23（a）是一组典型车载 MMS 采集的 LiDAR 数据截图。由图 2.23（a）

可见，车载 MMS 点云在采集轨迹局部点密度较高，在整个测区范围内有数据覆盖区域较少，呈全局稀疏性。机载 LiDAR 点云则不具有车载 MMS 数据的空间稀疏性[图 2.23（b）]。机载 LiDAR 数据点云覆盖较为均匀，不存在航迹局部点密度高、航迹范围外无点云覆盖的数据特性。对于此类数据，研究表明，采用 R 树与八叉树检索方法可实现高性能 LiDAR 点云检索，并在基于内存外存调度等可视化方法的支持下，可实现海量数据漫游浏览（Kovač et al.，2010）。

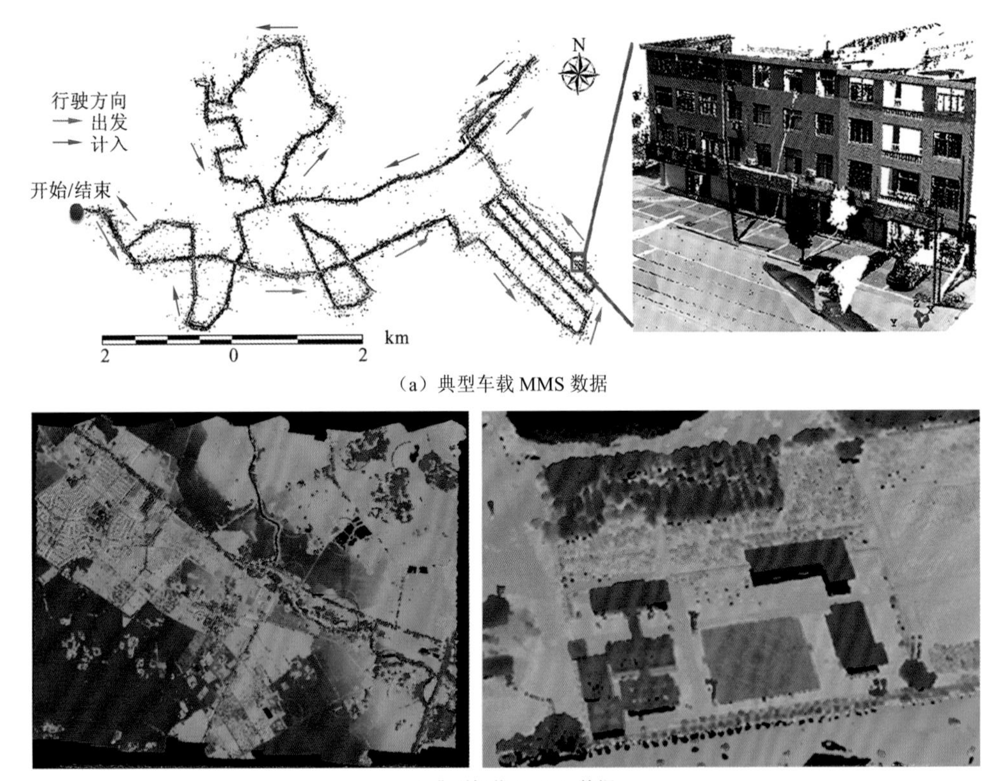

（a）典型车载 MMS 数据

（b）典型机载 LiDAR 数据

图 2.23　车载移动测量 LiDAR 点云与机载 LiDAR 点云对比

由于车载激光点云的局部高密度、全局稀疏的特性，传统 R 树与八叉树不是对其进行索引的最优方法（陈驰 等，2015b）：①局部高密度、全局稀疏特性的极度不均匀的点密度，会造成树深度过深、树分支不平衡等问题，直接降低点查询效率；②构建索引树时，单点计算复杂度较高，进行大数据索引构建时，存在效率问题。为克服上述传统点云索引方法在车载 MMS 点云索引中应用存在的问题，作者提出了一种双层索引树构建方法：首先，沿 MMS 数据采集轨迹将点云进行连续分段，并计算其最小外包矩形；然后使用四叉树对分段外包矩形进行检索，构建双层四叉树中的首层。点云索引的目的是快速获取某空间位置区段中的所有激光点云，故采用简单四叉树作为双层索引树的第二层索引；最后，对于分段内的点云构建四叉树索引作为双层索引结构的第二层。同时，面对不同应用，如点云可视化、最邻近点查找，可将第二层索引结构替换为八叉树、K-D 树。使用上述双层树索引结构的优点有：①单点计算复杂度低；②索引树分支平衡，树高度降低。上述两点可有效缩短索引树构建时间、加速点云检索过程。

2.6.2 双层索引树构建方法

车载移动测量系统采集的 LiDAR 点云按其运动轨迹，顺序存储。因此，通过分割采集生成的 LAS 文件，实现对点云的分段。LAS 文件大小通常为 GB 级别，为减轻系统 I/O 负担，不将其直接读入 RAM，采用内存映射的方法实现文件的连续分段读取。求分段点云的最小面积外包矩形，并对其构建四叉树索引，构建索引树首层。对其内部的点云，构建索引树第二层，从而完成双层索引树结构的构建。

图 2.24 为双层树索引的构建过程，其关键步骤如下。

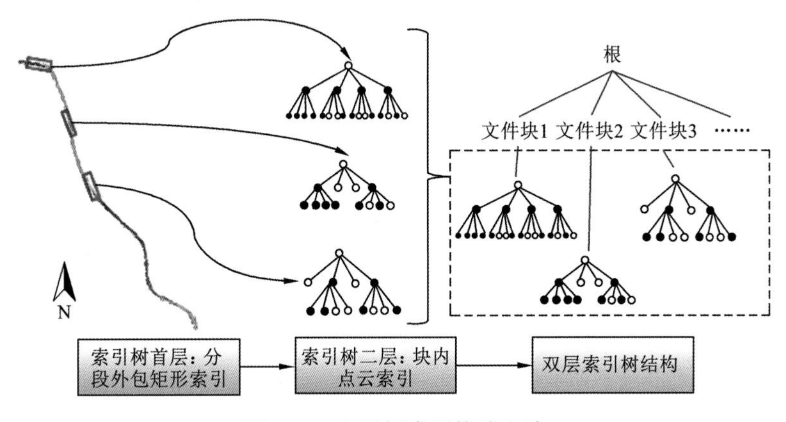

图 2.24 双层树索引构建方法

（1）设置最小分段范围大小（300 m×200 m）。设置单次进行内存映射，被映射到内存的 LiDAR 文件块大小（500 MB）。

（2）使用内存映射读入指定大小的 LiDAR 文件块到内存，并计算其最小面积外包矩形。如果该最小外包矩形在长度或者宽度上大于步骤（1）中设置的最小分段范围，则将该段作为首层索引结构中的一个分段。如果上述条件不成立，则再进行一次内存映射，并检测内存中的点云最小外包矩形与设定分段范围的大小关系。

（3）对于作为一个分段的内存中的点云，构建起四叉树索引，并记录到文件，完成第二层索引结构的构建。清除点云占用的内存，保留分段最小面积外包矩形数据。

（4）循环执行步骤（2）和步骤（3），直到所有 LAS 文件被处理完毕。

（5）对内存中所有分段的最小外包矩形构建四叉树索引，构建双层索引结构的第一层。

经过上述步骤，双层索引树结构构建完成。双层索引树结构通过分段外接矩形索引及其内部的四叉树点云索引进行三维点云的管理，索引树叶子节点中仅存储少量的激光点数据，通过查询点与分层索引几何结构之间的空间关系，可以实现点云的快速查找，为后续车载点云处理奠定了基础。

2.6.3　点云高效三维可视化实验分析

使用 Visual Studio 2012 集成开发环境 C++语言，研发提出的双层索引树结构。实验采用桌面工作站作为测试环境，其具体硬件规格为：Intel Xeon E5-2678W 3.10 GHz CPU，16 GB RAM，SSD SATA-3 port（标称速度：520 MB/s），NVIDIA Quadro K4000 显卡。采用数据量最小为 7.5 GB，最大为 61.5 GB，三个数据集对提出的双层索引树结构进行性能测试。表 2.1 双层树索引结构测试数据集列出了数据集相关参数。图 2.25 为三个数据集对应的全局与局部场景截图。

表 2.1　双层树索引结构测试数据集

参数	数据大小/GB	点数/百万	平均点密度/（点/m^2）	激光强度	色彩	数据场景	采集系统
数据集 1	7.5	186	112	有	无	高速公路	Geo-vision SSW
数据集 2	61.5	2 170	551	有	无	校园	Lynx SG1
数据集 3	19.7	692	137	有	无	城镇	Geo-vision SSW

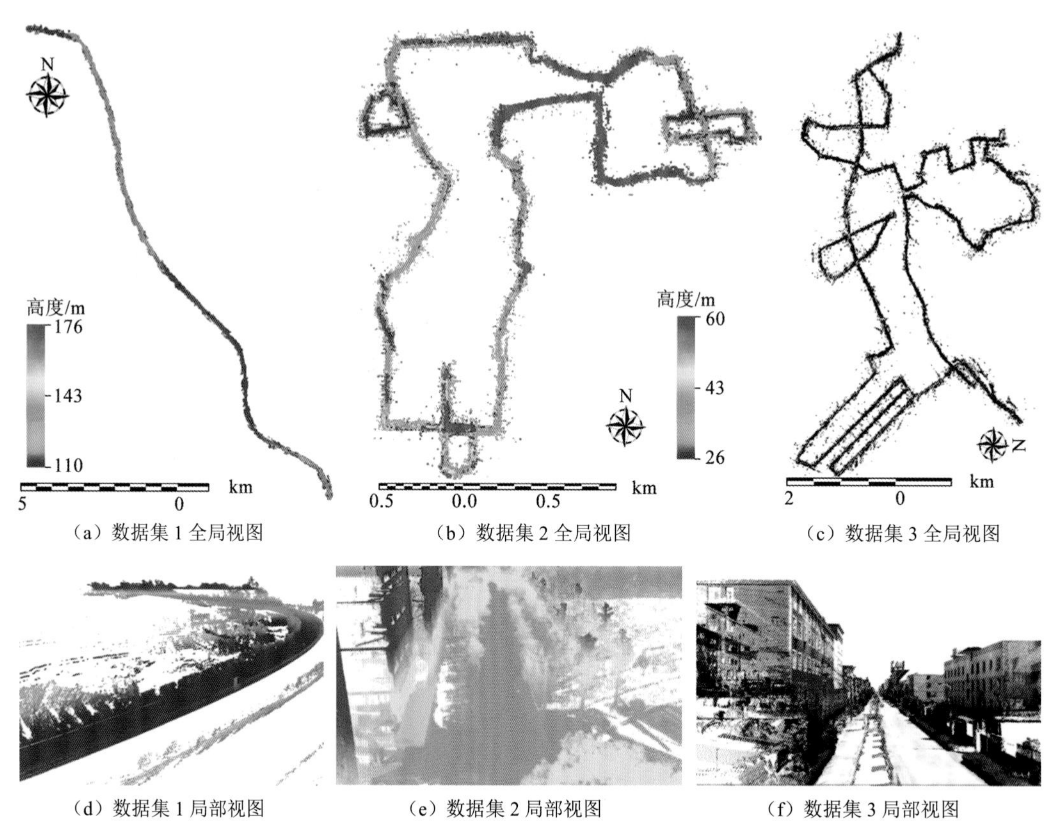

（a）数据集 1 全局视图　（b）数据集 2 全局视图　（c）数据集 3 全局视图

（d）数据集 1 局部视图　（e）数据集 2 局部视图　（f）数据集 3 局部视图

图 2.25　车载点云双层索引树实验数据集

从双层树索引构建效率与点云查询效率两方面，对提出的双层树索引进行评估。双层树索引构建效率通过记录构建索引结构所消耗的时间与平均占用内存数量进行评定。点云查询效率通过随机 1 000 次点云条件检索的平均耗时与内存占用进行评定。查询条件为：随机在车载 MMS 运行轨迹中抽取一个点，在以其为中心 50 m×50 m 的所有点云。各测试数据集测试结果如表 2.2 所示。

表 2.2　双层树索引树结构性能测试

数据集	构建		查询	
	平均耗时/s	平均内存消耗/MB	平均耗时/s	平均内存消耗/MB
1	321	827	0.053	49
2	4 569	1 479	0.260	317
3	1 674	915	0.066	62

双层索引结构的构建效率大约为 77 s/GB。实验结果可以看出，作者提出的双层树索引结构构建算法复杂度与激光数据本身无关，其构建速度与点云数据量大小呈反比。由于数据集中激光点分文件存储，同时采用了内存映射方法进行文件读取，可以有效处理超出计算机内存大小的海量激光点云（数据集 2～3）。对于点云密度极高的激光点云，例如数据集 2，需要使用较小的首层分块，控制单块内数据量，以防止内存溢出。在激光点云查询方面，在 50 m×50 m 点云块沿航迹随机查询的测试条件下，3 个数据集的响应速度均在 1 s 以内，同时内存消耗较小。完成整个点云的组织与可视化后，便可以按需求对其进行高效直接管理。如选取某一部分点云并导出，用于后续分割等操作。

2.7　本 章 小 结

本章阐述了点云模型的构建与点云预处理。针对点云智能处理理论基础的点云模型，重点介绍了广义点云模型的构建及其数据模型、处理模型与表达模型，构成了点云处理的理论基础，架设了点云与科学研究和工程应用的桥梁；其次，阐述了点云去噪、强度校正、位置偏差改正、点云组织管理与可视化的方法，为点云的预处理提供了科学工具。

参 考 文 献

陈驰，杨必胜，彭向阳，2015a. 低空 UAV 激光点云和序列影像的自动配准方法. 测绘学报，44(5): 518-525.

陈驰，王珂，徐文学，等，2015b. 海量车载激光扫描点云数据的快速可视化方法. 武汉大学学报(信息科学版) (9): 1163-1168.

陈良良，隋立春，蒋涛，等，2014. 地面三维激光扫描数据配准方法. 测绘通报(5): 80-82.

李峰，余志伟，董前林，等，2011.车载激光点云数据精度的提高方法. 图书情报导刊，21(9): 123-125.

隋立春，张熠斌，张硕，等，2011. 基于渐进三角网的机载 LiDAR 点云数据滤波. 武汉大学学报(信息科学版)，36(10): 1159-1163.

谭凯, 2016. LiDAR 属性信息挖掘关键技术研究. 上海: 同济大学.

杨必胜, 梁福逊, 黄荣刚, 2017. 三维激光扫描点云数据处理研究进展、挑战与趋势. 测绘学报, 46(10): 1509-1516.

张良, 马洪超, 高广, 等, 2014. 点、线相似不变性的城区航空影像与机载激光雷达点云自动配准. 测绘学报, 43(4): 372-379.

邹响红, 2019. 城市场景车载点云位置一致性改正. 武汉: 武汉大学.

ARMENI I, SAX S, ZAMIR A R, et al., 2017. Joint 2D-3D-semantic data for indoor scene understanding. arXiv: 1702.01105.

BARBER D, MILLS J, SMITH-VOYSEY S, 2008. Geometric validation of a ground-based mobile laser scanning system. ISPRS Journal of Photogrammetry and Remote Sensing, 63(1): 128-141.

BECKMANN N, KRIEGEL H-P, SCHNEIDER R, et al., 1990. The R*-tree: An efficient and robust access method for points and rectangles// Proceedings of the 1990 ACM SIGMOD International Conference on Management of Data: 322-331.

BENTLEY J L, 1975. Multidimensional binary search trees used for associative searching. Communications of the ACM, 18(9): 509-517.

BILJECKI F, LEDOUX H, STOTER J, et al., 2014. Formalisation of the level of detail in 3D city modelling. Computers, Environment and Urban Systems (48): 1-15.

BILJECKI F, LEDOUX H, STOTER J, 2016. An improved LOD specification for 3D building models. Computers Environment and Urban Systems, 59: 25-37.

CHANG A X, FUNKHOUSER T, GUIBAS L, et al., 2015. ShapeNet: An information-rich 3D model repository. arXiv: 1512.03012.

DAI A, CHANG A X, SAVVA M, et al., 2017. ScanNet: Richly-annotated 3D reconstructions of indoor scenes// Proceedings-30th IEEE Conference on Computer Vision and Pattern Recognition, CVPR, 2017. Institute of Electrical and Electronics Engineers Inc., 2017, 2017-Janua: 2432-2443.

EITEL J U H, HÖFLE B, VIERLING L A, et al., 2016. Beyond 3-D: The new spectrum of LiDAR applications for earth and ecological sciences. Remote Sensing of Environment, 186: 372-392.

ELBERINK S O, VOSSELMAN G, 2009. Building Reconstruction by Target Based Graph Matching on Incomplete Laser Data: Analysis and Limitations. Sensors, 9(8): 6101-6118.

FANG L, YANG B, CHEN C, et al., 2015. Extraction 3D road boundaries from mobile laser scanning point clouds// ICSDM 2015-Proceedings 2015 2nd IEEE International Conference on Spatial Data Mining and Geographical Knowledge Services: 162-165.

FINKEL R A, BENTLEY J L, 1974. Quad trees a data structure for retrieval on composite keys. Acta Informatica, 4(1): 1-9.

GEIGER A, LENZ P, URTASUN R, 2012. Are we ready for autonomous driving? the KITTI vision benchmark suite// Proceedings of the IEEE Computer Society Conference on Computer Vision and Pattern Recognition: 3354-3361.

GU Y, WANG Q, XIE B, 2017. Multiple kernel sparse representation for airborne LiDAR Data classification. IEEE Transactions on Geoscience and Remote Sensing, 52(2): 1085-1105.

GUO B, HUANG X F, ZHANG F, et al., 2015. Classification of airborne laser scanning data using JointBoost. ISPRS Journal of Photogrammetry and Remote Sensing(100): 71-83.

GUTTMAN A, 1984. R-trees: A dynamic index structure for spatial searching// Proceedings of the 1984 SIGMOD International Conference on Management of Data: 47-57.

HACKEL T, SAVINOV N, LADICKY L, et al., 2017. SEMANTIC3D.NET: A new large-scale point cloud classification benchmark// ISPRS Annals of the Photogrammetry, Remote Sensing and Spatial Information

Sciences, 4(1W1): 91-98.

HÖFLE B, PFEIFER N, 2007. Correction of laser scanning intensity data: Data and model-driven approaches. ISPRS Journal of Photogrammetry and Remote Sensing, 62(6): 415-433.

HORN R A, ZHANG F, 2005. The schur complement and its applications. Berlin: Springer.

HU H, DING Y, ZHU Q, et al., 2014. An adaptive surface filter for airborne laser scanning point clouds by means of regularization and bending energy. ISPRS Journal of Photogrammetry and Remote Sensing(92): 98-111.

JOERG P C, WEYERMANN J, MORSDORF F, et al., 2015. Computation of a distributed glacier surface albedo proxy using airborne laser scanning intensity data and in-situ spectro-radiometric measurements. Remote Sensing of Environment, 160: 31-42.

KAARTINEN H, HYYPP J, KUKKO A, et al., 2012. Benchmarking the performance of mobile laser scanning systems using a permanent test field. Sensors, 12(12): 12814-12835.

KOENIG K, HÖFLE B, HÄMMERLE M, et al., 2015. Comparative classification analysis of post-harvest growth detection from terrestrial LiDAR point clouds in precision agriculture. ISPRS Journal of Photogrammetry and Remote Sensing, 104: 112-125.

KOVAČ B, ŽALIK B, 2010. Visualization of LIDAR datasets using point-based rendering technique. Computers & Geosciences, 36(11): 1443-1450.

KUKKO A, ANTTILA K, MANNINEN T, et al., 2013. Snow surface roughness from mobile laser scanning data. Cold Regions Science and Technology, 96: 23-35.

LANG A H, VORA S, CAESAR H, et al., 2018. PointPillars: Fast encoders for object detection from point clouds// Proceedings of the IEEE Conferense on Computer Vision and Pattern Relognition: 12697-12705.

LERONES P M, VÉLEZ D O, ROJO F G, et al., 2016. Moisture detection in heritage buildings by 3D laser scanning. Studies in Conservation: 1-9.

LI D, WANG C, LUO S Z, et al., 2014. Airborne LiDAR intensity calibration and application for land use classification// SPIE Asia Pacific Remote Sensing. International Society for Optics and Photonics: 926212-926212-9.

LI Z, ZHANG L, TONG X, et al., 2016. A three-step approach for tls point cloud classification. IEEE Transactions on Geoscience and Remote Sensing, 54(9): 5412-5424.

MALINOWSKI R, HÖFLE B, KOENIG K, et al., 2016. Local-scale flood mapping on vegetated floodplains from radiometrically calibrated airborne LiDAR data. ISPRS Journal of Photogrammetry and Remote Sensing, 119: 267-279.

MEAGHER D, 1982. Geometric modeling using octree encoding. Computer Graphics and Image Processing, 19(2): 129-147.

NORBERT H, MICHAEL P A, JENS K B, et al., 2008. Mobile lidar mapping for 3D point cloud collection in urban areas – A performance test. Department of Geodesy & Geoinformatics, 37.

PERERA G S N, MAAS H G, 2014. Cycle graph analysis for 3D roof structure modelling: Concepts and performance. ISPRS Journal of Photogrammetry and Remote Sensing(93): 213-226.

SIBLEY G, MATTHIES L, SUKHATME G, 2010. Sliding window filter with application to planetary landing. Journal of Field Robotics, 27(5): 587-608.

SILBERMAN N, HOIEM D, KOHLI P, et al., 2012. Indoor segmentation and support inference from RGBD images// Lecture Notes in Computer Science, 7576 LNCS(PART 5): 746-760.

SONG Y, YANG C, SHEN Y, et al., 2018. SPG-Net: Segmentation prediction and guidance network for image inpainting. arXiv: 1805.03356.

SU H, JAMPANI V, SUN D, et al., 2018. SPLATNet: Sparse lattice networks for point cloud processing//

Proceedings of the IEEE Computer Society Conference on Computer Vision and Pattern Recognition: 2530-2539.

VERDIE Y, LAFARGE F, ALLIEZ P, 2015. LOD generation for urban scenes. ACM Transactions on Graphics, 34(3): 30.

WANG C, GLENN N F, 2009. Integrating LiDAR intensity and elevation data for terrain characterization in a forested area. IEEE Geoscience and Remote Sensing Letters, 6(3): 463-466.

XIONG B, JANCOSEK M, OUDE ELBERINK S, et al., 2015. Flexible building primitives for 3D building modeling. ISPRS Journal of Photogrammetry and Remote Sensing (101): 275-290.

XU S , CHENG P , ZHANG Y , et al., 2015. Error analysis and accuracy assessment of mobile laser scanning system. Open Automation & Control Systems Journal, 7(1): 485-495.

YAN W Y, SHAKER A, HABIB A, et al., 2012. Improving classification accuracy of airborne LiDAR intensity data by geometric calibration and radiometric correction. ISPRS Journal of Photogrammetry and Remote Sensing, 67: 35-44.

YANG B S, DONG Z, 2013. An automated method to register A shape-based segmentation method for mobile laser scanning point clouds. ISPRS Journal of Photogrammetry and Remote Sensing (81): 19-30.

YANG B S, ZANG Y F, 2014. Automated registration of dense terrestrial laser-scanning point clouds using curves. ISPRS Journal of Photogrammetry and Remote Sensing (95): 109-121.

YANG B S, XU W X, YAO W, 2014. Extracting buildings from airborne laser scanning point clouds using a marked point process. GIScience & Remote Sensing, 51(5): 555-574.

YANG B S, ZANG Y F, DONG Z, et al., 2015a. An automated method to register airborneand terrestrial laser scanning point clouds. ISPRS Journal of Photo grammetry and Remote Sensing(109): 62-76.

YANG B S, DONG Z, ZHAO G, et al., 2015b. Hierarchical extraction of urban objects from mobile laser scanning data. ISPRS Journal of Photogrammetry and Remote Sensing (99): 45-57.

YANG B S, HUANG R G, DONG Z, et al., 2016a. Two-step adaptive extraction method for ground points and break lines from lidar point clouds. ISPRS Journal of Photogrammetry and Remote Sensing (119): 373-389.

YANG B S, DONG Z, LIANG F X, et al., 2016b. Automatic registration of large-scale urban scene point clouds based on semantic feature points. ISPRS Journal of Photogrammetry and Remote Sensing (113): 43-58.

YANG B S, DONG Z, LIU Y, et al., 2017a. Computing multiple aggregation levels and contextual features for road facilities recognition using mobile laser scanning data. ISPRS Journal of Photogrammetry and Remote Sensing, 126: 180-194.

YANG B S, HUANG R G, LI J P, et al., 2017b. Automated reconstruction of building LoDs from airborne LiDAR point clouds using an improved morphological scale space. Remote Sensing, 9(1): 14.

YU Y T, LI J, GUAN H Y, et al., 2015. Automated extraction of urban road facilities using mobile laser scanning data. IEEE Transactions on Intelligent Transportation Systems, 16(4): 2167-2181.

YU L, LI X, FU C W, et al., 2018. PU-Net: Point cloud upsampling network// Proceedings of the IEEE Computer Society Conference on Computer Vision and Pattern Recognition: 2790-2799.

ZHU Q, GONG J, ZHANG Y, 2007. An efficient 3D R-tree spatial index method for virtual geographic environments. ISPRS Journal of Photogrammetry and Remote Sensing, 62(3): 217-224.

第3章　点云特征三维提取与表达

3.1　引　　言

点云特征提取与表达是三维视觉、摄影测量、机器人导航等研究中非常活跃的研究主题，也是点云处理的重要组成部分。点云具有数据量大、点密度不均、场景包含目标多样等特性，对点云特征提取与表达提出了巨大的挑战。虽然近年来点云特征提取与表达研究取得了一定的进展，但存在一些问题。①大多数现有的特征提取算子只利用局部形状信息，导致特征表达能力不足，且对噪声、点密度变化、残缺等干扰的鲁棒性差（Bariya et al.,2012）。②现有特征提取算子维数通常很高，如 Spin Image（225 维）、3D Shape Context（1 980 维）、Intrinsic Shape Signature（595 维），导致特征提取算子的时间和内存效率低。③部分现有的局部特征提取算子难以直接在无序点云上操作，需要对无序点云进行格网化或三角化，无疑增加了特征提取算子的计算复杂度，影响了特征提取算子的鲁棒性和表达能力（Zhong，2009）。因此，研发具有强鲁棒性、高时间效率、低内存占有率且特征区分能力强的点云特征提取与表达算子十分必要。

3.2　点云局部特征描述研究现状

三维点云特征的有效描述是点云场景理解的基础，也是多平台点云融合（Weinmann e al.，2015；Weber et al.，2015；Theiler et al.，2014）、目标提取（Hackel et al.，2016；Savelonas et al.，2016；Guo et al.，2015，2013；Yang et al.，2015，2013；Mian et al.，2006a）、模型重建（Shah et al.，2017；Yang et al.，2016；Theiler et al.，2014）、SLAM （Zhang et al.，2014；Tong et al.，2013；Dong et al.，2012）等应用的基础和前提。一般而言，现有的三维点云特征描述子可以分为两类：整体特征描述子和局部特征描述子（Wang et al.，2017；Wang et al.，2015；Bayramoglu et al.，2010）。整体特征描述子刻画目标的全局特征，忽略了形状细节，并且需要对目标进行预先分割。因此，很难从目标交错、重叠的杂乱场景中识别部分可见或不完整的物体（Guo et al.，2014）。与此相反，局部特征描述子刻画一定邻域范围内的局部表面特征，对目标交错、遮挡、重叠等具有较强的鲁棒性，更适合部分可见或不完整物体的识别（Guo et al.，2016）。三维点云具有高冗余、数据量大、密度分布不均等特点，如何突破三维点云局部特征描述的瓶颈，构建高效、鲁棒、描述能力强的特征描述子，是目前三维点云处理领域亟须解决的关键问题。

3.2.1 点云特征描述子的鲁棒性和描述性

优秀的点云局部特征描述子必须同时具备很强的鲁棒性和描述性。一方面，特征描述子应该尽可能多地刻画局部表面的形状、纹理、回波强度等信息，以提高特征的描述能力（Zhong，2009）。另一方面，特征描述子应该对噪声、点密度变化、遮挡、目标交错和重叠等具有强鲁棒性（Guo et al.，2014）。在过去的几十年里，为了提高点云局部特征描述子的描述性和鲁棒性，国内外学者开展了大量的研究。

自旋影像（spin image，SI）是最早提出的点云局部特征描述子之一。该算法首先利用点及其法向量构建局部坐标系；然后计算邻域点在局部坐标系中的坐标(α,β)，α，β 分别是邻域点到法向量和切平面的垂直距离，如图 3.1（a）所示；最后把局部坐标系空间(α,β)格网化，并计算落入每个格网中的点个数，如图 3.1（b）所示。由于具有计算速度快、旋转和平移不变性等诸多优点，在点云配准、三维目标提取和模型重建等方面得到了成功的应用（Johnson et al.，1999），但是 SI 的描述性不足，并且对网格分辨率等参数很敏感（Zhong，2009）。

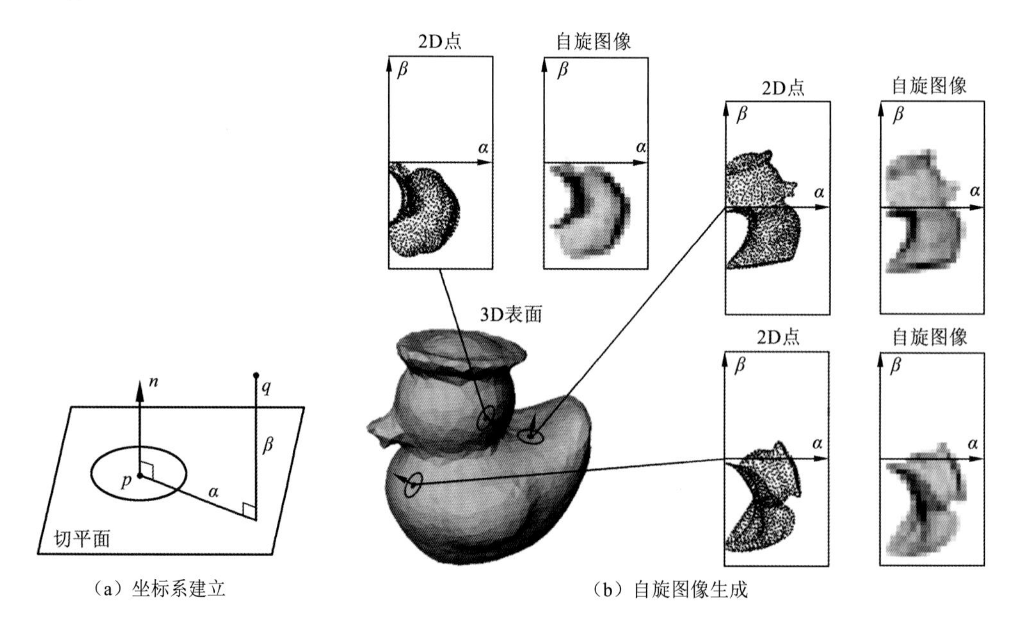

（a）坐标系建立　　（b）自旋图像生成

图 3.1　三维局部特征描述子 Spin image

为了获得更强的描述性，Frome 等（2004）将二维形状的上下文描述子扩展为三维形状上下文描述子（3D shape context descriptor，3DSC），通过在三维直方图中累积加权点数量来刻画局部形状信息。该算法首先利用点及其法向量构建局部坐标系；然后在半径方向（对数间距）、经线方向（等间距）和纬线方向（等间距）对球形邻域进行格网划分，如图 3.2 所示；最后根据体积归一化和密度归一化的方式累积落入每个格网中的加权点个数。3DSC 通过体积归一化和密度归一化的加权方式，提高了描述子对于噪声、点密度变化的鲁棒性。

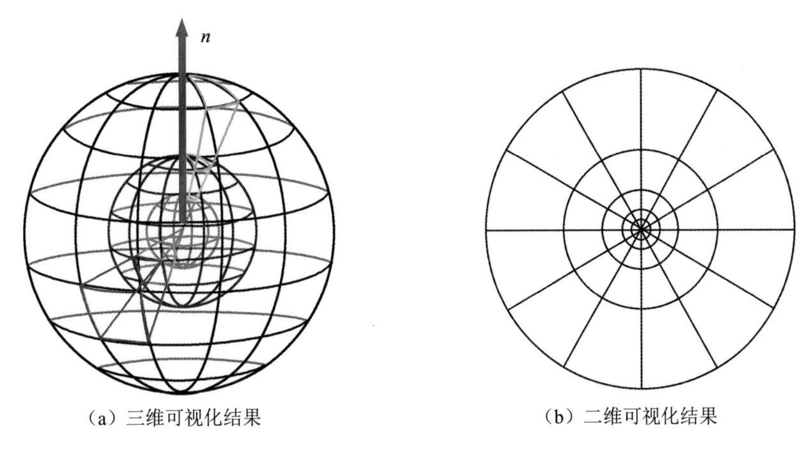

图 3.2　三维局部特征描述子 3DSC

Chen 等（2007）提出了一种基于局部表面块（local surface patches，LSP）的三维局部特征描述子，利用局部表面的类型、中心坐标和特征直方图来刻画邻域点的空间分布情况。对于关键点 p_s，算法首先利用距离 p_s 一定距离范围内并且与 $\boldsymbol{n}_s$（p_s 的法向量）夹角小于一定阈值的点构建局部表面块；然后计算局部表面块的平均曲率（H）和高斯曲率（K），并根据表 3.1 计算局部表面块的类型；然后根据式（3.1）计算局部表面块中每个点的形状指数（shape index）及邻域点的法向量与 $\boldsymbol{n}_s$ 的夹角；最后把形状指数和法向量夹角分别离散化得到特征直方图，如图 3.3 所示。

表 3.1　根据平均曲率（H）和高斯曲率（K）计算表面的类型

平均曲率（H）	高斯曲率（K）		
	$K>0$	$K=0$	$K<0$
$H<0$	山峰（peak）	山脊（ridge）	鞍脊（saddle ridge）
$H=0$	不存在（none）	平地（flat）	最低点（minimal）
$H>0$	凹陷（pit）	山谷（valley）	鞍谷（saddle valley）

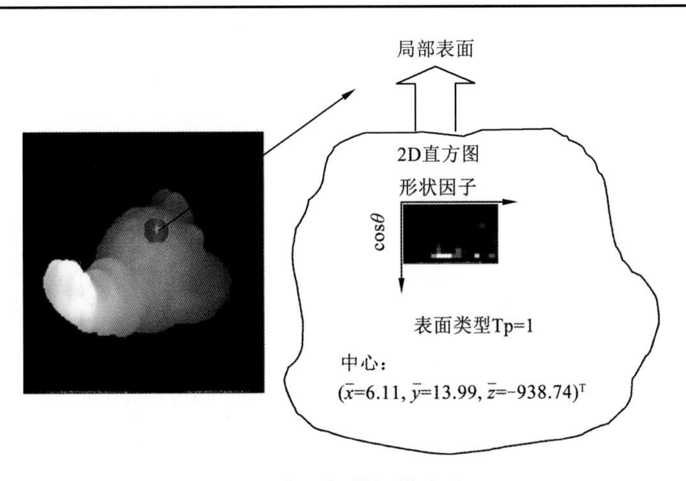

图 3.3　三维局部特征描述子 LSP

$$\mathrm{SI}=\frac{1}{2}-\frac{1}{\pi}\tan^{-1}\frac{C_{\mathrm{M}}+C_{\mathrm{m}}}{C_{\mathrm{M}}-C_{\mathrm{m}}} \tag{3.1}$$

式中：SI 为点的形状指数：C_{m} 和 C_{M} 分别为最小和最大主曲率。

Rusu 等（2009）提出了快速点特征直方图（fast point feature histogram，FPFH），通过累加兴趣点和邻域点之间的三个角度差异来刻画局部的三维表面信息。对于关键点 p_{s} 和邻域点 p_{t}，算法首先计算点的法向量 $\boldsymbol{n}_{\mathrm{s}}$ 和 $\boldsymbol{n}_{\mathrm{t}}$，并得到两点的连线 $p_{\mathrm{t}}-p_{\mathrm{s}}$；然后以 p_{s} 为原点，$\boldsymbol{n}_{\mathrm{s}}$ 为 u 轴，垂直于 u 轴和 $p_{\mathrm{t}}-p_{\mathrm{s}}$ 的方向为 v 轴，垂直于 u 轴和 v 轴的方向为 w 建立局部坐标系；然后计算它们之间三个夹角(α,θ,ϕ)，其中 α 是 v 轴和 $\boldsymbol{n}_{\mathrm{t}}$ 的夹角，θ 是 $\boldsymbol{n}_{\mathrm{t}}$ 在 uw 平面的投影与 u 轴的夹角，ϕ 是 u 轴与连线 $p_{\mathrm{t}}-p_{\mathrm{s}}$ 之间的夹角，如图 3.4（a）所示；最后把(α,θ,ϕ)空间离散化，计算每个区间内点个数百分比就得到最终的 FPFH 特征，如图 3.4（b）所示。

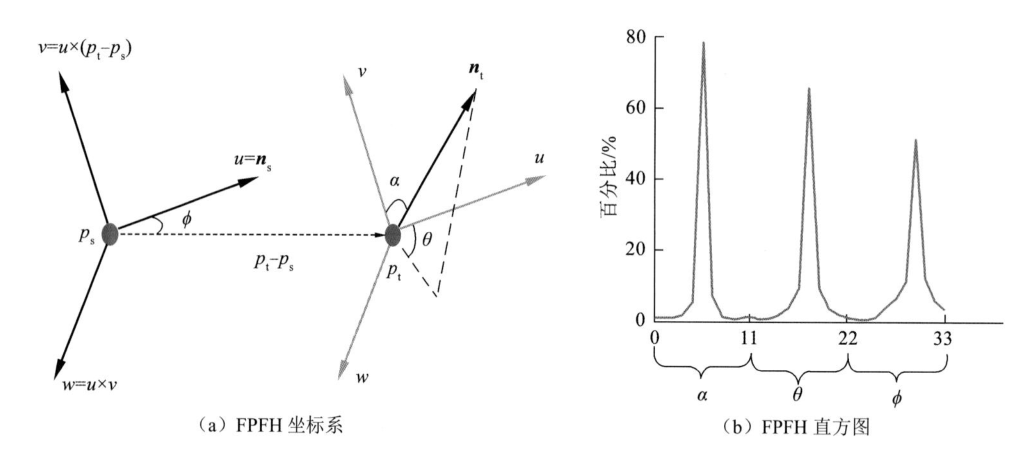

（a）FPFH 坐标系　　（b）FPFH 直方图

图 3.4　三维局部特征描述子 FPFH

Zhong（2009a）提出了一种本征形状签名描述子（intrinsic shape signature，ISS），通过累计球形邻域表面格网中的加权点数量来对局部的三维表面信息进行刻画。对于关键点 p_{s}，算法首先利用 p_{s} 的邻域点构建协方差矩阵，并对协方差矩阵分解得到三个特征值 $\{\lambda_1\geqslant\lambda_2\geqslant\lambda_3\}$ 和对应的特征向量 $\{\boldsymbol{e}_1,\boldsymbol{e}_2,\boldsymbol{e}_3\}$；然后以 p_{s} 为坐标原点，$\boldsymbol{e}_1$ 为 x 轴，$\boldsymbol{e}_2$ 为 y 轴，$\boldsymbol{e}_1\times\boldsymbol{e}_2$ 为 z 轴，构建局部坐标系；然后按照图 3.5（a）的方式把球形邻域的表面划分成离散格网，如图 3.5（b）所示；最后统计格网中点个数百分比就得到最终的 ISS 特征。ISS 通过鲁棒的局部坐标系构建，提高了描述子对于仿射变换的鲁棒性。

Tombari 等（2010a）提出了一种融合点签名特征和直方图特征优点的局部特征描述子（signature of histogram of orientations，SHOT），在描述性和鲁棒性之间获得了更好的平衡。对于关键点 p_{s}，算法首先利用 p_{s} 的邻域点构建协方差矩阵，并对协方差矩阵分解得到三个特征值 $\{\lambda_1\geqslant\lambda_2\geqslant\lambda_3\}$ 和对应的特征向量 $\{\boldsymbol{e}_1,\boldsymbol{e}_2,\boldsymbol{e}_3\}$；然后调整特征向量 $\{\boldsymbol{e}_1,\boldsymbol{e}_2,\boldsymbol{e}_3\}$ 的方向，使之与大多数邻域点跟 p_{s} 连线的方向一致；然后以 p_{s} 为坐标原点，$\boldsymbol{e}_1$ 为 x 轴，$\boldsymbol{e}_2$ 为 y 轴，$\boldsymbol{e}_1\times\boldsymbol{e}_2$ 为 z 轴，构建局部坐标系；然后在半径方向（对数间距）、经线方向（等间距）和纬线方向（等间距）对球形邻域进行格网划分，如图 3.6（a）所示；对于每个格网计算

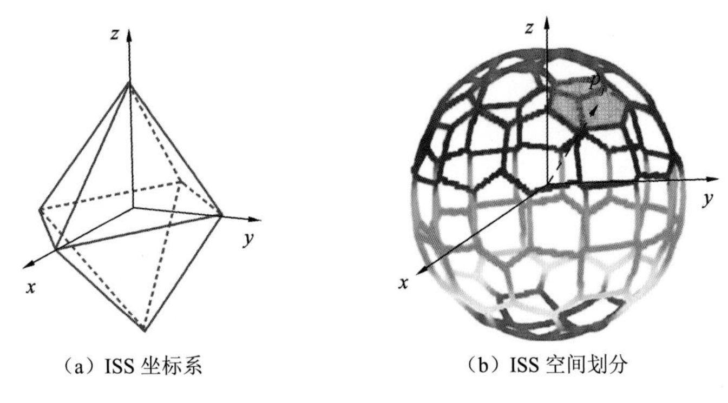

（a）ISS 坐标系　（b）ISS 空间划分

图 3.5　三维局部特征描述子 ISS

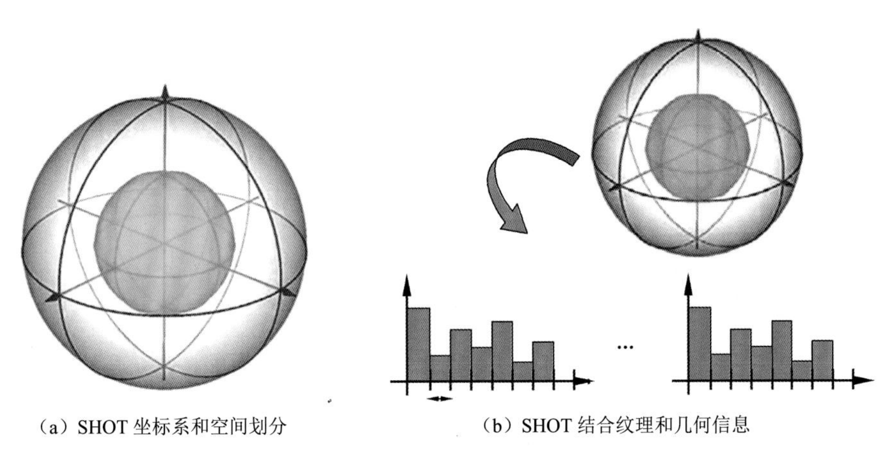

（a）SHOT 坐标系和空间划分　（b）SHOT 结合纹理和几何信息

图 3.6　三维局部特征描述子 SHOT

格网中的点与 z 轴夹角余弦值，并把余弦值量化为直方图；融合所有格网的直方图得到最终的 SHOT 描述子，如图 3.6（b）所示。SHOT 描述子融合了点签名特征和直方图特征优点的局部特征描述子（SHOT），在描述性和鲁棒性之间获得了更好的平衡。

Lalonde 等（2006）提出了一种基于特征值的描述子，用于自然场景分类。对于每个激光点 p_s，算法首先利用 p_s 的邻域点构建协方差矩阵，并对协方差矩阵分解得到特征值 $\{\lambda_1 \geqslant \lambda_2 \geqslant \lambda_3\}$ 和特征向量 $\{\boldsymbol{e}_1, \boldsymbol{e}_2, \boldsymbol{e}_3\}$；然后根据式（3.2）计算 3 个维数特征，并根据维数特征将 p_s 分类为线状分布、面状分类和球状分布三类，如图 3.7（a）所示。为降低算法对邻域尺寸的敏感性，Yang 等（2013）融合几何和激光反射强度特征，并利用最小信息熵原理计算最佳邻域大小，提高了维数特征对点密度变化、噪声的鲁棒性，如图 3.7（b）所示。

$$a_{1D} = \frac{\sqrt{\lambda_1} - \sqrt{\lambda_2}}{\sqrt{\lambda_1}} \quad a_{2D} = \frac{\sqrt{\lambda_2} - \sqrt{\lambda_3}}{\sqrt{\lambda_1}} \quad a_{3D} = \frac{\sqrt{\lambda_3}}{\sqrt{\lambda_1}} \tag{3.2}$$

Guo 等（2013）介绍了一种旋转投影统计特征描述子（rotational projection statistics，RoPS），用于三维局部表面描述和对象识别。该描述子首先利用 SHOT 描述子的方法（Tombari et al.，2010b）构建局部坐标系，并把邻域点转换到局部坐标系下；然后把转换

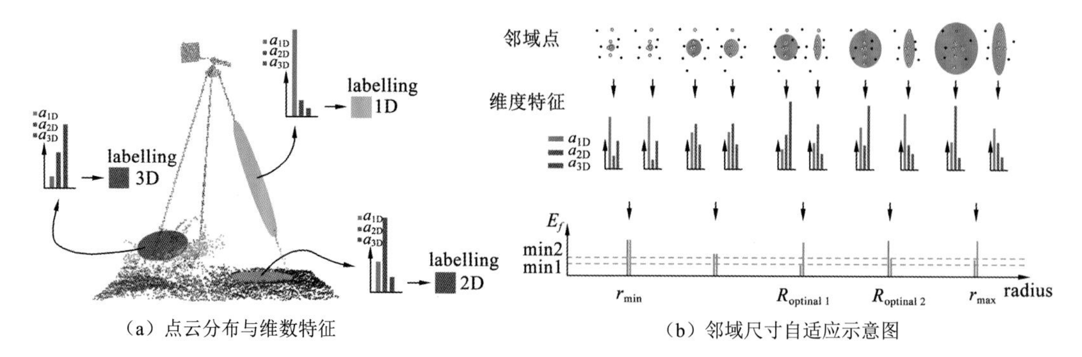

（a）点云分布与维数特征　　（b）邻域尺寸自适应示意图

图 3.7　基于特征值的描述子

后的点云投影到 xy、xz、yz 三个坐标平面中，并对投影后的点云格网化；然后利用每个格网中的点数构造分布矩阵 $\boldsymbol{D}$，并归一化矩阵 $\boldsymbol{D}$ 使得矩阵中所有元素和为 1；再计算分布矩阵 $\boldsymbol{D}$ 的 5 个统计特征［4 个中心矩（central moments）和香农熵（Shannon entropy）］作为投影面的特征，如图 3.8 所示；然后邻域点分别绕 x，y，z 轴旋转 T 次，每次旋转后重复上面的特征计算；最后融合所有 T 次旋转计算的特征得到最终的 RoPS 描述子。RoPS 通过编码多个投影面上的点数特征，提高了描述子的特征刻画能力。

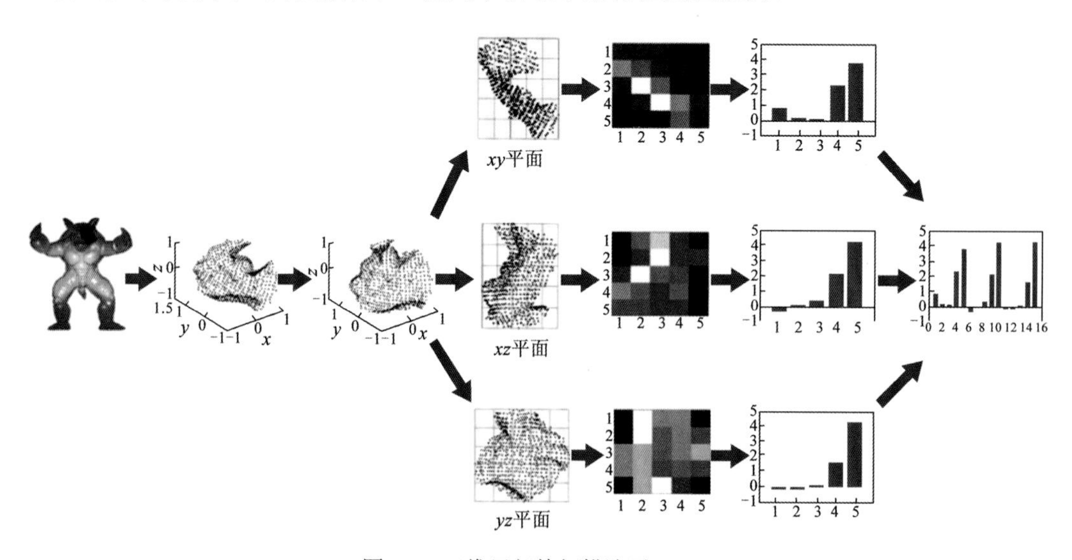

图 3.8　三维局部特征描述子 RoPS

在 Spin Image 基础上，Guo 等（2015）融合三个不同投影方向的 Spin Image 特征得到一种描述能力更强的特征描述子（tri spin image，TriSI）。对于关键点 p_s，算法首先利用 p_s 的邻域点构建协方差矩阵，并对协方差矩阵分解得到特征值 $\{\lambda_1 \geqslant \lambda_2 \geqslant \lambda_3\}$ 和特征向量 $\{\boldsymbol{e}_1, \boldsymbol{e}_2, \boldsymbol{e}_3\}$；然后调整特征向量 $\{\boldsymbol{e}_1, \boldsymbol{e}_2, \boldsymbol{e}_3\}$ 的方向，使之与大多数邻域点跟 p_s 连线的方向一致；然后以 p_s 为坐标原点，$\boldsymbol{e}_1$ 为 v_1 轴，$\boldsymbol{e}_2$ 为 v_2 轴，$\boldsymbol{e}_1 \times \boldsymbol{e}_2$ 为 v_3 轴，构建局部坐标系；对于每一个坐标轴 $v_i, i \in 1,2,3$，计算邻域点在局部坐标系中的坐标 (α, β)，α, β 分别是邻域点到坐标轴和其切平面的垂直距离；然后把局部坐标系空间 (α, β) 格网化，并计算落入

每个格网中的点个数；最后融合三个坐标轴对应的 Spin Image 得到最终的 TriSI 特征，如图 3.9 所示。

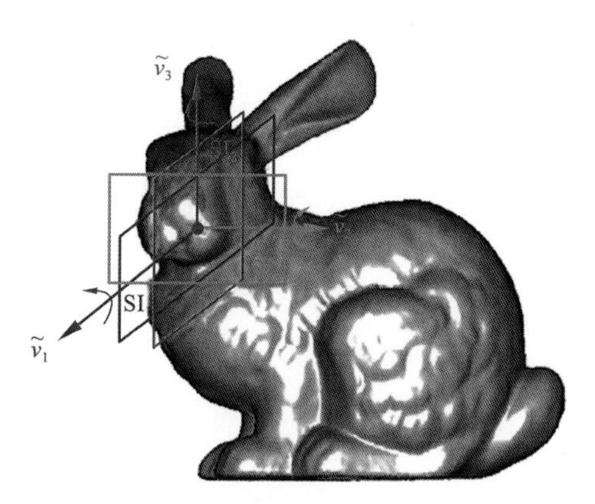

图 3.9　三维局部特征描述子 TriSI

与 Guo 等（2013）相似，Yang 等（2017）提出了一种基于三个垂直投影面深度图像（triple orthogonal local depth images，TOLDI）的局部特征描述子。对于关键点 p_s，首先利用 p_s 的邻域点构建协方差矩阵，并对协方差矩阵分解得到特征值 $\{\lambda_1 \geqslant \lambda_2 \geqslant \lambda_3\}$ 和特征向量 $\{\boldsymbol{e}_1, \boldsymbol{e}_2, \boldsymbol{e}_3\}$；然后调整 $\boldsymbol{e}_3$ 的方向，使之与大多数邻域点跟 p_s 连线的方向一致，并把 p_s 和 $\boldsymbol{e}_3$ 作为局部坐标系的原点和 z 轴；然后把所有邻域点投影到 z 轴的切平面，计算投影点与 p_s 连线向量的加权和（距离越远权值越小，投影距离越大权值越大）作为 x 轴，$z \times x$ 为 y 轴；然后把邻域点转换到局部坐标系下，并把转换后的点云投影到 xy、xz、yz 平面；对投影后的点云格网化，把格网中点的最小投影距离作为格网值得到投影距离图像；最后串联三个投影面的投影距离图像得到 TOLDI 描述子，如图 3.10 所示。

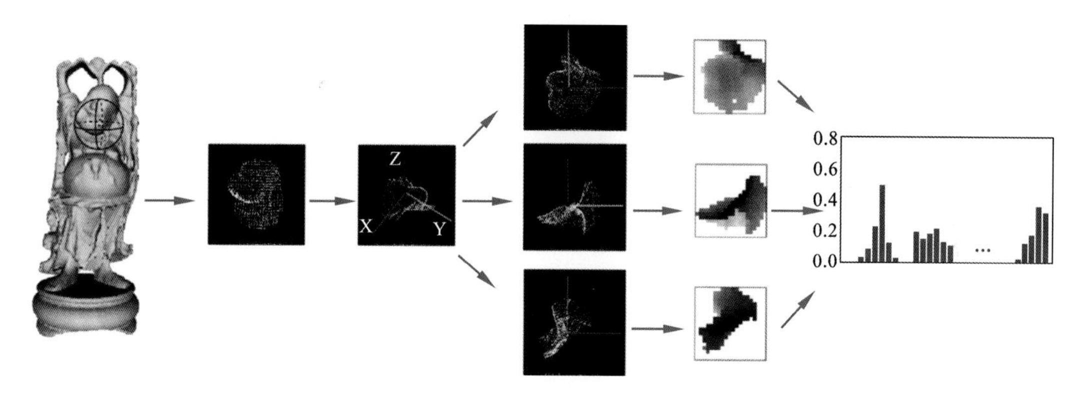

图 3.10　三维局部特征描述子 TOLDI

3.2.2　点云特征描述子时间和内存使用效率

优秀的点云局部特征描述子须具备很高的时间和内存使用效率。在过去的十几年中，为了提高点云局部特征描述子的时间和内存使用效率，国内外学者开展了大量的研究，主要可以分为基于降维的方法和基于二值化的方法。基于降维的方法通过应用降维技术，如：主成分分析（Guo et al.，2015）、线性判别嵌入（Hua et al.，2007）、局部敏感哈希（Strecha et al.，2012）等减少特征描述子的维数，达到加速匹配和减少内存消耗的目的。虽然这些降维方法取得了令人满意的结果，但是先计算一个高维的特征描述子然后再降低它们维数的策略仍然是低效的。

二维图像处理领域越来越多的采用基于二值化的方法来提高局部特征描述子的时

间和内存使用效率。Calonder 等（2010）提出了一种鲁棒的二进制独立基本特征（binary robust independent elementary features，BRIEF）。对于一个关键点 p，该方法首先获得其 $S\times S$ 的邻域像素集合 P，并对每个像素做高斯平滑滤除像素点的噪声；然后按照图 3.11（a）的分布从邻域像素中选择 N 个像素对，并对 N 个像素对按照式（3.3）分别作像素灰度值差异性测试；最后按照式（3.4）的方式组合 N 个二进制数得到最终的 BRIEF 描述子。该方法的缺点是它不具有旋转的不变性。

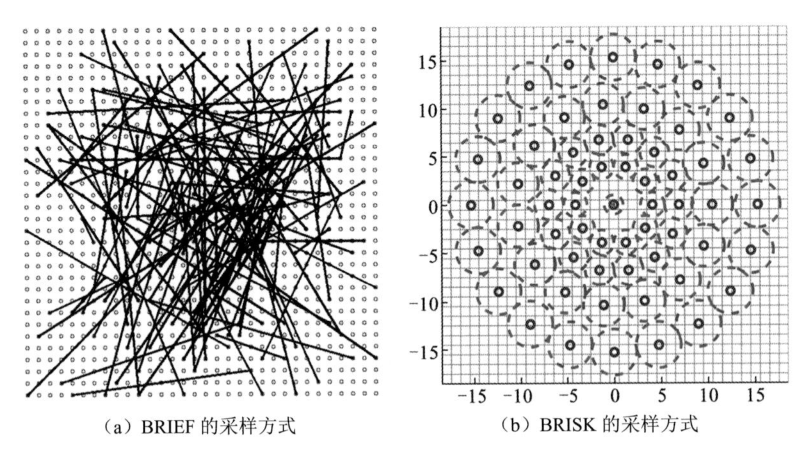

（a）BRIEF 的采样方式　　（b）BRISK 的采样方式

图 3.11　局部特征描述子 BRIEF 和 BRISK 像素点对采用方式比较

蓝色为采样的邻域像素点；红色为像素点平滑时的高斯核半径

$$\tau(P;m_i,n_i)=\begin{cases}1, & 如果I(m_i)<I(n_i)\\0, & 其他\end{cases} \tag{3.3}$$

式中：m_i，n_i 为第 i 个像素对的索引号；$I(m_i)$，$I(n_i)$ 为 m_i，n_i 像素的灰度值。

$$f(P)=\sum_{1\leqslant i\leqslant N}2^{i-1}\tau(P;m_i,n_i) \tag{3.4}$$

在 BRIEF 描述子基础上，Leutenegger 等（2011）提出了一种二进制鲁棒尺度不变关键点（binary robust invariant scalable keypoints，BRISK），从像素对选择和特征旋转不变性两个方面对 BRIEF 描述子进行了改进。对于一个关键点 p，该方法首先按照图 3.11（b）所示的采样方式采样 N 个邻域像素点（半径方向对数间距采样，方位角方向等间距采样），并对每个像素做高斯平滑滤除像素点的噪声（高斯核函数之间无重叠）；将所有的 C_N^2 个像素对根据式（3.5）分为长距离像素对集合 L 和短距离像素对集合 S；然后利用长距离像素对集合 L 根据式（3.6）计算局部像素的梯度 g，并将邻域像素点绕着关键点 p 旋转角度 $\partial=\arctan(g_y,g_x)$；最后按照式（3.7）分别对旋转后的短距离像素对 S 作像素灰度差异性测试得到最终的 BRISK 描述子。

$$\begin{cases}S=\{(p_i,p_j)\quad \text{s.t.}\ \|p_i-p_i\|<\delta_1\}\\L=\{(p_i,p_j)\quad \text{s.t.}\ \|p_i-p_i\|>\delta_2\}\end{cases} \tag{3.5}$$

$$\begin{cases} g(p_i,p_j)=(p_i-p_j)\dfrac{I(p_i)-I(p_j)}{\|p_i-p_j\|^2} \\ g=\dfrac{1}{|L|}\sum\limits_{(p_i,p_j)\in L} g(p_i,p_j) \end{cases} \tag{3.6}$$

$$\tau(p_i,p_j)=\begin{cases} 1, & I(p_i)<I(p_j) \\ 0, & 其他 \end{cases} \quad \forall(p_i,p_j)\in S \tag{3.7}$$

在 BRIEF 描述子基础上，Rublee 等（2011）提出了一种快速定向旋转的 BRIEF（oriented fast and rotated brief，ORB），仍然从像素对选择和特征旋转不变性两个方面对 BRIEF 描述子进行了改进。对于一个关键点 p，该方法首先获得其 N 个邻域像素，并对每个像素做高斯平滑滤除像素点的噪声；根据式（3.8）和式（3.9）分别计算邻域像素的矩 $m_{0,1}$、$m_{1,0}$ 和旋转角 θ，并将邻域像素绕着关键点 p 旋转角度 θ；根据式（3.7）将所有的 C_N^2 个像素作像素差异性测试；所有关键点的特征计算完成后，根据同一个比特方差大（均值接近 0.5）、不同比特之间相关性小的原则，从 C_N^2 个像素对中选择最佳的 T 个像素差异性测试的结果得到最终的 ORB 描述子，如图 3.12 所示。

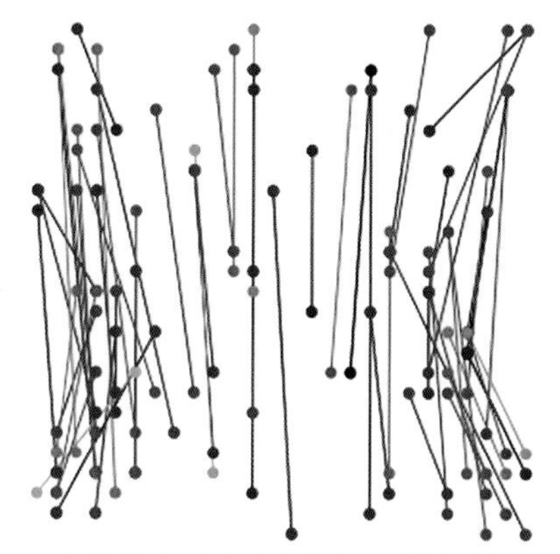

（a）只考虑同一个比特方差大得到的像素点对

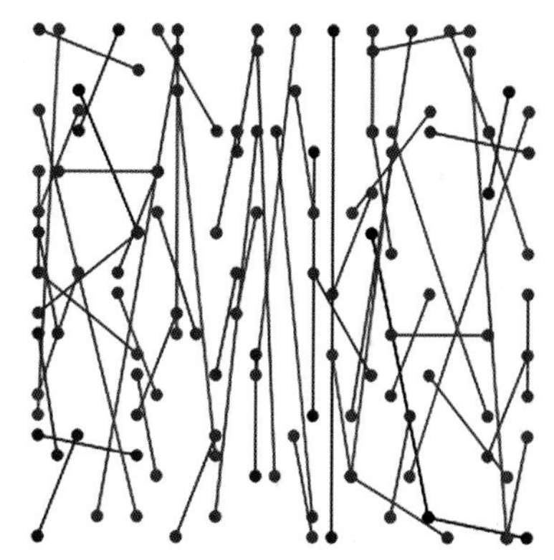

（b）同时考虑同一个比特方差大、不同比特之间相关性小得到的像素点对

图 3.12　局部特征描述子 ORB 像素点对采用方式比较

Alahi 等（2012）模仿人类视网膜的工作原理，提出了一种快速视网膜关键点（fast retina keypoint，FREAK），仍然从像素对选择和特征旋转不变性两个方面对 BRIEF 描述子进行了改进。该方法首先按照 BRISK 的采样方式采样 N 个邻域像素点（半径方向对数间距采样，方位角方向等间距采样），并对每个像素做高斯平滑滤除像素点的噪声（高斯核函数之间有重叠）；然后利用 BRISK 方法计算邻域的旋转角，使特征具有旋转不变性；最后根据 ORB 方法进行像素对的差异性测试和最优像素对的选择。作者发现根据“同一个比特方差大（均值接近 0.5）、不同比特之间相关性小”的原则选择出来的像素对符合人类视觉从粗到细（先粗略定位再精细识别）工作原理，如图 3.13 所示。

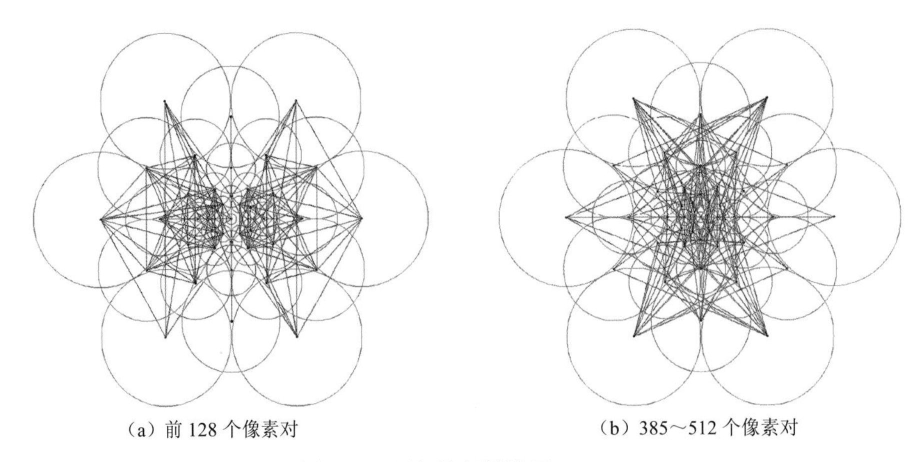

图 3.13　局部特征描述子 FREAK

为了提高二进制特征描述子的描述性，Yang 等（2014）提出了一种多尺度的局部差异二进制描述子（local difference binary，LDB）。对于每一个图像块，首先把图像块划分成多个不同分辨率的格网，如图 3.14（a）所示；然后对每一个分辨率下的任意两个格网，利用灰度、x 方向梯度、y 方向梯度分别进行差异性测试，如图 3.14（b）所示；融合多种分辨率下的多特征差异性测试结果得到初始的 LDB 特征；根据“正确匹配对距离小、错误匹配对距离大”和“不同比特位特征相关性小”的原则，利用 AdaBoost 选择最佳的比特位作为最终 LDB 特征。

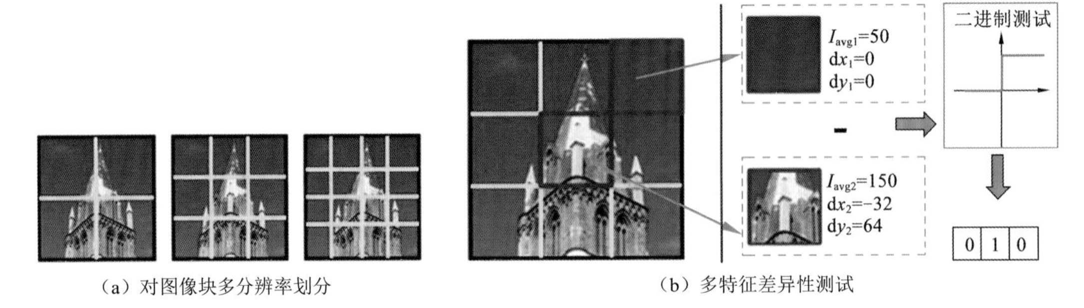

图 3.14　局部特征描述子 LDB

相比较而言，二进制点云局部特征提取与表达的研究相对不足，仅有少量的参考文献涉及。Prakhya 等（2015）把传统的 SHOT 描述子（Tombari et al.，2010b）量化成一个二进制向量，从而得到二进制特征描述子 B-SHOT。该算法首先利用 Tombari 等（2010b）的方法计算 SHOT 描述子（352 维）；然后把 SHOT 描述子中相邻的 4 个元素（浮点型）组成一组，并根据一定的规则比较 4 个元素的大小（元素大设为 1，元素小设为 0），从而把 4 个浮点型元素转换为 4 个布尔型元素；最后融合所有的布尔型元素得到 B-SHOT 描述子。B-SHOT 二值化的过程降低了 SHOT 的描述性，因此在多数情况下 B-SHOT 在点云配准中的表现要逊色于 SHOT。图 3.15 显示了 SHOT 和 B-SHOT 用于点云配准得到的转换矩阵的精度。

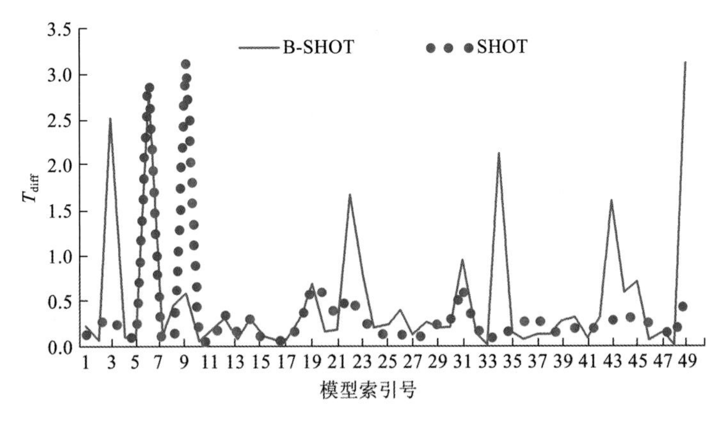

图 3.15　三维局部特征描述子 SHOT 和 B-SHOT 性能比较

Kallasi 等（2016）提出了一种二进制版本的二维形状上下文描述子（2D binary shape context descriptor），用于辅助机器人同步定位和制图。该算法首先利用二维形状上下文描述子［2D shape context（2DSC）］计算方法，如图 3.16（a）所示；然后遍历 2DSC 描述子中每个格网中的点个数，有点设为 1，否则设为 0，从而得到二维的二进制形状上下文描述子［2D binary shape context（2DBSC）］，如图 3.16（b）所示。2DSC 的描述性不足，并且对噪声、点密度变化等很敏感。

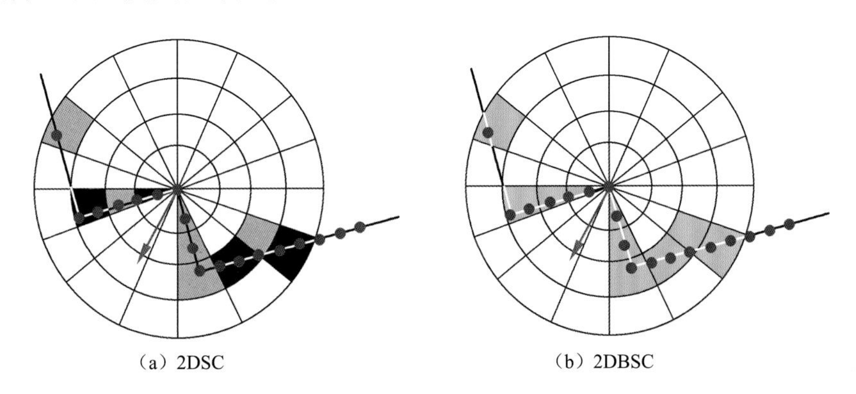

图 3.16　三维局部特征描述子 2DSC 和 2DBSC

Srivastava 等（2016）提出了一种基于点签名的三维二进制特征描述子（3D binary signature，3DBS）用于局部表面特征的刻画。算法具体步骤：①对于关键点 p，该算法首先利用“角度约束策略”搜索邻域范围内的 N 个点 $\{q_1,q_2,\cdots,q_N\}$，如图 3.17（a）所示；②利用 N 个邻域点构建协方差矩阵，根据 Guo 等（2013）的方法建立局部坐标系，并把邻域点转换到局部坐标系下；③把邻域点按照到关键点 p 的距离升序排序，得到新的集合 $\{q_1,q_2,\cdots,q_N\}$；④计算每个邻域点 q_i 的法向量跟局部坐标系 x,y,z 轴的夹角 (q_i^x,q_i^y,q_i^z)；⑤对任意邻域点 q_i，构造邻域点对 (q_i,q_m) s.t. $i<m$，共得到 C_N^2 个邻域点对；⑥按照式(3.8)对每个邻域点对进行二值化，如图 3.17（b）所示；⑦融合所有的 $3\times C_N^2$ 个二进制数得到最终的 3DBS 描述子。3DBS 描述子计算耗时，并且对噪声、点密度变化等很敏感。

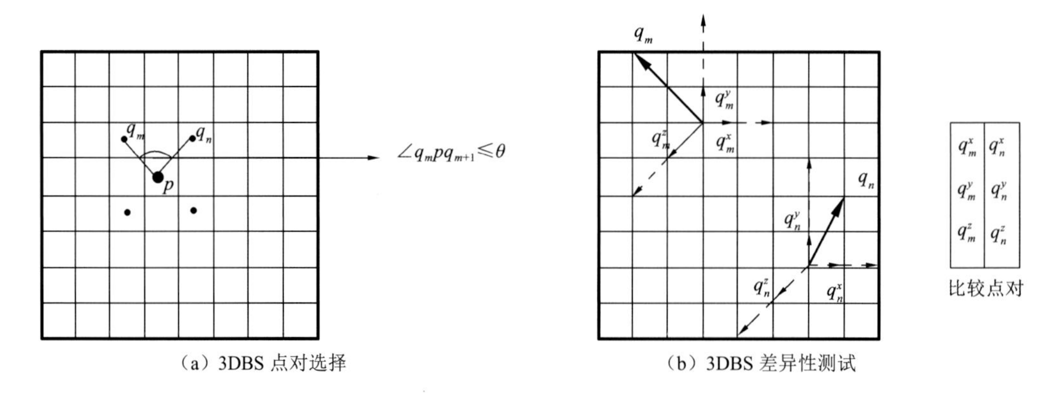

（a）3DBS 点对选择 （b）3DBS 差异性测试

图 3.17 三维局部特征描述算子 3DBS

$$\begin{cases} \tau(q_i^x, q_m^x) = \begin{cases} 1, & \text{如果} q_i^x \geqslant q_m^x \\ 0, & \text{其他} \end{cases} \\ \tau(q_i^y, q_m^y) = \begin{cases} 1, & \text{如果} q_i^y \geqslant q_m^y \\ 0, & \text{其他} \end{cases} \\ \tau(q_i^z, q_m^z) = \begin{cases} 1, & \text{如果} q_i^z \geqslant q_m^z \\ 0, & \text{其他} \end{cases} \end{cases} \tag{3.8}$$

3.3 BSC 特征描述算子

为提高三维点云局部特征描述的鲁棒性与提取效率，本书提出了二进制形状上下文特征描述算子（binary shape context，BSC）。BSC 描述算子的提取与表达主要包括：关键点检测、局部坐标系建立、坐标转换及格网化、加权投影特征计算以及特征二值化等关键步骤，方法整体流程如图 3.18 所示。

3.3.1 关键点检测

关键点检测算法主要包含的步骤：①根据式（3.1），计算每个点 $\boldsymbol{p}$ 和其半径 R 内的邻域点 $\boldsymbol{q}_j$ 组成的协方差矩阵 $\boldsymbol{M}$，并对协方差矩阵 $\boldsymbol{M}$ 做特征值分解得到特征值 $\{\lambda_1 \geqslant \lambda_2 \geqslant \lambda_3\}$；②根据式（3.2）和式（3.3）计算特征值比值 $r_{1,2}$ 和 $r_{2,3}$，并根据式（3.4）计算点 $\boldsymbol{p}$ 的曲率 c；③遍历点云中的所有点，把满足条件 $r_{1,2} \leqslant T_r \wedge r_{2,3} \leqslant T_r$ 的点存入集合 Q，其中 T_r 为特征值比值阈值；④从集合 Q 中选择曲率最大的点作为关键点存入集合 Θ，并从集合 Q 中删除此点以及邻域 R 范围内的点；⑤重复步骤④，直到集合 Q 为空。集合 Θ 中的点即为检测到的关键点，如图 3.18（a）所示。

$$\boldsymbol{M} = \frac{1}{k} \sum_{i=1}^{k} (\boldsymbol{q}_i - \boldsymbol{p})(\boldsymbol{q}_i - \boldsymbol{p})^{\mathrm{T}} \text{ s.t. } \|\boldsymbol{q}_i - \boldsymbol{p}\| < R \tag{3.9}$$

式中：k 为邻域点个数；$\boldsymbol{p}$ 为当前点；$\boldsymbol{q}_i$ 为 $\boldsymbol{p}$ 的邻域点。

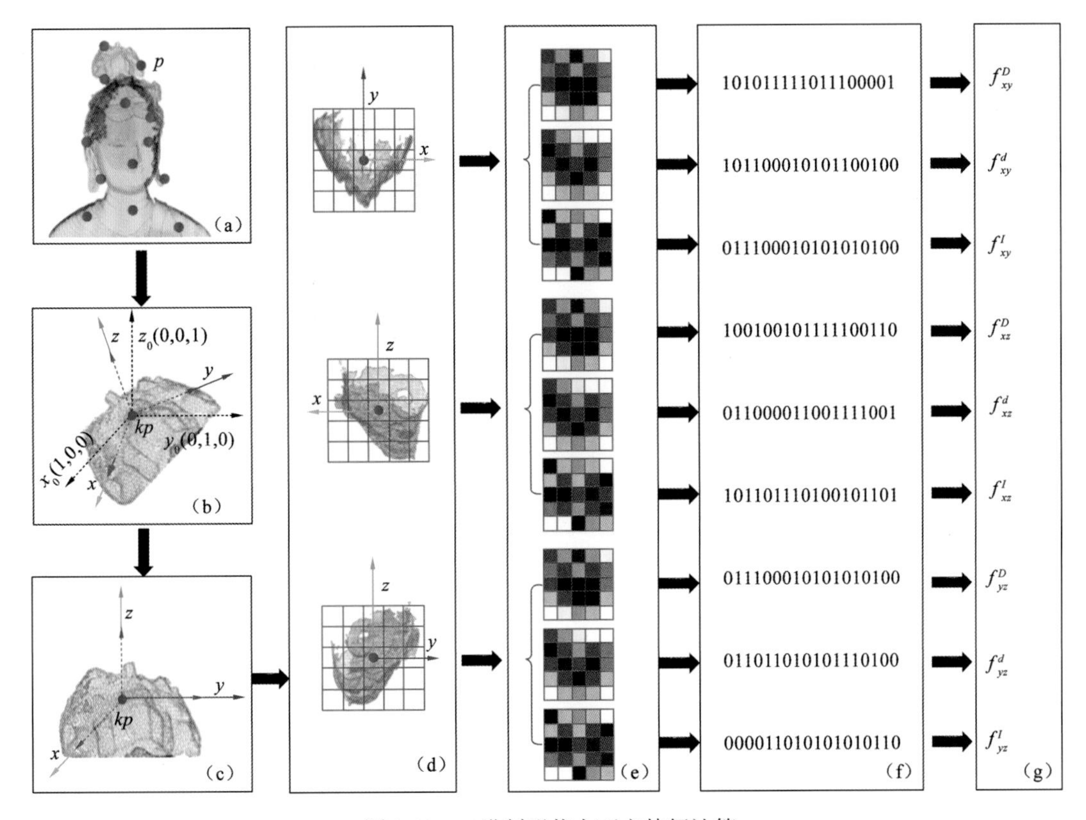

图 3.18　二进制形状上下文特征计算

（a）关键点检测；（b）局部坐标系建立；（c）点云转换到局部坐标系；（d）点云投影到 *xoy*、*xoz*、*yoz* 三个投影面；（e）加权投影特征计算及可视化；（f）特征二值化；（g）聚合 3 个投影面上的 9 个二值化特征

$$r_{1,2}=\frac{\lambda_2}{\lambda_1} \tag{3.10}$$

$$r_{2,3}=\frac{\lambda_3}{\lambda_2} \tag{3.11}$$

$$c=\frac{\lambda_3}{\lambda_1+\lambda_2+\lambda_3} \tag{3.12}$$

3.3.2　局部坐标参考系建立

对每个关键点 $\boldsymbol{kp}$ 建立一个局部坐标系 $\boldsymbol{F}$，主要包含步骤为：①根据式（3.5）、式（3.6）计算点密度权值 ω_j^{den} 和点距离权值 ω_j^{dis}；②根据式（3.7），利用关键点、邻域点集合 N 及权值 ω_j^{den} 和 ω_j^{dis} 构建加权的协方差矩阵 $\boldsymbol{M}_\omega$；③协方差矩阵 $\boldsymbol{M}_\omega$ 做特征值和特征向量分解得到特征值 $\{\lambda_1 \geqslant \lambda_2 \geqslant \lambda_3\}$ 和对应的特征向量 $\{\boldsymbol{e}_1, \boldsymbol{e}_2, \boldsymbol{e}_3\}$；④以关键点 $\boldsymbol{kp}$ 为原点，以 $\boldsymbol{e}_1$ 为 x 轴，$\boldsymbol{e}_2$ 为 y 轴，$\boldsymbol{e}_1 \otimes \boldsymbol{e}_2$ 为 z 轴建立局部坐标系 F_{kp}，如图 3.19（a）所示。

$$\omega_j^{\text{den}}=\frac{1}{\#\left\{\boldsymbol{t}_n : \left\|\boldsymbol{t}_n-\boldsymbol{q}_j\right\|<r_d\right\}} \tag{3.13}$$

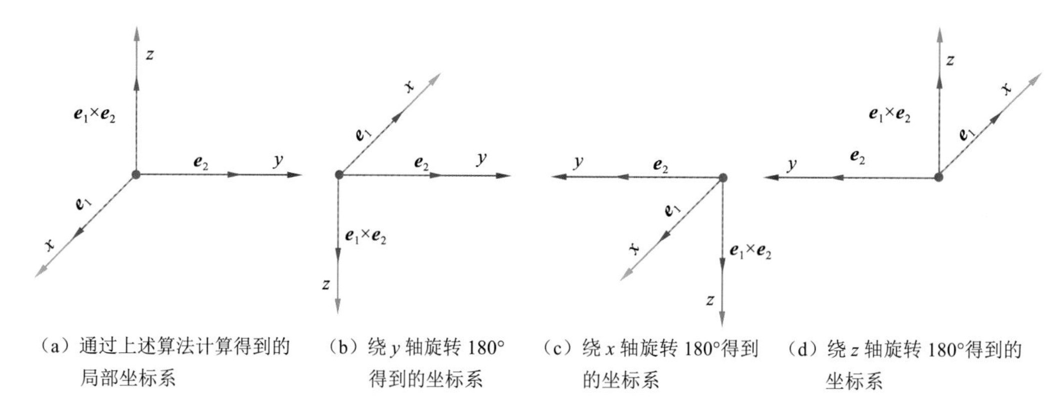

（a）通过上述算法计算得到的局部坐标系　（b）绕 y 轴旋转 180°得到的坐标系　（c）绕 x 轴旋转 180°得到的坐标系　（d）绕 z 轴旋转 180°得到的坐标系

图 3.19　4 种可能的局部坐标系

$$\omega_j^{\text{dis}} = \frac{R - \|\boldsymbol{kp} - \boldsymbol{q}_j\|}{R} \tag{3.14}$$

式中：$\boldsymbol{q}_j$ 为关键点 $\boldsymbol{kp}$ 的邻域点；$\boldsymbol{t}_n$ 为 $\boldsymbol{q}_j$ 的邻域点；$\|\boldsymbol{kp}-\boldsymbol{q}_j\|$ 为它们之间的欧氏距离；$\#\{\boldsymbol{t}_n:\|\boldsymbol{t}_n-\boldsymbol{q}_j\|<r_d\}$ 为半径 r_d 范围内的点个数（本章设置 $r_d=0.5R$）；ω_j^{den} 为点密度权值，对低密度区域赋予更大的权值，用于补偿点密度变化的影响，提高局部坐标系对点密度变化的鲁棒性；ω_j^{dis} 为点距离权值，对距离大的点赋予小的权值，提高局部坐标系对遮挡、目标重叠等的鲁棒性。

$$\boldsymbol{M}_{\omega} = \frac{1}{\sum_{\boldsymbol{q}_j \in \boldsymbol{N}} \omega_j^{\text{den}} \omega_j^{\text{dis}}} \sum_{\boldsymbol{q}_j \in \boldsymbol{N}} \omega_j^{\text{den}} \omega_j^{\text{dis}} (\boldsymbol{q}_j - \boldsymbol{p})(\boldsymbol{q}_j - \boldsymbol{p})^{\mathrm{T}} \tag{3.15}$$

由于特征向量存在 180°的不确定性，每个坐标轴的方向有两种选择，共 4 种可能的局部坐标系，如图 3.19 所示。为了消除局部坐标系二义性的影响，在点云配准和目标提取过程中，计算了源点云和模型点云中关键点的 4 种局部坐标系，计算了目标点云和场景点云中关键点的一种局部坐标系。

3.3.3　坐标转换和格网化

为了增强特征描述子对于旋转、平移、视角变化等因素的鲁棒性，首先把关键点及其邻域点集 $\boldsymbol{N}=\{\boldsymbol{q}_0,\boldsymbol{q}_1,\boldsymbol{q}_2,\cdots,\boldsymbol{q}_k\}$ 转换到局部坐标下，转换后邻域点集合记为 $\boldsymbol{N}'=\{\boldsymbol{q}'_0,\boldsymbol{q}'_1,\boldsymbol{q}'_2,\cdots,\boldsymbol{q}'_k\}$，如图 3.20 所示；然后把转换后的局部点云 $\boldsymbol{N}'=\{\boldsymbol{q}'_0,\boldsymbol{q}'_1,\boldsymbol{q}'_2,\cdots,\boldsymbol{q}'_k\}$ 投影到 xoy、xoz、yoz 三个坐标平面中，投影后的点云分别记为 $\boldsymbol{N}_{xy}=\{\boldsymbol{q}_0^{xy},\boldsymbol{q}_1^{xy},\boldsymbol{q}_2^{xy},\cdots,\boldsymbol{q}_k^{xy}\}$、$\boldsymbol{N}_{xz}=\{\boldsymbol{q}_0^{xz},\boldsymbol{q}_1^{xz},\boldsymbol{q}_2^{xz},\cdots,\boldsymbol{q}_k^{xz}\}$、$\boldsymbol{N}_{yz}=\{\boldsymbol{q}_0^{yz},\boldsymbol{q}_1^{yz},\boldsymbol{q}_2^{yz},\cdots,\boldsymbol{q}_k^{yz}\}$，并把投影后的点云划分成 $S\times S$ 的格网，如图 3.21 所示。

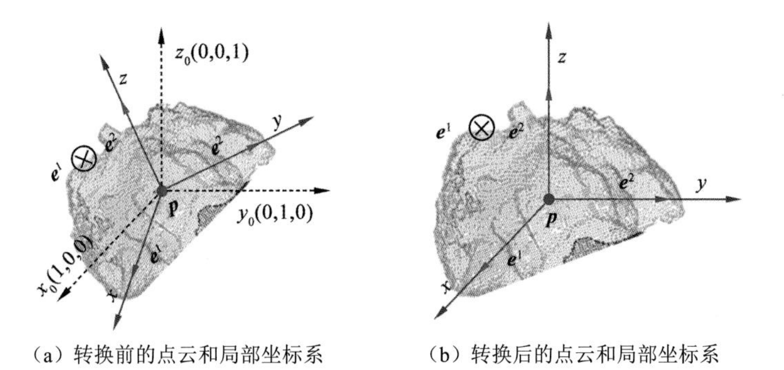

（a）转换前的点云和局部坐标系　　（b）转换后的点云和局部坐标系

图 3.20　局部坐标转换

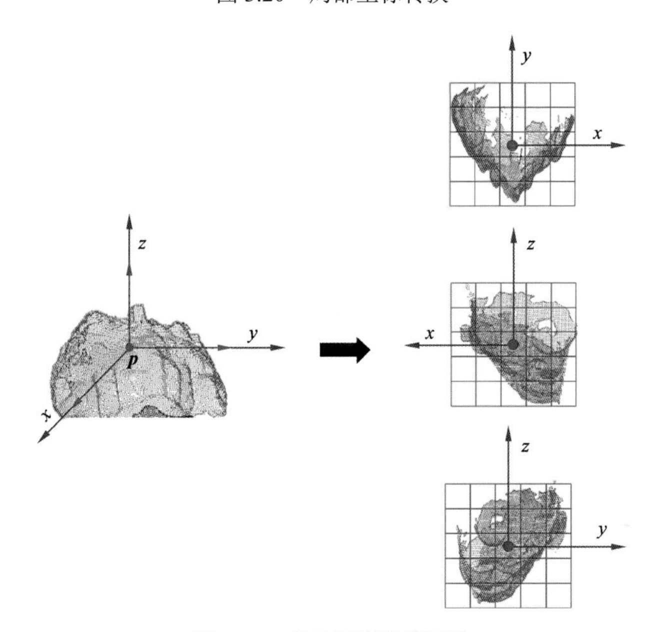

图 3.21　点云投影和格网化

3.3.4　加权投影特征计算

为了提高特征计算对于局部坐标系扰动、格网边界效应等的鲁棒性，采用高斯距离加权的方式累积每个格网的投影特征。以 xoy 投影面为例，根据式（3.8）按照高斯加权的方式（图 3.22），分别计算每个格网 b 的加权投影密度 $f_{xy}^{D}(b)$、投影距离 $f_{xy}^{d}(b)$ 和回波强度特征 $f_{xy}^{I}(b)$，并把特征归一化到 0～255 显示，如图 3.23 所示。

$$\begin{cases} f_{xy}^{D}(b)=\dfrac{1}{m_b}\displaystyle\sum_{n=1}^{m_b}\dfrac{1}{\sqrt{2\pi}h}\exp\left(-\dfrac{\left\|\boldsymbol{q}_n^{xy}-\boldsymbol{c}_b^{xy}\right\|^2}{2h^2}\right) & \text{s.t. } \left\|\boldsymbol{q}_n^{xy}-\boldsymbol{c}_b^{xy}\right\|<3h \\ f_{xy}^{d}(b)=\dfrac{1}{m_b}\displaystyle\sum_{n=1}^{m_b}d_{xy}(\boldsymbol{q}_n')\cdot\dfrac{1}{\sqrt{2\pi}h}\exp\left(-\dfrac{\left\|\boldsymbol{q}_n^{xy}-\boldsymbol{c}_b^{xy}\right\|^2}{2h^2}\right) & \text{s.t. } \left\|\boldsymbol{q}_n^{xy}-\boldsymbol{c}_b^{xy}\right\|<3h \\ f_{xy}^{I}(b)=\dfrac{1}{m_b}\displaystyle\sum_{n=1}^{m_b}I(\boldsymbol{q}_n)\dfrac{1}{\sqrt{2\pi}h}\exp\left(-\dfrac{\left\|\boldsymbol{q}_n^{xy}-\boldsymbol{c}_b^{xy}\right\|^2}{2h^2}\right) & \text{s.t. } \left\|\boldsymbol{q}_n^{xy}-\boldsymbol{c}_b^{xy}\right\|<3h \end{cases} \tag{3.16}$$

式中：$\boldsymbol{q}_n^{xy}$ 为邻域点 $\boldsymbol{q}_n'$ 在 xoy 投影面上投影；$\boldsymbol{c}_b^{xy}$ 为 xoy 投影面上格网 b 的中心点；m_b 为满足条件的邻域点个数；h 为高斯核半径；$d_{xy}(\boldsymbol{q}_n')$ 为点 $\boldsymbol{q}_n'$ 到 xoy 投影面的距离；$I(\boldsymbol{q}_n)$ 为点 $\boldsymbol{q}_n$ 的回波强度。

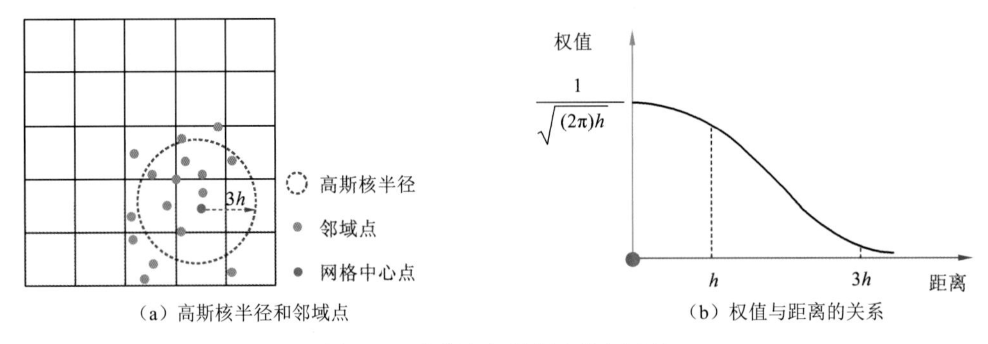

图 3.22　高斯加权投影点特征计算

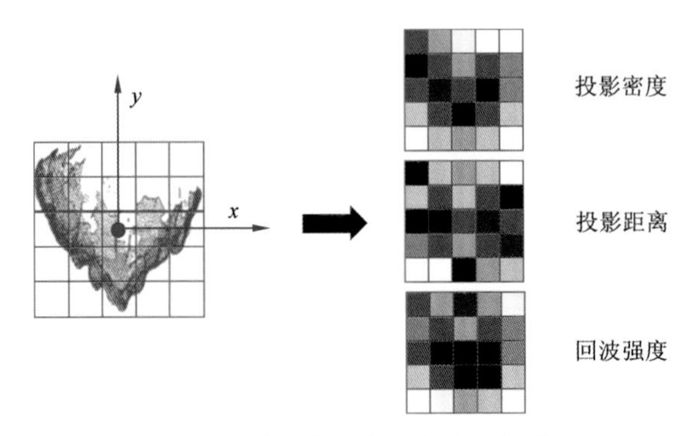

图 3.23　高斯加权投影特征可视化

3.3.5　特征二值化

特征二值化可以显著提高特征存储和匹配的效率，满足大规模点云特征快速提取的需求。BSC 利用特征差异性测试实现上述投影特征的二值化，特征差异测试随机选择两个格子并计算它们特征的差异性，如果特征之间存在显著差异，那么测试结果为 1，反之为 0。对于每个投影面上的 N 个格子，存在 C_N^2 种差异性测试，对所有格子的两两详尽组合进行差异测试非常耗时，并导致特征维数高、内存效率低。实验中发现，当差异性测试的数量较小时，增加其数量可以显著提高描述子的表达能力；进一步增加其数量不会向描述子添加任何重要的信息。因此，从 C_N^2 种差异性测试中随机选择一定数量的子集可以在不削弱描述子表达能力的前提下，降低时间和内存消耗。

以 xoy 投影面上的投影距离特征为例，其二值化的方法包括的步骤有：①算法首先从 C_N^2 种差异性测试中随机选择一定数量的子集 Ω（注：所有关键点的差异测试使用相同的 Ω），如式（3.9）所示；②对集合 Ω 中的任意两个格子 (b_l, b_l')，根据式（3.10）进行差异性测试，把投影特征转换为一个二进制字符串，如图 3.24 所示；③最后根据式（3.11）计算二进制字符串对应的十进制数字后存储。

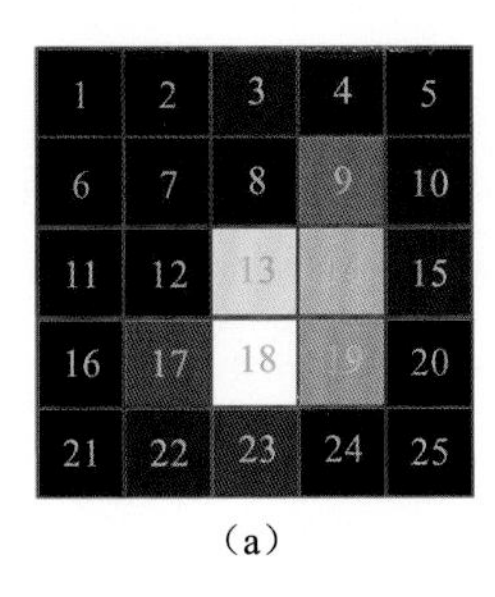

（a）

$$\underbrace{\left\{\overset{1}{\overbrace{(14,19)}},\overset{0}{\overbrace{(20,5)}},\overset{1}{\overbrace{(9,12)}},\overset{0}{\overbrace{(24,25)}},\cdots,\overset{1}{\overbrace{(1,18)}}\right\}}_{g}$$

（b）

图 3.24　投影距离特征二值化示意图

（a）*xoy* 投影面的投影距离特征归一化到 0～255 的结果，其中数字表示格子的序号；（b）用于差异性测试的格子序号以及对应的差异测试结果

$$\Omega=\{(b_1,b_1'),\cdots,(b_l,b_l'),\cdots,(b_g,b_g')\}\ \text{s.t.}\ b_l\neq b_l'\in\{1,2,\cdots,N\} \tag{3.17}$$

式中：(b_l,b_l') 为两个格子的索引号；g 为选择的差异性测试数目。

$$\begin{cases}\tau_{xy}^d(b_l,b_l')=\begin{cases}1, & 如果\left|f_{xy}^d(b_l)-f_{xy}^d(b_l')\right|>\sigma_{xy}^d\\ 0, & 其他\end{cases}\\ \sigma_{xy}^d=\sqrt{\dfrac{1}{g-1}\sum\limits_{l=1}^{g}\left(\left|f_{xy}^d(b_l)-f_{xy}^d(b_l')\right|-\mu_{xy}^d\right)^2}\\ \mu_{xy}^d=\dfrac{1}{g}\sum\limits_{l=1}^{g}\left(\left|f_{xy}^d(b_l)-f_{xy}^d(b_l')\right|\right)\end{cases} \tag{3.18}$$

式中：$f_{xy}^d(b_l)$ 和 $f_{xy}^d(b_l')$ 为 *xoy* 投影面上格子 b_l 和 b_l' 的投影距离特征；$|\ |$ 表示绝对值；μ_{xy}^d 和 σ_{xy}^d 为 *xoy* 投影面上 g 个投影距离差值的均值和方差。

$$f_{xy}^d=\sum_{l=1}^{g}2^{l-1}\tau_{xy}^d(b_l,b_l') \tag{3.19}$$

式中：f_{xy}^d 为 *xoy* 投影面的投影距离特征。

最后融合局部坐标系 F_{kp} 和 *xoy*，*xoz*，*yoz* 投影面的投影密度、投影距离、回波强度二值化特征得到关键点 ***kp*** 的 BSC 描述子，如下：

$$\mathbf{BSC}_{kp}=\{\boldsymbol{F}_{kp},f_{xy}^D,f_{xy}^d,f_{xy}^I,f_{xz}^D,f_{xz}^d,f_{xz}^I,f_{yz}^D,f_{yz}^d,f_{yz}^I\} \tag{3.20}$$

式中：$f_{xy}^D,f_{xy}^d,f_{xy}^I,f_{xz}^D,f_{xz}^d,f_{xz}^I,f_{yz}^D,f_{yz}^d,f_{yz}^I$ 分别为 *xoy*，*xoz*，*yoz* 3 个投影面的投影密度、投影距离、回波强度的二值化特征。

3.4　实验结果与分析

3.4.1　数据描述

为检验 BSC 描述子的提取与表达、鲁棒性、时间和内存效率等性能，本实验使用了 3 份公开数据集［Bologna 数据集（Tombari et al.，2010b）、University Of Western Australia

(UWA)数据集(Mian et al., 2006b)、Queen 数据集(Taati et al., 2011)] 和一份武汉大学(WHU)数据集进行测试，测试数据集中模型和场景点云的转换矩阵通过手工选择同名点的方式获得。WHU 数据集比 3 份公开数据集包含更加复杂的场景，并且场景中存在多种相似性目标，目标之间存在严重遮挡，这些都对局部特征提取与表达的鲁棒性造成了较大的干扰。数据的具体描述见表 3.2，部分选择的模型和场景如图 3.25～图 3.28 所示。

表 3.2　测试数据集描述

数据集名称	扫描仪	#模型数	#场景数	数据类型
Bologna	Synthetic	6	45	格网点云
UWA	Minolta Vivid	5	50	格网点云
Queen	NextEngine	5	80	无序点云
WHU	VZ-400	4	16	无序点云

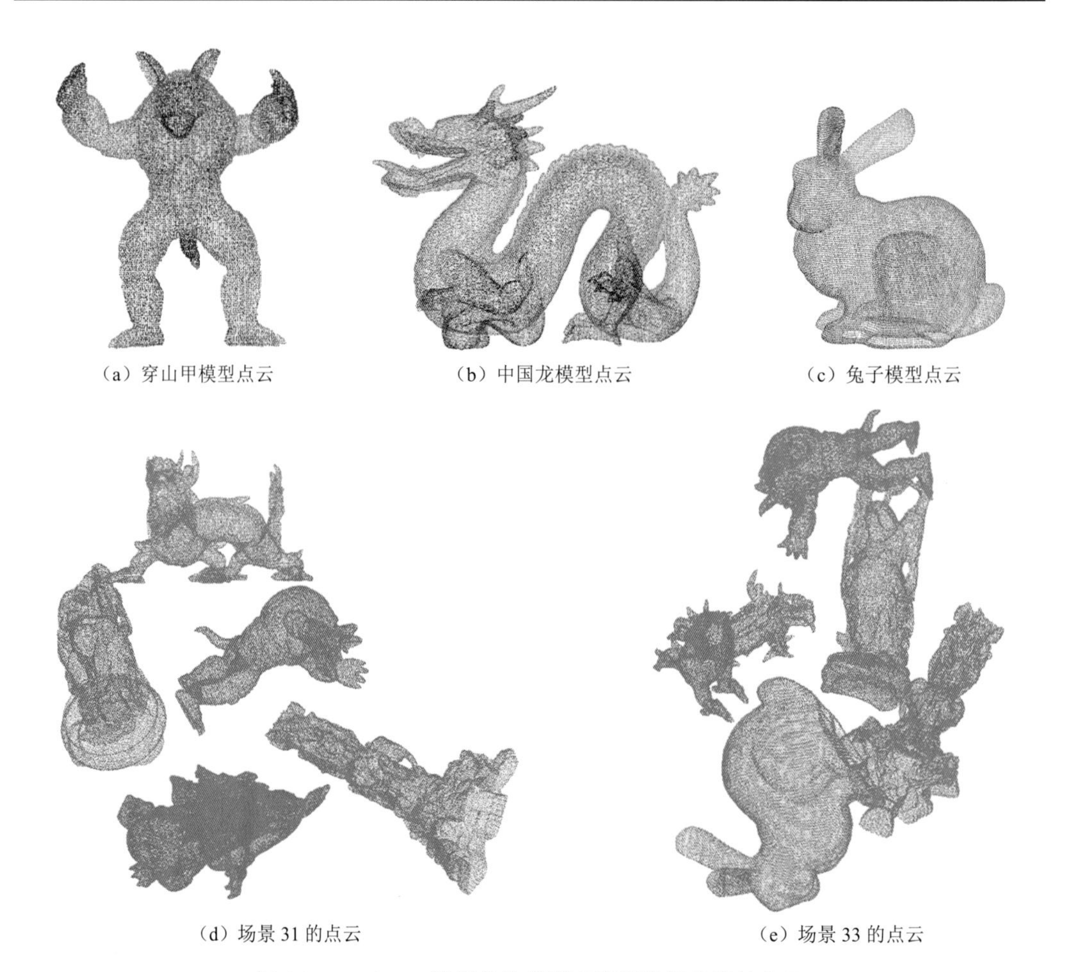

(a) 穿山甲模型点云　(b) 中国龙模型点云　(c) 兔子模型点云

(d) 场景 31 的点云　(e) 场景 33 的点云

图 3.25　Bologna 数据集的模型和随机选择的场景点云

（a）厨师模型点云　（b）鸡模型点云　（c）副栉龙模型点云

（d）犀牛模型点云　（e）Rex 龙模型点云

（f）场景 1 的点云　（g）场景 36 的点云

图 3.26　UWA 数据集的模型和随机选择的场景点云

（a）天使模型点云

（b）大鸟模型点云

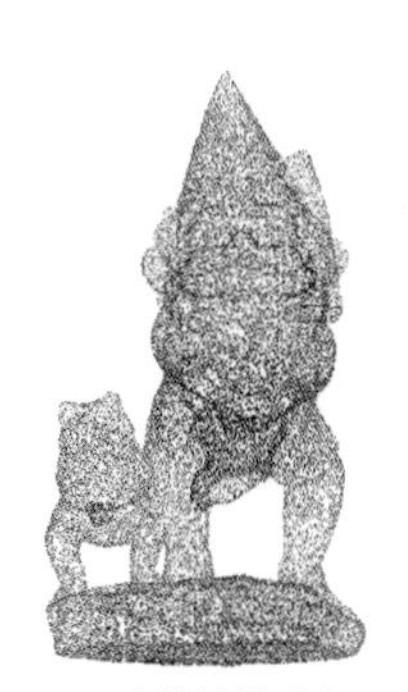

（c）土地神模型点云

（d）小孩模型点云

（e）佐伊模型点云

（f）场景 26 的点云

（g）场景 41 的点云

图 3.27　Queen 数据集的模型和随机选择的场景点云

（a）垃圾桶模型点云

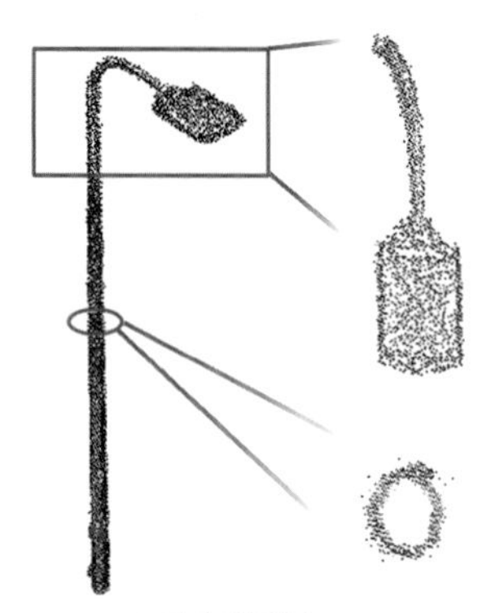

（b）路灯模型点云

（c）SUV 模型点云

（d）两厢汽车模型点云

（e）场景4的点云

（f）场景7的点云

图3.28　WHU数据集的模型和随机选择的场景点云

3.4.2　特征描述子性能评价标准

实验利用PR曲线（Ke et al.，2004）来评价BSC描述子的鲁棒性和描述性。已知模型点云和场景点云，以及它们之间的转换矩阵 $\boldsymbol{T}$，PR曲线计算如下。首先，检测模型和场景点云的关键点，并计算每个关键点的BSC描述子；对于模型点云中的关键点 $\boldsymbol{kp}_i^M$，在场景点云中找到与其最近的关键点 $\boldsymbol{kp}_j^S$，如果 $\left\|\boldsymbol{kp}_j^S-\boldsymbol{T}\cdot\boldsymbol{kp}_i^M\right\|<\mathrm{TH}_1$（$\mathrm{TH}_1$ 是一个距离阈值，实验中设为模型点云的平均点间距），则认为 $\boldsymbol{kp}_i^M$ 和 $\boldsymbol{kp}_j^S$ 是同名关键点；对模型点云中关键点 $\boldsymbol{kp}_i^M$，在场景点云中找到与其BSC特征最相似的关键点 $\boldsymbol{kp}_j^S$，如果 $\boldsymbol{kp}_i^M$ 和 $\boldsymbol{kp}_j^S$ 的BSC描述子的汉明距离小于阈值 τ，则认为 $\boldsymbol{kp}_i^M$ 和 $\boldsymbol{kp}_j^S$ 是特征匹配；如果 $\boldsymbol{kp}_i^M$ 和 $\boldsymbol{kp}_j^S$ 既是同名关键点又是特征匹配，则认为 $\boldsymbol{kp}_i^M$ 和 $\boldsymbol{kp}_j^S$ 是正确的特征匹配；根据式（3.21）和式（3.22）计算精确度（precision）和召回率（recall），并通过改变阈值 τ，生成模型点云和场景点云特征匹配的PR曲线。理想情况下，PR曲线会落在图的左上角，这意味着该描述子可以同时获得较高的精确度和召回率。

$$\text{precision}=\frac{N_{\text{cfm}}}{N_{\text{fm}}} \tag{3.21}$$

$$\text{recall}=\frac{N_{\text{cfm}}}{N_{\text{ck}}} \tag{3.22}$$

式中：N_{cfm}、N_{fm}、N_{ck} 分别为正确特征匹配个数、特征匹配个数和同名关键点个数。

3.4.3　BSC的参数敏感性分析

BSC的特征描述子有4个重要参数：特征计算的邻域半径 R、高斯核函数的带宽 h、格网数量 S 及差异性测试数量 g。实验利用PR曲线进行最优参数的选择，首先测试4个参数的6（R 的选择项）×7（h 的选择项）×6（S 的选择项）×6（g 的选择项）=1 512种组合，并从中选择最佳的参数配置 $\{R=10\Delta, h=4\Delta, S=7, g=128\}$，其中 Δ 为模型和场景点云的平均点间距；然后使用控制变量的方法（只改变一个参数，将其他参数固定为最佳的参数配置）评估每个参数对BSC描述子鲁棒性和描述性的影响。

1. 特征计算的邻域半径 R

特征计算的邻域半径 R 是 BSC 描述子的一个重要参数，它决定了描述子的鲁棒性和描述性。实验中固定其他参数为 h=4Δ，S=7 和 g=128，计算不同参数 R 的 PR 曲线。图 3.29 显示了参数 R 从 4Δ到 14Δ的 PR 曲线。 如图所示，邻域较小时的 BSC（如：R=4Δ）只能包含很小邻域范围内的表面信息，因此表达能力较弱；邻域较大时的 BSC（如：R=14Δ）可以包含很大范围内的表面信息，但此时描述子对于遮挡和目标重叠的鲁棒性变弱；利用 R=10Δ的邻域半径生成的 BSC 在编码局部表面形状信息和保持遮挡和目标重叠高鲁棒性之间取得较好的平衡。因此，使用 R=10Δ作为特征计算的邻域半径 R。

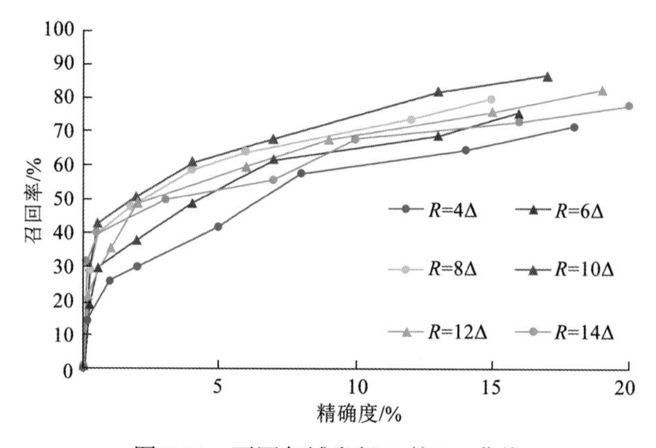

图 3.29　不同邻域半径 R 的 PR 曲线

2. 高斯核函数的带宽 h

为了提高描述子对于高斯噪声、点密度变化、边界效应和局部坐标系扰动的鲁棒性，BSC 描述算子利用高斯核密度估计方法计算加权投影特征。其中，高斯核函数带宽 h 是 BSC 描述算子的一个重要参数，它决定了 BSC 描述算子的鲁棒性和描述性。实验中固定其他参数为 R=10Δ、S=7 和 g=128，计算不同参数 h 的 PR 曲线。图 3.30 显示了参数 h 从 1Δ到 7Δ的 PR 曲线。如图所示，小带宽 h 的 BSC（如：h=Δ）无法消除噪声和局部坐标系

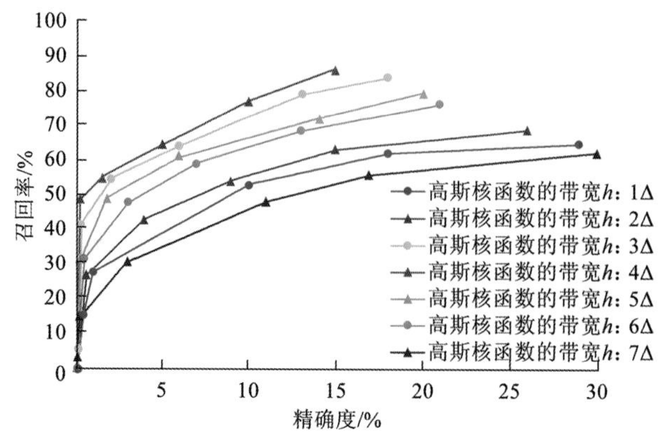

图 3.30　不同高斯核函数带宽 h 的 PR 曲线

扰动的影响，导致鲁棒性差；大带宽 h 的 BSC（如：$h=7\Delta$）对噪声和局部坐标系扰动鲁棒性强，但是会导致过度平滑，从而降低 BSC 的描述性；利用 $h=3\Delta$ 到 $h=5\Delta$ 的带宽生成的 BSC 在编码局部表面形状信息和保持高鲁棒性之间取得较好的平衡。因此，使用 $h=4\Delta$ 作为高斯核函数带宽。

3. 格网数量 S

格网数量 S 是 BSC 描述子的另一个重要参数，它决定描述子的描述性和鲁棒性。实验中固定其他参数为 $R=10\Delta$、$h=4\Delta$ 和 $g=128$，计算不同参数 S 的 PR 曲线。图 3.31 显示了参数 S 从 3 到 13 的 PR 曲线。如图所示，当格网数量 S 从 3 增加到 7 时，BSC 描述子的性能有较大改善（格网数量增加意味着每个格网的尺寸变小，局部表面分布的更多细节被编码到 BSC 描述子中）；随着格网数量 S 继续增加，BSC 描述子性能开始下降（格网数量过大意味着格网尺寸太小，对噪声、局部坐标系扰动、边界效应的鲁棒性降低）；当格网数量 $S=7$ 时，可以在描述性和鲁棒性之间取得较好的平衡。因此，使用 $S=7$ 作为格网数量。

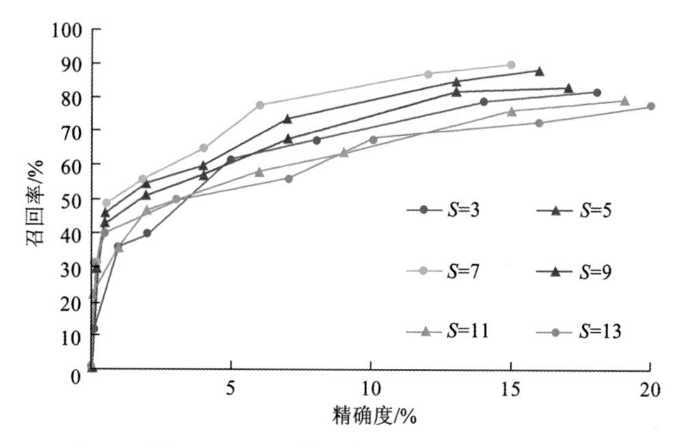

图 3.31　不同格网数量 S 的 PR 曲线

4. 差异性测试数量 g

差异性测试数目 g 是 BSC 描述算子的另一个重要参数，它决定描述子的描述性及时间和内存效率。实验中固定其他参数为 $R=10\Delta$、$h=4\Delta$ 和 $S=7$，计算不同参数 g 的 PR 曲线。图 3.32 显示了参数 g 从 40 到 140 的 PR 曲线。 如图所示，当差异性测试数量从 40 增加到 120 时，BSC 描述算子的描述能力急剧提高（在一定范围内增加差异性测试数量能够刻画更多的局部表面信息，从而显著地提高描述能力）；继续增加差异性测试数量从 120 到 140，描述能力基本保持不变。实验结果表明 120 个差异性测试就可以刻画局部表面的绝大多数信息，进一步增加差异性测试数量不会向 BSC 描述算子添加任何重要信息。此外，进一步增加差异性测试数量会降低计算效率和匹配速度，增加内存消耗。因此，使用 $g=128$ 作为差异性测试的数量。值得注意的是，对于某些后处理应用（如，点云配准和目标识别）而言，可以部分地牺牲效率以换取更好的性能；相反，如 SLAM 等实时处理算法中效率变得至关重要，用户可以通过调整参数 g 来寻求性能和效率之间的平衡。

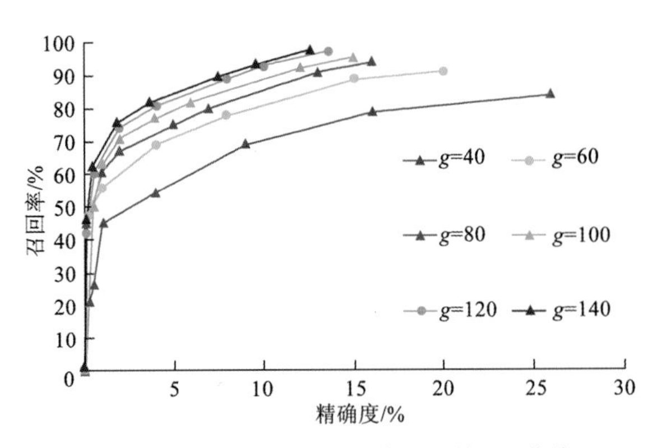

图 3.32　不同差异性测试数量 g 的 PR 曲线

3.4.4　BSC 的表达性比较分析

如果一个特征描述子能够对激光点云局部表面的主要信息进行刻画，那么它就具有高度的描述性。本实验利用 PR 曲线来定量评价 BSC 的描述性，并与 SI、SHOT、RoPS 和 3DBS 等描述子进行比较。同时，为了验证投影密度特征、投影距离特征和回波强度对 BSC 描述能力的影响，还计算了 BSC-144、BSC-144D、BSC-144d 和 BSC-144I 的 PR 曲线，其中 144（3 个投影面×3 个投影特征×128 个差异性测试/8）为描述子所占的字节数，BSC-144D、BSC-144d 和 BSC-144I 是 BSC-144 的变体，分别表示只利用投影密度特征、投影距离特征和回波强度进行差异性测试的 BSC 描述子。图 3.33～图 3.36 分别给出了描述子在 Bologna 数据集、UWA 数据集、Queen 数据集和 WHU 数据集上相应的 PR 曲线，PR 曲线包围的面积越大，描述性越强（Guo et al.,2016）。如图 3.33～图 3.36 所示，BSC-144 描述子在所有数据集上的表现优于其他描述子，这表明 BSC 描述子具有最高的描述性；BSC-144 描述子超越了其变体 BSC-144D、BSC-144d 和 BSC-144I，这表明 BSC 描述子可以通过编码投影密度、距离和回波强度信息获取更丰富的激光点云局部表面信息；BSC-144d 比 BSC-144D 和 BSC-144I 描述能力更强，这表明投影距离特征可以比投影密度特征和回波强度特征编码更多的激光点云局部表面信息（注：Bologna 数据集、UWA 数据集、Queen 数据集无回波强度信息，因此这 3 份数据没有计算 BSC-144I 的 PR 曲线）。

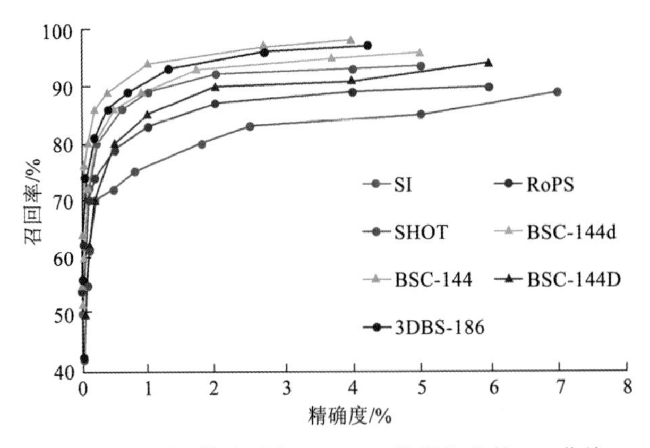

图 3.33　不同描述子在 Bologna 数据集上的 PR 曲线

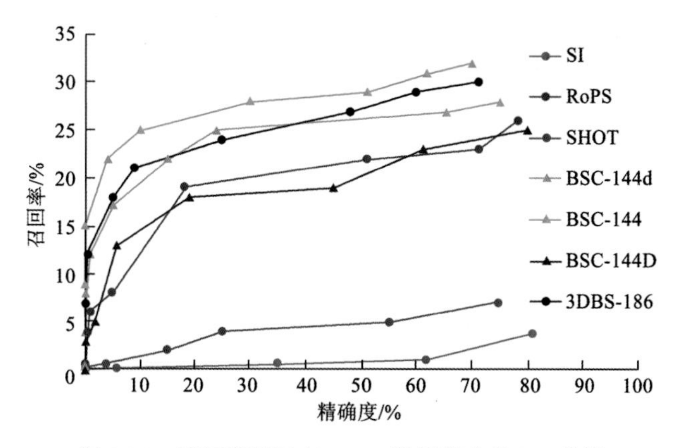

图 3.34 不同描述子在 UWA 数据集上的 PR 曲线

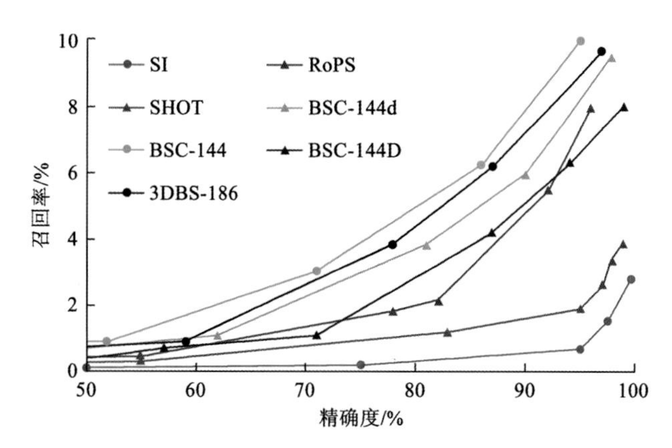

图 3.35 不同描述子在 Queen 数据集上的 PR 曲线

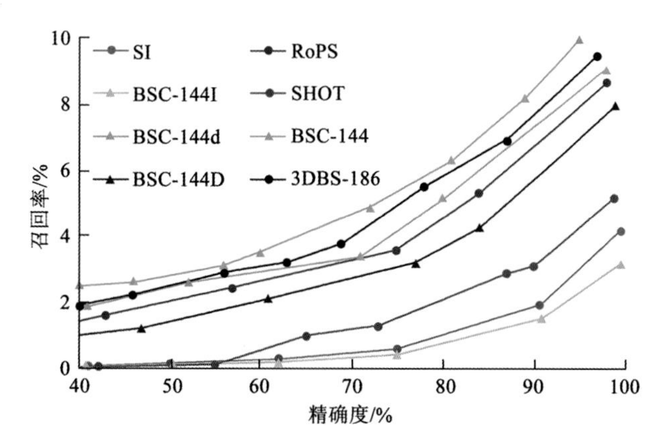

图 3.36 不同描述子在 WHU 数据集上的 PR 曲线

3.4.5 BSC 的鲁棒性比较分析

如果一个特征描述子对噪声、点密度变化、目标遮挡和重叠等干扰不敏感，那么它就具有高度的鲁棒性（Tombari et al.，2013）。本实验利用 PR 曲线来评价 BSC 的鲁棒性，并与 SI、SHOT、RoPS 和 3DBS 等描述子进行比较。同时，为了验证加权协方差矩阵构建、局部坐标系二义性消除和高斯加权投影特征计算对 BSC 鲁棒性的影响，还计算了 BSC-144 及其变体 BSC-144L、BSC-144A 和 BSC-144G 的 PR 曲线，BSC-144L 用协方差矩阵代替加权的协方差矩阵进行局部坐标系构建，BSC-144A 利用点个数投票的策略消除局部坐标系的二义性，BSC-144G 用等权投影特征计算代替高斯加权投影特征计算，其他步骤与 BSC-144 一致。

为了评价 BSC 描述子对高斯噪声的鲁棒性，在 Bologna 数据集的 6 个模型和 45 个场景点云中增加了 5 种不同标准差的高斯噪声，范围从 0.1Δ～0.5Δ。图 3.37 为添加标准差为 0.5Δ的高斯噪声后的模型点云，其中红色的点代表了添加的高斯噪声。图 3.38 显示了描述子在添加标准差为 0.3Δ和 0.5Δ的高斯噪声条件下的 PR 曲线。为了评价 BSC 描述子对点密度变化的鲁棒性，把 Bologna 数据集的模型和场景点云均匀下采样为初始点密度的 1/2、1/4、1/8。图 3.39 显示了描述子在 1/4 和 1/8 下采样条件下的 PR 曲线。实验结果表明：BSC-144 描述子在各等级的高斯噪声和下采样条件下都取得了最好的性能；由于使用法向量进行差异性测试导致 3DBS-186 描述符对高斯噪声和点密度变化很敏感；BSC-144 优于 BSC-144A、BSC-144L 和 BSC-144G 描述符，这表明加权协方差矩阵构建、局部坐标系二义性消除和高斯加权投影特征计算等步骤增强了描述子鲁棒性。具体而言，BSC 描述算子对高斯噪声和密度变化的强鲁棒性可归结为几个因素：①用点密度和距离加权的方式构建协方差矩阵，补偿点密度变化和数据遮挡的影响，提高局部坐标系构建的鲁棒性；②顾及局部坐标系 4 种可能性，消除了局部坐标系的二义性，提高 BSC 描述子的鲁棒性；③采用高斯核密度估计计算格网的加权特征，提高了描述子对高斯噪声、点密度变化、边界效应和局部坐标系扰动的鲁棒性。

（a）厨师　（b）鸡　（c）副栉龙　（d）T-Rex

图 3.37　添加高斯噪声后的模型点云

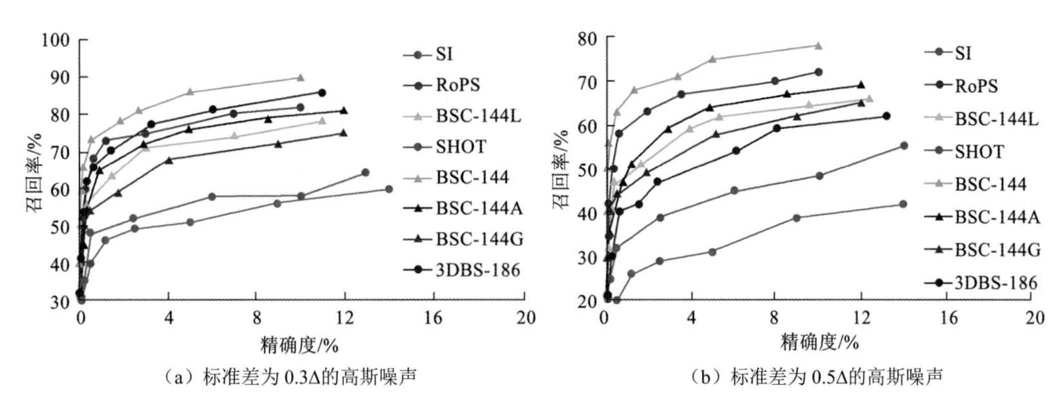

（a）标准差为 0.3Δ的高斯噪声　　（b）标准差为 0.5Δ的高斯噪声

图 3.38　描述子对于高斯噪声的鲁棒性

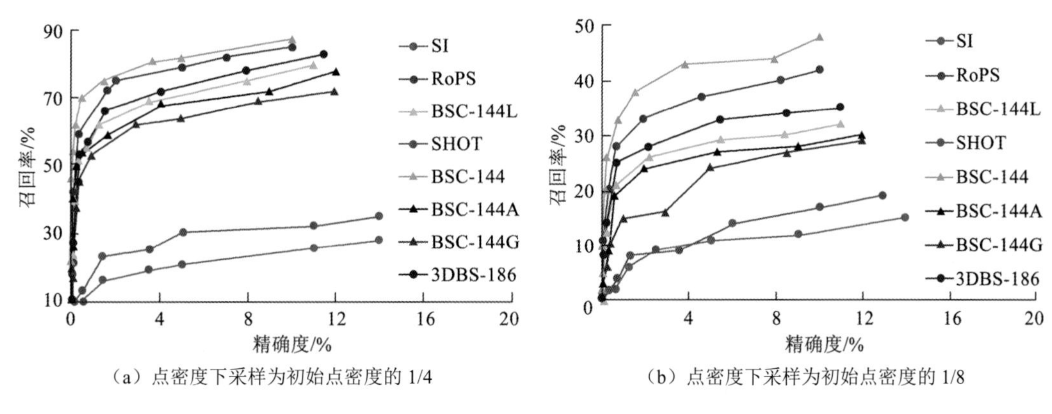

（a）点密度下采样为初始点密度的 1/4　　（b）点密度下采样为初始点密度的 1/8

图 3.39　描述子对于点密度变化的鲁棒性

3.4.6　BSC 的时间和内存效率比较分析

为全面评价 BSC 的时间（计算、匹配）和内存使用效率，在电脑配置为：16 GB RAM、Intel Core i7-6700HQ、2.60 GHz CPU 的设备上，统计在不同邻域点个数条件下（从 10^1～10^5 个邻域点）计算一个描述子所需时间，图 3.40 显示了用 C++实现的各种特征描述子

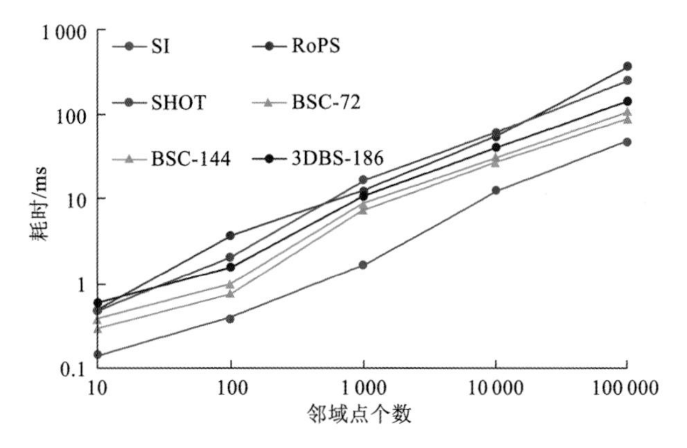

图 3.40　不同描述子在不同邻域点个数条件下的计算耗时

特征计算耗时。如图所示，Spin Image 是计算效率最高的描述子，BSC-144 描述子比 RoPS、SHOT 和 3DBS-186 计算速度更快。表 3.3 罗列了描述子的维数、内存占用、相似性测度及匹配 5 000 个描述子的耗时。实验结果表明，BSC 描述子具有很高的时间和内存使用效率，BSC-72 描述子匹配速度比其他描述子至少快 3 倍，内存需求比其竞争对手小 3 倍。这意味着实时应用程序（如：SLAM），以及需要占用大量内存且计算复杂度高的算法（如：大规模点云配准和目标提取），可以在计算能力非常有限的低端设备上得以快速实现。

表 3.3　不同描述子的时间和内存使用效率

描述子	维数	内存占用/byte	相似性测度	耗时/ms
BSC-72	567（bit）	72	汉明距离	0.004
BSC-144	1 152（bit）	144	汉明距离	0.008
3DBS-186	1 488（bit）	186	汉明距离	0.012
RoPS	135（float）	540	l_2 距离	2.680
SI	153（float）	612	l_2 距离	3.020
SHOT	352（float）	1 408	l_2 距离	6.480

实验结果表明 BSC 提取与表达算子具有两大优点。①BSC 描述子对于点云局部特征刻画具有较高的描述性和鲁棒性。一方面，BSC 描述子刻画三个正交投影平面上的投影点密度、距离和回波强度特征，包含了更丰富的局部信息。另一方面，通过构造一个稳定的局部坐标系，并利用高斯核密度估计方法计算加权投影特征，提高了 BSC 描述子对噪声、点密度变化、目标遮挡的鲁棒性。②BSC 描述子具有很高的时间和内存使用效率。BSC 描述子通过对投影特征的差异性测试，把局部表面特征转换为一个二进制字符串，从而极大降低了描述子的内存消耗。此外，二进制字符串之间的相似性可以通过汉明距离来度量（位运算），显著提高了描述子的匹配速度。

3.5　本 章 小 结

针对现有点云局部特征提取与表达能力不足、鲁棒性差、计算和匹配耗时及内存使用效率低等问题，作者提出了一种鲁棒性和描述性强，同时具有很高的时间和内存使用效率的 BSC 提取与表达算子。本章首先回顾了点云特征提取与表达算子的研究现状与存在的问题，然后重点阐述了 BSC 描述子的原理与方法，最后通过综合的实验分析，检验了 BSC 描述子在特征表达、鲁棒性、时间效率等方面的能力。综合实验结果表明，BSC 描述子对于点云局部特征刻画具有较高的描述性和鲁棒性，同时具有很高的时间和内存使用效率。

参 考 文 献

ALAHI A, ORTIZ R, VANDERGHEYNST P, 2012. Freak: Fast retina keypoint// Proceedings of the IEEE Conference On Computer Vision and Pattern Recognition: 510-517.

BARIYA P, NOVATNACK J, SCHWARTZ G, et al., 2012. 3D geometric scale variability in range images: Features and descriptors. International Journal of Computer Vision, 99(2): 232-255.

BAYRAMOGLU N, ALATAN A, 2010. Shape index SIFT: Range image recognition using local features// Pattern Recognition (ICPR), 20th International Conference on. IEEE: 352-355.

CALONDER M, LEPETIT V, STRECHA C, et al., 2010. Brief: Binary robust independent elementary features// European conference on Computer Vision: 778-792.

CHEN H, BHANU B, 2007. 3D free-form object recognition in range images using local surface patches. Pattern Recognition Letters, 28(10): 1252-1262.

DONG H, BARFOOT T D, 2012. Lighting-invariant visual odometry using lidar intensity imagery and pose interpolation. Field and Service Robotics: 327-342.

FROME A, HUBER D, KOLLURI R, et al., 2004. Recognizing objects in range data using regional point descriptors// European Conference On Computer Vision: 224-237.

GUO Y, BENNAMOUN M, SOHEL F, et al., 2014. 3D object recognition in cluttered scenes with local surface features: A survey. IEEE Transactions on Pattern Analysis and Machine Intelligence, 36(11): 2270-2287.

GUO Y, BENNAMOUN M, SOHEl F, et al., 2016. A comprehensive performance evaluation of 3D local feature descriptors. International Journal of Computer Vision, 116(1): 66-89.

GUO Y, SOHEL F, BENNAMOUN M, et al., 2013. Rotational projection statistics for 3D local surface description and object recognition. International Journal of Computer Vision, 105(1): 63-86.

GUO Y, SOHEL F, BENNAMOUN M, et al., 2015. A novel local surface feature for 3D object recognition under clutter and occlusion. Information Sciences, 293(2): 196-213.

HACKEL T, WEGNER J D, SCHINDLER K, 2016. Fast semantic segmentation of 3D point clouds with strongly varying density. ISPRS Annals of the Photogrammetry, Remote Sensing & Spatial Information Sciences, Prague, Czech Republic, 3(3): 177-184.

HUA G, BROWN M, WINDER S, 2007. Discriminant embedding for local image descriptors// 11th International Conference on Computer Vision. IEEE: 1-8.

JOHNSON A E, HEBERT M, 1999. Using spin images for efficient object recognition in cluttered 3D scenes. IEEE Transactions on Pattern Analysis and Machine Intelligence, 21(5): 433-449.

KALLASI F, RIZZINI D L, CASELLI S, 2016. Fast keypoint features from laser scanner for robot localization and mapping. IEEE Robotics and Automation Letters, 1(1): 176-183.

KE Y, SUKTHANKAR R, 2004. PCA-SIFT: A more distinctive representation for local image descriptors// IEEE Computer Society Conference on Computer Vision and Pattern Recognition, 2: II-II.

LALONDE J F, VANDAPEL N, HUBER D F, et al., 2006. Natural terrain classification using three-dimensional LiDAR data for ground robot mobility. Journal of Field Robotics, 23(10): 839-861.

LEUTENEGGER S, CHLI M, SIEGWART R Y, 2011. BRISK: Binary robust invariant scalable keypoints// 2011 International Conference on Computer Vision: 2548-2555.

MIAN A, BENNAMOUN M, OWENS R A, 2006a. A novel representation and feature matching algorithm for automatic pairwise registration of range images. International Journal of Computer Vision, 66(1): 19-40.

MIAN A, BENNAMOUN M, OWENS R, 2006b. Three-dimensional model-based object recognition and segmentation in cluttered scenes. IEEE transactions on pattern analysis and machine intelligence, 28(10): 1584-1601.

PRAKHYA S M, LIU B, LIN W, 2015. B-SHOT: A binary feature descriptor for fast and efficient keypoint matching on 3D point clouds// International Conference on Intelligent Robots and Systems, 1929-1934.

RUBLEE E, RABAUD V, KONOLIGE K, et al., 2011. ORB: An efficient alternative to SIFT or SURF// IEEE International Conference on Computer Vision: 2564-2571.

RUSU R B, BLODOW N, BEETZ M, 2009. Fast point feature histograms (FPFH) for 3D registration// IEEE International Conference on Robotics and Automation: 3212-3217.

SAVELONAS M A, PRATIKAKIS I, SFIKAS K, 2016. Fisher encoding of differential fast point feature histograms for partial 3D object retrieval. Pattern Recognition, 55: 114-124.

SHAH S A A, BENNAMOUN M, BOUSSAID F, 2017. Keypoints-based surface representation for 3D modeling and 3D object recognition. Pattern Recognition, 64: 29-38.

SRIVASTAVA S, LALL B, 2016. 3D binary signatures// Proceedings of the Tenth Indian Conference on Computer Vision, Graphics and Image Processing, 77.

STRECHA C, BRONSTEIN A, BRONSTEIN M. et al., 2012. LDAHash: Improved matching with smaller descriptors. IEEE Transactions on Pattern Analysis and Machine Intelligence, 34(1): 66-78.

TAATI B, GREENSPAN M, 2011. Local shape descriptor selection for object recognition in range data. Computer Vision and Image Understanding, 115(5): 681-694.

THEILER P W, WEGNER J D, SCHINDLER K, 2014. Keypoint-based 4-Points Congruent Sets–Automated marker-less registration of laser scans. ISPRS Journal of Photogrammetry and Remote Sensing, 96: 149-163.

TOMBARI F, SALTI S, DISTEFANO L, 2010a. Unique signatures of histograms for local surface description// European Conference on Computer Vision: 356-369.

TOMBARI F, SALTI S, DISTEFANO L, 2010b. Unique shape context for 3D data description// Proceedings of the ACM Workshop on 3D Object Retrieval: 57-62.

TOMBARI F, SALTI S, DISTEFANO L, 2013. Performance evaluation of 3D keypoint detectors. International Journal of Computer Vision, 102(1): 198-220.

TONG C H, BARFOOT T D, 2013. Gaussian process Gauss-Newton for 3D laser-based visual odometry// IEEE International Conference on Robotics and Automation, 5204-5211.

WANG J, LINDENBERGH R, MENENTI M, 2017. SigVox–A 3D feature matching algorithm for automatic street object recognition in mobile laser scanning point clouds. ISPRS Journal of Photogrammetry and Remote Sensing, 128: 111-129.

WANG Z, ZHANG L, FANG T, et al., 2015. A multiscale and hierarchical feature extraction method for terrestrial laser scanning point cloud classification. IEEE Transactions on Geoscience and Remote Sensing, 53(5): 2409-2425.

WEBER, T, HÄNSCH R, HELLWICH O, 2015. Automatic registration of unordered point clouds acquired by Kinect sensors using an overlap heuristic. ISPRS Journal of Photogrammetry and Remote Sensing, 102: 96-109.

WEINMANN M, URBAN S, HINZ S,et al., 2015. Distinctive 2D and 3D features for automated large-scale scene analysis in urban areas. Computers & Graphics, 49: 47-57.

YANG B S, DONG Z, LIANG F, et al., 2016. Automatic registration of large-scale urban scene point clouds based on semantic feature points. ISPRS Journal of Photogrammetry and Remote Sensing, 113: 43-58.

YANG B S, DONG Z, ZHAO G, et al., 2015. Hierarchical extraction of urban objects from mobile laser scanning data. ISPRS Journal of Photogrammetry and Remote Sensing, 99: 45-57.

YANG B S, DONG Z, 2013. A shape-based segmentation method for mobile laser scanning point clouds. ISPRS Journal of Photogrammetry and Remote Sensing, 81: 19-30.

YANG J, ZHANG Q, XIAO Y, et al., 2017. TOLDI: An effective and robust approach for 3D local shape description. Pattern Recognition, 65: 175-187.

YANG X, CHENG K T, 2014. Local difference binary for ultrafast and distinctive feature description. IEEE Transactions on Pattern Analysis and Machine Intelligence, 36(1): 188-194.

ZHANG J, SINGH S, 2014. LOAM: Lidar odometry and mapping in real-time. Robotics: Science and Systems Conference (RSS): 109-111.

ZHONG Y, 2009. Intrinsic shape signatures: A shape descriptor for 3d object recognition// International Conference on.Computer Vision Workshops: 689-696.

第 4 章　点云与影像的自动配准

4.1 引　　言

三维点云缺少纹理和光谱数据。高精度配准点云和影像生成具有纹理属性的彩色点云，是两者优势互补的重要手段，同时也是辅助提高点云分类与目标提取结果等方面的有益途径，进而充分提高点云的应用价值。由于点云与影像的维度、采样粒度均存在不同，而且两者之间的映射关系复杂，尽管现有的商用无人机系统和车载系统均提供系统的标定参数，但是难以建立点云与影像之间的准确对应。本章在分析总结现有配准研究现状的基础上，重点阐述一种点云和影像两步法配准方法，用于无人机扫描点云与框幅式影像自动配准像及车载扫描点云与全景影像的自动配准。

4.2 点云与影像配准研究现状

三维点云和二维图像之间的高精度配准是生成彩色点云的关键，也是丰富点云属性信息的主要手段之一。目前，二维光学图像和三维点云的配准方法主要分为三类：①基于特征匹配的 2D-3D 配准算法；②基于统计的 2D-3D 配准算法；③基于影像多视立体生成密集点云与激光点云配准的 3D-3D 配准算法。基于特征匹配的 2D-3D 配准算法：该类方法的基本原理是利用激光点云与二维光学图像中对应的几何特征建立求解影像的外方位元素（即旋转与平移参数）实现两者间的配准。基于统计的 2D-3D 配准算法：该方法穷举搜索二维光学影像的外方位元素，将三维模型上的线特征反投影到二维影像上，并寻找与二维线特征差别最小的一组解作为最优的外方位元素。本类方法与第一类方法的相似之处在于均利用点云和影像中的几何特征建立对应关系进行求解；不同之处在于后者利用统计的方法寻找几何特征的对应关系，一定程度上提高了配准的自动化程度。但是此类方法需要更多的几何特征。基于影像多视立体生成密集点云与激光点云配准的 3D-3D 配准算法：该类方法首先利用密集匹配方法生成序列影像的三维点云，再基于 POS 系统输出值作为影像初始外方位元素，最后使用迭代最近邻点（iterative closest points，ICP）算法精配准影像密集匹配点云与激光点云。该类方法避免了在点云、影像数据中提取特征，从而保证了算法的稳健性。但是此方法依赖 POS 系统输出值的准确性。在高楼林立的地区或 GPS 信号存在遮挡时，POS 系统的输出值精度较差，影像的初始外方位元素不能满足 ICP 方法的基本要求，进而导致该方法不能收敛。其中无人机激光扫描点云与影像及车载激光点云与全景影像的配准方面的应用需求尤为突出，下面分别阐述。

4.2.1　低空无人机载激光扫描点云与框幅式影像配准

通过预先布设公共地面控制点进行激光与影像的数据配准是一种常用方法，已被成功应用于无人机影像与大航空机载激光扫描数据（Szabó et al.，2016）配准中。但布设地面控制点及像点量测耗时耗力，且配准流程难以自动化。在自动配准方法方面，Li 等(2015)提出一种使用沙丘脊线进行沙漠地区有人机载激光数据与无人机影像数据配准的方法。Gao 等（2015）提出一种使用道路标线 Harris 角点特征进行道路标线模板匹配实现城区无人机影像与车载移动测量激光点云配准的方法。受限于被测环境及激光数据强度信息准确性等因素，此类基于数据特性的自动配准方法局限于其研究对象，存在普适性不足的缺陷。

不局限于无人机平台数据，传统可见光影像与激光点云的自动与半自动配准方法，直接应用于无人机平台激光点云配准亦存在困难。与成熟的商用有人机载 LiDAR 系统不同，低空无人机飞行平台的有限载荷（一般都小于 20 kg）极大地限制了传感器的选型（扫描仪、相机等），因此，必须在传感器精度与重量、体积之间做取舍（Nagai et al.，2009）。无人机系统多搭载消费级相机、手机等非专业传感器，其控制精度远逊于专业级航测仪（Kim et al.，2013）。由于非专业相机未知曝光延迟时间、系统标定误差、多传感器之间的时间同步误差难以完全消除，加之轻小型 POS 数据精度不足等原因，通过多传感器同步及标定的方法难以获得高精度数据配准结果（Skaloud，2003）。同时，低空无人机平台的稳定性亦较差，进一步加剧了传感器同步误差对配准结果的影响，故难以使用目前在商用有人机系统中广泛应用的硬件检校方式实现激光点云与同步获取影像的高精度配准。基于特征匹配的 2D-3D 配准算法，如基于线对的半自动配准方法（Habib et al.，2005），目前已成功应用于传统有人机 LiDAR 点云与影像的配准。但该类方法，需要较为准确的影像外方位元素初值与正确的匹配对保证平差的正确收敛，且特征选取难以自动化。基于互信息的 2D-3D 配准算法（Parmehr et al.，2014）通过最大化激光点云的强度影像与可见光影像的互信息从而求取最优配准参数。该方法依赖于标定后的激光点云的强度信息。激光点云强度信息在使用前，需要进行标定，消除距离与入射角等因素造成的强度失真（Wagner et al.，2006）。无人机 LiDAR 系统作业高度低，小型 LiDAR 系统受激光器功率的限制，作业高度一般在几十米高度。激光点反射强度与距离呈二次函数倒数关系，被测距离的变化对强度值会造成二次函数关系的影响。在低空作业环境下，环境内地物高度变化对相应的激光强度值造成较大影响，未标定的强度值为无效强度值，进而导致互信息相似性测度不准确的情况。虽然有人机载 LiDAR 系统的标定已日益成熟（Roncat et al.，2014；Kaasalainen et al.，2010，2009，2005），但是无人机载激光强度标定目前尚未见相关研究，故该方法难以用于无人机机载激光数据与影像的配准。基于影像多视立体匹配生成密集点云与激光点云配准的 2D-3D 配准算法（Zhao et al.，2005）使用迭代最邻近点算法优化初始配准，获得精确配准参数，其核心迭代最邻近点算法需要较为准确的初始配准参数，配准鲁棒性不足。综上所述，低空无人机载激光数据与序列框幅式影像的配准尚未形成通用、成熟的标准算法集。

4.2.2　车载激光扫描数据与序列全景影像配准

车载激光扫描点云与全景影像的高精度配准是实现两者优势互补、提高点云分割与目标提取自动化和智能化程度必不可少的前提条件之一。学术界研究团体和工业界均对车载激光扫描数据和全景影像的配准、融合与解译开展了深入研究并取得了一定的研究成果。目前的商用系统，如 Google Street View、NavTEQ TRUE 均采用硬件标定与同步方式在专设定标场内对两类传感器进行时间同步与安置标定，实现数据配准且配准模型非公开。多传感器标定算法可较好解决同机数据配准问题，但是长时间作业颠簸及弱 GPS 信号状态下 IMU 数值的漂移均会导致全景影像的外方位元素的真实值发生改变，进而导致多时相、分次采集的激光点云与全景影像配准与融合错误。采用专用标定场对两类数据进行重配准费时耗力，已远远不能满足车载 LiDAR 系统实际作业的需要，且在数据标定配准后配准差依然存在（Wang et al.，2012），迫切需要从软件角度发展两者间高精度配准方法，实现优势互补。

在全景影像与车载激光扫描点云的自动配准方面，国内外鲜有研究成果报道。侯艳芳等（2011）、吴胜浩等（2011）直接使用 POS 输出方位元素值整体补偿传感器平台标定参数的方法进行车载激光点云和影像的配准。Nokia 公司和 NavTEQ 公司利用已有的建筑物线框模型作为先验知识，通过线框轮廓与激光点云轮廓的相似性，进行两者间的配准（Pylvanainen et al.，2010）。Taneja 等（2015，2012）提出一种线框模型与全景影像的配准方法，该方法首先对全景图像进行分割，获取其内容主体轮廓线，使用 POS 提供的初始全景位置值，穷举位置参数获得最佳全景影像与模型轮廓线匹配位置完成数据配准。Wang 等（2012）为修正经过多传感器标定后依然存在 3 像素左右的配准误差，提出一种基于互信息的全景影像与点云配准方法，该方法将点云依据全景影像成像模型成像，计算该点云影像与全景影像的互信息测度（Viola et al.，1997），使用 Nelder-Mead 方法（Nelder et al.，1965）解求最高互信息解，实现配准。Swart 等（2011）利用 POS 系统的输出值作为初始配准，使用非刚性最近点迭代方法实现两者的配准，但是 ICP 方法对初始转换参数的近似值要求较高（Rusinkiewicz et al.，2001），在 POS 提供的初始值偏差较大的情况下难以保证该方法的收敛。Hofmann 等（2014）使用天际线实现框幅式影像与车载激光点云的配准，该方法通过 2D ICP 方法实现激光与影像天际线的匹配，同样存在要求初始配准误差较小的适应性问题。

4.3　三维点云与影像两步法自动配准

激光扫描数据包含高密度、高精度的三维几何信息，图像数据包含丰富的光谱和纹理信息。将点云和影像数据高精度融合，获得具有纹理信息的彩色点云是当前的研究难点和热点。彩色点云极大提高了数据的利用价值，广泛应用于城市典型目标提取、三维结构化模型重建等。三维点云和二维图像之间的高精度配准和融合是获取彩色点云的关键。

本节从数据配准的综合误差出发，寻求自动空间坐标基准统一的方法，建立了一种三维点云与影像数据两步法配准模型。

4.3.1　由粗配准到精配准的模型设计

图 4.1 是一组传统遥感平台与无人机平台采集的激光点云与影像之间的配准误差对比。在传统遥感平台上，由于高精度、工业级 POS 与航测相机的使用及相对稳定的飞行姿态，LiDAR 点云与直接地理定向序列影像之间的配准误差相对较小，多数情况下小于 10 像素。无人机平台则由于其飞行平台自身的不稳定性，POS 精度相对较低，使用非专业相机，硬件同步与标定的限制等因素，直接地理定向序列影像与 LiDAR 点云之间存在较大的偏差［图 4.1（b）］。

（a）机载 LiDAR 系统数据配准误差（张良 等，2014）

（b）无人机轻小型 LiDAR 系统数据配准误差（Heli-Mapper）

图 4.1　传统遥感平台、无人机平台采集的激光点云与影像之间的配准误差

车载 MMS 系统，特别是低成本车载 MMS 系统同样存在与无人机 MMS 系统相同的问题，同机 LiDAR 点云与影像、不同时相 LiDAR 点云与影像之间均存在较大的初始配准误差，如图 4.2 所示（Hofmann et al.，2014；Swart et al.，2011）。

图 4.2　车载 LiDAR 点云与影像的配准误差

配准模型多参数优化阶段即配准策略中，常用的梯度下降法、半穷尽搜索法及迭代最邻近点法，在初始配准误差较大的情况下，存在计算量大及难以正确收敛的问题，不能实现数据稳健配准。针对这一问题，激光点云与可见光成像数据两步法配准模型使用由粗配准到精配准的模型定义（图 4.3），使用两步配准法实现初始配准误差较大条件下的数据稳健配准。

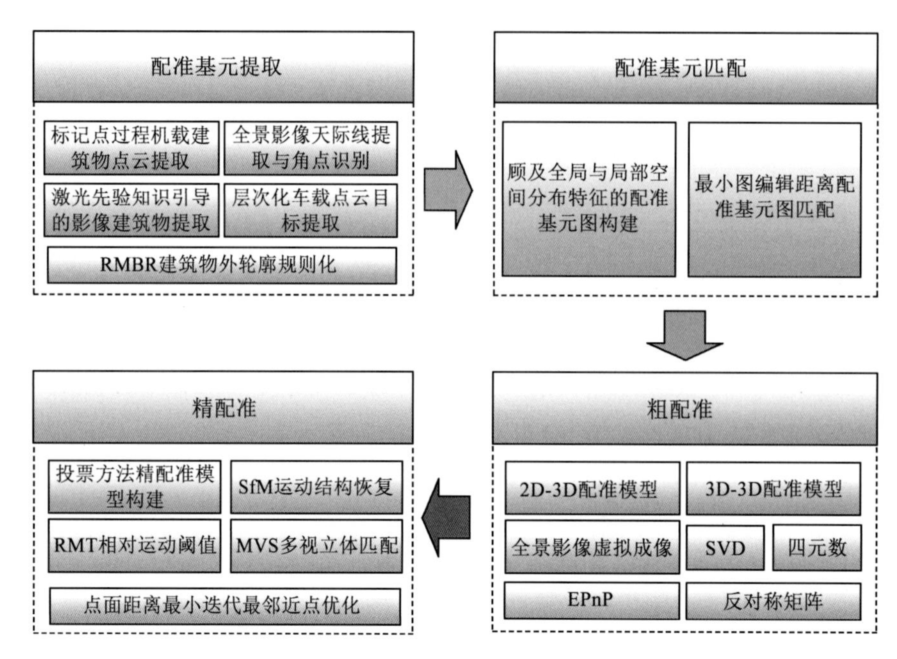

图 4.3　距离成像与可见光成像数据两步法配准模型

1. 粗配准模型设计

粗配准模型中，采用基于图的配准基元匹配方法，解算配准模型初值。首先，分别在 3D 激光点云与 2D 序列影像或其衍生物多视立体匹配（multi-view stereo，MVS）点云中进行几何配准基元提取；继而，将提取的配准基元作为图节点，依据节点之间的空间分布关系进行节点连接作为图的边，构建配准基元图，并依据基元自身属性与相互间的空间邻接关系进行配准基元图匹配生成共轭配准基元对。最后，在共轭配准基元对的基础上，选取 2D-3D/3D-3D 的共线方程/空间相似变换作为配准模型并进行解算。

在无人机、车载 MMS 数据中，分别采用建筑物屋顶、建筑物立面上轮廓线（天际线）作为配准基元，构建配准基元图并进行匹配，组成共轭基元对，解算粗配准模型。受制于自动特征提取算法提取率及遮挡等复杂环境的影响，在 LiDAR 点云与影像中自动特征提取到的配准基元可能存在完整性、几何精度方面的不足，使用自动提取的共轭基元对进行配准，存在配准精度与稳健性方面的欠缺。但是粗配准后，直接地理定向的误差缩小，使进一步的配准模型多参数优化成为可能。

2. 精配准模型设计

精配准模型中，采用迭代点间距离最小化的 3D-3D 配准方法，对粗配准阶段中解算获得的配准模型初值进行优化。首先，通过包含影像同名点匹配、相对定向、光束法平差过程的运动结构恢复（structure from motion，SfM）方法恢复序列影像的外方位元素，并在此基础上使用多视立体匹配算法如 PMVS（Furukawa et al.，2010）、Daisy（Tola et al.，2010）等生成影像密集点云；然后，通过投票的方法将基于共轭配准基元对解算的粗配准解转换为 3D-3D 精配准模型中的空间坐标变换初值，稳健估计摄影测量坐标系与 LiDAR 坐标参考中的初始转换关系；最后，视应用场景，选择刚性、非刚性空间相似变换 3D-3D 配准模型作为配准模型，以影像密集点云与激光点云之间加权点到面的距离作为目标函数，采用迭代点间距离最小化算法，对粗配准模型参数进行精化，从而间接实现 2D 序列影像与 3D 激光点云的高精度、稳健配准。

在无人机、车载 MMS 数据配准中，采用 2D-3D 配准问题到 3D-3D 配准问题的转换方法，即将序列影像与 LiDAR 点云之间的配准问题转换为密集影像点云与 LiDAR 点云之间的配准问题，采用迭代点间距离最小化的 3D-3D 配准方法求解其最优解，采用粗配准计算获得的配准初值作为起始位置，缩小初始匹配差，避免 ICP 算法陷入局部最优，实现数据稳健配准。

激光点云与可见光成像数据两步法配准模型的详细定义如图 4.4 所示。模型分为粗配准与精配准两部分。基于配准基元图的粗配准包括配准基元特征选择与提取、配准基元图构建与匹配、粗配准模型解算三个子过程。3D-3D 精配准包括精配准模型构建、迭代最邻近点模型参数稳健估计两个子过程。

4.3.2　配准基元特征选择与提取

无地面控制点条件下的配准基元的选择范围局限于场景内的人工构筑物与自然地物。研究表明选择自然地物，（如：树冠等）进行数据配准的精度低于使用人工构筑物进行数据配准的精度（Rönnholm et al.，2012）。在两步法配准模型中采用自动提取场景内人工构筑物的方式，选择配准基元。在 LiDAR 点云中，高程阶跃信息形成的边信息丰富，便于提取与拟合。影像数据中灰度阶跃信息的提取亦是图像处理领域一直以来的研究热点，提取方法多样（Gioi et al.，2010）。视采集数据场景的不同，场景中人工构筑物的种类多样，建筑物作为城市场景中人工构筑物的主体，其顶面、立面多数具有规则形状，与邻近环境之间存在阶跃，可用于自动提取算法设计的几何与语义特征丰富。因此在两步法配准模型中采用建筑物的顶面、立面作为配准基元。图 4.5 是一组自 LiDAR 点云、影像及衍生物 MVS 点云中进行配准基元提取的示例图。本章中将影像与其衍生物 MVS 点云中提取到的配准基元统称为影像配准基元。

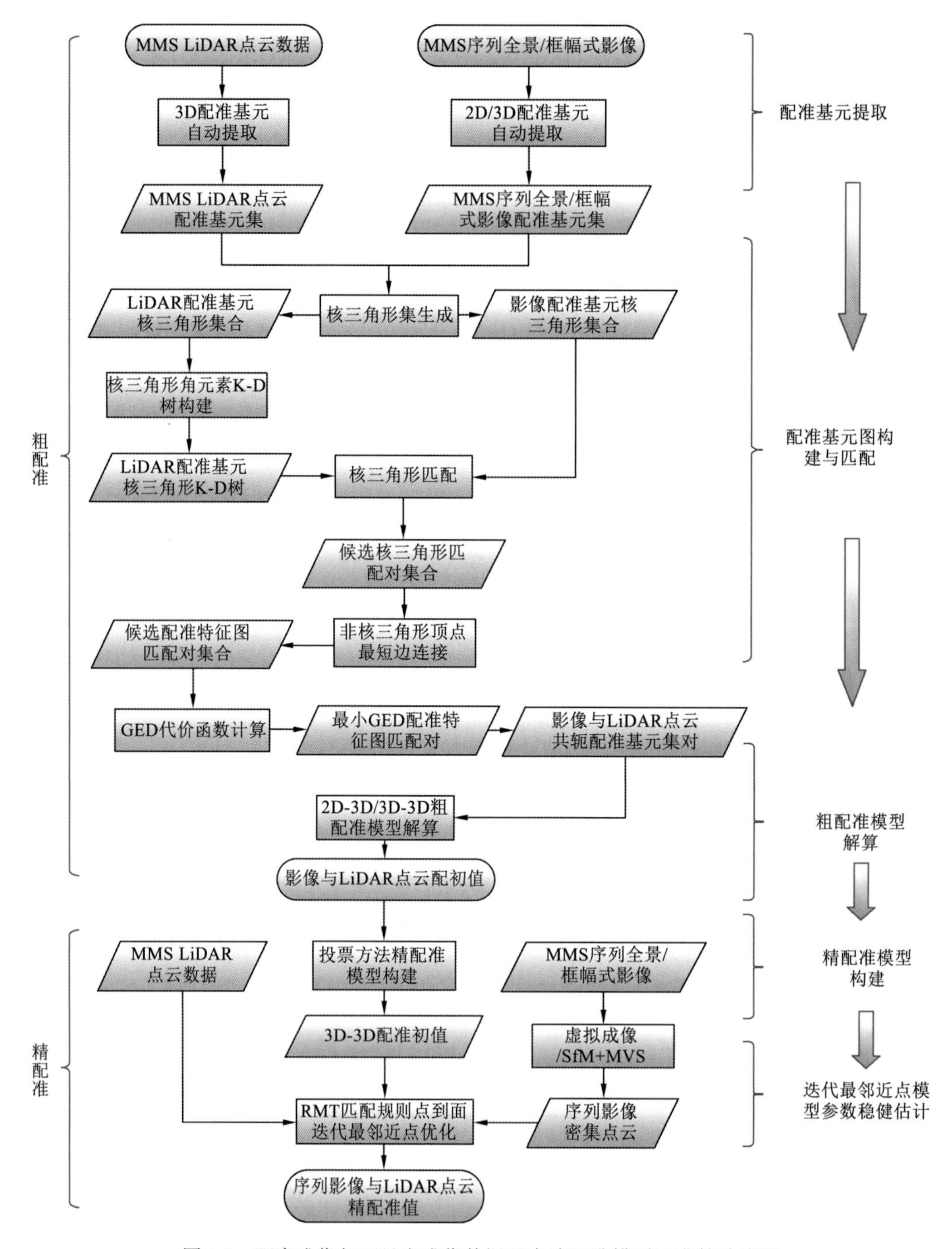

图 4.4　距离成像与可见光成像数据两步法配准模型配准算法流程

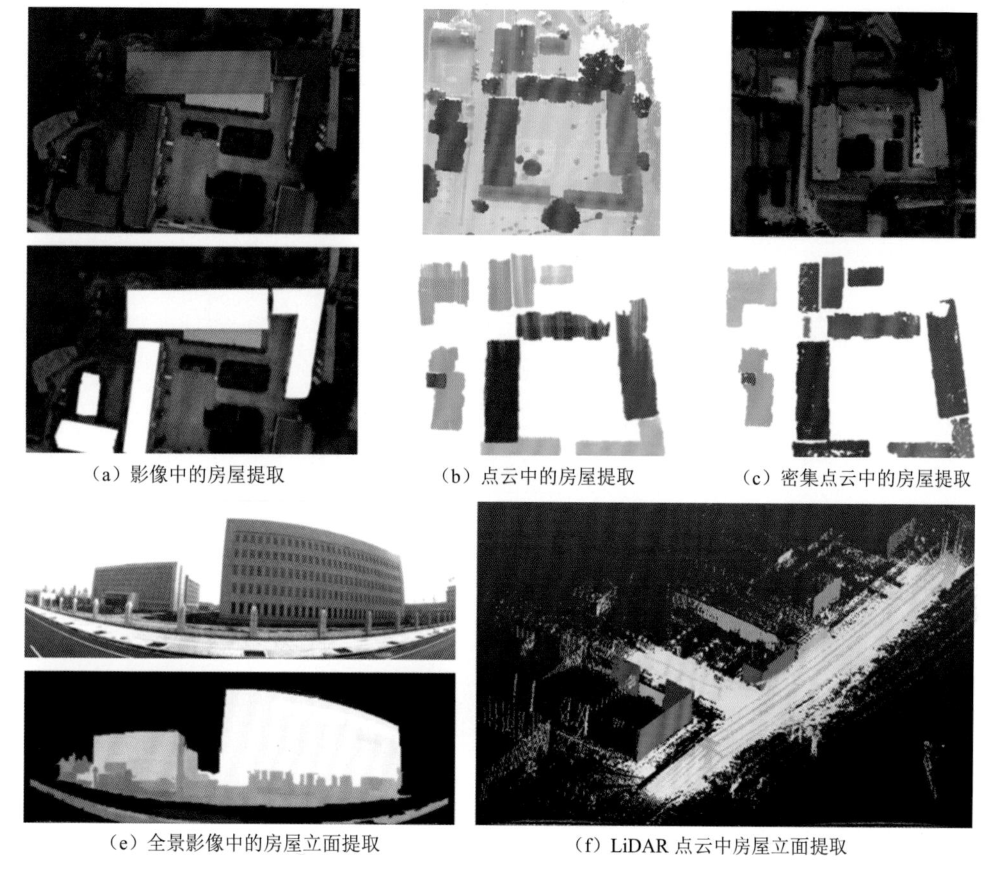

（a）影像中的房屋提取　（b）点云中的房屋提取　（c）密集点云中的房屋提取

（e）全景影像中的房屋立面提取　（f）LiDAR 点云中房屋立面提取

图 4.5　使用场景内显著人工构筑物作为配准基元

4.3.3　基于图匹配的共轭配准基元对生成

在 LiDAR 点云与影像或其衍生物 MVS 影像点云中完成基元提取之后，需要对其进行匹配形成共轭配准基元对，继而进行 2D-3D/3D-3D 粗配准模型的求解。本小节提出一种基于图的配准基元共轭对生成方法。其匹配过程分为两步，即使用场景内显著人工构筑物提取结果构建配准基元图，并在最小图编辑距离准则下实现最优共轭基元匹配，其算法流程如图 4.6 所示。

1. 配准基元图的构建

选取配准基元提取结果作为配准基元图节点（E），其空间连接作为配准基元图的边（V），则激光点云、影像配准基元无向连通简单图可分别记为 $G_{las}=(E_{las},V_{las})$，$G_{image}=(E_{image},V_{image})$。LiDAR 点云与影像配准同名基元查找的问题则被转为 G_{las} 与 G_{image} 的图匹配问题。传统的图构建方法有图顶点两两连接的完全图生成法、路径最优的最小生成树算法（Pettie et al.，2002）等。图节点之间的空间连接路径多样，在单纯指定图节点的条件下，其构成的图具有多种可能。图节点的空间连接，描述了图节点之间的空间关系。不同的节点空间连接集则反映出图节点集合的全局空间组合特性。

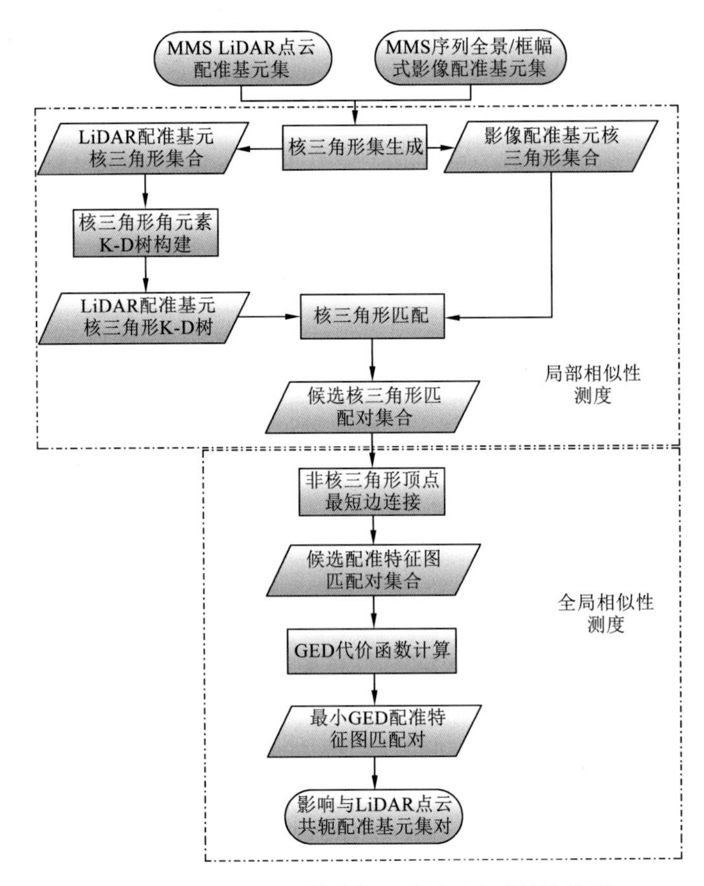

图 4.6　基于图匹配的共轭配准基元生成算法流程

配准基元图集合（GC）生成分为两个步骤：核三角形生成与非核三角形边的图边连接。

1）核三角形生成

选取图顶点集合 E 中的任意 3 个顶点组合为三角形，作为图 G 的生成核，则顶点 E 可能构成的图集合 GC 可表示为

$$\mathrm{GC}=\{G_i \mid G_i=(E,V(\mathrm{Root}(E))), i\in N, i<C_n^3\} \tag{4.1}$$

式中：$\mathrm{Root}(E)$ 为选取的三角形顶点；n 为顶点集合 E 的顶点个数；$V(\mathrm{Root}(E))$ 为以 $\mathrm{Root}(E)$ 核三角形顶点为自变量条件下的图边集合；$V(\cdot)$为单调边集合构成函数。故对于有 n 顶点的集合 E 的配准基元图集合 GC 中，以三角形为图构建核，在 $V(\cdot)$边构建规则下，共有 C_n^3 个图。

2）图的边连接规则

图的边连接规则 $V(\cdot)$即边集合构成函数定义为：对于核三角形顶点，直接连接构成完全图；对于非核三角形顶点，则计算该顶点到核三角形三个顶点的距离，将最短长度的边作为连接边。记核三角形为 $\mathrm{Root}=\{E_R^i, E_R^j, E_R^k\}$，与图顶点集合 E 中任意一顶点 E_k 连接的核三角形顶点为 E_R，E_k 与 E_R 构成的边记为 $\mathrm{edge}(E_k, E_R)$，则边连接规则函数 $V(\cdot)$在 E_k 处

的取值可表示为

$$V(E_k,\mathrm{Root}(E_R^i,E_R^j,E_R^k))=\mathrm{edge}(E_k,E_R) \tag{4.2}$$

式中：$E_R \leftarrow \arg\min_{E_R}\{\|(E_R-E_k)\|^2 \mid E_R \in \mathrm{Root}\}$。

核三角形的边则可记为$\{\mathrm{edge}(E_R^i,E_R^j),\mathrm{edge}(E_R^i,E_R^k),\mathrm{edge}(E_R^j,E_R^k)\}$。核三角形的边与非核三角形的边共同组成了图的边集合，与图顶点共同构成配准基元图（图 4.7）。

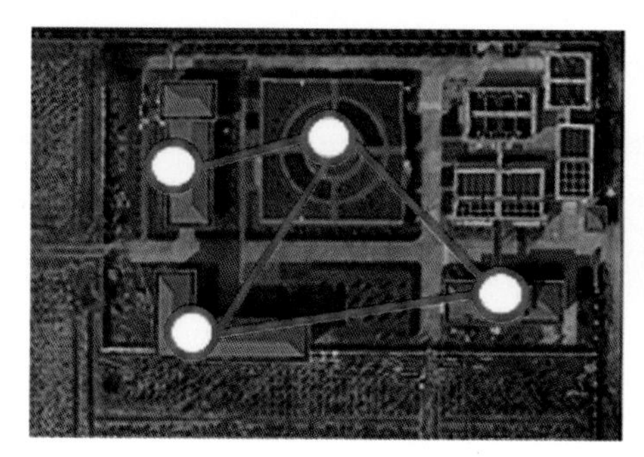
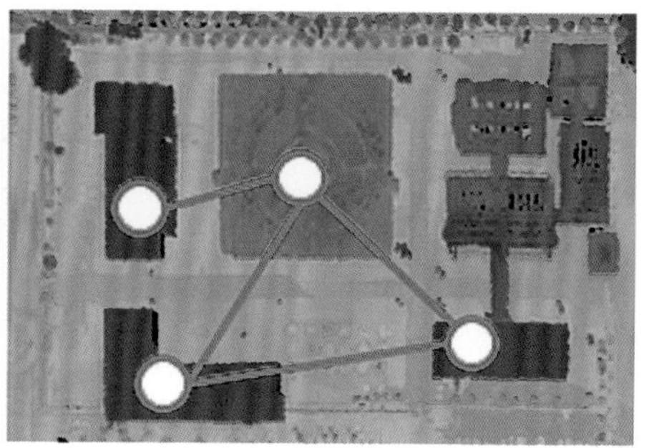

图 4.7　使用场景内显著人工构筑物提取结果构建配准基元图

2. 异源配准基元图的匹配

激光点云与影像生成的异源配准基元图之间的匹配问题，不同于普通二分图匹配问题。普通二分图匹配问题不考虑图节点对象之间的空间邻接关系，只考虑匹配对的匹配代价并使用匹配代价作为连接边权重。配准基元图匹配在考虑图节点之间本身属性之间的匹配代价（属性差异）之外，还需要考虑各节点之间的局部与全局空间关系。所以，不采用传统的二分图匹配算法，如 Kuhn-Munkres 算法（Munkres，1957；Kuhn，1955）对激光点云与影像配准基元图二分图匹配问题进行求解，转而提出一种基于最小图编辑距离的配准基元图匹配算法，解决共轭配准基元对的组合问题。

1）核三角形候选匹配

核三角形是配准基元图集合构建的基础，度量了配准基元图的局部构成核相似性。首先在配准基元图集合中进行核三角形的匹配，生成核三角形候选匹配对。记激光点云、影像配准基元图集合分别为 $\mathrm{GC_{las}}$，$\mathrm{GC_{image}}$ 则

$$\mathrm{GC_{las}}=\{G_i \mid G_i=(E_{\mathrm{las}},V(\mathrm{Root}(E_{\mathrm{las}}))),i\in N,i<C_n^3\} \tag{4.3}$$

$$\mathrm{GC_{image}}=\{G_i \mid G_i=(E_{\mathrm{image}},V(\mathrm{Root}(E_{\mathrm{image}}))),i\in N,i<C_n^3\} \tag{4.4}$$

对于核三角形 $\mathrm{Root}(E_{\mathrm{image}})$ 与 $\mathrm{Root}(E_{\mathrm{las}})$，由于存在尺度上的差异，采用三角形的相似性作为配准基元图局部相似性测度，生成候选配准基元对。令 (a,b,c) 为 $\mathrm{Root}(E)$ 自小到大排列的三个三角形内角，则 $\mathrm{Root}(E_{\mathrm{image}})$ 与 $\mathrm{Root}(E_{\mathrm{las}})$ 间的相似性测度函数 $\mathrm{RootSimilarity}(\cdot)$ 定义为

$$\mathrm{RootSimilarity}(\mathrm{Root}(E_{\mathrm{image}}),\mathrm{Root}(E_{\mathrm{las}}))=(|a_{\mathrm{image}}-a_{\mathrm{las}}|+|b_{\mathrm{image}}-b_{\mathrm{las}}|+|c_{\mathrm{image}}-c_{\mathrm{las}}|)/3 \tag{4.5}$$

对于有 n 顶点的集合 E 的配准基元图集合 GC 中，共有 C_n^3 个图，故存在 C_n^3 个核三角

形。设激光点云与影像配准基元图分别有 n_1 和 n_2 个顶点，遍历所有的核三角形则需要进行 $C_{n_1}^3 C_{n_2}^3$ 次相似性测度计算，极大地影响了计算效率。核三角形仅与三角形内角值相似的三角形即内角值邻近三角形有较高的相关性。为减少不必要的查找与相似性测度运算，将按大小排列的核三角形内角值 (a,b,c) 作为三维坐标，使用 K-D 树（Zhou et al.，2008）对所有的核三角形内角值三维点坐标数据构建索引，提高查询效率。令 $\mathrm{Root}(E_{\mathrm{las}})$ 集合中的一个核三角形为 $\mathrm{Root}_i(E_{\mathrm{las}})$，其影像配准基元图候选匹配集合可表达为

$$\{\mathrm{Root}_j(E_{\mathrm{image}})|\mathrm{RootSimilarity}(\mathrm{Root}_j(E_{\mathrm{image}}),\mathrm{Root}_i(E_{\mathrm{las}}))<\boldsymbol{T}_{\mathrm{Similarity}}\} \tag{4.6}$$

式中：$\boldsymbol{T}_{\mathrm{Similarity}}$ 为角度相似度阈值（经验值 15°）。使用 K（经验值 5）邻近查找，按序列找出核三角形相似性度最高的 K 个匹配对，作为候选核三角形匹配对。候选匹配核三角形对生成后，依据匹配三角形边长比例，对激光点云与影像配准基元图间的尺度差进行估算，即比例参数 $\lambda=\sum_{i}^{3}\mathrm{edge}_i(\mathrm{Root}_{\mathrm{las}})\Big/\sum_{i}^{3}\mathrm{edge}_i(\mathrm{Root}_{\mathrm{image}})$。消除比例差异对长度度量的影响后，除角度特征外，长度特征亦可被用于后续边匹配过程中。确定核三角形匹配对后，两核三角形之间的关系可以表示为：$\mathrm{Root}_i(E_{\mathrm{las}})=\boldsymbol{T}\cdot\mathrm{Root}_j(E_{\mathrm{image}})$，其中 $\boldsymbol{T}$ 为匹配核三角形之间的空间转换关系，在二维、三维空间中均可使用空间相似变换模型对其进行解算。$\boldsymbol{T}$ 作为初始转换矩阵，$G_{\mathrm{las}}^i=(E_{\mathrm{las}},V(\mathrm{Root}_i(E_{\mathrm{las}})))$ 与 $\boldsymbol{T}\cdot G_{\mathrm{image}}^j=\boldsymbol{T}\cdot(E_{\mathrm{image}},V(\mathrm{Root}_j(E_{\mathrm{image}}))$ 之间的差异，描述了该核三角形匹配对条件下的基元图的全局匹配程度，利用此匹配测度，进而进行非核三角形图边的匹配。

2）边匹配

非核三角形边由图顶点到核三角形的最短边连接而成。核三角形边描述了激光点云与影像配准基元图之间的局部相似性特征，非核三角形边则反映了两者间的全局相似性特征。核三角形匹配的局部相似性容易受局部同构特征的影响，降低匹配成功率。为解决这一问题，使用图编辑距离（graph edit distance，GED）度量配准基元图在核三角形局部匹配条件下的全局图结构相似性，从而结合全局、局部节点空间结构特征，实现图中边与节点的稳健匹配。

图可以通过一系列的插入（insertion）、删除（deletion）、替代（substitution）操作实现与另一个图的匹配（Conte et al.，2004）。GED 是一种图编辑操作所需耗费的代价的度量，GED 值越小表示图与图之间实现完全匹配的代价越小，即图与图之间的相似性越大。在完成核三角形匹配、配准基元图局部相似条件下，使用 GED 度量，测定配准基元图之间的全局相似性。令 $\mathrm{Root}_j(E_{\mathrm{image}}),\mathrm{Root}_i(E_{\mathrm{las}})$ 核三角形所对应的配准基元图分别为 $G_{\mathrm{las}}=(E_{\mathrm{las}},V_{\mathrm{las}})$，$G_{\mathrm{image}}=(E_{\mathrm{image}},V_{\mathrm{image}})$，则 G_{las} 与 G_{image} 之间的 GED 定义为

$$\mathrm{GED}(G_{\mathrm{las}},G_{\mathrm{image}},\boldsymbol{T})=\frac{\sum_{i=1}^{k}\mathrm{cost}(\mathrm{op}_i,\boldsymbol{T})}{\mathrm{length}(G_{\mathrm{las}})+\mathrm{length}(G_{\mathrm{image}})} \tag{4.7}$$

其中

$$\text{cost}(\text{op},\boldsymbol{T})=\begin{cases}\text{length}, & \text{op}\in(\text{Insertion},\text{Deletion})\\ \dfrac{\lambda\text{arc}_{12}}{\text{angle\_threshold}}+\Delta\text{length}_{23}, & \text{op}\in(\text{Substitution})\end{cases} \tag{4.8}$$

$\boldsymbol{T}$ 为将 G_{image} 匹配到 G_{las} 的变换，在本算法中即指经过核三角形匹配后获得的初始图匹配位置。$\{\text{op}_i|i<k\}$ 指将 G_{image} 经过修改之后完全匹配 G_{las} 所需要的 K 步操作。$\text{cost}(\text{op},\boldsymbol{T})$ 为每一步操作过程中的图编辑代价，其中 λ 为旋转惩罚因子（经验值 3）。设定接收替换操作（substitution）的角度与长度差阈值 (angle_threshold, length_threshold) 。对于不完全匹配边，若与基准边之间的角度与长度差在 (angle_threshold, length_threshold) 内，则进行替换操作，反之，对图中的边进行增加或者删减。对于进行替换操作的边，其代价按照角度旋转差与距离差的和计算［式（4.7）］。图 4.8 展示了替换操作中编辑代价的计算方法。其中 V_1V_2 为基准边，$v_1'v_2'$ 为待替换边，V_1，v_1' 为核三角形的某一顶点，V_2，v_2' 为非核三角形顶点。将待匹配边 $v_1'v_2'$，匹配到 V_1V_2 基准边上的操作分两步：首先将 v_1' 移动到 V_1 位置；然后将边绕 V_1 进行旋转，将 v_2' 旋转至 V_1V_2 基准边上，形成的新顶点记为 V_3。最后计算旋转角度差 arc_{12} 与旋转后的边长差 Δlength_{23}，依据式（4.7）进行替换操作的代价。图的边增加与删除操作，对 GED 增加边长个单位代价（length）。

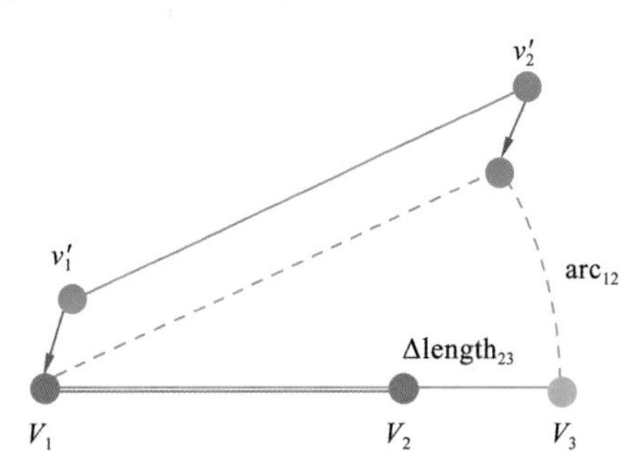

图 4.8　进行替换操作的代价函数的计算

使用 GED 度量 G_{image} 与 G_{las} 在核三角形匹配对定义的图转换 $\boldsymbol{T}$ 下的全局图边相似度，即将图匹配的问题转化为最小图编辑距离最小化问题，即

$$\boldsymbol{T}\leftarrow\arg\min_{\boldsymbol{T}}\{\text{GED}(G_{\text{las}},G_{\text{image}},\boldsymbol{T}_i)|\boldsymbol{T}_i\in\text{RootMatch}(\text{rm}_1,\cdots,\text{rm}_k)\} \tag{4.9}$$

式中：$\text{RootMatch}(\text{rm}_1,\cdots,\text{rm}_k)$ 为核三角形中的匹配过程中产生的核三角形匹配集；G_{image} 与 G_{las} 为该核三角形匹配对对应的配准基元图。最小 GED 所对应的图转换关系 $\boldsymbol{T}$，G_{image} 与 G_{las} 中边差异最小，是基元图之间的最佳匹配（图 4.9）。

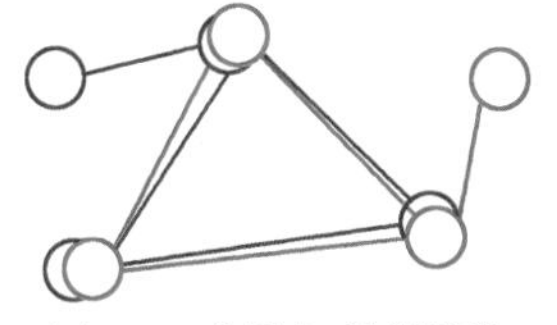

（a）GED 非最小=错误匹配

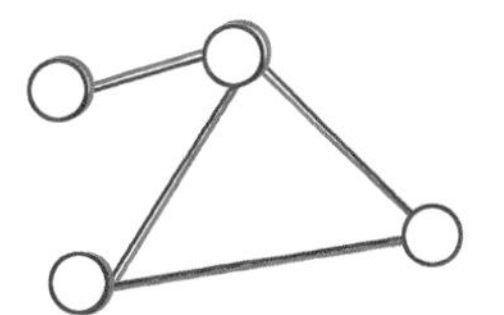

（b）GED 最小=正确匹配

图 4.9　最小图编辑距离准则下的最佳共轭基元匹配

遍历核三角形匹配集［式（4.9）］计算各个核三角形匹配对应图转换 $\boldsymbol{T}$ 的 GED，并进行排序，将最小 GED 对应的 $\boldsymbol{T}$ 作为最佳匹配。在转换 $\boldsymbol{T}$ 条件下，配准基元图中通过替换操作实现匹配的图节点与其对应的基准配准基元图节点形成共轭匹配基元对，并用于下一步中的粗配准模型参数解算。配准基元图中通过增加或删除操作实现的匹配由于不确定其真实存在性，故抛弃，不参与后续计算。

4.3.4 粗配准模型参数解算

形成配准基元对后，利用共轭基元对直接解算粗配准模型，实现模型参数的线性估计。数据配准过程本质上是一个空间坐标系转换过程，对于 LiDAR 点云中的配准基元 X，其共轭影像配准基元记为 x，则两者间的空间几何关系可表达为

$$\boldsymbol{X}=\boldsymbol{T}\cdot x \tag{4.10}$$

式中：$\boldsymbol{T}$ 为空间变换矩阵。视配准基元提取对象不同，粗配准模型［式（4.10）］可划分为两种：①2D-3D 共线方程模型（直接在二维影像上进行配准基元提取）；②3D-3D 空间相似变换模型（在影像衍生物 MVS 影像点云中进行配准基元提取）。

1. 2D-3D 粗配准模型

$\boldsymbol{T}$ 的具体形式受数据配准模型及影像成像模型选择控制。在使用 2D-3D 数据配准模型的条件下：对于普通针孔相机（透视相机），其影像成像模型为共线方程，在 N 对共轭配准基元组成的 $\boldsymbol{X}=\boldsymbol{T}\cdot x$ 问题，即 PnP 问题，可以通过传统后方交会的非线性方法，以及 EPnP 线性方法对其进行求解；对于鱼眼相机、全景相机（非普通透视成像相机），其影像成像模型为柱面、球面展开正射投影[①]。对于此类数据的后方交会问题研究较少。本章提出一种成像模型变换的方法，将非透视成像模型的后方交会问题转换为与其等价的 PnP 问题，进行线性求解。

2. 3D-3D 粗配模型

在使用 3D-3D 数据配准模型的条件下，影像通过密集匹配后转换为 3D 密集影像点云，从中提取的配准基元 $\boldsymbol{T}$ 为空间相似变换，可采用四元组、反对称矩阵、SVD 等方法进行求解。

4.3.5 3D-3D 精配准模型参数稳健估计

经粗配准后，由于自动配准基元提取存在几何基元定位精度不足与提取完整性差等问题，不能实现数据的高精度对准，需要对其进行进一步优化。本小节通过配准关键帧构建精配准模型并使用迭代最邻近点算法实现配准模型的优化，从而实现数据间配准。

1. 精配准模型构建

精配准模型的构建实现基于配准基元图匹配解算的粗配准值到精配准模型空间变换参数初值的转换。在生成密集影像点云后，序列影像到激光点云的 2D-3D 配准问题转化为密集影像点云与激光点云的 3D-3D 配准问题。激光点 $\boldsymbol{M}_{\mathrm{las}}$ 与影像密集点 $\boldsymbol{M}_{\mathrm{mvs}}$ 存在以下空间变换关系：

$$\boldsymbol{M}_{\mathrm{las}}=\lambda\boldsymbol{R}\boldsymbol{M}_{\mathrm{mvs}}+\boldsymbol{T} \tag{4.11}$$

---

① Wikipedia, Fisheye lens: https://en.wikipedia.org/wiki/Fisheye_lens

式中：$\boldsymbol{R}$、λ、$\boldsymbol{T}$ 分别为组成 3D-3D 空间相似变换的旋转矩阵、尺度参数与平移矩阵。

1）2D-3D 粗配准模型构建精配准模型

在采用 2D-3D 粗配准模型条件下，由于存在单张影像配准基元提取数量不足等问题，序列影像中，部分影像不能实现配准（非关键帧），需要将成功通过共轭基元对配准的影像（关键帧）的位置与姿态参数通过光束法进行传递。

令第 i 帧关键帧影像在摄影测量坐标系中的旋转矩阵、坐标重心化后的相机位置分别为 $\boldsymbol{R}_i^p$，$\boldsymbol{P}_p(x_i, y_i, z_i)^t$ 粗配准获得的在 LiDAR 点云坐标参考系中的旋转矩阵、相机位置分别为 $\boldsymbol{R}_i^L$，$\boldsymbol{P}_L(X_i, Y_i, Z_i)^t$，$n$ 为关键帧数量，则式（4.11）中的旋转矩阵、尺度参数与平移矩阵可按以下进行计算。

$$\boldsymbol{R}_i = (\boldsymbol{R}_i^L)^- \boldsymbol{R}_i^p \tag{4.12}$$

$$\lambda = \sqrt{\frac{\sum_{i=1}^{n}(X_i^2 + Y_i^2 + Z_i^2)}{\sum_{i=1}^{n}(x_i^2 + y_i^2 + z_i^2)}} \tag{4.13}$$

$$\boldsymbol{T}_i = \boldsymbol{P}_L - \lambda \boldsymbol{R}_i \boldsymbol{P}_p \tag{4.14}$$

2）3D-3D 粗配准模型构建精配准模型

3D-3D 空间相似变换粗配模型与精配准 3D-3D 配准的几何模型相同。对于一组粗配准参数解 $(\lambda_i, \boldsymbol{R}_i, \boldsymbol{T}_i)$ 对应一组摄影测量坐标系到 LiDAR 坐标参考的空间转换关系即

$$(\lambda, \boldsymbol{R}, \boldsymbol{T}) = (\lambda_i, \boldsymbol{R}_i, \boldsymbol{T}_i) \tag{4.15}$$

3）基于投票方法的 $(\lambda, \boldsymbol{R}, \boldsymbol{T})$ 稳健估计

由式（4.12）～式（4.14）可知，每张关键帧对应一种空间旋转关系，三对共轭配准基元可解算获得一组 3D-3D 粗配准模型参数。关键帧粗配准误差不一，同时可能存在错误外方位元素计算结果，三维配准基元对亦存在提取位置不准确、特征不完整的问题。如何根据粗配准模型解算结果，稳健估计 LiDAR 点云空间坐标参考与摄影测量坐标参考之间的空间转换关系，是构建精配准模型的关键问题。

微小的旋转角度变换，经测量基线传播误差后，会形成较大的平移误差，因此应首先实现旋转相关的旋转矩阵 $\boldsymbol{R}$ 的稳健估计。在式（4.12）旋转矩阵 $\boldsymbol{R}$ 的稳健估计中：首先，将旋转矩阵 $\boldsymbol{R}_i$ 转换为旋转角表示，即 $(\varphi, \omega, \kappa)_i$；然后，计算任意两组旋转角度之间的二范数，$n = \sqrt{\Delta\varphi^2 + \Delta\omega^2 + \Delta\kappa^2}$ 并对其进行 K 均值聚类（Lee et al.，2013）。依据投票准则，聚类后的最大类中心对应角度最优解（Fernandes et al.，2008），故将最大类中心所对应的旋转角度作为角度最优解，构成旋转矩阵 $\boldsymbol{R}$；最后，使用投票获得的旋转矩阵 $\boldsymbol{R}$ 替换 $\boldsymbol{R}_i$ 代入式（4.14）算最优角度相同的投票方法实现对式（4.14）中 $\boldsymbol{T}$ 的解算。经上述步骤，关键帧影像的 EOP 转换为式（4.11）中的旋转、平移与尺度值 $(\lambda, \boldsymbol{R}, \boldsymbol{T})$，将其作为初值代入迭代最邻近点模型参数优化中，增强优化过程的稳健性，使算法正确收敛到全局最优。

2. 迭代最邻近点模型参数优化

3D-3D 的精配准本质上是 MVS 点云与 LiDAR 点云之间差异化最小过程。使用点间距对 MVS 点云（IPC=$\{a_i\}$）与 LiDAR 点云（LPC=$\{b_i\}$）的差异进行描述，则该配准问题的能量函数可定义为

$$E(\boldsymbol{T})=\sum_{i}^{n}(\boldsymbol{T}\cdot a_i-b_i) \tag{4.16}$$

式中：$\boldsymbol{T}$ 为 MVS 点云与 LiDAR 点云之间的空间转换模型，针对不同问题，可选为刚性模型或非刚性模型。最小能量 $E(\boldsymbol{T})$所对应的空间转换 $\boldsymbol{T}$ 即为配准问题最优解，即

$$\boldsymbol{T}\leftarrow\arg\min_{\boldsymbol{T}}\{E(\boldsymbol{T})\} \tag{4.17}$$

该能量最小化问题可以通过 ICP 算法进行求解。传统 ICP 算法可简述为：依据距离最短准则在匹配基准点集中寻找待匹配点集的对应点，建立匹配点对并使用匹配点对实现空间坐标转换模型的解算；使用解算获得的转换模型对待匹配点集进行转换，重复上一步的最邻近点查找与模型解算；不断地重复上述两个步骤，直到达到设定的迭代次数或者预设的收敛条件（Besl et al.，1992）。ICP 算法利用点邻近的原则构造匹配点，不需要进行同名特征匹配，算法简单有效，已经被大量应用于点云配准应用中。但其基于最邻近点查找构成匹配点对，并对变换模型进行迭代解算的算法原理限制其仅能逐步逼近初始位置区间内的局部最优，而不能达到全局最优，故在点云配准初始误差较大，算法初始化阶段的变换矩阵不准确的情况下，ICP 算法不能正确收敛（Rusinkiewicz et al.，2001）。同时，MVS 点云含有大量噪声，且覆盖不均匀，不能在配准基准 LiDAR 点云中全部找到其对应点，直接的最邻近匹配，降低了正确点匹配对的数量，进而影响 ICP 算法的正确收敛。为克服上述 MVS 点云与 LiDAR 点云 3D-3D 配准模型参数优化过程中的问题。本章提出一种 ICP 算法的变种，进行 MVS 点云与 LiDAR 点云 3D-3D 配准模型优化参数稳健估计。

ICP 算法与其变种（variants of the icp algorithm）均可被分解为 5 步（Rusinkiewicz et al.，2001），即：①点选择（selection of points）；②点匹配（matching points）；③匹配对定权（weighting of matches）；④匹配对生成规则（rejecting pairs）；⑤误差定义与最小化方法（error metric and minimization）。

1）点选择

配准过程中的点选择是进行 ICP 算法的必要一步。LiDAR 点云作为配准基准点云，MVS 作为待配准点云，在进行配准过程中，MVS 点云中的每个点需在 LiDAR 点云查找其最邻近点。若在立体匹配过程中，使用较小窗口进行 MVS 点云生成，导致 MVS 点云密度过高，会极大地增加后续计算量，而不会明显提升 ICP 收敛精度。为减少计算量，MVS 点云点密度不宜高于激光点云点密度。在 MVS 点云密度过高的情况下，对 MVS 点云使用八叉树降采样算法进行抽稀[①]，使其点密度与 LiDAR 点云点密度保持在同一数量级。

---

① Downsampling a PointCloud using a VoxelGrid filter: http://pointclouds.org/documentation/tutorials/voxel_grid.php#voxelgrid

2）点匹配

ICP 算法中的邻近点匹配有多种规则：空间距离最短（点到点距离）、投影距离最短（点到投影距离）、法方向距离最短（点到面距离）。LiDAR 与 MVS 点云中包含大量人工构筑物，存在较多平滑表面，针对此情况，采用法方向距离最短的点匹配准则（图 4.10）加速 ICP 算法的收敛过程。

依据点云协方差矩阵特征值计算 MVS 与 LiDAR 点云中各个点的法向量①。设 p，q 分别为 MVS 与 LiDAR 点云中的点，$\boldsymbol{n}_p$ 与 $\boldsymbol{n}_q$ 分别为其单位法向量，则点 p 到 q 的点到面距离为 p、q 之间的欧氏距离在 q 的法向量方向上的分量即 $|(p-q)\cdot\boldsymbol{n}_q|$，该距离最短的 q 点作为 p 在配准基准 LiDAR 点云中的匹配点，构成匹配点对。同时，为加速匹配过程，使用 K-D 树对点云进行索引，实现待匹配点邻域点的快速查找。

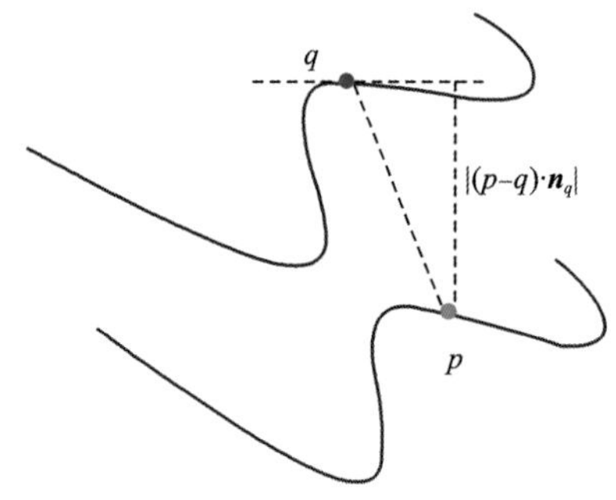

图 4.10　点到面距离准则（normal shooting）

3）匹配对定权

理想同名点对，具有完全相同的法向量朝向。点对相似度越高，其法向量相似度越高，故使用匹配点对之间的法向量差异作为匹配对定权依据。令匹配对 (p,q) 的权重为 w 则，$w=\boldsymbol{n}_p\cdot\boldsymbol{n}_q$，$\boldsymbol{n}_p$ 与 $\boldsymbol{n}_q$ 分别为 p，q 的单位法向量。

4）匹配对生成规则

通过点到面最小准则计算获得的点对可能存在误匹配。误匹配主要来源于两方面，即 MVS 与 LiDAR 点云覆盖范围不同产生的边界效应与 MVS 点云中的噪声点产生的无效匹配。对于数据范围覆盖不同产生的边界效应，设定最大匹配阈值 $d_{\max}$，仅保留点到面距离小于 $d_{\max}$ 的匹配对，即 $(p-q)\cdot\boldsymbol{n}_q<d_{\max}$。对于 MVS 点云中的噪声点产生的无效匹配问题，采用相对运动阈值（relative motion threshold，RMT）算法（Pomerleau et al.，2010）对匹配点对进行精化处理。RMT 算法通过匹配点对作用到转换模型上的误差对匹配点对的有效性进行判断，从而剔除匹配点对中的外点（outlier）。经上述匹配点对选择（rejecting pairs）后，剩余的点对作为正确匹配点对代入转换模型的迭代求解过程中。

5）误差定义与最小化方法

对于 MVS 点云（$\text{IPC}=\{a_i\}$）与 LiDAR 点云（$\text{LPC}=\{b_i\}$），使用点到面距离作为误差准则，最小化误差方程可表达为

$$\boldsymbol{T}\leftarrow\arg\min_{\boldsymbol{T}}\left\{\sum_i w_i\left\|\boldsymbol{\eta}_i\cdot(\boldsymbol{T}\cdot a_i-b_i)\right\|^2\right\}\tag{4.18}$$

式中：T 为 IPC 到 LPC 的转换模型；$\boldsymbol{\eta}_i$ 为 b_i 处的法向量；w_i 为点对 (a_i,b_i) 对应的权值即

① Estimating Surface Normals in a PointCloud: http://pointclouds.org/documentation/tutorials/normal_estimation.php#normal-estimation

$w_i = \boldsymbol{n}_{a_i} \cdot \boldsymbol{n}_{b_i}$。使用粗配准解算的关键帧 EOP 转换而来的较为准确的初始转换参数初始化 ICP 算法，保证算法向正确方向收敛。在进行转换模型参数解算过程中：①对于刚体变换模型，使用具有抗差性的 SVD 算法（张永军　等，2010）求解两个坐标系之间的三维空间相似变换，减少误匹配点对参数优化结果的影响；②对于非刚体变换模型，则需要定义非刚体变形模型，并对其进行解算。设定迭代终止次数（经验值）与迭代终止条件（多次迭代间，角度改正量＜0.001°，平移改正量＜0.01 m），进行误差方程的迭代计算，获取优化后的 LiDAR 与摄影测量坐标系之间的转换参数 $(\lambda_{3D-3D}, \boldsymbol{R}_{3D-3D}, \boldsymbol{T}_{3D-3D})$，则序列影像的精配准外方位元素 $(\boldsymbol{R}_{cam}, \boldsymbol{T}_{cam})$ 即可表达为

$$\begin{pmatrix} \boldsymbol{R}_{cam} \\ \boldsymbol{T}_{cam} \end{pmatrix} = \begin{pmatrix} \boldsymbol{R}_{3D-3D} \boldsymbol{R}_p \\ \lambda_{3D-3D} \boldsymbol{R}_{3D-3D} \boldsymbol{T}_p + \boldsymbol{T}_{3D-3D} \end{pmatrix} \tag{4.19}$$

式中：$(\boldsymbol{R}_p, \boldsymbol{T}_p)$ 为序列影像经光束法平差后在摄影测量坐标系的外方位元素。

4.3.6　实验分析

1. 实验数据描述

本小节利用低空无人机多传感器系统采集的 LiDAR 点云与序列影像数据集（图 4.11），以及车载移动激光扫描系统获取的 LiDAR 点云与序列影像（图 4.12）对提出方法的性能与有效性进行验证。低空无人机和车载移动测量系统的 LiDAR 点密度、影像分辨率相关数据参数见表 4.1 和表 4.2。数据集场景包括典型城区道路与居民区，具有较好的代表性。

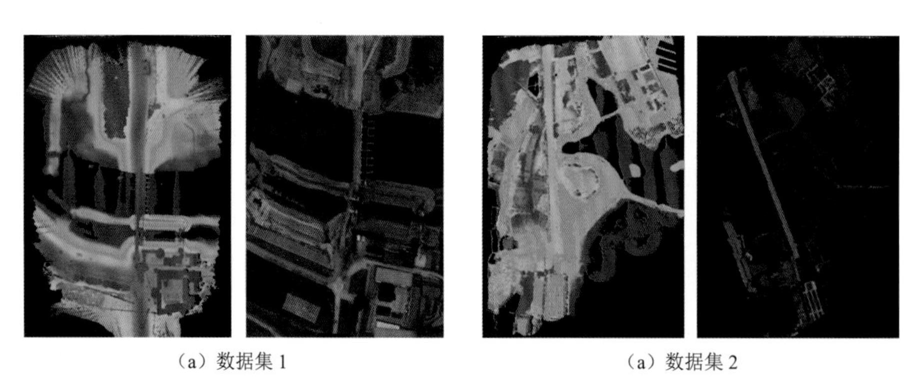

（a）数据集 1　　（a）数据集 2

图 4.11　实验区域的无人机 LiDAR 点云与正射影像数据

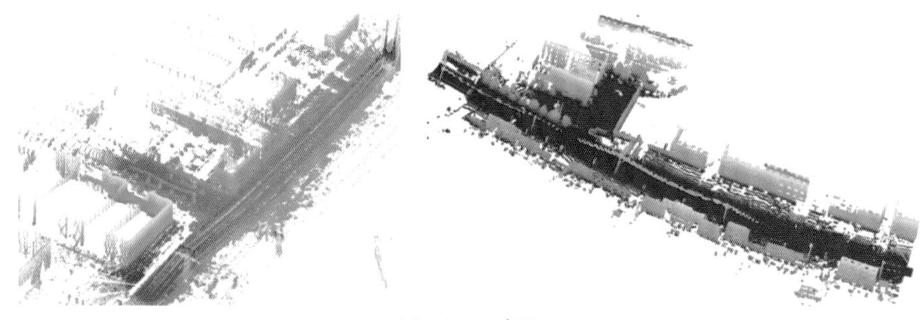

（a）LiDAR 点云

（b）全景影像数据

图 4.12　车载 MMS 成像数据融合实验数据集

表 4.1　Heli-Mapper 数据集描述

参数	数据集 1	数据集 2
相对航高/m	80.0	130.0
激光点平均密度/（个/m^2）	25.4	10.2
影像分辨率 GSD/cm	2.1	3.5
影像数量/张	78	343
激光点数/个	6 506 721	8 893 549
航带数/条	4	9
面积/km^2	0.26	0.87
采集地点	武汉黄陵	武汉梁子湖

表 4.2　车载移动测量实验成像数据集描述

参数	数据集 1	数据集 2
激光点平均密度/（个/m^2）	138	43
激光点数/个	2 620 376	6 091 293
全景影像分辨率/像素	4 096×2 048	4 096×2 048
全景影像数量/张	188	121
激光点数	6 506 721	8 893 549
测区类型	城市道路	居民区

2. 点云和影像配准结果

图 4.13 展示了使用直接地理定向数据进行数据配准时存在较大的偏差，表示无人机平台飞行的不稳定性，同步与安装标定等误差限制了无人机 MMS 系统直接定向数据的精度，从而不能直接使用直接地理定向数据进行数据配准。为修正直接地理定向数据误差，采用本章提出的基于共轭配准基元对粗配准模型解算方法，对序列影像与 LiDAR 点云之间的配准初值进行解算。图 4.13（b）为使用粗配准模型参数，将 LiDAR 建筑物点云反投影到影像上的结果，由图可见，经粗配准后，LiDAR 建筑物点云与影像达到了较好的套合效果，但在局部区域依然存在配准差。粗配准后依旧存在的配准差产生的缘由是：进行自动配准基元提取时，受自动提取算法的限制，难以做到 LiDAR 点云与影像配准基元中的几何特征严格对应且位置正确。为修正经粗配准后的配准残差，通过最小化粗配

准后的 MVS 点云与 LiDAR 点云间距离差准则，进行精配准，实现对残余误差的修正。图 4.13（c）为经精配准后，LiDAR 建筑物点云反投影到影像上的结果。可见，经精配准后，粗配准误差得到了有效消除。

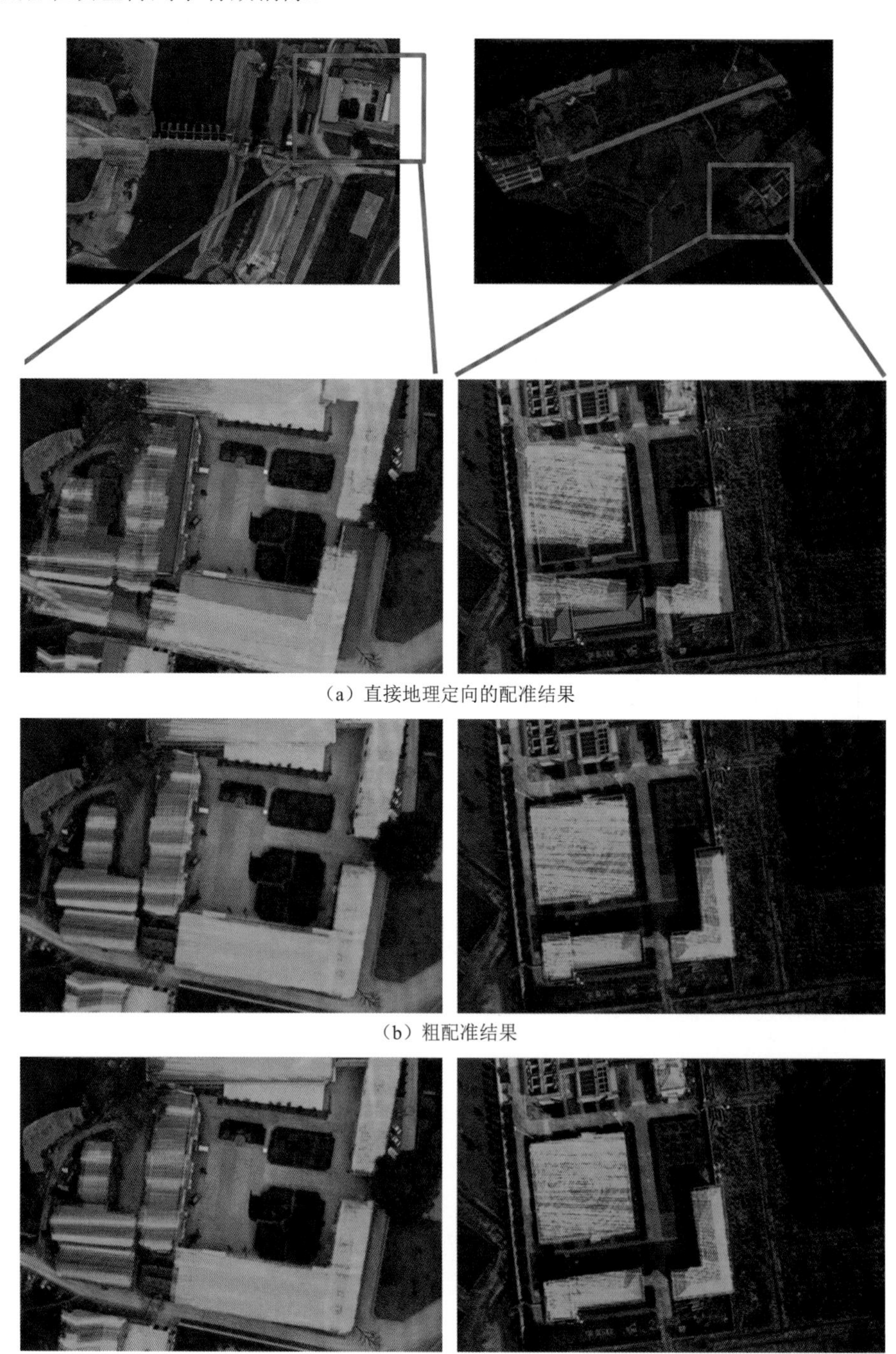

（a）直接地理定向的配准结果

（b）粗配准结果

（c）精配准结果

图 4.13　数据集由粗到精的配准结果

为展示车载移动测量点云和全景影像配准结果，将全景影像配准后的成像中心位置一定范围内（50 m）的点云按全景影像的球状成像模型，反投影到全景影像上，形成叠加点云显示的全景影像。图 4.14 为一组数据集 1～2 全景影像帧叠合激光点云显示图。由于配准基元提取过程中不完整及定位不精确等因素，完成粗配准后配准误差依然存在（图 4.14 第 3 行），但相较使用直接地理定向数据进行配准的结果（图 4.14 第 2 行），精度有所提升。

3. 彩色点云生成

彩色激光点云生成即将配准后的全景影像色彩信息赋予给 LiDAR 点云。以下描述一种简单的彩点生成算法：

（1）依据全景影像拍摄间隔，选取赋色图像保证测区完整覆盖；

（2）使用双层树索引结构切取当前赋色图像中心点一定范围内的点云，依据当前赋色全景图像的相机参数，进行遮挡检测，确定在当前赋色图像中可见的激光点云；

（3）对当前可见且未被赋色的三维点云，依据式（4.20）所示的共线关系进行赋色；

（4）循环步骤（2）～（3）直到所有图像遍历完毕，或所有点云被赋色完毕。

（a）数据集 1 中全景影像帧由粗到精的配准结果

（b）数据集 2 中全景影像帧由粗到精的配准结果

图 4.14　由粗到精的配准结果

$$\text{sphere}\left(\begin{pmatrix} X \\ Y \\ Z \end{pmatrix}\right)=\begin{pmatrix} x_p \\ y_p \\ z_p \end{pmatrix}=\lambda \boldsymbol{R}_v\begin{pmatrix} \sin\frac{r}{h}\pi\cos\frac{c}{w}\pi \\ \sin\frac{r}{h}\pi\sin\frac{c}{w}\pi \\ \cos\frac{c}{w}\pi \end{pmatrix} \tag{4.20}$$

式中：h、w 分别为全景影像高与宽；r、c 分别为当前像素在全景影像上的行、列号。

图 4.15 和图 4.16 分别为无人机 LiDAR 点云与序列影像以及车载 LiDAR 点云与序列全景影像数据配准完成后生成的彩色激光点云，由其房屋边缘细节可知，数据配准效果良好。

图 4.15　使用配准数据集生成的彩色点云

图 4.16　建筑物立面彩色点云细节

4.4 本 章 小 结

针对无人机扫描点云与框幅式影像及车载点云与全景影像配准的问题，本章介绍了点云与影像配准的基本流程、研究现状及存在的问题，重点阐述了一种三维点云与影像数据两步法配准模型的原理与方法。综合实验表明，本章提出的两步法配准模型能够有效地解决无人机扫描点云与框幅式影像及车载点云与全景影像自动配准的问题，并且具有较好的鲁棒性。

参 考 文 献

侯艳芳, 叶泽田, 杨勇, 2011. 基于 POS 数据的车载面阵 CCD 影像与激光点云融合处理研究. 遥感信息(4): 76-79.

吴胜浩, 钟若飞, 2011. 基于移动平台的激光点云与数字影像融合方法. 首都师范大学学报(自然科学版), 32(4): 57-61.

张良, 马洪超, 高广, 等, 2014. 点、线相似不变性的城区航空影像与机载激光雷达点云自动配准. 测绘学报, 43(4): 372-379.

张永军, 胡丙华, 张剑清, 2010. 大旋角影像的绝对定向方法研究. 武汉大学学报(信息科学版) (4): 427-431.

BESL P J, MCKAY N D, 1992. Method for registration of 3-D shapes// International Society for Optics and Photonics, Robotics-DL tentative: 586-606.

CONTE D, FOGGIA P, SANSONE C, et al., 2004. Thirty years of graph matching in pattern recognition. International Journal of Pattern Recognition and Artificial Intelligence, 18(3): 265-298.

FURUKAWA Y, PONCE J, 2010. Accurate, dense, and robust multiview stereopsis. IEEE Transactions on Pattern Analysis and Machine Intelligence, 32(8): 1362-1376.

FERNANDES L A F, OLIVEIRA M M, 2008. Real-time line detection through an improved Hough transform voting scheme. Pattern Recognition, 41(1): 299-314.

GAO Y, HUANG X, ZHANG F, et al., 2015. Automatic geo-referencing mobile laser scanning data to UAV images Int. Arch. Photogramm. Remote Sens. Spatial Inf. Sci., XL-1/W4: 41-46.

GIOI R G V, JAKUBOWICZ J, MOREL J M, et al., 2010. LSD: A fast line segment detector with a false detection control. IEEE Transactions on Pattern Analysis and Machine Intelligence, 32(4): 722-732.

HABIB A, GHANMA M, MORGAN M, et al., 2005. Photogrammetric and LiDAR data registration using linear features. Photogrammetric Engineering and Remote Sensing, 71(6): 699-707.

HOFMANN S, EGGERT D, BRENNER C, 2014. Skyline matching based camera orientation from images and mobile mapping point clouds. ISPRS Ann. Photogramm. Remote Sens. Spatial Inf. Sci., II-5: 181-188.

KAASALAINEN S, AHOKAS E, HYYPPA J, et al., 2005. Study of surface brightness from backscattered laser intensity: Calibration of laser data. IEEE Transactions on Geoscience and Remote Sensing Letters, 2(3): 255-259.

KAASALAINEN S, HYYPPA H, KUKKO A, et al., 2009. Radiometric calibration of Lidar intensity with commercially available reference targets. IEEE Transactions on Geoscience and Remote Sensing, 47(2): 588-598.

KAASALAINEN S, NIITTYMAKI H, KROOKS A, et al., 2010. Effect of target moisture on laser scanner intensity. Geoscience and Remote Sensing, IEEE Transactions on, 48(4): 2128-2136.

KIM J, LEE S, AHN H, et al., 2013. Feasibility of employing a smartphone as the payload in a photogrammetric UAV system. ISPRS Journal of Photogrammetry and Remote Sensing, 79: 1-18.

KUHN H W, 1955. The Hungarian method for the assignment problem. Naval Research Logistics Quarterly, 2(1-2): 83-97.

LEE S, LEE W, 2013. Evaluation of the selection of the initial seeds for K-means algorithm. International Journal of Database Theory & Application, 6(5): 13-21.

LI N, HUANG X, ZHANG F, et al., 2015. Registration of aerial imagery and Lidar Data in desert areas using sand ridges. The Photogrammetric Record, 30(151): 263-278.

MUNKRES J, 1957. Algorithms for the assignment and transportation problems. Journal of the Society for Industrial and Applied Mathematics, 5(1): 32-38.

NAGAI M, TIANEN C, SHIBASAKI R, et al., 2009. UAV-Borne 3-D mapping system by multisensor integration. IEEE Transactions on Geoscience and Remote Sensing, 47(3): 701-708.

NELDER J A, MEAD R, 1965. A simplex method for function minimization. The Computer Journal, 7(4): 308-313.

PARMEHR E G, FRASER C S, ZHANG C, et al., 2014. Automatic registration of optical imagery with 3D LiDAR data using statistical similarity. ISPRS Journal of Photogrammetry and Remote Sensing, 88: 28-40.

PETTIE S, RAMACHANDRAN V, 2002. An optimal minimum spanning tree algorithm. Journal of the ACM (JACM), 49(1): 16-34.

POMERLEAU F, COLAS F, FERLAND F, et al., 2010. Relative motion threshold for rejection in ICP registration// HOWARD A, IAGNEMMA K, KELLY A, Field and Service Robotics. Berlin: Springer: 229-238.

PYLVANAINEN T, ROIMELA K, VEDANTHAM R, et al., 2010. Automatic alignment and multi-view segmentation of street view data using 3D shape priors// Symposium on 3D Data Processing, Visualization and Transmission (3DPVT), Paris, France: 738-739.

RONCAT A, BRIESE C, JANSA J, et al., 2014. Radiometrically calibrated features of full-waveform LiDAR point clouds based on statistical moments. IEEE Transactions on Geoscience and Remote Sensing Letters, 11(2): 549-553.

RÖNNHOLM P, HAGGRÉN H, 2012. Registration of laser scanning point clouds and aerial images using either artificial or natural tie features. ISPRS Ann. Photogramm. Remote Sens. Spat. Inf. Sci, 3: 63-68.

RUSINKIEWICZ S, LEVOY M, 2001. Efficient variants of the ICP algorithm// Third International Conference on 3-D Digital Imaging and Modeling, Quebec City, Canada., 2001: 145-152.

SKALOUD J, SCHAER P, 2003. Towards a more rigorous boresight calibration// ISPRS International Workshop on Theory Technology and Realities of Inertial/GPS/Sensor Orientation, Castelldefels, Spain.

SWART A, BROERE J, VELTKAMP R, et al., 2011. Refined non-rigid registration of a panoramic image sequence to a LiDAR point cloud// STILLA U, ROTTENSTEINER F, MAYER H, et al., eds.

Photogrammetric image analysis. Berlin: Springer: 73-84.

SZABÓ S, ENYEDI P, HORVÁTH TH M, et al., 2016. Automated registration of potential locations for solar energy production with light detection and ranging (LiDAR) and small format photogrammetry. Journal of Cleaner Production, 112, Part 5: 3820-3829.

TANEJA A, BALLAN L, POLLEFEYS M, 2012. Registration of spherical panoramic images with cadastral 3D models// Second International Conference on 3D Imaging, Modeling, Processing, Visualization and Transmission (3DIMPVT), Zurich, Switzerland: 479-486.

TANEJA A, BALLAN L, POLLEFEYS M, 2015. Geometric change detection in urban environments using images. IEEE Transactions on Pattern Analysis and Machine Intelligence, 37(11): 2193-2206.

TOLA E, LEPETIT V, FUA P, 2010. DAISY: An efficient dense descriptor applied to wide-baseline stereo. IEEE Transactions on Pattern Analysis and Machine Intelligence, 32(5): 815-830.

VIOLA P, WELLS W M, 1997. Alignment by maximization of mutual information. International Journal of Computer Vision, 24(2): 137-154.

WAGNER W, ULLRICH A, DUCIC V, et al., 2006. Gaussian decomposition and calibration of a novel small-footprint full-waveform digitising airborne laser scanner. ISPRS Journal of Photogrammetry and Remote Sensing, 60(2): 100-112.

WANG R, FERRIE F P, MACFARLANE J, 2012. Automatic registration of mobile LiDAR and spherical panoramas// 2012 IEEE Computer Society Conference on Computer Vision and Pattern Recognition Workshops (CVPRW): 33-40.

ZHAO W, NISTER D, HSU S, 2005. Alignment of continuous video onto 3D point clouds. IEEE Transactions on Pattern Analysis and Machine Intelligence, 27(8): 1305-1318.

ZHOU K, HOU Q, WANG R, et al., 2008. Real-time KD-tree construction on graphics hardware. ACM Transactions on Graphics (TOG), 27(5): 126.

第5章　多源多平台点云自动配准

5.1　引　　言

点云获取平台的多样性、点云采集空间基准的自由性等导致点云的空间基准存在不一致。统一点云的空间基准是点云处理的前提。点云配准是统一多源、多平台点云空间参考的有效方法。多源点云的获取平台、空间基准、空间重叠度、扫描视角、点密度等均存在较大差异，对自动配准方法的稳定性、普适性等提出了严峻挑战。基于人工靶标的配准方法费时耗力，适用性差。现有的研究多针对某一特定类型的点云配准进行探索，在配准的自动化程度、鲁棒性、精度等方面存在不足，本章在分析总结现有配准研究现状的基础上，重点阐述一种快速、鲁棒的多源多平台点云自动化配准方法，解决多源多平台点云配准自动化程度不足、效率低、精度低与普适性差等问题。

5.2　点云配准研究现状

一方面，传感器搭载平台的多样化发展实现了对场景全方位、多角度三维数字化，弥补了单一激光扫描系统数据覆盖及场景表达的不足，为城市更新检测、基础测绘、公路改扩建等应用提供了高质量的数据支撑（Guo et al.，2016；Toth et al.，2016）。另一方面，多平台激光点云也存在空间基准、观测视角、数据质量、表达形式等诸多差异，对多平台激光点云自动化配准带来了巨大的挑战（Chen et al.，2017）。点云配准（point cloud registration）一般也称点云拼接（alignment of point cloud）或点云融合（integration of point cloud），其本质为点云空间基准的统一，包括配准基元的提取、同名基元配对、配准模型构建与优化求解几个关键部分。下面对地面激光扫描点云配准、地面激光扫描和移动激光扫描点云配准、地面激光扫描/移动激光扫描和机载激光扫描点云配准三个方面的研究现状分别进行分析和总结。

5.2.1　地面激光扫描点云配准

TLS主要采用扫描镜及伺服马达高速度、高密度、高精度地采集地物表面的三维几何信息，具有机动灵活、便于携带等优点，被广泛应用于城市三维模型重建、土石方量算、滑坡监测、文化遗产保护、工业设施测量、犯罪现场调查及事故现场重建等领域（臧玉府，2016）。由于TLS的视野限制，一次扫描只能得到物体表面的部分点云。因此，为了完整地重构物体表面形状，需采用多测站、多视角的扫描，并将多测站下采集的点云配准到统一的坐标系中（Theiler et al.，2015）。目前，TLS点云配准主要存在以下4个难点：

（1）TLS 数据获取方式导致点密度不均匀（Zai et al.，2017）；

（2）高速度、高密度采样导致点云数据海量，配准耗时（Theiler et al.，2014）；

（3）点云中存在重复、对称和不完整的结构（Theiler et al.，2015）；

（4）多视点云之间重叠度有限，相对位置关系未知（Huber et al.，2003）。

为了解决上述难题和瓶颈，国内外学者提出了大量的算法来提高配准的准确性、效率和鲁棒性。这些算法根据待配准点云的数量可以分为：两站 TLS 点云配准和多视 TLS 点云配准（Huber et al.，2003）。两站和多视 TLS 点云配准都包含粗配准和精配准两个步骤，其中前者为后者提供初始参数，后者进一步精化初始的转化参数（Guo et al.，2013）。

1. 两站 TLS 点云粗配准

根据配准基元的不同，TLS 点云自动化粗配准方法可以分为基于线特征的方法、基于面特征的方法和基于点特征的方法。直线和平面是城市中最常见的几何基元，被广泛应用于城市场景 TLS 点云粗配准（Xu et al.，2017；Yang et al.，2016a；Theiler et al.，2012；Dold et al.，2006；Stamos et al.，2003）。Stamos 等（2003）提出了一种基于线特征的大范围城市场景点云自动化配准算法。算法首先利用点云分割的方法提取平面及相邻平面的交线，然后利用两个或更多的同名直线计算两站点云之间的转换参数。Dold 等（2006）首先利用区域生长的策略提取点云中的平面，然后利用平面面积、周长、外接矩形、平均反射强度等作为约束条件计算同名平面，最后利用至少三对相互正交的同名平面计算两站点云之间的转换矩阵。Theiler 等（2012）首先利用多尺度金字塔的 RANSAC 方法提取点云中的平面，并计算任意三个非平行平面的交点作为虚拟节点（配准基元）；然后根据平面间夹角、平面尺寸、平面粗糙度等特征作为约束条件计算同名配准基元，并利用配准基元之间欧氏距离一致性剔除错误的同名配准基元；最后利用剩余的同名配准基元计算两站点云之间的转换矩阵。Xu 等（2017）首先把点云体素化为规则格网，并利用平面拟合的方法提取点云中的平面；然后利用基于 RANSAC 的策略选择最佳匹配的同名平面集合；最后利用同名平面集合计算两站点云之间的转换参数。Yang 等（2016a）提出了一种融合线特征和面特征的大范围城市场景点云自动化配准算法。算法首先利用点云高程切片的方式提取点云中的平面交线（建筑物立面交线）和杆状特征（树干、路灯柱等），并计算特征与地面的交点作为语义点（配准基元）；然后利用任意相邻的三个语义点组成特征三角形，并通过寻找同名特征三角形的方式计算同名的语义点；最后利用几何一致性策略剔除错误的同名语义点，并利用剩余的同名语义点计算两站点云之间的转换矩阵。实验结果表明该类方法适用于包含大量人造地物的城市场景，无法解决河流、山地、森林、隧道等场景点云的配准。

由于点特征对多场景的适用性，基于点特征的两站点云粗配准方法受到了更多研究者的亲睐（Weber et al.，2015；Theiler et al.，2014；Weinmann et al.，2011；Barnea et al.，2008；Böhm et al.，2007）。一般而言，基于点特征的点云自动化粗配准包括关键点检测与特征描述、同名特征匹配与错误匹配剔除、空间转换参数计算三个主要步骤。

1）关键点检测与特征描述

基于点特征的点云粗配准常用关键点检测算法包括：local surface patches（Chen et al.，2007）、MeshDoG（Zaharescu et al.，2009）、intrinsic shape signatures（Zhong，2009）、2.5D SIFT（Lo et al.，2009）、heat kernel signature（Sun et al.，2009）、keypoint quality（Mian et al.，2010）、3D SURF（Knopp et al.，2010）、3D Harris（Sipiran et al.，2011）等。Tombari 等（2013）对上述多种关键点检测算法做了定性地比较，如图 5.1 所示。常用的局部特征描述子包括：spin image（Johnson et al.，1999）、3D shape context（Frome et al.，2004）、fast point feature histogram（Rusu et al.，2009）、rotational projection statistics（Guo et al.，2013）等。

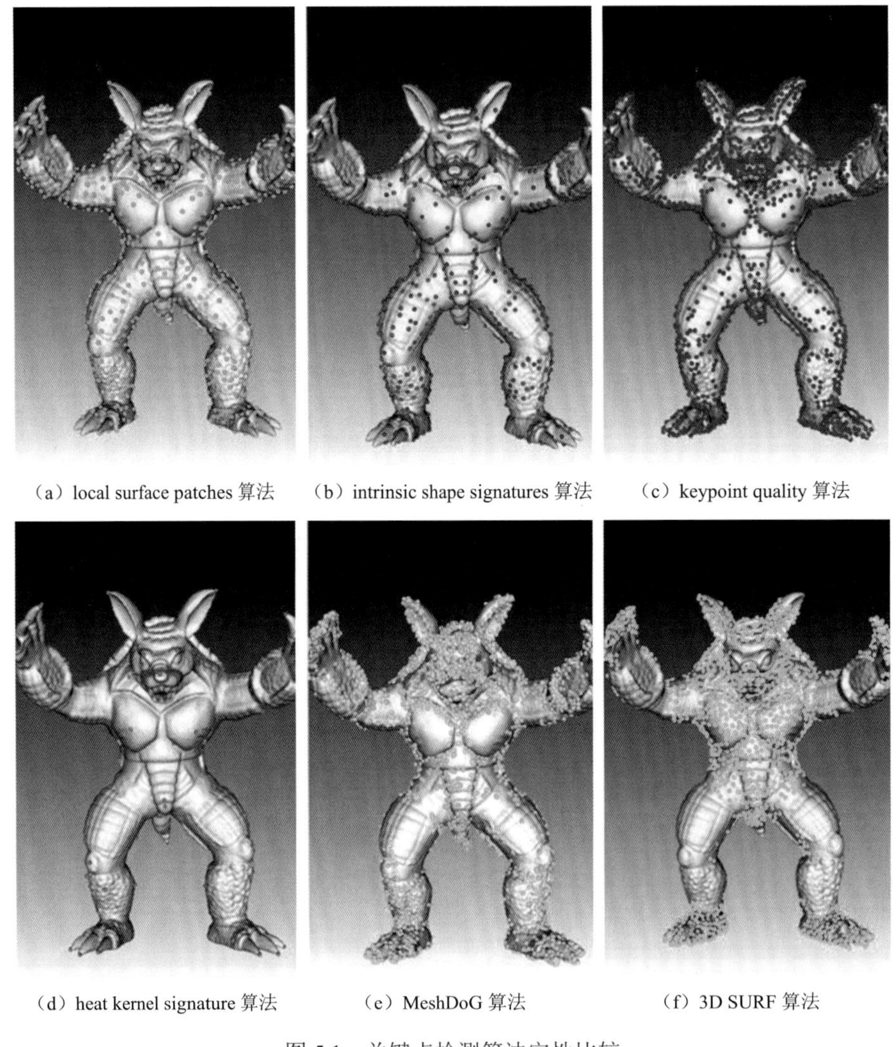

（a）local surface patches 算法　（b）intrinsic shape signatures 算法　（c）keypoint quality 算法

（d）heat kernel signature 算法　（e）MeshDoG 算法　（f）3D SURF 算法

图 5.1　关键点检测算法定性比较

2）同名特征匹配与错误匹配剔除

常用的同名特征匹配策略包括：互惠对应（reciprocal correspondence）（Pajdla et al.，

1995）、相关系数（correlation coefficient）（Johnson et al.，1999）、KL 散度（Kullback-Leibler divergence）（Rusu et al.，2008）、卡方检验（chi-square test）（Zhong，2009）等；常用的错误匹配剔除策略包括：RANSAC（Fischler et al.，1981）、基于多边形的错误匹配剔除（polygon-based correspondence rejector）（Weber et al.，2015）、几何一致性（consistency constraints）（Tombari et al.，2010；Yang et al.，2016a）等。

Zhong（2009）首先利用 ISS 描述子卡方距离最小作为约束条件计算源点云和目标点云的同名特征对集合；然后根据每一个同名特征对计算源点云和目标点云之间的旋转矩阵 $\boldsymbol{R}$ 和平移向量 $\boldsymbol{T}$，并将矩阵 $\boldsymbol{R}$ 分解为三个欧拉角，向量 $\boldsymbol{T}$ 分解为三个平移量；最后将所有同名特征对计算得到的欧拉角和平移量离散化，把每个维度的峰值作为最终的转换参数。Guo 等（2013）首先利用 RoPS 描述子 l_2 距离最小作为约束条件计算源点云和目标点云的同名特征对集合；然后根据每一个同名特征对计算源点云和目标点云之间的旋转矩阵 $\boldsymbol{R}$ 和平移向量 $\boldsymbol{T}$；将旋转矩阵 $\boldsymbol{R}$ 和平移向量 $\boldsymbol{T}$ 进行聚类，同名特征对数量最多的聚类被认为是正确同名特征对的集合，并利用此同名特征对集合重新计算源点云和目标点云之间的转换参数。Weber 等（2015）首先利用源点云和目标点云中 FPFH 描述子互为最优匹配且最优匹配显著优于次优匹配的策略计算同名特征对集合；然后利用 RANSAC 方法随机选择三个同名点对用于计算源点云和目标点云的转换矩阵，并计算转换后点云之间的重叠度；重复上述过程 T 次，选择重叠度最大的一次迭代结果作为最终的转换参数。Yang 等（2016a）首先利用源点云和目标点云中语义三角形互为最优匹配且最优匹配显著优于次优匹配的策略计算同名特征对集合；然后利用几何一致性的策略（源点云中任意两点的距离跟目标点云中其同名两点之间的距离一致）对同名特征对进行聚类；最后，把同名特征对数量最多的聚类认为是正确同名特征对的集合，并利用此同名特征对集合计算源点云和目标点云之间的转换参数，如图 5.2 所示。Zai 等（2017）融合特征相似性和几何一致性构造全局能量方程，把点云配准的问题转化为能量优化的问题；然后利用博弈论方法优化求解获得全局最优的同名特征对集合。该方法提高了同名特征识别的精确度和召回率，但是计算复杂度高，很难适用于大范围 TLS 点云配准。

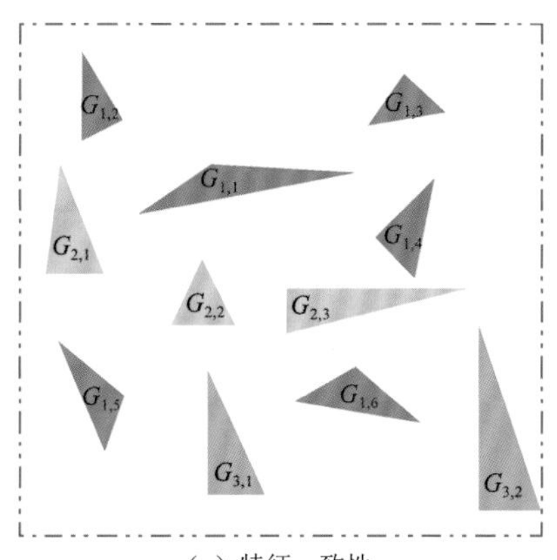

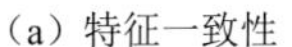
（a）特征一致性

（b）几何一致性

图 5.2　特征一致性和几何一致性示意图（Yang et al.，2016a）

3）空间转换参数计算

利用错误匹配剔除后的同名特征，根据式（5.1）计算点云之间的旋转矩阵 $\boldsymbol{R}$ 和平移向量 $\boldsymbol{T}$。

$$\{\boldsymbol{R};\boldsymbol{T}\}=\arg\min_{\{\boldsymbol{R};\boldsymbol{T}\}}\delta=\sum_{l=1}^{m}\left\|\boldsymbol{P}_{l,\text{target}}-\left(\boldsymbol{R}\boldsymbol{P}_{l,\text{source}}+\boldsymbol{T}\right)\right\| \tag{5.1}$$

式中：$\boldsymbol{R}$ 和 $\boldsymbol{T}$ 为目标点云到源点云的旋转矩阵和平移向量；$\boldsymbol{P}_{l,\text{source}}$，$\boldsymbol{P}_{l,\text{target}}$ 分别为错误匹配剔除后源点云和目标点云中的同名特征；m 为同名特征的个数。

4PCS（4-points congruent set）（Aiger et al.，2008）算法及其变种 Keypoint-based 4PCS（K-4PCS）（Theiler，2014）、Geodesic distances-based 4PCS（GD-4PCS）（Ge，2016），以及 semantic-keypoint-based 4PCS（SK-4PCS）（Ge，2017）不遵循前文提及的配准范式。该类方法在 RANSAC 算法基础上，采用点云中 4 个近似共面的点作为配准基元，计算该基元中两条线段的交叉比例，利用交叉比例在仿射变换中保持不变的性质匹配同名基元，降低了 RANSAC 算法的复杂度，如图 5.3 所示。

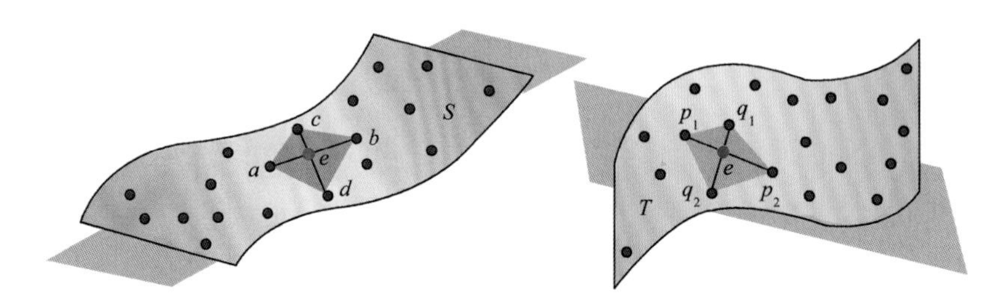

图 5.3　4PCS 算法及其变种的基本原理（Aiger et al.，2008）

2. 多站 TLS 点云粗配准

对多站 TLS 点云粗配准而言，点云之间的重叠度和相对位置关系都是未知的，这使得多站 TLS 点云配准的难度显著高于两站配准（Huber et al.，2003）。多站点云粗配准算法涉及三个相互关联的任务：①恢复多站点云之间的重叠信息或相对位置关系；②估计两站重叠点云之间的转换矩阵；③将所有输入点云统一到相同坐标参考系下。为解决多站点云粗配准的难题，国内外学者提出了大量的多视匹配策略来提高配准的效率、精度和鲁棒性。根据多视匹配策略的不同，这些算法大致可以分为：基于最小生成树的方法（Kelbe et al.，2017；Yang et al.，2016a；Weber et al.，2015；Huber et al.，2003）、基于能量优化的方法（Theiler et al.，2015）和基于形状生长的方法（Guo et al.，2014；Mian et al.，2006）。

基于最小生成树的方法首先对输入的多站点云进行穷尽的两两配准，然后利用预定义的配准质量度量准则［如：大地线距离、重叠度（Weber et al.，2015）、视觉一致性（Huber et al.，2003）、重叠区域同名特征距离残差（Huber et al.，2003）、同名特征个数（Yang et al.，2016a）、置信度（Kelbe et al.，2017）等］作为边的权值构建全联通的无向加权图，最后计算该图的最小生成树，实现任意点云到基准点云的转换。Huber 等（2003）首先利用 spin image 作为描述子对多视点云穷尽的两两组合进行两站点云配准，并计算两站点云配准后重叠区域对应点的平均欧式距离作为配准误差；然后以点云作为节点，点云之间的连线作为边，点云配准误差作为对应边的权值构建全联通的无向加权图；最后计算该图的最小生成树（minimum spanning tree，MST）（Kruskal，1956），通过搜索 MST 的对应边计算任意点云与基准点云之间的转换矩阵，最大限度地减少误差累积，提高点云的整体配准精度。遵循类似的算法流程，Weber 等（2015）和 Yang 等（2016a）首先分别利用 FPFH 和语义特征点作为特征描述子进行穷尽的两两配准，然后计算点云之间的同名特征数量作为权值构建全联通的无向加权图，最后计算该图的最小生成树，实现任意点云到基准点云的转换，如图 5.4 所示。

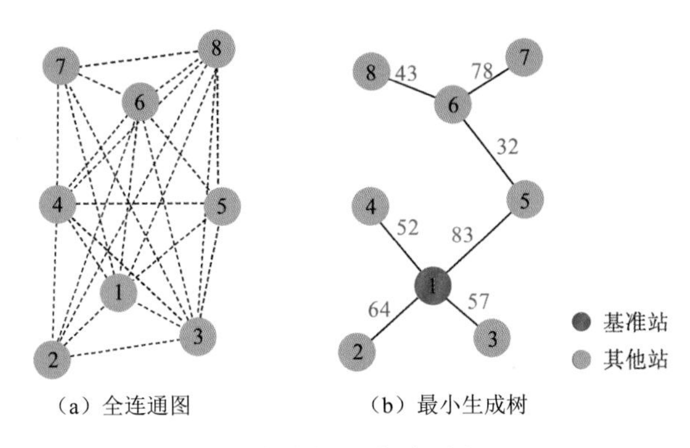

（a）全连通图　　（b）最小生成树

图 5.4　基于最小生成树的多视配准原理图（Yang et al.，2016a）

Theiler 等（2015）和 Kelbe 等（2017）利用冗余信息（如：闭合环、多余观测）剔除可能的错误匹配，重新分配配准误差，提高配准的鲁棒性和精度。Theiler 等（2015）首先利用 K-4PCS 方法（Theiler et al.，2014）对输入的多视点云进行穷尽的两两配准，得到两站点云之间多种可能的转换矩阵，并构建一个包含多阶闭合环约束的图模型及其能量方程；然后利用 Lazy-Flipper 算法（Andres et al.，2012）最小化能量方程，以消除两站点云之间转换矩阵的不确定性；最后利用 Lu-Milios 算法（Borrmann et al.，2008）同时优化所有点云的位置和姿态，减小了配准的累计误差，如图 5.5 所示。Kelbe 等（2017）对最小生成树方法进行了改进，首先利用穷尽两两配准结果构建全联通的无向加权图，然后计算任意节点（点云）的 Dijkstra 生成树，最后通过所有 Dijkstra 生成树的竞争获得最终的

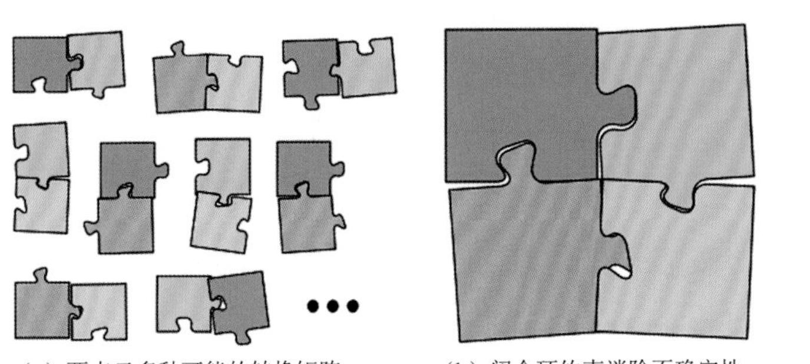
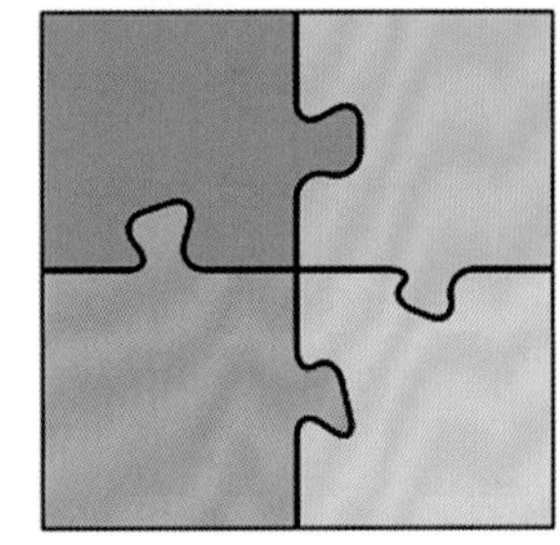

（a）两点云多种可能的转换矩阵　　（b）闭合环约束消除不确定性　　（c）Lu-Milios 算法误差重分配

图 5.5　多视点云配准示意图（Theiler et al.，2015）

转换矩阵。为了恢复多视点云之间的相对位置关系，基于最小生成树的方法和能量函数优化的方法需要对输入点云的穷尽两两组合进行配准，计算复杂度为 $O(n^2)$（n 为输入点云的个数），导致配准算法计算复杂度高、时间效率低，很难适用于大规模点云配准。

为了减少计算复杂度、提高多站点云配准算法的效率，有学者提出了基于形状增长的多视点云配准策略（Guo et al.，2014；Mian et al.，2006）。基于形状增长的多视点云配准方法首先选择具有最大表面积或最多点个数的点云做为种子点云，然后对种子点云和其他点云进行两两配准，最后合并与种子点云存在足够同名特征对的点云。迭代上述过程，直到所有点云被合并。该算法与基于最小生成树和全局能量优化的算法相比，计算复杂度低、计算效率更高；但对点云重叠度有较高的要求，无法解决低重叠的点云配准。

多站点云配准的另一个趋势是依赖外部传感器（如：GPS、IMU 和智能手机）辅助实现点云位置和方向的估算（Chen et al.，2017；Pu et al.，2014；Asai et al.，2005）。如 Chen 等（2017）融合 TLS 和低成本的智能手机实现多视点云配准，智能手机用于扫描仪的粗略定位，辅助恢复多站点云之间的相对位置关系，同时相邻测站之间的距离也作为约束条件参与转换矩阵计算。外部传感器辅助提高了多视点云配准的效率和鲁棒性，但成本高、数据采集过程冗长和传感器信号遮挡等因素限制了这些方法的应用。

3. 点云精配准

Besl 等（1992）提出的迭代最近邻点算法是最常用的点云精配准方法，其他点云精配准方法大多是对 ICP 算法的改进。对于目标点云中每一个点，该算法搜索其在源点云中的最邻近点，构建初始的同名点集；采用 SVD 分解算法计算源点云和目标点云之间的转换矩阵，使得同名点的欧氏距离之和最小；将转换矩阵应用到目标点云，得到坐标转换后的目标点云。重复上述步骤，直至目标点云与源点云间的欧氏距离之和收敛。

针对 ICP 算法存在的诸多不足，国内外学者从计算效率、点对匹配策略、算法鲁棒性、初值敏感性等方面进行了改进。Sharp 等（200）和 Akca（2006）对点对匹配策略作了进一步的扩展，综合考虑了点云的几何、颜色、温度、欧式不变性质等，提高了点对匹配的可靠性。Masuda 等（1995）利用最小中值估计算法剔除同名点对中的粗差，有效地提高了 ICP 的鲁棒性。Masuda（2002）提出了一种基于有向距离场的多视 ICP 算法，该方法同时配准多站点云，避免了由两两配准引起的误差累积。为了减少 ICP 对初值的依赖性，Yang 等（2016b）提出了一种全局最优的 ICP 算法，利用 BnB（branch-and-bound）方式在三维运动空间中搜索，使得 ICP 可以最终收敛到全局最优解。

上述基于 ICP 算法的改进方法都在一定程度上加快了算法的收敛速度、提高了算法鲁棒性，使得 ICP 配准算法更加具有实用性，成为目前应用最为广泛的点云精配准算法。

5.2.2 地面激光扫描和移动激光扫描点云配准

MLS 在获取道路周围地物的三维数据时，由于目标之间的相互遮挡，场景中三维目标的数据不完整，严重影响了目标识别和模型重建的精度，限制了激光扫描系统的实际功效。在实际应用中，先采用 MLS 采集大规模城市或高速场景点云，然后利用 TLS 对重点区域和数据空洞进行补测，弥补了单一激光扫描系统数据覆盖及场景表达的不足。MLS 点云和 TLS 点云之间存在空间基准、观测视角、数据质量等差异，给 MLS 和 TLS 点云自动化配准带来了挑战。TLS 和 MLS 点云配准的研究非常少，Yan 等（2017）是目前笔者检索到的唯一相关文献。Yan 等（2017）提出了一种基于遗传算法的点云配准方法，实现了 TLS 点云配准及 TLS 和 MLS 点云的配准。该方法首先通过离群点剔除、法向量空间归一化采样等方式，选择用于配准的点云；然后根据先验知识（如：MLS 点云和 TLS 点云之间的俯仰角和横滚角很小）减小旋转角度和平移量的搜索空间；并利用同名点对距离最小化和同名点对数量最大化的策略构建适应度函数；最后利用遗传算法优化适应度函数，计算得到的旋转矩阵和平移量使得适应度函数最小。该方法把整个 MLS 点云看作 TLS 点云处理，很难适用于大范围 MLS 和 TLS 点云配准。

虽然现有的地基（MLS、TLS）多平台激光点云配准方法取得了大量的研究成果，但它们仍然存在一定的局限性。

（1）为了估算多平台点云之间的相对位置，大多数现有算法首先对场景中的点云进行穷尽的两两配准，然后通过预定义的配准测度（如：同名特征的个数、配准后重叠度、配准误差等）筛选重叠度大的点云。此类方法计算复杂度高，难以应用于大规模场景的地基多平台激光点云配准。

（2）现有的大多数 TLS 配准算法只利用相邻两份点云之间的重叠，很少使用多个点云之间的重叠（多度重叠），因此这些方法难以解决小重叠度点云的配准问题。

（3）MLS 和 TLS 点云配准的研究较少，尚未形成适用于地基多平台激光点云配准的成熟方法体系。

5.2.3　地基和空基激光点云配准

当前，现有方法多采样辅助设备对机载点云与地面点云进行配准。Hu 等（2003）和 Carlberg 等（2008）使用车载的 GPS 数据，实现车载与机载点云的拼接，用于城区大范围三维建模。同理，定位系统也可以用于地面基站扫描仪中。Böhm 等（2005）在地面基站扫描仪上方安装 GPS 接收机和电子罗盘，获取扫描仪的地理位置，直接实现与机载点云的地理协同。不同于高精度的 GPS 设备，Hauglin 等（2014）采用一款娱乐级 GPS 接收机测量扫描仪的初始位置，再通过提取周围树干位置精确配准机载与地面点云。但是当树木分布较密集时，将难以提取单棵树信息。

另一类方法则充分利用了地面与机载点云蕴含的同名特征信息。Cheng 等（2013）结合建筑物边界线和角点特征，实现机载与地面基站点云的拼接。该方法的自动化程度较低，主要研究建筑物边界线、角点特征的提取，而同名特征的匹配则主要依靠人工选择。与此类似，Wu 等（2014）进一步考虑了屋檐改正，使提取的边界线特征更可靠，但其自动化程度依然很低。Jaw 等（2008）结合点、线、面特征构建了特征转换模型计算转换参数，该方法具有较好的稳健性。然而，该方法注重于转换参数的计算而忽视了特征提取。为提高拼接的效率，Hansen 等（2008）提出了一种自动配准方法，识别同名线特征后采用定向直方图完成参数计算。该方法不需要先验知识，但也会产生大量无意义的特征线。

此外，也有将已有数据作为参考标准的拼接方法，Zhao 等（2005）为了将车载激光点云集成到地理数据库中，将机载点云生成的数字表面模型作为参考标准，通过从车载点云和 DSM 中人工选取同名几何特征拼接这两种点云。机载点云与地面点云的配准见图 5.6。

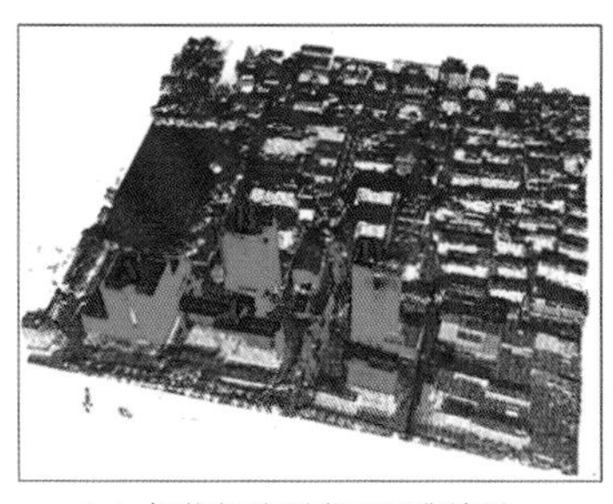

（a）机载与地面点云配准结果（Cheng et al., 2013）

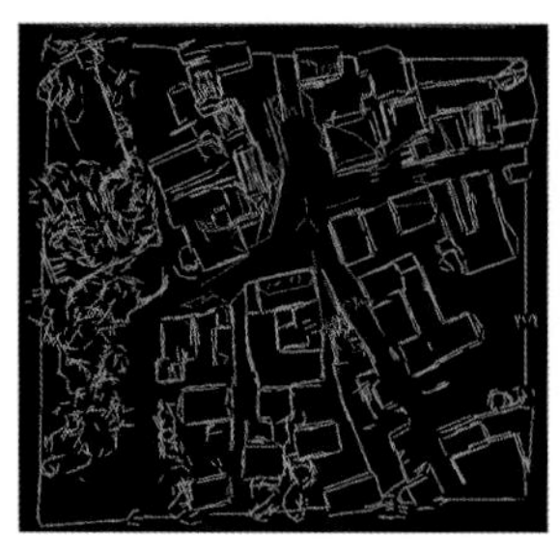

（b）线基元配准结果（Hansen et al., 2008）

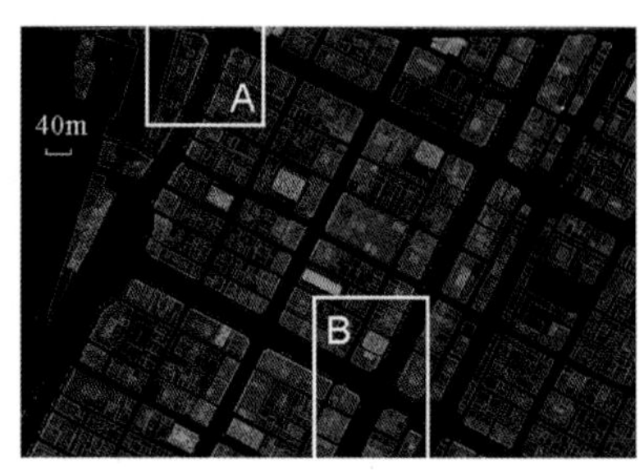

（c）车载点云与 DSM 配准结果（Zhao et al., 2005）

图 5.6　机载、地面点云的配准

5.3　地基多平台激光点云层次化自动配准

针对地基多平台点云自动配准的需求，本节提出层次化地基多平台激光点云自动化配准方法（ground-based multi-platform point clouds registration，GMPCR），其主要包括：数据预处理、点云多层次特征计算、点云近邻（重叠）结构关系图快速构建、最佳配准顺序计算、两站点云配准、配准点云增量更新等关键步骤，方法整体流程如图 5.7 所示。

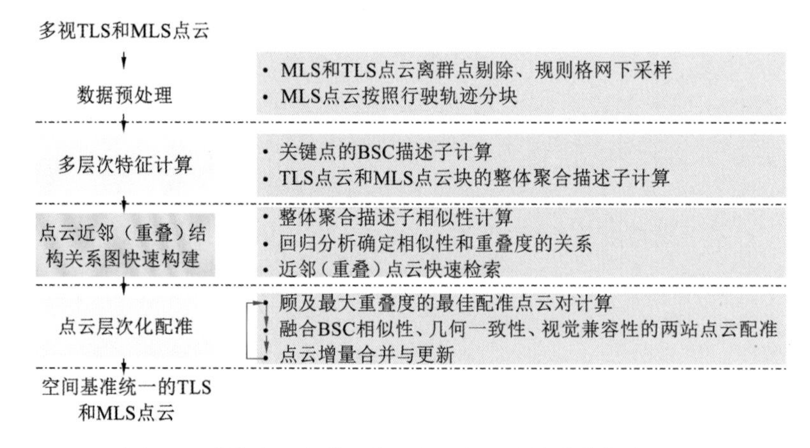

图 5.7　地基多平台激光点云自动化配准算法整体流程图

5.3.1　数据预处理

首先采用三维邻域内点密度约束剔除 MLS 和 TLS 点云中的异常点，并对剩余点云进行规则下采样；然后沿着车辆行驶轨迹的方向将 MLS 点云在 *XY* 平面内按着一定的宽度、长度和重叠度切分成一系列局部点云块，如图 5.8 所示。TLS 点云和 MLS 点云块作为后续特征计算和点云配准的基本单元。

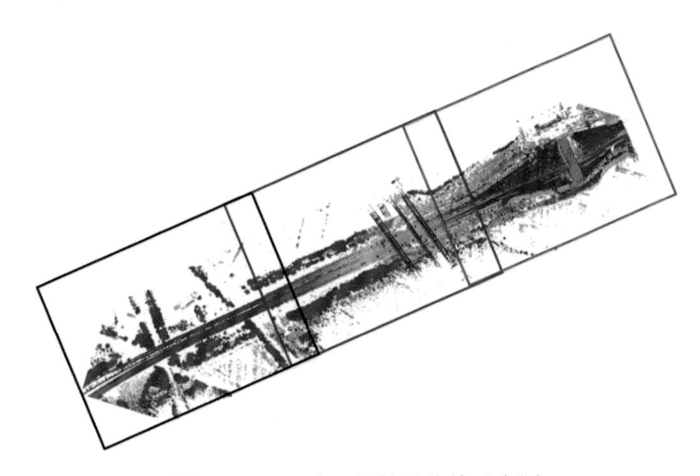

图 5.8　MLS 点云沿轨迹分块示意图

黑色、蓝色和红色线框分别表示不同的 MLS 点云块

5.3.2　点云多层次特征计算

首先计算激光点云中关键点的 BSC 描述子（局部特征描述子）及 TLS 点云和 MLS 点云块的点云整体聚合描述子（全局特征描述子），它们将分别用于点云两两配准、相邻（重叠）点云快速检索、最佳配准顺序计算等步骤。本节采用 BSC 算子（Dong et al.，2017）对 TLS 点云和 MLS 点云进行关键点提取与表达。

在 BSC 描述子计算的基础上，本节发展了一种点云整体聚合描述子，通过编码点云中所有关键点的 BSC 描述子，实现激光点云整体特征的精确刻画。算法首先从所有 TLS 和 MLS 激光点云中随机选择 N 个关键点的 BSC 描述子，并利用 K-means 算法把它们聚类为 K 个类别，把 K 类中心作为视觉单词得到视觉字典；然后，分别计算激光点云中所有关键点的 BSC 描述子到其对应视觉单词的残差之和；最后把所有视觉单词的残差串联并归一化即为激光点云的整体聚合描述子（globally aggregated descriptor，GAD）。GAD 特征计算的伪代码如算法 5.1 所示。

算法 5.1：计算点云 $\boldsymbol{P}_i$ 的 GAD 特征 $\boldsymbol{V}_i$	
	符号： $\boldsymbol{B}_i\{\boldsymbol{b}_1^i,\cdots,\boldsymbol{b}_j^i,\cdots,\boldsymbol{b}_{T_i}^i\}$：点云 $\boldsymbol{P}_i$ 中所有关键点的 BSC 描述子，T_i 为描述子的数目； $\boldsymbol{U}(\boldsymbol{\mu}_1,\boldsymbol{\mu}_2,\cdots,\boldsymbol{\mu}_K)$：视觉字典，$K$ 为视觉单词的数目； $\boldsymbol{d}$：为 BSC 描述子的维数； $\boldsymbol{V}_i$：点云 $\boldsymbol{P}_i$ 的 GAD 特征（GAD 特征的维数是 $K\times d$）
	输入：$\boldsymbol{B}_i\{\boldsymbol{b}_1^i,\cdots,\boldsymbol{b}_j^i,\cdots,\boldsymbol{b}_{T_i}^i\}$ 和 $\boldsymbol{U}(\boldsymbol{\mu}_1,\boldsymbol{\mu}_2,\cdots,\boldsymbol{\mu}_K)$ 输出：$\boldsymbol{V}_i$

	% 初始化
1	**for** $k=1,2,\cdots,K$
2	$\boldsymbol{V}_i(k)\leftarrow\boldsymbol{0}_d$，$\boldsymbol{V}_i(k)$ 是一个 d 维的向量，用于累积视觉单词 μ_k 与其对应的 BSC 描述子之间的残差之和，$\boldsymbol{0}_d$ 代表 d 维的 0 向量；
3	**End for**
	% 特征差异性累积
4	**for** $j=1,2,\cdots,T_i$
5	$k=\arg\min_{n=1,2\cdots,K}\left\\|\boldsymbol{b}_j^i-\boldsymbol{\mu}_n\right\\|$，$\left\\|\boldsymbol{b}_j^i-\boldsymbol{\mu}_n\right\\|$ 是 $\boldsymbol{b}_j^i$ 和 $\boldsymbol{\mu}_n$ 之间的曼哈顿距离；
6	$\boldsymbol{V}_i(k)\leftarrow\boldsymbol{V}_i(k)+\boldsymbol{b}_j^i-\boldsymbol{\mu}_k$
7	**End for**
	% 特征串联和归一化
8	$\boldsymbol{V}_i=[\boldsymbol{V}_i(1)\cdots,\boldsymbol{V}_i(k)\cdots,\boldsymbol{V}_i(K)]$
9	$\boldsymbol{V}_i\leftarrow\frac{\boldsymbol{V}_i}{\\|\boldsymbol{V}_i\\|_2}$，$\\|\boldsymbol{V}_i\\|_2$ 为 $\boldsymbol{V}_i$ 的 L2 范数。

5.3.3 点云近邻（重叠）结构关系图构建

地基多平台激光点云配准中 TLS 点云之间及 TLS 点云和 MLS 点云块之间的相对位置是未知的，增加了点云配准的复杂度。为了估算点云之间的相对位置，大多数现有算法首先对场景中的点云进行穷尽的两两配准，然后通过预定义的配准指标（如：同名特征个数、配准后重叠度、配准误差等）筛选重叠度大的点云。此类方法计算耗时，难以应用于大场景的地基多平台激光点云配准。本小节发展了基于点云整体聚合描述子相似性的相邻（重叠）点云高效索引方法，实现点云近邻（重叠）结构关系图快速构建，降低了地基多平台激光点云配准算法的复杂度。

1. GAD 特征相似性计算

重叠度大的两点云包含更多的同名 BSC 描述子，因此其对应的点云整体聚合描述子 GAD 具有更大的相似性。具体而言，相邻两点云的 GAD 描述子中相似分量和不相似分量分别来源于其重叠和非重叠区域。基于以上考虑，首先计算 GAD 特征 $\boldsymbol{V}_i$ 和 $\boldsymbol{V}_j$ 之间 K 个对应分量的曼哈顿距离 $\left\{\left\|\boldsymbol{V}_i(1)-\boldsymbol{V}_j(1)\right\|,\cdots,\left\|\boldsymbol{V}_i(k)-\boldsymbol{V}_j(k)\right\|,\cdots,\left\|\boldsymbol{V}_i(K)-\boldsymbol{V}_j(K)\right\|\right\}$，并根据距离从小到大的顺序对其重新排序；然后根据式（5.2）计算特征 $\boldsymbol{V}_i$ 和 $\boldsymbol{V}_j$ 之间的相似性，并根据式（5.3）计算点云 $\boldsymbol{P}_i$、$\boldsymbol{P}_j$ 之间的重叠度。

$$\begin{cases}\operatorname{sim}\left(\boldsymbol{V}_i,\boldsymbol{V}_j\right)=\dfrac{1}{K}\sum\limits_{k=1,2\cdots,K}w_k\dfrac{1}{\left\|\boldsymbol{V}_i(k)-\boldsymbol{V}_j(k)\right\|}\\ w_k=1-\dfrac{k}{K}\end{cases}\tag{5.2}$$

式中：$\boldsymbol{V}_i$ 和 $\boldsymbol{V}_j$ 为点云 $\boldsymbol{P}_i$、$\boldsymbol{P}_j$ 对应的 GAD 特征；$\operatorname{sim}(\boldsymbol{V}_i,\boldsymbol{V}_j)$ 为特征 $\boldsymbol{V}_i$ 和 $\boldsymbol{V}_j$ 之间的相似性；

K 是视觉单词个数；$\|V_i(k)-V_j(k)\|$ 为 $V_i(k)$ 和 $V_j(k)$ 的曼哈顿距离；权值 w_k 放大了 GAD 特征中相似性分量（重叠区域）的影响，降低了不相似性分量（非重叠区域）的影响。

$$\text{overlap}(\boldsymbol{P}_i,\boldsymbol{P}_j)=\frac{2N_\text{o}}{N_i+N_j} \tag{5.3}$$

式中：$\text{overlap}(\boldsymbol{P}_i,\boldsymbol{P}_j)$ 为点云 $\boldsymbol{P}_i$、$\boldsymbol{P}_j$ 之间的重叠度；N_i、N_j、N_o 分别为点云 $\boldsymbol{P}_i$、$\boldsymbol{P}_j$ 及两者重叠区域的点个数。

2. GAD 特征相似性和点云重叠度相关性分析

为了验证 GAD 特征相似性和其对应点云重叠度之间的关系，使用线性回归分析的方法对它们之间的相关性进行计算。对于任意点云 $\boldsymbol{P}_i$，首先根据式（5.2）和式（5.1）分别计算点云 $\boldsymbol{P}_i$ 跟其他点云 $\boldsymbol{P}_j$ s.t. $j=1,2,\cdots,N \wedge j\neq i$（$N$ 为 TLS 点云和 MLS 点云块的数量之和）的重叠度及对应的 GAD 特征相似性；然后将重叠度作为横坐标，归一化后的相似性作为纵坐标构成数据点；最后利用最小二乘的方法拟合回归方程，并计算方程的确定性系数 R^2。图 5.9 显示了武汉大学经济与管理学院地基多平台激光点云的 GAD 特征相似性和点云重叠度之间的回归方程、确定性系数以及趋势线。实验结果表明 GAD 特征相似性和点云重叠度之间具有较强的正相关性（R^2 在 0.92 和 0.95 之间），因此可以通过 GAD 特征相似性间接反映其对应点云的重叠度。

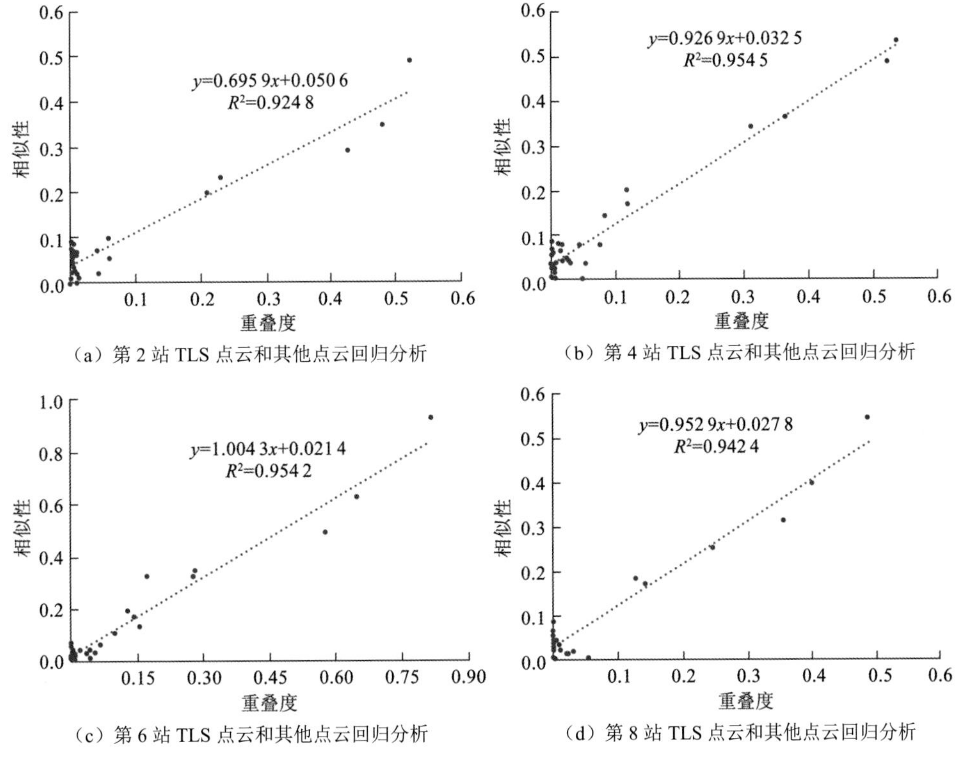

图 5.9　点云重叠度与其对应 GAD 特征相似性的回归分析（以武汉大学经济与管理学院地基多平台激光点云为例

3. 点云近邻（重叠）结构关系图快速构建

点云近邻（重叠）结构关系图快速构建算法主要包含的步骤有：①根据式（5.1）计算 TLS 点云 $\boldsymbol{P}_i$ 跟其他点云 $\boldsymbol{P}_j$ s.t. $j=1,2,\cdots,N \wedge j\neq i$（$N$ 为 TLS 点云和 MLS 点云块的数量之和）的 GAD 相似性；②按照相似性从大到小的顺序对点云进行排序，把相似性前 q 的点云作为点云 $\boldsymbol{P}_i$ 的 q 近邻点云；③遍历输入的所有 TLS 点云，重复步骤①和②，获得所有 TLS 点云的 q 近邻点云；④所有的 q 近邻点云之间用边相连，即为点云近邻（重叠）结构关系图，如图 5.10 所示。图 5.10 阐明了本章点云近邻（重叠）结构关系图快速构建算法的优势：为了恢复多个点云之间的相对位置关系，传统的方法需要对点云的穷尽两两组合进行配准，计算复杂度 $O(N^2)$；本小节的方法首先快速的检索每个点云的 q 近邻（重叠）点云，只需要对这些近邻的点云进行后续配准，计算复杂度降低为 $O(N)$，如图 5.10（b）所示。

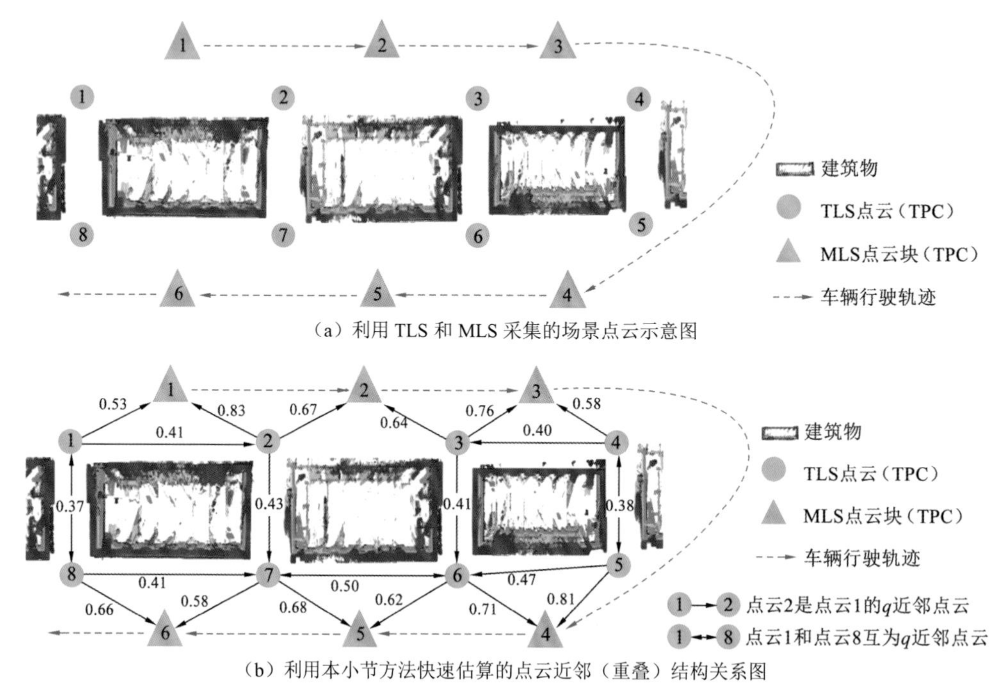

（a）利用 TLS 和 MLS 采集的场景点云示意图

（b）利用本小节方法快速估算的点云近邻（重叠）结构关系图
数字表示点云 GAD 特征的相似性

图 5.10　点云近邻（重叠）结构关系图

5.3.4　顾及最大重叠度的最佳配准点云对计算

理论研究表明，地基多平台点云配准的顺序直接影响点云配准的精度，先配准重叠度大的点云能显著提高点云配准的最终精度。直观地说，重叠度大的两个点云应该具有更多相似的特征，因此本小节利用点云的整体聚合描述子相似性来间接地反映点云之间的重叠度，优先配准点云近邻（重叠）结构关系图中 GAD 相似度最大的点云对，如图 5.11 所示。图 5.11 中 TLS 点云 2 和 MLS 点云块 1 具有最大的相似性 0.83，因此优先配准 TLS

点云2和MLS点云块1。(注：如果TLS点云和MLS点云块配准，则MLS点云块作为源点云；如果两个TLS点云配准，则把点个数多的TLS点云作为源点云)。

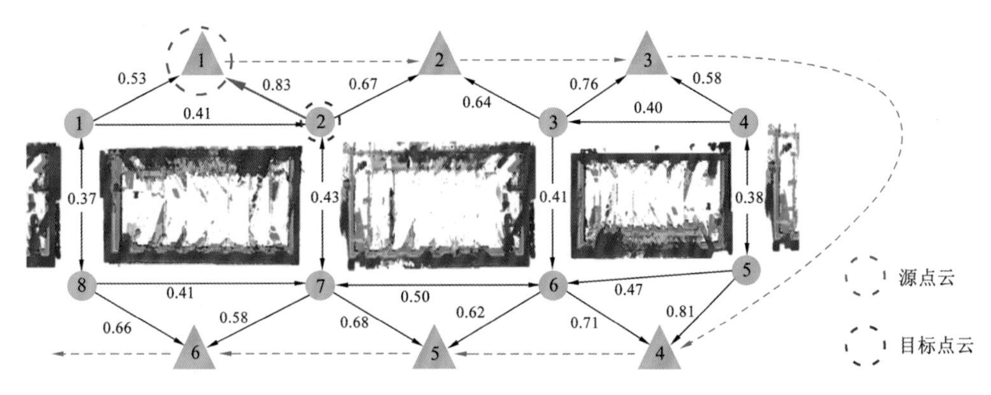

图5.11 最佳配准点云对计算示意图

5.3.5 融合BSC相似性和几何一致性的点云两两配准

融合BSC描述子相似性、几何一致性和视觉兼容性的两两点云配准算法，对整体聚合描述子相似度最大的两组点云进行配准，主要包括同名BSC描述子匹配、改进几何一致性的错误匹配剔除、空间转换参数计算、视觉兼容性测试4个主要步骤。

1. BSC描述子匹配

在关键点检测和BSC描述子计算的基础上，匹配源点云和目标点云中的同名BSC描述子。假设$\boldsymbol{B}_{\mathrm{S}}\{\boldsymbol{b}_1^{\mathrm{S}},\cdots,\boldsymbol{b}_k^{\mathrm{S}},\cdots,\boldsymbol{b}_{N_{\mathrm{S}}}^{\mathrm{S}}\}$和$\boldsymbol{B}_{\mathrm{T}}\{\boldsymbol{b}_1^{\mathrm{T}},\cdots,\boldsymbol{b}_l^{\mathrm{T}},\cdots,\boldsymbol{b}_{N_{\mathrm{T}}}^{\mathrm{T}}\}$分别为源点云$\boldsymbol{P}_{\mathrm{S}}$和目标点云$\boldsymbol{P}_{\mathrm{T}}$的BSC描述子集合。对于源点云中的任意BSC描述子$\boldsymbol{b}_k^{\mathrm{S}}$，本小节按照如下两个条件计算其在目标点云中的同名BSC描述子$\boldsymbol{b}_o^{\mathrm{T}}$，其数学形式如式(5.4)所示。

条件-1：$\boldsymbol{b}_o^{\mathrm{T}}$是目标点云中与$\boldsymbol{b}_k^{\mathrm{S}}$汉明距离最小且唯一的BSC描述子。

条件-2：$\boldsymbol{b}_k^{\mathrm{S}}$是源点云中与$\boldsymbol{b}_o^{\mathrm{T}}$汉明距离最小且唯一的BSC描述子。

$$\begin{cases} o=\arg\min\limits_{n=1,2,\cdots,N_{\mathrm{T}}}\left(\mathrm{Ham}(\boldsymbol{b}_k^{\mathrm{S}},\boldsymbol{b}_n^{\mathrm{T}})\right) \\ k=\arg\min\limits_{n=1,2,\cdots,N_{\mathrm{S}}}\left(\mathrm{Ham}(\boldsymbol{b}_o^{\mathrm{T}},\boldsymbol{b}_n^{\mathrm{S}})\right) \end{cases} \tag{5.4}$$

式中：$\mathrm{Ham}(\boldsymbol{b}_k^{\mathrm{S}},\boldsymbol{b}_n^{\mathrm{T}})$为描述子$\boldsymbol{b}_k^{\mathrm{S}}$和$\boldsymbol{b}_n^{\mathrm{T}}$的汉明距离；$N_{\mathrm{S}}$和$N_{\mathrm{T}}$分别为源点云和目标点云中特征描述子的个数。遍历源点云中所有BSC描述子后，得到符合式(5.3)的同名特征对集合$\boldsymbol{C}_f\{c_1,\cdots,c_m,\cdots,c_{M_f}\}$，其中$c_m\{\boldsymbol{b}_{(m)}^{\mathrm{S}},\boldsymbol{b}_{(m)}^{\mathrm{T}}\}$表示第$m$个同名特征对，$M_f$为同名特征对总个数。

2. 改进几何一致性的错误匹配剔除

由于点云中存在重复、对称结构，以及BSC描述子受噪声、点密度变化、数据遮挡等的影响，同名BSC描述子集合$\boldsymbol{C}_f\{c_1,\cdots,c_m,\cdots,c_{M_f}\}$中，仍然存在一些错误匹配，严重影响配准的精度，因此本节利用改进几何一致性策略实现错误匹配的剔除。如图5.12所示，对于两个正确的同名特征对 $c_m\{\boldsymbol{b}_{(m)}^{\mathrm{S}},\boldsymbol{b}_{(m)}^{\mathrm{T}}\}$ 和 $c_n\{\boldsymbol{b}_{(n)}^{\mathrm{S}},\boldsymbol{b}_{(n)}^{\mathrm{T}}\}$，$\boldsymbol{p}_{(n)}^{\mathrm{S}}$ 和 $\boldsymbol{p}_{(n)}^{\mathrm{T}}$ 在坐标系 $\boldsymbol{F}_{(m)}^{\mathrm{S}}\{\boldsymbol{p}_{(m)}^{\mathrm{S}},\boldsymbol{X}_{(m)}^{\mathrm{S}},\boldsymbol{Y}_{(m)}^{\mathrm{S}},\boldsymbol{Z}_{(m)}^{\mathrm{S}}\}$ 和 $\boldsymbol{F}_{(m)}^{\mathrm{T}}\{\boldsymbol{p}_{(m)}^{\mathrm{T}},\boldsymbol{X}_{(m)}^{\mathrm{T}},\boldsymbol{Y}_{(m)}^{\mathrm{T}},\boldsymbol{Z}_{(m)}^{\mathrm{T}}\}$ 下应该具有相同的局部坐标 $(\boldsymbol{x}_{(n,m)}^{\mathrm{S}},\boldsymbol{y}_{(n,m)}^{\mathrm{S}},\boldsymbol{z}_{(n,m)}^{\mathrm{S}})$ 和 $(\boldsymbol{x}_{(n,m)}^{\mathrm{T}},\boldsymbol{y}_{(n,m)}^{\mathrm{T}},\boldsymbol{z}_{(n,m)}^{\mathrm{T}})$，其数学形式见公式（5.5）。其中 $\boldsymbol{p}_{(n)}^{\mathrm{S}}$ 和 $\boldsymbol{p}_{(n)}^{\mathrm{T}}$ 是 BSC 描述子 $\boldsymbol{b}_{(n)}^{\mathrm{S}}$ 和 $\boldsymbol{b}_{(n)}^{\mathrm{T}}$ 对应的关键点，$\boldsymbol{F}_{(m)}^{\mathrm{S}}$ 和 $\boldsymbol{F}_{(m)}^{\mathrm{T}}$ 是描述子 $\boldsymbol{b}_{(m)}^{\mathrm{S}}$ 和 $\boldsymbol{b}_{(m)}^{\mathrm{T}}$ 对应的局部坐标系，$\boldsymbol{p}_{(m)}^{\mathrm{S}}$、$\boldsymbol{X}_{(m)}^{\mathrm{S}}$、$\boldsymbol{Y}_{(m)}^{\mathrm{S}}$、$\boldsymbol{Z}_{(m)}^{\mathrm{S}}$ 和 $\boldsymbol{p}_{(m)}^{\mathrm{T}}$、$\boldsymbol{X}_{(m)}^{\mathrm{T}}$、$\boldsymbol{Y}_{(m)}^{\mathrm{T}}$、$\boldsymbol{Z}_{(m)}^{\mathrm{T}}$ 分别为坐标系 $\boldsymbol{F}_{(m)}^{\mathrm{S}}$ 和 $\boldsymbol{F}_{(m)}^{\mathrm{T}}$ 的坐标原点和三个坐标轴，$(\boldsymbol{x}_{(n,m)}^{\mathrm{S}},\boldsymbol{y}_{(n,m)}^{\mathrm{S}},\boldsymbol{z}_{(n,m)}^{\mathrm{S}})$ 和 $(\boldsymbol{x}_{(n,m)}^{\mathrm{T}},\boldsymbol{y}_{(n,m)}^{\mathrm{T}},\boldsymbol{z}_{(n,m)}^{\mathrm{T}})$ 分别为关键点 $\boldsymbol{p}_{(n)}^{\mathrm{S}}$ 和 $\boldsymbol{p}_{(n)}^{\mathrm{T}}$ 在坐标系 $\boldsymbol{F}_{(m)}^{\mathrm{S}}$ 和 $\boldsymbol{F}_{(m)}^{\mathrm{T}}$ 下的局部坐标。

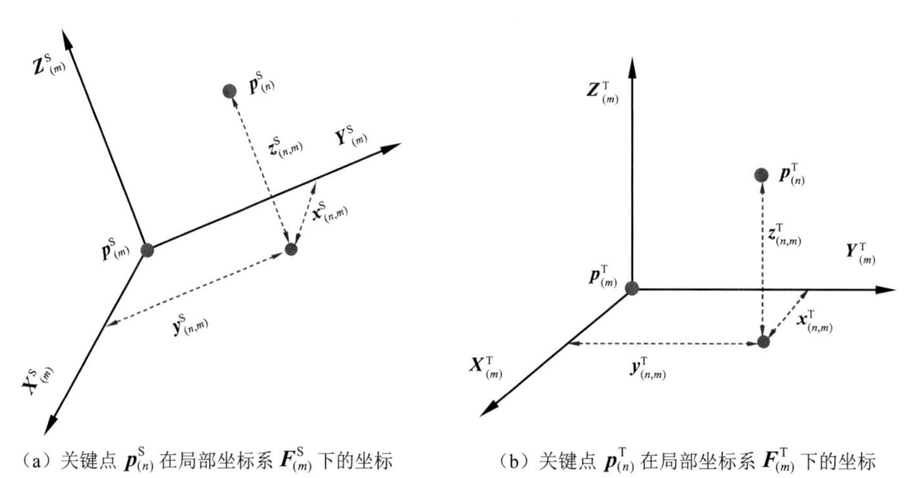

（a）关键点 $\boldsymbol{p}_{(n)}^{\mathrm{S}}$ 在局部坐标系 $\boldsymbol{F}_{(m)}^{\mathrm{S}}$ 下的坐标　　（b）关键点 $\boldsymbol{p}_{(n)}^{\mathrm{T}}$ 在局部坐标系 $\boldsymbol{F}_{(m)}^{\mathrm{T}}$ 下的坐标

图 5.12　点云几何一致性示意图

$$\begin{cases}\left|x_{(n,m)}^{\mathrm{S}}-x_{(n,m)}^{\mathrm{T}}\right|<\varepsilon\\ \left|y_{(n,m)}^{\mathrm{S}}-y_{(n,m)}^{\mathrm{T}}\right|<\varepsilon\\ \left|z_{(n,m)}^{\mathrm{S}}-z_{(n,m)}^{\mathrm{T}}\right|<\varepsilon\end{cases}\tag{5.5}$$

式中：ε 是两坐标差值的阈值，设置为邻域半径 R 的 1/2。

具体而言，利用改进几何一致性的错误匹配剔除算法包括的关键步骤有：①把一个同名特征对作为同名特征对集合的初始同名特征对；②对一个同名特征对集合，遍历 $\boldsymbol{C}_f$ 中所有的同名特征对，如果它们跟初始同名特征对之间满足式（5.5），则加入该同名特征集合中；③对 $\boldsymbol{C}_f$ 中每个同名特征对重复步骤①和②；④选择同名特征对数量最多的集合作为最终的同名特征对集合 $\boldsymbol{C}_g\{c_1,\cdots,c_m,\cdots,c_{M_g}\}$，$M_g$ 为最终的同名特征对总个数。

3. 点云转换参数计算

首先，利用错误匹配剔除后的同名特征对集合，根据式（5.6）计算源点云和目标点云之间粗配准的旋转矩阵 $\boldsymbol{R}_{\mathrm{T}\to\mathrm{S}}^{\mathrm{C}}$ 和平移向量 $\boldsymbol{T}_{\mathrm{T}\to\mathrm{S}}^{\mathrm{C}}$。

$$\left\{\boldsymbol{R}_{\mathrm{T}\to\mathrm{S}}^{\mathrm{C}};\boldsymbol{T}_{\mathrm{T}\to\mathrm{S}}^{\mathrm{C}}\right\}=\arg\min_{\{\mathrm{R};\mathrm{T}\}}\delta=\sum_{m=1}^{M_g}\left\|\boldsymbol{p}_{(m)}^{\mathrm{S}}-\left(\boldsymbol{R}\boldsymbol{p}_{(m)}^{\mathrm{T}}+\boldsymbol{T}\right)\right\|\tag{5.6}$$

式中：$\boldsymbol{R}_{\mathrm{T}\to\mathrm{S}}^{\mathrm{C}}$ 和 $\boldsymbol{T}_{\mathrm{T}\to\mathrm{S}}^{\mathrm{C}}$ 为目标点云 $\boldsymbol{P}_{\mathrm{T}}$ 到源点云 $\boldsymbol{P}_{\mathrm{S}}$ 的旋转矩阵和平移向量；M_g 为错误匹配剔

除后源点云和目标点云中同名特征的个数。然后，在粗配准的基础上，进一步利用 ICP 算法（Besl et al.，1992）精化目标点云 $\boldsymbol{P}_{\mathrm{T}}$ 到源点云 $\boldsymbol{P}_{\mathrm{S}}$ 的旋转矩阵和平移向量为 $\boldsymbol{R}_{\mathrm{T}\to\mathrm{S}}^{\mathrm{F}}$ 和 $\boldsymbol{T}_{\mathrm{T}\to\mathrm{S}}^{\mathrm{F}}$。最后，根据旋转矩阵 $\boldsymbol{R}_{\mathrm{T}\to\mathrm{S}}^{\mathrm{F}}$ 和平移向量 $\boldsymbol{T}_{\mathrm{T}\to\mathrm{S}}^{\mathrm{F}}$ 把目标点云 $\boldsymbol{P}_{\mathrm{T}}$ 及其 BSC 描述子集合 $\boldsymbol{B}_{\mathrm{T}}$ 转换到源点云 $\boldsymbol{P}_{\mathrm{S}}$ 的坐标系下，记为 $\boldsymbol{P}_{\mathrm{T}}^{*}$ 和 $\boldsymbol{B}_{\mathrm{T}}^{*}$。值得注意的是，BSC 描述子的坐标转换只改变描述子的局部坐标系，并未改变描述子的二进制字符串。

4. 视觉兼容性测试

为了进一步验证配准结果的正确性，按照图 5.13 的三种方式检查源点云和目标点云精配准结果的视觉兼容性，其中 C_1 和 C_2 为测站的位置，S_1 和 S_2 分别为 C_1 和 C_2 观测到物体表面点云。如果满足视觉兼容性，则进入下一步；否则，利用同名特征对数量次最多的同名特征对集合重新计算源点云和目标点云之间的旋转矩阵和平移向量。重复上述步骤，直到精配准结果满足视觉兼容性或同名特征对数量小于阈值 $\mathrm{TN_C}$。如果，在上述过程中没有精配准结果满足视觉兼容性，则利用点云近邻（重叠）结构关系图中次优的两站点云进行配准，依次类推，直到满足视觉兼容性。

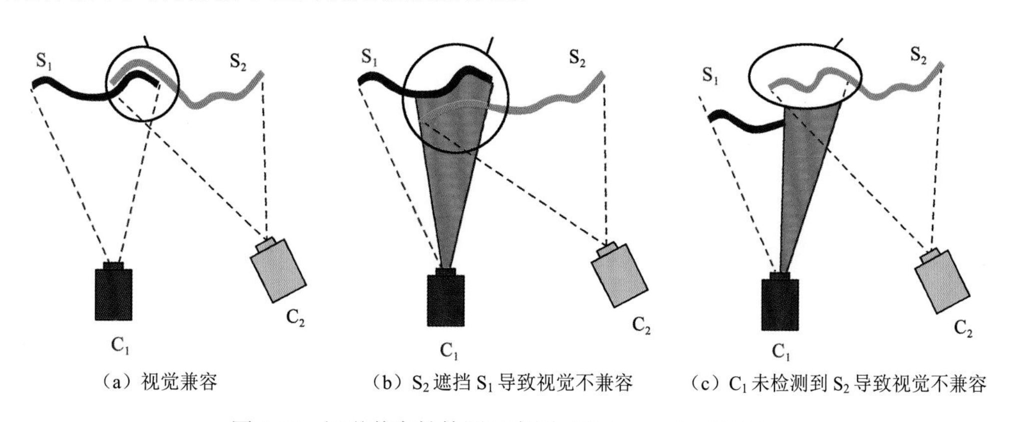

（a）视觉兼容　（b）S_2 遮挡 S_1 导致视觉不兼容　（c）C_1 未检测到 S_2 导致视觉不兼容

图 5.13　视觉兼容性检测示意图（Huber et al.，2003）

5.3.6　点云增量合并与更新

点云增量合并与更新把满足视觉兼容性的源点云 $\boldsymbol{P}_{\mathrm{S}}$ 与目标点云 $\boldsymbol{P}_{\mathrm{T}}^{*}$ 合并为新的点云 $\boldsymbol{P}_{\mathrm{S,T}}$，并计算其 BSC 描述子集合 $\boldsymbol{B}_{\mathrm{S,T}}$，主要步骤包括：①把源点云中的所有点 $\boldsymbol{P}_{\mathrm{S}}$ 和 BSC 描述子 $\boldsymbol{B}_{\mathrm{S}}$ 分别加入 $\boldsymbol{P}_{\mathrm{S,T}}$ 和 $\boldsymbol{B}_{\mathrm{S,T}}$ 中；②把 $\boldsymbol{P}_{\mathrm{T}}^{*}$ 中离 $\boldsymbol{P}_{\mathrm{S}}$ 中点的距离大于Δ（平均点间距）的点加入 $\boldsymbol{P}_{\mathrm{S,T}}$ 中；③把 $\boldsymbol{B}_{\mathrm{T}}^{*}$ 中离 $\boldsymbol{B}_{\mathrm{S}}$ 中点的距离大于邻域半径 R 的 BSC 描述子加入 $\boldsymbol{B}_{\mathrm{S,T}}$ 中。距离约束Δ和 R 避免了冗余点和 BSC 描述子加入 $\boldsymbol{P}_{\mathrm{S,T}}$ 和 $\boldsymbol{B}_{\mathrm{S,T}}$ 中，实现了增量合并。值得注意的是，利用 BSC 描述子集合 $\boldsymbol{B}_{\mathrm{S}}$ 和 $\boldsymbol{B}_{\mathrm{T}}^{*}$ 的增量合并得到新点云 $\boldsymbol{P}_{\mathrm{S,T}}$ 的 BSC 描述子集合 $\boldsymbol{B}_{\mathrm{S,T}}$，而不是重新计算新的 BSC 描述子集合。在多视地基多平台点云配准过程中不需要重新计算新的 BSC 描述子，提高了点云配准的效率。点云合并完成后，首先把 $\boldsymbol{B}_{\mathrm{S,T}}$ 和 K 个视觉单词作为算法 5.1 的输入，计算点云 $\boldsymbol{P}_{\mathrm{S,T}}$ 的 GAD 特征 $\boldsymbol{V}_{\mathrm{S,T}}$；然后更新点云 $\boldsymbol{P}_{\mathrm{S,T}}$ 与其相邻点云的 GAD 特征相似性。

5.3.7 点云层次化配准策略

重复上述步骤，直到所有的 TLS 点云转换到与 MLS 点云统一的坐标系下。图 5.14 描述了配准算法前 4 次迭代和最后一次迭代的结果。第一次迭代中 $\boldsymbol{P}_{\text{TLS-2}}$ 点云（第 2 站 TLS 点云）和 $\boldsymbol{P}_{\text{MLS-1}}$ 点云（第 1 个 MLS 点云块）具有最大的相似性 0.83，因此优先配准目标点云 $\boldsymbol{P}_{\text{TLS-2}}$ 和源点云 $\boldsymbol{P}_{\text{MLS-1}}$，如图 5.14（a）所示；然后合并源点云 $\boldsymbol{P}_{\text{MLS-1}}$ 和坐标转换后的目标点云 $\boldsymbol{P}^{*}_{\text{TLS-2}}$ 为 $\boldsymbol{P}_{\text{Merged-1}}$，并重新计算合并点云 $\boldsymbol{P}_{\text{Merged-1}}$ 的 GAD 特征 $\boldsymbol{V}_{\text{Merged-1}}$；最后更新点云 $\boldsymbol{P}_{\text{Merged-1}}$ 与其相邻 TLS 点云 $\boldsymbol{P}_{\text{TLS-1}}$ 和 $\boldsymbol{P}_{\text{TLS-7}}$ 对应 GAD 特征的相似性为 0.82 和 0.41，并删除点云 $\boldsymbol{P}^{*}_{\text{TLS-2}}$ 与 $\boldsymbol{P}_{\text{MLS-2}}$ 之间的连线（$\boldsymbol{P}^{*}_{\text{TLS-2}}$ 已经转换到了与 $\boldsymbol{P}_{\text{MLS-2}}$ 点云统一的 MLS 点云坐标系下），如图 5.14（b）所示。

第二次迭代中 $\boldsymbol{P}_{\text{TLS-1}}$ 点云和 $\boldsymbol{P}_{\text{Merged-1}}$ 具有最大的相似性 0.82，因此优先配准目标点云 $\boldsymbol{P}_{\text{TLS-1}}$ 和源点云 $\boldsymbol{P}_{\text{Merged-1}}$，如图 5.14（c）；然后合并源点云 $\boldsymbol{P}_{\text{Merged-1}}$ 和坐标转换后的目标点云 $\boldsymbol{P}^{*}_{\text{TLS-1}}$ 为 $\boldsymbol{P}_{\text{Merged-2}}$，并重新计算合并点云 $\boldsymbol{P}_{\text{Merged-2}}$ 的 GAD 特征 $\boldsymbol{V}_{\text{Merged-2}}$；最后更新点云 $\boldsymbol{P}_{\text{Merged-2}}$

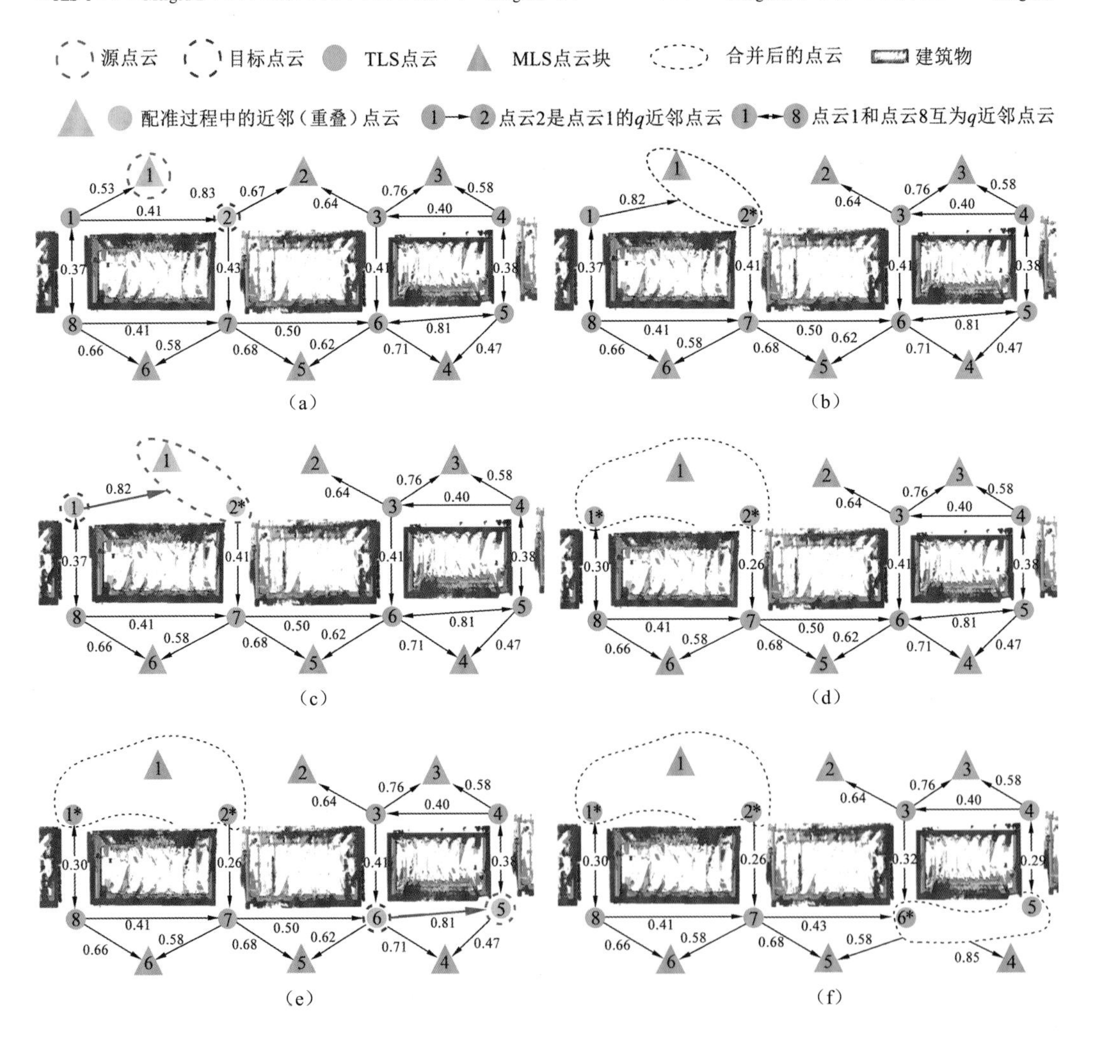

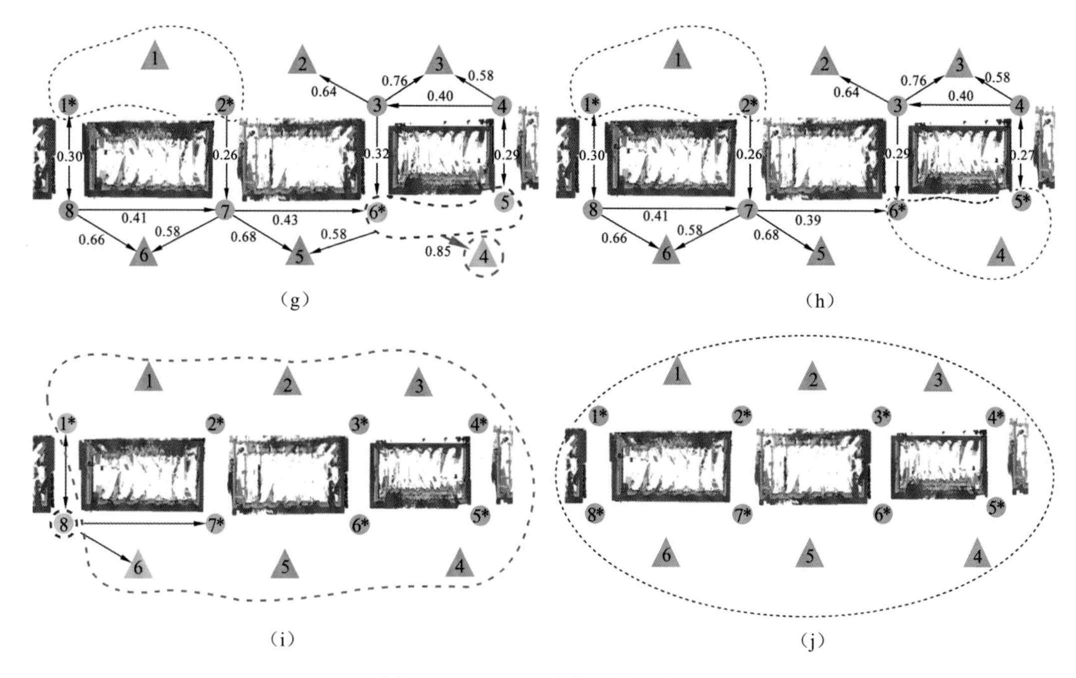

图 5.14　点云层次化配准示意图

(a)，(b）第一次迭代；(c)，(d）第二次迭代；(e)，(f）第三次迭代；(g)，(h）第四次迭代；(i)，(j）最后一次迭代

与其相邻 TLS 点云 $\boldsymbol{P}_{\text{TLS-7}}$ 和 $\boldsymbol{P}_{\text{TLS-8}}$ 对应 GAD 特征的相似性为 0.26 和 0.30，如图 5.14（d）所示。在此迭代过程中，$\boldsymbol{P}_{\text{TLS-1}}$ 和 $\boldsymbol{P}_{\text{TLS-2}}$ 之间的重叠区域以及 $\boldsymbol{P}_{\text{TLS-1}}$ 与和 $\boldsymbol{P}_{\text{MLS-1}}$ 之间的重叠区域都被用于点云配准，提高了点云配准的精度。

第三次迭代中 $\boldsymbol{P}_{\text{TLS-5}}$ 点云和 $\boldsymbol{P}_{\text{TLS-6}}$ 具有最大的相似性 0.81，因此优先配准目标点云 $\boldsymbol{P}_{\text{TLS-6}}$ 和源点云 $\boldsymbol{P}_{\text{TLS-5}}$，如图 5.14（e)；然后合并源点云 $\boldsymbol{P}_{\text{TLS-5}}$ 和坐标转换后的目标点云 $\boldsymbol{P}^*_{\text{TLS-6}}$ 为 $\boldsymbol{P}_{\text{Merged-3}}$，并重新计算合并点云 $\boldsymbol{P}_{\text{Merged-3}}$ 的 GAD 特征 $\boldsymbol{V}_{\text{Merged-3}}$；最后更新点云 $\boldsymbol{P}_{\text{Merged-3}}$ 与其相邻 TLS 点云 $\boldsymbol{P}_{\text{TLS-3}}$、$\boldsymbol{P}_{\text{TLS-4}}$、$\boldsymbol{P}_{\text{TLS-7}}$ 和 MLS 点云块 $\boldsymbol{P}_{\text{MLS-4}}$、$\boldsymbol{P}_{\text{MLS-5}}$ 对应 GAD 特征的相似性为 0.32、0.29、0.43、0.85 和 0.58，如图 5.14（f）所示。

第四次迭代中 $\boldsymbol{P}_{\text{Merged-3}}$ 点云和 $\boldsymbol{P}_{\text{MLS-4}}$ 具有最大的相似性 0.85，因此优先配准目标点云 $\boldsymbol{P}_{\text{Merged-3}}$ 和源点云 $\boldsymbol{P}_{\text{MLS-4}}$，如图 5.14（g）所示；然后合并源点云 $\boldsymbol{P}_{\text{MLS-4}}$ 和坐标转换后的目标点云 $\boldsymbol{P}^*_{\text{Merged-3}}$ 为 $\boldsymbol{P}_{\text{Merged-4}}$，并重新计算合并点云 $\boldsymbol{P}_{\text{Merged-4}}$ 的 GAD 特征 $\boldsymbol{V}_{\text{Merged-4}}$；最后更新点云 $\boldsymbol{P}_{\text{Merged-4}}$ 与其相邻 TLS 点云 $\boldsymbol{P}_{\text{TLS-3}}$、$\boldsymbol{P}_{\text{TLS-4}}$、$\boldsymbol{P}_{\text{TLS-7}}$ 对应 GAD 特征的相似性为 0.29、0.27、0.39，并删除点云 $\boldsymbol{P}_{\text{Merged-4}}$ 与 $\boldsymbol{P}_{\text{MLS-5}}$ 之间的连线（$\boldsymbol{P}_{\text{Merged-4}}$ 已经转换到了与 $\boldsymbol{P}_{\text{MLS-5}}$ 点云统一的 MLS 点云坐标系下），如图 5.14（h）所示。在此迭代过程中，$\boldsymbol{P}_{\text{MLS-5}}$ 和 $\boldsymbol{P}_{\text{MLS-4}}$ 之间的重叠区域及 $\boldsymbol{P}_{\text{MLS-6}}$ 和 $\boldsymbol{P}_{\text{MLS-4}}$ 之间的重叠区域都被用于点云配准。

在迭代过程中，合并后的点云 $\boldsymbol{P}_{\text{Merged-m}}$ 将变得越来越大，因此直接配准 TLS 点云 $\boldsymbol{P}_{\text{TLS-j}}$ 与合并点云 $\boldsymbol{P}_{\text{Merged-m}}$ 将变得非常耗时。为了提高迭代过程中点云两两配准的效率，只利用 $\boldsymbol{P}_{\text{Merged-m}}$ 中与待配准 TLS 点云 $\boldsymbol{P}_{\text{TLS-j}}$ 具有较大重叠度的点云（即在点云近邻（重叠）结构关系图中有边相连的点云）进行配准，而不是 $\boldsymbol{P}_{\text{Merged-m}}$ 中所有的点云。例如，最后一次迭

代中将目标点云 $\boldsymbol{P}_{\text{TLS-8}}$ 与源点云 $\boldsymbol{P}_{\text{Merged-7}}$ （$\boldsymbol{P}_{\text{Merged-7}}$ 包含了除 $\boldsymbol{P}_{\text{TLS-8}}$ 之外的所有 TLS 和 MLS 点云）配准，如图 5.14（i）所示。首先根据 4.3.1 小节构建的点云近邻（重叠）结构关系图［图 5.10（b）］，从源点云 $\boldsymbol{P}_{\text{Merged-7}}$ 中选择与目标点云 $\boldsymbol{P}_{\text{TLS-8}}$ 有边相连的点云 $\boldsymbol{P}^{*}_{\text{TLS-1}}$、$\boldsymbol{P}^{*}_{\text{TLS-7}}$ 和 $\boldsymbol{P}^{*}_{\text{TLS-6}}$ 组成新的源点云 $\boldsymbol{P}^{\text{V}}_{\text{Merged-7}}$ （目标点云 $\boldsymbol{P}_{\text{TLS-8}}$ 与源点云 $\boldsymbol{P}_{\text{Merged-7}}$ 中的 $\boldsymbol{P}^{*}_{\text{TLS-1}}$、$\boldsymbol{P}^{*}_{\text{TLS-7}}$ 和 $\boldsymbol{P}^{*}_{\text{TLS-6}}$ 是近邻（重叠）点云，与其他点云是非近邻（重叠）点云）；然后利用两两配准算法配准目标点云 $\boldsymbol{P}_{\text{TLS-8}}$ 和新的源点云 $\boldsymbol{P}^{\text{V}}_{\text{Merged-7}}$；最后合并源点云 $\boldsymbol{P}_{\text{Merged-7}}$ 和坐标转换后的目标点云 $\boldsymbol{P}^{*}_{\text{TLS-8}}$，得到最终的多平台激光点云配准结果。值得注意的是，配准过程中只采用了源点云 $\boldsymbol{P}_{\text{Merged-7}}$ 中与目标点云 $\boldsymbol{P}_{\text{TLS-8}}$ 具有较大重叠度的点云（$\boldsymbol{P}^{*}_{\text{TLS-1}}$、$\boldsymbol{P}^{*}_{\text{TLS-7}}$ 和 $\boldsymbol{P}^{*}_{\text{TLS-6}}$），不但充分利用了 $\boldsymbol{P}_{\text{TLS-8}}$ 与 $\boldsymbol{P}^{*}_{\text{TLS-1}}$、$\boldsymbol{P}^{*}_{\text{TLS-7}}$ 和 $\boldsymbol{P}^{*}_{\text{TLS-6}}$ 之间的重叠区域（多度重叠），而且避免了非重叠点云对配准效率以及鲁棒性的影响，提高了迭代过程中点云两两配准的精度和效率。

上述提出的地基多平台激光点云配准方法不但适用于多站 TLS 点云和 MLS 点云的配准，而且适用于多站 TLS 点云的配准。多站 TLS 点云配准可以看作是只包含一个 MLS 点云块（TLS 点云中的基准点云）的多站 TLS 点云和 MLS 点云的配准。具体而言，从多站 TLS 中选择一站作为基准站（可以看作是 MLS 点云块），然后按照上述的方法对多站 TLS 点云进行配准，实现多站 TLS 点云到基准站点云的配准。因此，本节提出的地基多平台激光点云配准方法实现了统一理论框架下的多站 TLS 点云配准及多站 TLS 点云和 MLS 点云配准。

5.3.8 实验结果与分析

1. 数据描述

为检验地基多平台激光点云配准方法的有效性，通过 6 个场景的多站 TLS 点云（武汉龙泉山公园、德国不来梅雅各布大学校园、青岛后山村山地、烟台万华地下隧道、匹斯堡 Oakland 大桥、广州萝岗区某河流）及三个场景的 MLS 点云和多站 TLS 点云混合数据（武汉大学计算机学院、武汉大学法学院、武汉大学经济与管理学院）对该方法的性能进行评估。表 5.1 描述了试验区数据的相关参数，图 5.15 和图 5.16 显示了部分多站 TLS 点云及 MLS 点云。这些数据集非常具有挑战性：①数据集由不同视角、测量范围和测量精度的激光扫描系统采集得到；②数据海量，每个数据集包含几十个测站和数十亿个点；③场景多样，测试数据集涵盖了公园、城区、校园、山区、隧道、桥梁、河流等多种场景，这些场景在土地覆盖类型和地物表面几何结构上都存在显著差异；④MLS 数据集（2014 年 9 月份采集）和 TLS 数据集（2018 年 1 月份采集）在不同时段采集，季节性的影响和施工建设导致场景发生了很大变化。

表 5.1 试验区数据的相关参数

数据集	扫描设备	TLS 点云		MLS 点云		范围/m
		#点云	#点/亿	#点云块	#点/亿	
武汉龙泉山公园	TLS: VZ-400	32	2.8	0	0	1 450×650

续表

数据集	扫描设备	TLS 点云		MLS 点云		范围/m
		#点云	#点/亿	#点云块	#点/亿	
德国不来梅雅各布大学校园[①]	TLS: VZ-400	132	27.5	0	0	1 800×800
青岛后山村山区	TLS: ScanStation	22	1.3	0	0	900×120
烟台万华地下隧道	TLS: VZ-400	26	9.9	0	0	400×60
匹斯堡 Oakland 大桥	TLS: FocusS 150	29	7.3	0	0	400×400
广州萝岗区某河流	TLS: VZ-400	13	2.3	0	0	1 500×400
武大计算机学院	TLS: VZ-400 MLS: Lynx SG	5	1.1	12	1.3	400×400
武大法学院	TLS: VZ-400 MLS: Lynx SG	8	1.9	9	1.6	300×200
武大经济与管理学院	TLS: VZ-400 MLS: Lynx SG	10	2.5	10	1.4	400×200

（a）武汉龙泉山公园

（b）德国不来梅雅各布大学校园

（c）青岛后山村山区

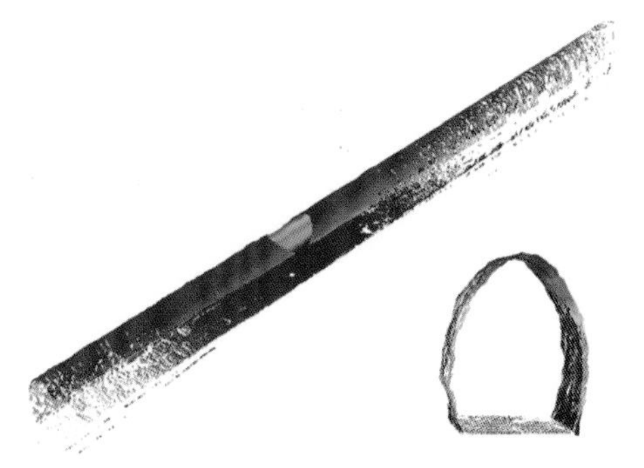

（d）烟台万华地下隧道

① http://kos.informatik.uni-osnabrueck.de/3Dscans/

（e）匹斯堡 Oakland 大桥

（f）广州萝岗区某河流

图 5.15　从 6 个场景中选取的 TLS 点云（高程赋色）

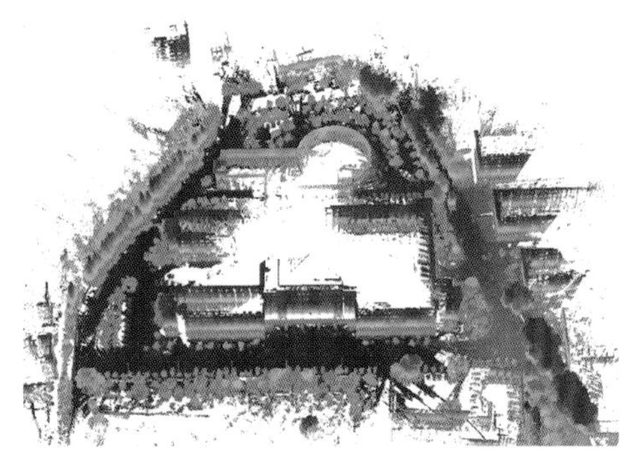

（a）武汉大学计算机学院 MLS 点云

（b）武汉大学计算机学院 TLS 点云

（c）武汉大学法学院 MLS 点云

（d）武汉大学法学院 TLS 点云

（e）武汉大学经济与管理学院 MLS 点云

（f）武汉大学经济与管理学院 TLS 点云

图 5.16　从 3 个场景中选取的 MLS 和 TLS 点云（高程赋色）

2. 评价指标

配准角度误差、平移误差和配准正确率三个指标被用来评价地基多平台点云配准方法的性能。

首先根据式（5.7）计算任意 TLS 点云 $\boldsymbol{P}_i$ 到参考站点云 $\boldsymbol{P}_r$ 的转换矩阵残差 $\Delta\boldsymbol{RT}_{r,i}$、旋转矩阵残差 $\Delta\boldsymbol{R}_{r,i}$ 和平移向量残差 $\Delta\boldsymbol{T}_{r,i}$；然后根据旋转矩阵残差 $\Delta\boldsymbol{R}_{r,i}$ 和平移向量残差 $\Delta\boldsymbol{T}_{r,i}$，利用式（5.8）计算旋转角度误差 $e_{r,i}^{\mathrm{R}}$ 和平移距离误差 $e_{r,i}^{\mathrm{T}}$；再根据旋转角度误差 $e_{r,i}^{\mathrm{R}}$ 和平移距离误差 $e_{r,i}^{\mathrm{T}}$，利用式（5.9）判断配准是否正确；最后根据式（5.10）计算配准正确率。

$$\Delta\boldsymbol{RT}_{r,i}=\boldsymbol{RT}_{r,i}(\boldsymbol{RT}_{r,i}^{G})^{-1}=\begin{bmatrix}\Delta\boldsymbol{R}_{r,i} & \Delta\boldsymbol{T}_{r,i}\\ \boldsymbol{0}^{\mathrm{T}} & 1\end{bmatrix}\tag{5.7}$$

式中：$\boldsymbol{RT}_{r,i}$ 和 $\boldsymbol{RT}_{r,i}^{G}$ 分别为计算得到的点云 $\boldsymbol{P}_i$ 到参考站点云 $\boldsymbol{P}_r$ 的转换矩阵和转换矩阵真值。

$$\begin{cases}e_{r,i}^{\mathrm{R}}=\arccos\left(\dfrac{\mathrm{tr}(\Delta\boldsymbol{R}_{r,i})-1}{2}\right)\\ e_{r,i}^{\mathrm{T}}=\left\|\Delta\boldsymbol{T}_{r,i}\right\|\end{cases}\tag{5.8}$$

式中：$\mathrm{tr}(\Delta\boldsymbol{R}_{r,i})$ 为矩阵 $\Delta\boldsymbol{R}_{r,i}$ 的迹；$\left\|\Delta\boldsymbol{T}_{r,i}\right\|$ 为 $\Delta\boldsymbol{T}_{r,i}$ 的 L2 范式。

$$\mathrm{SR}=\begin{cases}1, & (e_{r,i}^{\mathrm{R}}<\sigma_{\mathrm{R}})\wedge(e_{r,i}^{\mathrm{T}}<\sigma_{\mathrm{T}})\\ 0, & \text{其他}\end{cases}\tag{5.9}$$

式中：σ_{R} 和 σ_{T} 是预先定义的旋转角度和平移距离阈值。该阈值可以根据具体的应用需求来设置，分别被设置为 100.0 mdeg 和 100.0 mm。

$$\mathrm{SRR}=\frac{N_{\mathrm{s}}}{N-1}\tag{5.10}$$

式中：N_{s} 和 N 分别为正确配准的数量和点云的总数量。

3. 参数敏感性分析

表 5.2 罗列了地基多平台点云配准方法的主要参数，包括 BSC 描述子的维数 d、视觉单词个数 K、相邻点云个数 q 及几何一致性阈值及相应的取值，所有这些参数设置，除非另有说明，均用于实验分析。

表 5.2　关键参数设置

处理流程	参数	描述	参数取值
多层次点云特征计算	d	BSC 描述子的维数	567
	K	视觉单词个数	200
点云近邻（重叠）结构关系图构建	q	相邻（重叠）点云的个数	5
点云两两配准	ε	几何一致性阈值	5Δ

BSC 描述子的维数 d 控制 BSC 描述子的描述性和效率。增加 BSC 描述子的维数 d

可以提高它的描述性以获得更准确的同名特征对集合，但是会降低计算效率和匹配速度，增加内存消耗。使用 d=567 作为 BSC 描述子的维数，可以在描述性、计算和内存效率之间取得较好的平衡。

视觉单词数量 K 控制点云 GAD 的描述性和紧凑性。实验分析了视觉单词数量 K 对 GAD 相似性与点云重叠相关性的影响。实验结果表明：当 K 从 50 增加到 200 时，相关系数会急剧增加；当 K 从 200 增加到 400 时，相关系数会保持相对稳定；当 K 从 400 增加到 600 时，相关系数会略有下降，如图 5.17 所示。因此，用 K=200 作为视觉单词的数量。

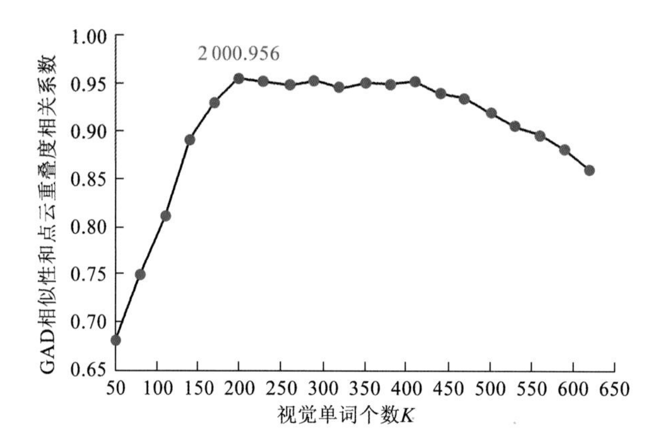

图 5.17　视觉单词数量 K 对 GAD 相似性与点云重叠相关性的影响

相邻（重叠）点云的个数 q 控制着配准算法的效率和准确性。更具体地说，一个小的 q 意味着配准算法只需考虑很少量相邻（重叠）的点云，提高了配准的计算效率，但是削弱了算法处理低重叠度点云配准的能力；而更大的 q 能够利用更多的相邻（重叠）点云，产生更准确的配准结果，但增加了配准算法的复杂度，降低了计算效率。实验结果表明，当 q 被设置为 5 时，该算法可以在配准误差和计算时间之间取得较好的平衡，如图 5.18 所示。

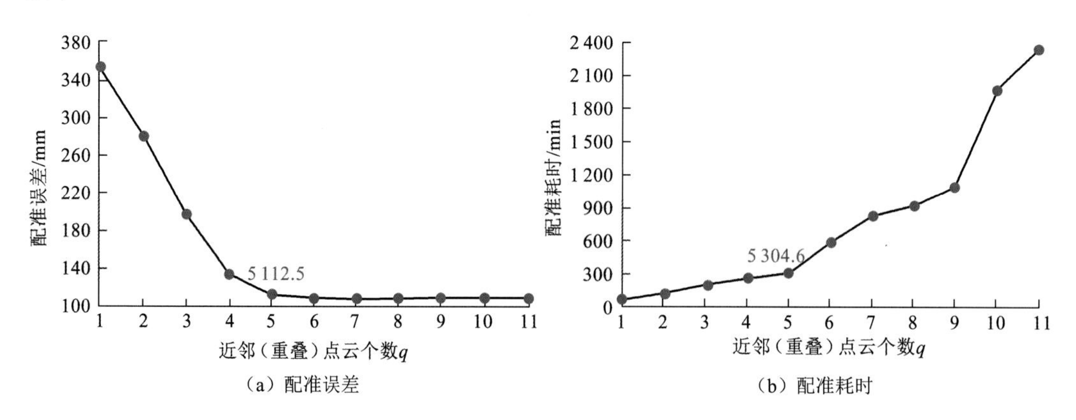

图 5.18　相邻（重叠）点云的个数 q 对点云配准误差及配准耗时的影响

几何一致性阈值 ε 用于剔除错误的同名特征对。更具体地说，小的 ε 会剔除掉正确的同名特征对，导致同名特征对召回率较低；较大的ε会保留一些错误的同名特征对，导致同名特征对精确度较低。实验结果表明，当ε设置为 5Δ时，本文的配准方法可以获得良好的性能，其中Δ为点云的平均点间距。

4. 多站 TLS 点云配准结果

图5.19是本小节方法对武汉龙泉山公园32站多站TLS点云配准结果的整体和细节。其中图5.19（a）为32站多站TLS点云配准结果的高程赋色显示（俯视），图5.19（b）和图5.19（c）为其中一栋建筑物配准的细节及扫描站的设站位置显示，不同扫描站的点云用不同颜色表示。

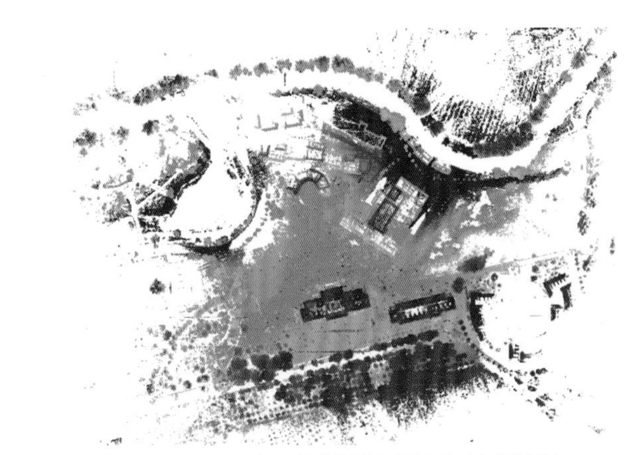

（a）32站TLS点云配准结果整体显示（高程赋色）

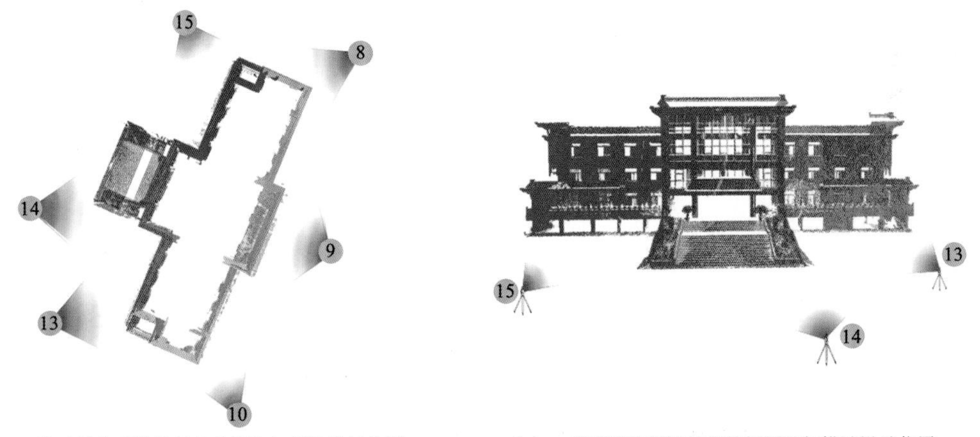

（b）一栋建筑物配准结果的俯视和扫描站设站位置　　（c）一栋建筑物配准结果的侧视和扫描站设站位置

图5.19　武汉龙泉山公园32站TLS点云配准结果的整体和细节

不同颜色表示来自不同扫描站的点云

图5.20显示了本小节方法对德国不来梅雅各布大学132站TLS点云配准结果的整体和细节。其中图5.20（a）为132站TLS点云配准结果的高程赋色显示（俯视），图5.20（b）和图5.20（c）为其中一栋建筑物配准的细节及扫描站的设站位置显示，不同扫描站的点云用不同颜色表示。

（a）132 站 TLS 点云配准结果整体显示（高程赋色）

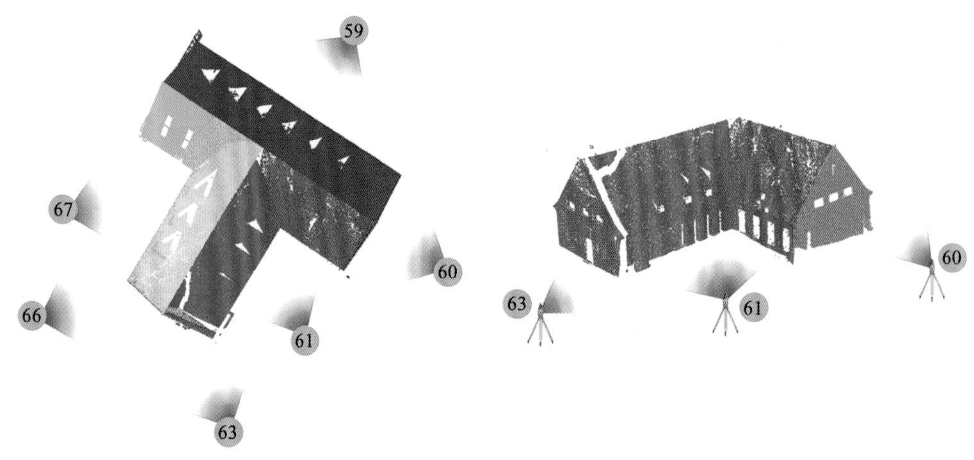

（b）一栋建筑物配准结果的俯视和扫描站设站位置　　（c）一栋建筑物配准结果的侧视和扫描站设站位置

图 5.20　德国不来梅雅各布大学 132 站 TLS 点云配准结果的整体和细节

不同颜色表示来自不同扫描站的点云

图 5.21 显示了本小节方法对青岛后山村山区 22 站 TLS 点云配准结果的整体和细节。其中图 5.21（a）为 22 站 TLS 点云配准整体结果的高程赋色显示（侧视），图 5.21（b）为相邻三站 TLS 点云配准结果，图 5.21（c）为相邻两站 TLS 点云配准结果，不同扫描站的点云用不同颜色表示。

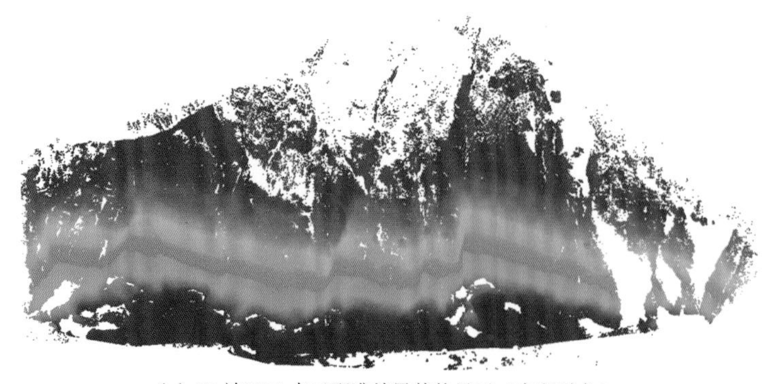

（a）22 站 TLS 点云配准结果整体显示（高程赋色）

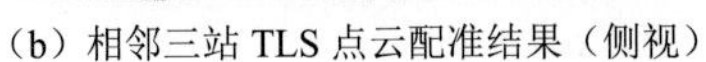

（b）相邻三站 TLS 点云配准结果（侧视）

（c）相邻两站 TLS 点云配准结果（侧视）

图 5.21　青岛后山村山区 22 站 TLS 点云配准结果的整体和细节

不同颜色表示来自不同扫描站的点云

图 5.22 显示了本小节方法对烟台万华地下隧道 26 站 TLS 点云配准结果的整体和细节。其中图 5.22（a）为 26 站 TLS 点云配准整体结果的高程赋色显示，图 5.22（b）为一条隧道的点云配准结果和其横切面，图 5.22（c）为配准后横切面点云放大的细节图，不同扫描站的点云用不同颜色表示。

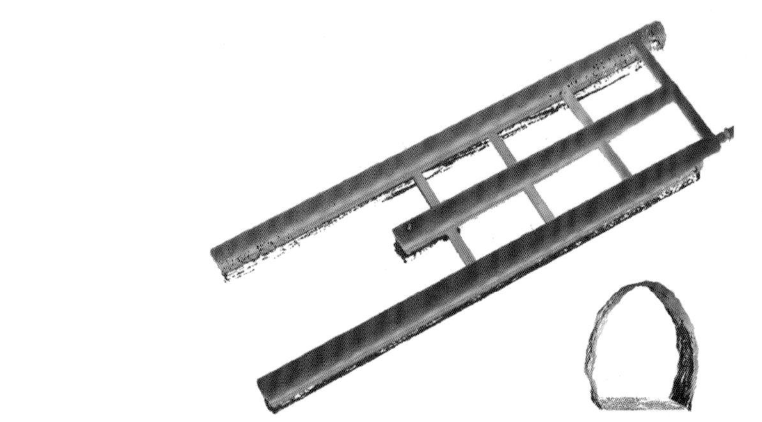

（a）26 站 TLS 点云配准结果整体显示（高程赋色）

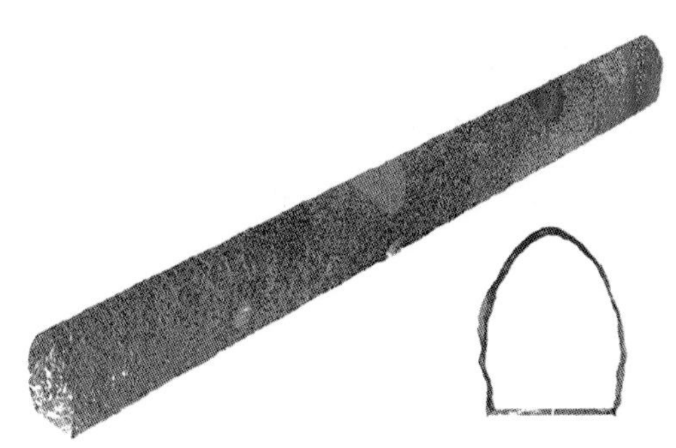

（b）一条隧道的点云配准结果和其横切面

（c）配准后横切面点云放大的细节图（侧视）

图 5.22　烟台万华地下隧道 26 站 TLS 点云配准结果的整体和细节

不同颜色表示来自不同扫描站的点云

图 5.23 是本小节方法对匹斯堡 Oakland 大桥 29 站 TLS 点云配准结果的整体和细节。其中图 5.23（a）为 29 站 TLS 点云配准整体结果的高程赋色显示，图 5.23（b）为一个桥墩配准结果的细节展示，不同扫描站的点云用不同颜色表示。

（a）29 站 TLS 点云配准结果整体显示（高程赋色）

（b）一个桥墩配准结果的细节展示（侧视）

图 5.23　匹斯堡 Oakland 大桥 29 站 TLS 点云配准结果的整体和细节

不同颜色表示来自不同扫描站的点云

图 5.24 是本小节方法对广州萝岗区某河流 13 站 TLS 点云配准结果的整体和细节。其中图 5.24（a）为 13 站 TLS 点云配准整体结果的高程赋色显示（俯视），图 5.24（b）为河上的桥梁及桥上护栏配准结果的细节展示，图 5.24（c）为河边一凉亭及凉亭顶部配准结果的细节展示，不同扫描站的点云用不同颜色表示。

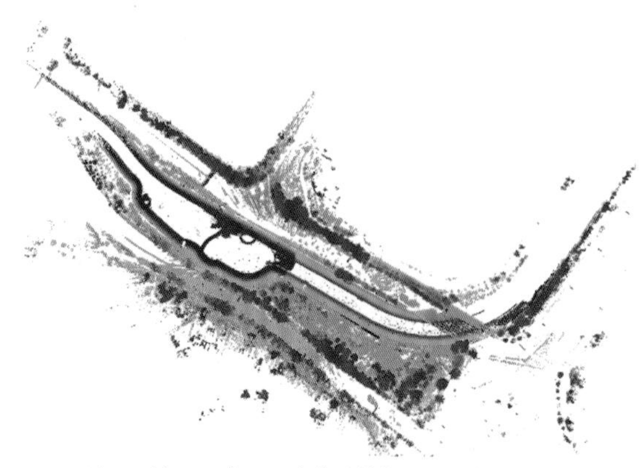

（a）13 站 TLS 点云配准结果整体显示（高程赋色）

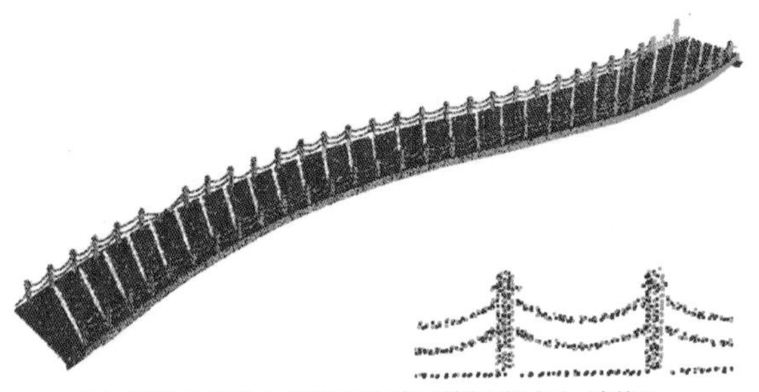

（b）桥梁以及桥上护栏配准结果的细节展示（侧视）

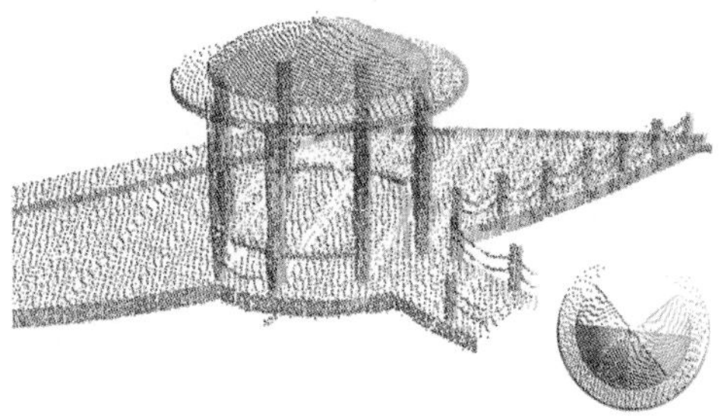

（c）河边一凉亭以及凉亭顶部配准结果的细节展示

图 5.24　广州萝岗区某河流 13 站 TLS 点云配准结果的整体和细节

不同颜色表示来自不同扫描站的点云

上述定性的实验结果表明，本小节所提出地基多平台激光点云自动化配准方法可以在所有 6 个具有挑战性的多站 TLS 点云数据集上获得良好的性能，证明了该方法适用于多种不同场景类型的多站 TLS 点云配准。

5. 多站 TLS 和 MLS 点云配准结果

图 5.25 是本小节方法对武汉大学计算机学院 MLS 点云和 5 站 TLS 点云配准结果的整体和细节。其中图 5.25（a）和图 5.25（b）分别为 MLS 点云及 MLS 点云去掉高大植被后高程赋色的结果，由图中可以看出由于植被的遮挡建筑物立面数据的大量缺失；图 5.25（c）为 MLS 点云和多站 TLS 点云配准结果，以及多站 TLS 点云测站的位置，MLS 点云用灰色表示，不同扫描站的 TLS 点云用不同颜色表示；图 5.25（d）为 MLS 点云和多站 TLS 点云配准结果的高程赋色显示。为了便于观察，在图 5.25（c）和图 5.25（d）结果显示时滤掉了高大植被。

图 5.26 是本小节方法对武汉大学法学院 MLS 点云和 8 站 TLS 点云配准结果的整体和细节。其中图 5.26（a）和图 5.26（b）分别为 MLS 点云及 MLS 点云去掉高大植被后高程赋色的结果，由图中可以看出由于植被的遮挡建筑物立面数据的大量缺失；图 5.26（c）为 MLS 点云和多站 TLS 点云配准结果，以及多站 TLS 点云测站的位置，MLS 点云

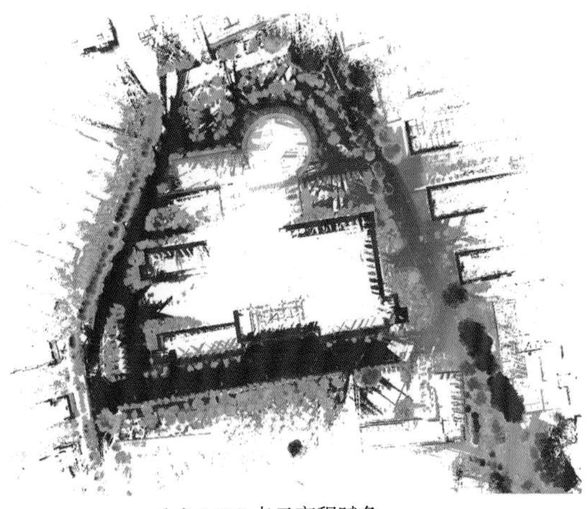

（a）MLS 点云高程赋色

（b）MLS 点云滤掉高大植被后高程赋色

（c）MLS 点云和多站 TLS 点云配准结果及多站 TLS 点云测站位置

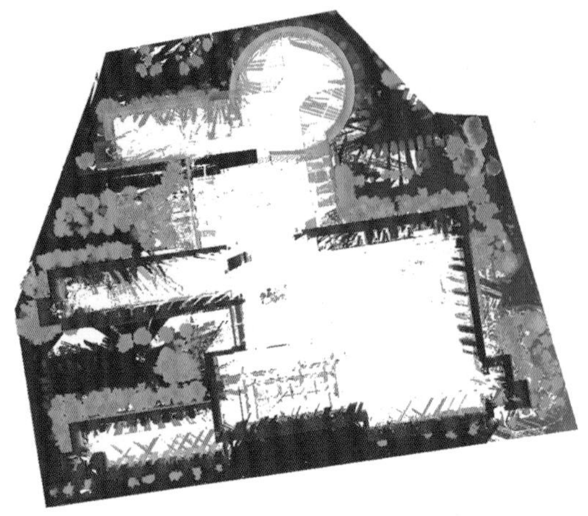

（d）MLS 点云和多站 TLS 点云配准结果高程赋色

图 5.25 武汉大学计算机学院 MLS 点云和多站 TLS 点云配准结果

MLS 点云用灰色表示，不同扫描站的 TLS 点云用不同颜色表示

（a）MLS 点云高程赋色

（b）MLS 点云滤掉高大植被后高程赋色

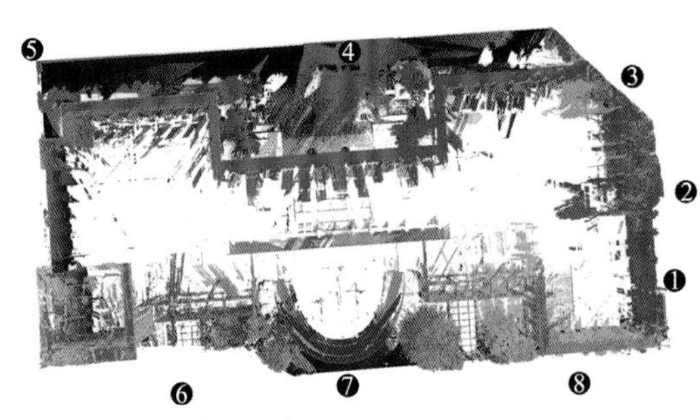

（c）MLS 点云和多站 TLS 点云配准结果以及多站 TLS 点云测站位置

（d）MLS 点云和多站 TLS 点云配准结果高程赋色

图 5.26 武汉大学法学院 MLS 点云和多站 TLS 点云配准结果

MLS 点云用灰色表示，不同扫描站的 TLS 点云用不同颜色表示

用灰色表示，不同扫描站的 TLS 点云用不同颜色表示；图 5.26（d）为 MLS 点云和多站 TLS 点云配准结果的高程赋色显示。为了便于观察，在图 5.26（c）和图 5.26（d）结果

显示时滤掉了高大植被。

图 5.27 是本小节方法对武汉大学经济与管理学院 MLS 点云和 10 站 TLS 点云配准结果的整体和细节。其中图 5.27（a）和图 5.27（b）分别为 MLS 点云及 MLS 点云去掉高大植被后高程赋色的结果，由图中可以看出由于植被的遮挡建筑物立面数据的大量缺失；图 5.27（c）为 MLS 点云和多站 TLS 点云配准结果，以及多站 TLS 点云测站的位置，MLS 点云用灰色表示，不同扫描站的 TLS 点云用不同颜色表示；图 5.27（d）为 MLS 点云和多站 TLS 点云配准结果的高程赋色显示。为了便于观察，在图 5.27（c）和图 5.27（d）结果显示时滤掉了高大植被。

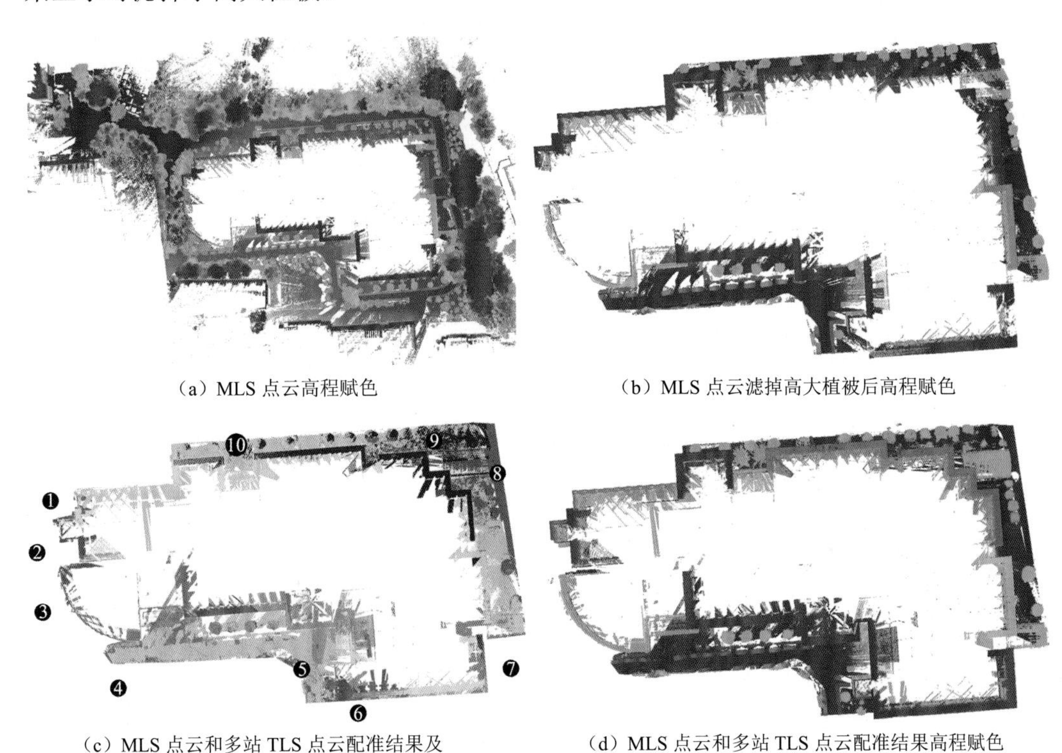

（a）MLS 点云高程赋色　　（b）MLS 点云滤掉高大植被后高程赋色

（c）MLS 点云和多站 TLS 点云配准结果及多站 TLS 点云测站位置　　（d）MLS 点云和多站 TLS 点云配准结果高程赋色

图 5.27　武汉大学经济与管理学院 MLS 点云和多站 TLS 点云配准结果

MLS 点云用灰色表示，不同扫描站的 TLS 点云用不同颜色表示

实验结果表明，提出的地基多平台激光点云配准方法实现了统一理论框架下的多站 TLS 点云配准及多站 TLS 点云和 MLS 点云配准，扩展了配准方法的适用范围。

6. 配准精度定量评价与分析

实验采用旋转角误差和平移量误差的最小值、最大值、均值和均方根误差及配准正确率来定量评估提出的配准方法性能。为了获得点云配准的真值，首先利用手工标记的同名点对进行点云粗配准，然后利用多视 ICP 算法（Williams et al.，2001）进行精配准。表 5.3 罗列了 9 份测试数据点云配准的旋转角误差和平移量误差最小值、最大值、均值、均方根误差及配准正确率。实验结果表明，本章提出的地基多平台激光点云配准方法在不同场景的多站 TLS 点云配准、多站 TLS 和 MLS 点云配准中取得优异表现，平均旋转角度误差小于 0.1°，平移量误差小于 0.1 m，可以满足三维目标提取和三维重建的精度要求。具体而言，基于定量的评价结果可以得出的结论有两点。①德国不来梅雅各布大学校园数据的最大旋转角误差和平移量误差分别为 142.4 mdeg 和 210.6 mm，超出了预定义的阈值 σ_R（100.0 mdeg）和 σ_T（100.0 mm）。虽然该方法利用多度重叠区域在一定程度上削弱了连续两两配准的误差累计，但是由于德国不来梅雅各布大学校园数据包含一百多站 TLS 点云，多次点云两两配准过程中的误差累计仍然导致了误差超限。在未来的工作中，可通过扩展的 Lu-Milios 算法（Borrmann et al.，2008）进一步减少这些配准误差的累计。②烟台万华地下隧道数据的最大平移量为 272.8 mm，超出了预定义的阈值 σ_T（100.0 mm）。由于沿隧道方向点云具有很强的相似性，ICP 算法易陷入局部最小值，从而导致沿隧道方向存在较大的平移误差。在未来的工作将从全局最优和关键点（控制点）约束等两个方面改进 ICP 算法，进一步减少配准误差。

表 5.3 配准精度和成功率定量评价

数据集	旋转角误差 $e_{r,i}^{r}$ /mdeg				平移量误差 $e_{r,i}^{t}$ /mm				SRR/%
	min	max	ave	RMSE	min	max	ave	RMSE	
武汉龙泉山公园	16.5	68.6	40.2	9.2	13.8	72.6	31.1	8.0	100.0
德国不来梅雅各布大学校园	11.3	**142.4**	57.3	24.3	10.4	**210.6**	64.6	21.2	96.2
青岛后山村山地	13.2	63.1	36.7	8.7	25.1	72.9	33.8	11.4	100.0
烟台万华地下隧道	6.9	57.6	38.5	10.3	11.1	**272.8**	61.3	20.9	92.0
匹斯堡 Oakland 大桥	14.3	48.2	34.6	11.4	23.7	70.3	33.4	9.7	100.0
广州萝岗区某河流	17.6	31.7	30.2	7.5	9.5	41.9	22.6	7.8	100.0
武汉大学计算机学院	4.6	20.1	12.3	4.2	5.9	36.8	19.5	7.5	100.0
武汉大学法学院	5.2	16.8	11.9	3.6	6.1	32.9	18.2	6.3	100.0
武汉大学经济与管理学院	4.8	18.9	12.8	3.5	4.9	40.1	20.1	7.2	100.0

注：只有正确的配准结果才用于计算旋转角度误差和平移量误差的均值和方差

7. 时间效率定量评价与分析

实验在配置为：16 GB RAM、Intel Core i7-6700HQ、2.60 GHz CPU 的电脑上对表 5.4 罗列了 9 份数据集的点云数量、提出的配准方法两两配准的次数、穷尽两两配准的数量及多层次特征计算、点云两两配准、点云增量合并与更新等关键步骤耗时和总耗时等进行评价。实验结果表明，作者提出的地基多平台激光点云配准方法在不同场景的多站 TLS 点云配准、多站 TLS 和 MLS 点云配准中获得了很高的计算效率。尤其值得注意的是，提出的地基多平台激光点云配准方法的两两配准次数明显小于穷尽两两配准的数量，只需要 5 h 就可以自动化的配准德国雅各布大学校园 132 站 TLS 点云（采集数据花费了约一周的时间），显著提高了计算效率。

表 5.4　配准方法时间效率分析

数据集	点云数量		本章方法两两配准次数	穷尽两两配准的次数	配准方法耗时/min			
	#TLS	#MLS			*S*1	*S*2	*S*3	总数
武汉龙泉山公园	32	0	45	$C_{32}^2=496$	7.5	29.6	2.4	39.5
德国不来梅雅各布大学校园	132	0	196	$C_{132}^2=8\,646$	33.2	260.6	10.8	304.6
青岛后山村山地	22	0	45	$C_{22}^2=231$	6.6	27.2	1.3	35.1
烟台万华地下隧道	26	0	39	$C_{26}^2=325$	8.7	34.5	2.4	45.6
匹斯堡 Oakland 大桥	29	0	41	$C_{29}^2=406$	9.6	37.9	2.7	50.2
广州萝岗区某河流	13	0	19	$C_{13}^2=78$	3.5	12.5	0.3	16.3
武汉大学计算机学院	5	12	8	$C_{17}^2=136$	9.8	4.8	0.6	15.2
武汉大学法学院	8	9	15	$C_{17}^2=136$	10.2	10.4	0.5	21.1
武汉大学经济与管理学院	10	10	18	$C_{20}^2=190$	11.5	12.1	1.2	24.8

注：*S*1、*S*2、*S*3 分别表示多层次特征计算、点云两两配准、点云增量合并与更新

8. 实验对比与讨论

为了进一步分析提出的地基多平台激光点云配准方法的性能，实验从配准正确率、旋转角误差、平移量误差、算法耗时 4 个方面与当前先进的多站 TLS 点云配准方法（Weber et al.，2015；Guo et al.，2014）进行比较（注：据笔者所知，目前没有多站 TLS 点云和 MLS 点云配准的相关研究，因此只跟目前先进的多站 TLS 点云配准算法进行了比较）。同时，为了验证局部特征描述子、多视匹配策略等对配准方法性能的影响，实验还分析提出的地基多平台激光点云配准方法 GMPCR 算法的变种 GMPCR* 和 GMPCR# 的性能，其中 GMPCR# 和 GMPCR* 分别使用基于最小生成树的多视 TLS 点云匹配策略（Weber et al.，2015）和基于形状生长的多视 TLS 点云匹配策略（Guo et al.，2014）代替层次化配准策略，其他步骤与 GMPCR 方法一致。表 5.5 列出了 5 种基准方法采用的局部特征描述子和多站 TLS 点云匹配策略。表 5.6 罗列了 5 种基准方法的配准正确率、旋转角误差、平移量误差、算法耗时等。实验结果表明，提出的 GMPCR 方法在多种测试数据集上的表现优于其变种 GMPCR# 和 GMPCR* 及目前最先进的多站 TLS 点云配准方法 Weber 等（2015）和 Guo 等（2014）。具体而言，基于以上对比实验的结果可以得出如下结论。

表 5.5　基准方法采用的局部特征描述子和多站 TLS 点云匹配策略

方法	局部描述子	多视匹配策略
Weber 等（2015）	FPFH	最小生成树
GMPCR*	BSC	最小生成树
Guo 等（2014）	RoPS	形状生长
GMPCR#	BSC	形状生长
GMPCR	BSC	层次化合并

表 5.6　配准方法性能比较

数据集/配准方法		SRR/%	旋转角误差 $e_{r,i}^r$ /mdeg		平移量误差 $e_{r,i}^t$ /mm		运行时间
			ave	RMSE	ave	RMSE	/min
武汉龙泉山公园	Weber 等（2015）	100.0	49.1	12.4	43.3	7.2	361.6
	GMPCR*	100.0	48.6	9.8	42.9	8.1	177.8
	Guo 等（2014）	100.0	44.5	13.7	37.2	9.4	186.2
	GMPCR#	100.0	44.7	13.6	36.8	9.8	94.6
	GMPCR	100.0	**40.2**	9.2	**31.1**	8.0	**39.5**
德国不来梅雅各布大学校园	Weber 等（2015）	68.7	72.1	23.6	74.8	19.3	9 214.6
	GMPCR*	74.8	70.6	20.8	75.6	15.8	3 869.5
	Guo 等（2014）	75.6	65.3	19.6	67.7	16.2	3 981.5
	GMPCR#	81.7	64.2	18.9	68.9	18.6	1 839.6
	GMPCR	**96.2**	**57.3**	24.3	**64.6**	21.2	**304.6**
青岛后山村山区	Weber 等（2015）	85.7	60.2	16.4	52.8	19.3	322.6
	GMPCR*	90.5	57.8	11.6	47.7	18.6	134.9
	Guo 等（2014）	90.5	51.9	13.2	45.2	19.5	135.2
	GMPCR#	95.2	45.4	10.9	39.3	15.7	71.6
	GMPCR	**100.0**	**36.7**	8.7	**33.8**	11.4	**35.1**
烟台万华地下隧道	Weber 等（2015）	60.0	67.4	20.8	75.4	29.1	413.6
	GMPCR*	60.0	66.9	22.2	74.9	25.4	199.8
	Guo 等（2014）	76.0	56.7	18.7	68.9	26.8	196.3
	GMPCR#	80.0	50.5	18.2	67.7	22.6	109.6
	GMPCR	**92.0**	**38.5**	10.3	**61.3**	20.9	**45.6**

（1）GMPCR 方法取得了最优的计算效率，随后是基于形状生长的多站 TLS 点云配准策略，最后是基于最小生成树的配准策略。基于最小生成树策略的多站 TLS 点云配准方法［如 GMPCR*（Weber et al.，2015）］首先对输入的多站 TLS 点云进行穷尽的两两配准，然后利用预定义的配准度量准则作为边的权值构建全联通的无向加权图，最后计算该图的最小生成树，实现任意点云到基准点云的转换。例如，对于德国不来梅雅克布大学校园的 132 站 TLS 点云，基于最小生成树的方法需要进行 C_{132}^2 =8 646 次点云两两配准，导致点云配准计算复杂度高。基于形状增长策略的多站 TLS 点云配准方法［如 GMPCR#（Guo et al.，2014）］首先选择具有最大表面积或最多点个数的点云做为种子点云，然后对种子点云和其他点云进行两两配准，合并与种子点云存在足够同名特征对或重叠区域的点云，直到所有点云被合并。在种子点云与其他点云迭代合并过程中，种子点云将变得越来越大，其他点云与种子点云的配准也随之变得更加耗时。GMPCR 方法的高计算效率得益于三个因素：①基于点云整体聚合描述子相似性的相邻（重叠）点云高效索引方法，实现点云近邻（重叠）结构关系图快速构建，降低了地基多平台激光点云配准方法的复

杂度；②BSC 描述子之间的相似性可以通过汉明距离来度量（位运算），与 FPFH 和 RoPS 描述子相比显著提高了同名特征对匹配的速度；③点云两两配准过程中只采用了源点云组与目标点云组中具有较大重叠度的点云，避免了非重叠点云对配准效率的影响，进一步提高了配准过程中点云两两配准的效率。

（2）GMPCR 方法在点云配准正确率和配准精度等方面优于其变种 GMPCR$^{\#}$和 GMPCR*及目前最先进的多站 TLS 点云配准方法（Weber et al.，2015；Guo et al.，2014）。基于最小生成树策略的多站 TLS 点云配准方法［如 GMPCR*（Weber et al.，2015）］只利用相邻两站之间的重叠区域进行点云配准，导致方法对低重叠点云配准能力弱。基于形状增长策略的多站 TLS 点云配准方法［如 GMPCR$^{\#}$（Guo et al.，2014）］通过利用“一对多”的重叠（种子点云包含多个已配准的点云）来配准目标点云和种子点云，在一定程度上提高了方法对低重叠点云的配准性能。然而，该方法中点云配准的顺序与 TLS 点云输入的顺序相关，而不是最优的配准顺序，这可能导致误差较大甚至错误的配准结果；另外，在种子点云与其他点云迭代合并过程中，种子点云将变得越来越大，过多的非重叠点云也会对配准结果的正确率产生影响。GMPCR 方法在配准正确率和配准精度等方面的优异表现归因于：①利用 GAD 相似性间接反映点云之间重叠度，优先配准 GAD 相似度最大（重叠度最大）的点云对，提高了点云配准的精度；②点云之间的多度重叠被充分利用，提高了方法处理低重叠点云配准的能力；③GMPCR*和 GMPCR$^{\#}$在点云配准正确率和配准精度等方面的表现分别优于 Weber 等（2015）和 Guo 等（2014），这表明 BSC 描述子比 FPFH 和 RoPS 更适合于多场景的多站 TLS 点云配准。

5.4　基于建筑物边界的地基激光点云与空基激光点云自动化配准

在地基与空基点云中，遮挡现象严重，而建筑物边界线特征可以提供显著的几何特征，因此是多平台点云拼接的良好配准基元。边界线特征是指将建筑物外侧的立面投影到水平面上得到的特征线段，为便于后续匹配，采用二维有序的线段集表示，其中相邻的线段间并不一定邻接。由于点云中遮挡的影响，通常难以确定出建筑物边界线的准确高程，可假设不同平台点云的边界线高程相同，即：通过边界线特征只确定出其水平变化。本节主要介绍地面与机载点云中边界线特征的提取方法，其中地面数据中应考虑屋檐的影响，而对于多层结构的机载屋顶点云，则应注重于最外侧屋顶的提取，而无需考虑其内部的几何结构。

5.4.1　地面点云中建筑物边界线提取

采用 Yang 等（2013）提出的建筑物点云目标识别方法可提取测区内各栋建筑物点云，并检测出各立面点云。具体步骤为：①确定特征图像的格网大小后，根据格网内的各点距离信息加权计算出该格网的灰度值，生成测区的特征图像；②由各目标在图像上的灰度值区间区分地面与非地面目标；③结合特征值计算和剖面特征衡量目标的空间分布，识别出各个建筑物点云；④采用 RANSAC 算法分割平面并结合立面的法向量约束，自动提取各立面。检测出立面点云后，提取建筑物边界线特征的详细步骤如下。

步骤 1　将各建筑物立面点云投影到 XOY 平面上提取其初始边界线。各立面在平面上的投影点采用 PCA 可得该立面对应的直线方程：$ax+by+c=0$，由直线的方向可分别搜索到两个最远点作为该线端点。当提取出所有立面的初始边界线后，由所有初始边界线的端点可计算出其中心点，通过比较中心点和各端点构成的矢量夹角，顺时针排序各初始边界线，如图 5.28 所示。

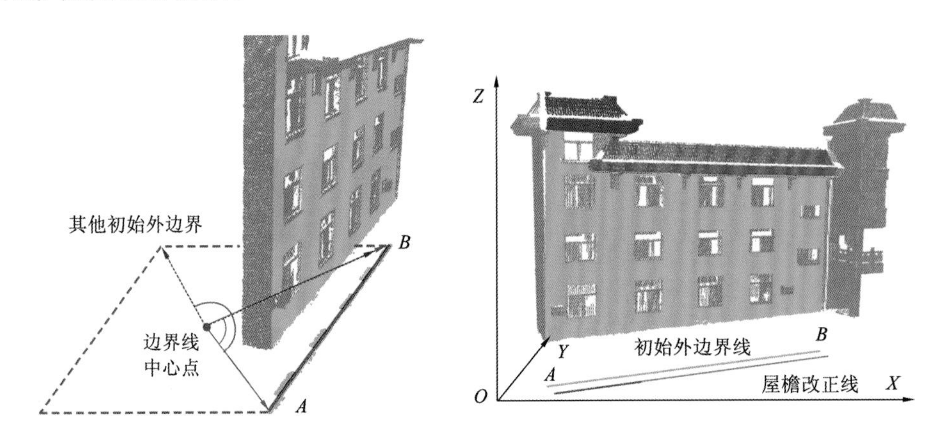

图 5.28　地面点云中建筑物边界线提取原理图

步骤 2　初始边界线的屋檐改正。从建筑物点云中检测出立面点云后，根据欧氏距离聚类余下的点云，可得多个点集，如图 5.28 中紫色和橘红色点云所示。沿着边界方向将各点集均匀划分成多个小区域，在各个区域内，选择出一个与初始边界线垂直距离最大的外侧点（可由边界线中心点和初始边界线判断出是否外侧），用各区域选择出的点拟合出与初始边界线平行的直线段。将小于初始边界线段长度 50%的直线段去除掉，余下的平行于初始边界线的最外侧线段被当作建筑物的脚点。根据与初始边界线间的距离位移 $(\Delta x, \Delta y)$，可计算改正后的边界线：$ax+by-a\Delta x-b\Delta y+c=0$。

步骤 3　建筑物边界线的规则化。将平行且端点毗邻的边界线合并；邻近且近似垂直的两边界线延伸至其相交点处；对于平行且邻近的建筑物边界线，仅保留最外侧的一边；与短的边界线段相比，长边界线段显然更可靠，因此仅保留长边删除短边。

5.4.2　机载点云中建筑物边界线提取

由于俯视扫描，机载点云对建筑物边界的描述比地面点云更具优势，但同时也含有大量地面与植被点云，在复杂的地形中难以将其与建筑物点云区分开；现实中的建筑物往往有着多层的屋顶结构，增加了聚类屋顶点云提取边界线的难度。考虑这些因素，将机载建筑物边界线的提取分为：屋顶点云聚类和外边界线提取两部分，采用以下步骤聚类屋顶点云。

步骤 1　采用 Zhang 等（2013）的方法，将平滑约束嵌入渐进三角网滤波（progressive TIN densification，PTD）中过滤机载数据中的地面点云。

步骤 2　基于各点的法向量和高程信息聚类机载点云。由于屋顶结构复杂和其他非地面目标点的影响，机载点云将被聚类成多个区域，如图 5.29 所示。其中，屋顶点云被分割成了多个规则区域。

（a）目标区域的原始扫描点云（根据高程渲染结果）

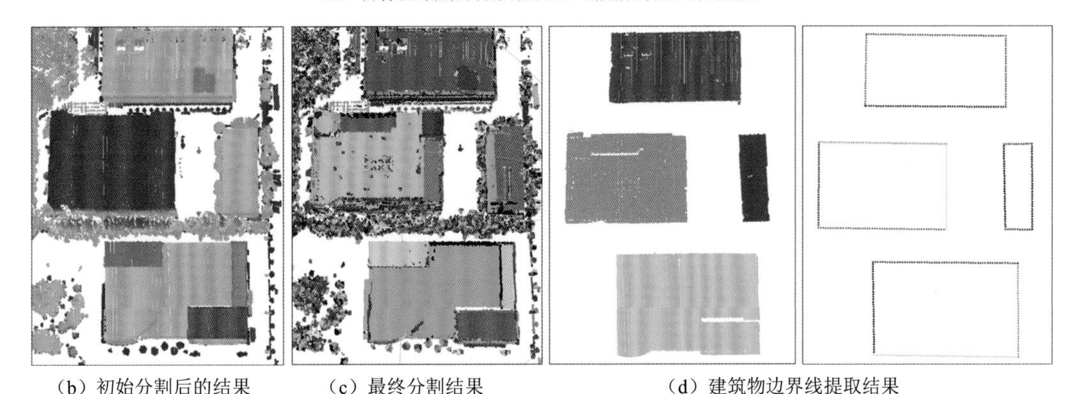

（b）初始分割后的结果　（c）最终分割结果　（d）建筑物边界线提取结果

图 5.29　机载点云中建筑物边界线提取流程图

步骤 3　为得到较完整的屋顶点云，采用 Gressin 等（2013）方法计算各区域的维度特征：线性、面状、体状特征。将高程相似的线状区域合并到与其最近的面状区域中；由于高层次的屋顶结构（如：烟囱）一般均位于一个较大的屋顶平面上，判断各区域中心点是否在某面状点云的最小外接矩形内，若包含在内则合并这两个点集；此外，若两面状区域邻近也被合并，聚类结果如图 5.29（c）所示。

从机载点云中提取建筑物边界线的方法很多，Vosselman（2000）通过分析不规则三角网中三角形的连接性提取建筑物边界线；Ortner 等（2007）利用了空间点的标记点过程（marked point processes），使提取的边界线具有较高的精度和完整度。本节则结合 alpha-shape 和霍夫变换提取了建筑物边界线特征。最后将提取的边界线投影到 *XOY* 平面上并规则化。图 5.29 显示了从机载点云中提取边界线的流程。

5.4.3 边界线特征的谱空间构建

受扫描角度、范围、分辨率等影响，多平台点云中提取的边界线间差异明显，利用特征间的空间拓扑关系也常用于多平台点云拼接。图谱理论是一种用于二维图像处理、三维目标识别、跟踪等领域的有效方法，本小节通过构建特征线间的谱空间，实现稀少相似特征的稳健匹配。

通过对建筑物边界线特征的均匀采样，可获取很多建筑物特征点（如：角点），这些特征点间的相互连接可描述不同建筑物边界线间的空间拓扑关系。边界线间的诸多空间相对关系，蕴涵在了一系列边界线特征点间的连接信息中。各特征点间的连接信息与相关约束条件为线特征的匹配提供了一个良好基础，因此有必要构建充分描述该拓扑空间信息的模型。在图论中，一般采用邻接矩阵描述拓扑空间信息。采用高斯权重函数构建各点间的邻接矩阵：

$$\boldsymbol{G}_{\mathrm{D}}(i,j)=\exp\left[-\frac{1}{2\delta^2}\left\|p_i-p_j\right\|^2\right] \tag{5.11}$$

式中：p_i, p_j 为点集中的各点；δ 为距离参数。

图谱理论结合了线性代数，矩阵理论和图论研究连接图的性质，集中解决如何使用连接矩阵的特征多项式，特征值和特征向量描述连接图的代数（如：连接性）和结构性质，其中，连接矩阵是与连接图相对应的。相比于图论，图谱理论善于处理对称或规则的连接图，邻接矩阵和拉普拉斯矩阵常被用于研究连接图性质。其中，拉普拉斯矩阵（Bapat，2011）同时包含了结点的连接性和度信息，更适于表达特征点间的空间拓扑关系。拉普拉斯矩阵是由结点度的对角矩阵和结点的邻接矩阵共同确定的。

假设 $G(\mathrm{Vertices},\mathrm{Edges})$ 为无向连接图，其结点和边分别表示为：$\mathrm{Vertices}(G)=\{1,\cdots,n\}$ 和 $\mathrm{Edges}(G)=\{e_1,\cdots,e_m\}$，$\boldsymbol{D}(G)$ 为结点度的对角矩阵 $\boldsymbol{D}(G)=\mathrm{diag}\{d_u:u\in\mathrm{Vertices}\}$，其中 d_u 表示结点 u 的度。邻接矩阵为 $\boldsymbol{A}(G)=\{a_{uv}:u,v\in\mathrm{Vertices}\}$，当结点 u 与 v 相邻时，$a_{uv}=1$。此处，邻接矩阵采用连接图的边描述了各结点间邻接关系。拉普拉斯矩阵即为：$\boldsymbol{L}(G)=\boldsymbol{D}(G)-\boldsymbol{A}(G)$。根据 Tang 等（2007）构建拉普拉斯矩阵的方法，n 个采样点的点集 I 其拉普拉斯矩阵为

$$\boldsymbol{L}_I(i,j)=\begin{cases}-\exp\left[\dfrac{1}{\lambda}\left\|p_i-p_j\right\|\right], & 如果 i\neq j\\ -\sum\limits_{k\neq i}L_{ik}, & 如果 i=j.\ i,j,k=1,2,\cdots,n\end{cases} \tag{5.12}$$

式中：p_i, p_j 为点集 I 中的采样点；λ 为控制各点相互作用度的距离参数，是各特征点影响范围和各边界线采样点间的连接力度的关键因素。在拉普拉斯矩阵中，非对角矩阵元素为非正元素，而对角矩阵元素则为非负元素。此外，式（5.12）中的点与点之间的空间关系通过欧氏距离的指数表达，使矩阵描述的各点空间拓扑关系更合理。

为便于采用拉普拉斯矩阵形式描述机载与地面的建筑物边界线拓扑关系，各边界线被以固定长度采样成各点，并根据上式构建出相应的拉普拉斯矩阵。

5.4.4　不同平台点云边界线匹配

1. 基于几何约束的边界线初始匹配

若直接根据图谱理论比较建筑物边界线，以确定潜在的边界线匹配对将极为费时。为减少计算量提高匹配效率，本小节结合建筑物边界线各边间的长度和角度约束初始匹配边界线特征。然而，与建筑物边界线的真值相比，由于遮挡的影响提取的各边可能会有所不同，如图 5.30 所示，需要一种基于几何约束的建筑物边界线稳健初始匹配方法。

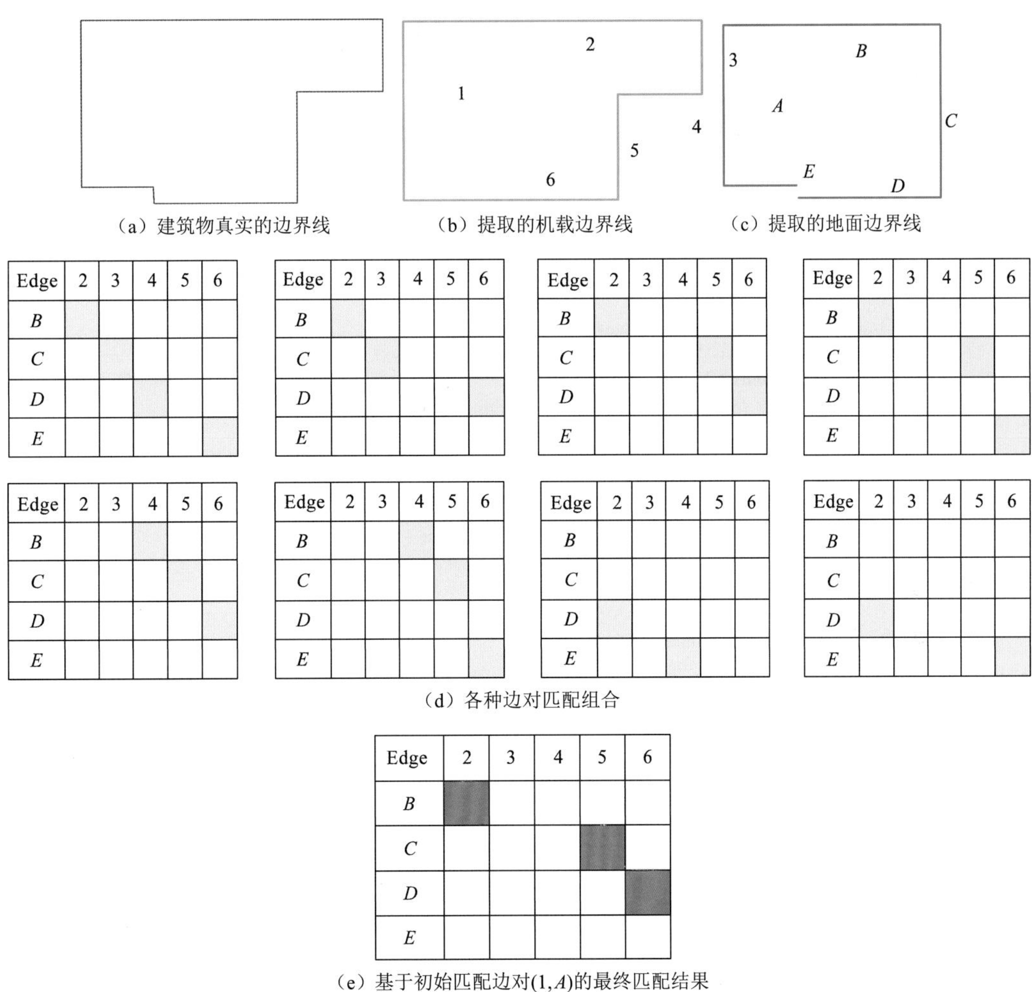

（a）建筑物真实的边界线　（b）提取的机载边界线　（c）提取的地面边界线

（d）各种边对匹配组合

（e）基于初始匹配边对(1, A)的最终匹配结果

图 5.30　建筑物边界线特征初始匹配原理

假设 $B_{\mathrm{ALS}}=\{E[1],E[2],\cdots,E[m]\}$ 和 $B_{\mathrm{TLS}}=\{F[1],F[2],\cdots,F[n]\}$ 分别为机载和地面点云中提取的某栋建筑物边界线，$E[i]$和 $F[j]$分别为提取的边界线中的各边。根据前文方法，B_{ALS} 和 B_{TLS} 中的各边已按顺时针排序。对于某一对初始的匹配边（$E[i]$, $F[j]$），$E[i]$后的各边和 $F[j]$后的各边将构成一组匹配对（$<E[i], F[j]>$, $<E[s], F[t]>$, $\cdots$, $<E[p], F[q]>$）。

此外，该组中的各对匹配边仍需满足如下约束条件。

约束-1：$E[s]$和 $F[t]$分别为 $E[i]$和 $F[j]$ ($s>i, t>j$)后的边。$E[s]$和 $E[i]$间的夹角为 A，$F[t]$和 $F[j]$间的夹角为 B，则 A 与 B 的差值应该小于一定阈值。

约束-2：对匹配组中任意两对边（$<E[s], F[t]>$，$<E[u], F[v]>$），应满足 $s\neq u$, $t\neq v$，且 $u>s>i$，$v>t>j$。

算法　边界线对的初始匹配

```
1. (E[i], F[j]) 为匹配的一对初始边，i∈[0,m], j∈[0,n]，matchArray 为一组潜在的匹配
2. 边
3. for k from i + 1 to m
4.     计算E[k]，E[i]间的夹角A
5.     for t from j + 1 to n
6.         计算F[t]，F[j]间的夹角B
7.         if |A−B|<Threshold then
8.             根据上述方程可计算出长度权重
9.             E[k].potentialMatchings.push_back(F[t])
10.        end if
11.    end for
12. end for
13. selectPotentialMatchingCombinations (i, j, matchArray)
14. def selectPotentialMatchingCombinations (i, j, matchArray)
15.    for k from i + 1 to m
16.        for t from 0 to E[k]. potentialMatchings.size − 1
17.            设置匹配索引id←E[k]. potentialMatchings[t]. indexOfFedges
18. //indexOfFedges为F edges中与E[k]. potentialMatchings[t]对应的边索引，在代码21，22
    26行也分别用到相同的表达
19.            if id > j then
20.                for inum from 0 to matchArray.size − 1
21.                    if matchArray[inum].indexOfEedges = k ||
22.                      matchArray[inum].indexOfFedges = id then
23.                      matchArray.erase(matchArray.begin+inum, matchArray.end)
24.                    end if
25.                end for
26.                matchArray.push_back(E[k], F[id])  //得到一对匹配边
27.                if k = m || id = n then
28.                    从matchArray输出匹配矩阵，如下图所示
29.                else
30.                    //递归搜索下一对匹配边
31.                    selectPotentialMatchingCombinations (k, id, matchArray)
32.                en if
33.            end if
34.        end for
35.    end for
36. end def
```

根据以上约束，按照以下伪代码搜索建筑物边界线中各边的匹配对。某一对边的权重定义为

$$W_{kt}=\frac{\max\{\text{Length}_{E_k},\text{Length}_{F_t}\}}{abs(\text{Length}_{E_k}-\text{Length}_{F_t})} \tag{5.13}$$

式中：Length_{E_k} 和 Length_{F_t} 为边 E_k 和 F_t 长度。

由式（5.13）可知，当某对边的相似性较高时，该对边的权重也相应较高。图 5.30（a）

显示了建筑物边界线的真值，图 5.30（b）和图 5.30（c）分别显示了从机载和地面数据中提取出的建筑物边界线。为匹配机载与地面的边界线特征，图 5.30（c）中各边均以顺时针方向依次考虑与图 5.30（b）中的各边作为初始匹配对，并根据上述伪代码搜索匹配的边对组。例如，由初始匹配边对(1,*A*)将产生多组匹配边对，如图中的黄色矩阵元素的行列表示，同时可计算出各组匹配边对的权重。将权重和最大的一组匹配边对作为两个建筑物边界线间边的以(1,*A*)为初始匹配边对的匹配组合，如图 5.30（e）所示。

两个建筑物边界线间的一对初始匹配边将产生一组匹配边。假设两个待匹配的边界线分别有 m 和 n 条边，将会有 $m\times n$ 对初始匹配边，由此将产生出多组的匹配边对。这些匹配边组需要被进一步评估，以选择出最优的匹配组合作为同名边。

2. 基于谱空间确定最优边界线匹配

假设某建筑物边界线的采样点集为：$F=\{v_1, v_2,\cdots,v_m\}$，$\boldsymbol{L}$ 为 F 的拉普拉斯矩阵。分解拉普拉斯矩阵可得：$\boldsymbol{L}=\boldsymbol{U}\boldsymbol{\Lambda}\boldsymbol{U}^{\mathrm{T}}$，其中，$\boldsymbol{\Lambda}=\mathrm{diag}\{\lambda_1,\lambda_2,\cdots,\lambda_m\}$ 为特征值的对角矩阵，$\lambda_1\geqslant\lambda_2\geqslant\cdots\geqslant\lambda_m\geqslant 0$；$\boldsymbol{U}$ 为 $m\times n$ 的正交矩阵，描述了采样点间的空间关系（如：距离，方向，连接性），$\boldsymbol{U}$ 矩阵的各行表示与各采样点对应的向量；$\boldsymbol{\Lambda}$ 中各对角元素表明了各采样点与其他采样点间联系的重要程度。

假设 $\boldsymbol{L}_{(m\times m)\mathrm{ALS}}$ 和 $\boldsymbol{L}_{(n\times n)\mathrm{TLS}}$ 分别为基于 ALS 和 TLS 边界线构建的拉普拉斯矩阵，其中 m 和 n 分别为其边界线的采样点点数。大部分情况下，$m\neq n$，则有

$$\begin{aligned}\boldsymbol{L}_{(m\times m)\mathrm{ALS}}&=\boldsymbol{U}_{\mathrm{ALS}}\boldsymbol{\Lambda}_{\mathrm{ALS}}\boldsymbol{U}_{\mathrm{ALS}}^{\mathrm{T}}\\ \boldsymbol{L}_{(n\times n)\mathrm{TLS}}&=\boldsymbol{U}_{\mathrm{TLS}}\boldsymbol{\Lambda}_{\mathrm{TLS}}\boldsymbol{U}_{\mathrm{TLS}}^{\mathrm{T}}\end{aligned}\tag{5.14}$$

因为采样点间的空间关系信息主要集中在 $\boldsymbol{U}$ 矩阵的前几列中，为便于匹配需使 $\boldsymbol{U}$ 矩阵具有相同的列数。故取 $\boldsymbol{U}_{\mathrm{ALS}}$ 和 $\boldsymbol{U}_{\mathrm{TLS}}$ 的前 k 列为：$\boldsymbol{U}_{\mathrm{ALS}}^{k}=\{\boldsymbol{C}_{\mathrm{als1}},\cdots,\boldsymbol{C}_{\mathrm{als}k}\}$ 和 $\boldsymbol{U}_{\mathrm{TLS}}^{k}=\{\boldsymbol{C}_{\mathrm{tls1}},\cdots,\boldsymbol{C}_{\mathrm{tls}k}\}$，其中 $\boldsymbol{U}_{\mathrm{ALS}}^{k}$ 为 $m\times k$ 矩阵，$\boldsymbol{U}_{\mathrm{TLS}}^{k}$ 为 $n\times k$ 矩阵。此外，从数学角度考虑，奇异值分解后 $\boldsymbol{U}_{\mathrm{ALS}}$ 和 $\boldsymbol{U}_{\mathrm{TLS}}$ 中同名列表达的特征空间坐标轴向可能相反；若点集中采样点间存在对称结构，则对角矩阵中可能会出现近似的特征值，致使各特征向量的列序颠倒。为解决这些问题，根据 Mateus 等（2008）方法，构建各列特征空间坐标轴的直方图，通过匹配直方图纠正其坐标轴向和列序。

建筑物各边采样点可用拉普拉斯矩阵描述，各采样点的拓扑信息反映在上述分解后的 $\boldsymbol{U}$ 矩阵的各行向量中，因此通过比较各行向量相似度可选择出潜在的匹配边。$\boldsymbol{U}$ 矩阵的前 k 列构成了嵌式 k 维空间（embedded k-dimensional space），保证了机载和地面采样点的特征向量具有相同维度。若一对匹配边中的边有 N 个采样点，则该边的信息可描述成 $N\times k$ 维特征向量。根据图谱理论，该对匹配边的相关系数可计算为

$$r=\frac{n\sum_{i=1}^{n}\boldsymbol{A}_i\boldsymbol{T}_i-\sum_{i=1}^{n}\boldsymbol{A}_i\sum_{i=1}^{n}T_i}{\sqrt{n\sum_{i=1}^{n}\boldsymbol{A}_i^2-\left(\sum_{i=1}^{n}\boldsymbol{A}_i\right)^2}\sqrt{n\sum_{i=1}^{n}\boldsymbol{T}_i^2-\left(\sum_{i=1}^{n}\boldsymbol{T}_i\right)^2}}\tag{5.15}$$

式中：$n=N\times k$；$\boldsymbol{A}_i$ 和 $\boldsymbol{T}_i$ 为该对匹配边的特征向量。

对于一建筑物边界线，通过规则化其每对匹配边的相关系数 r，可得边界线的相关系数为

$$\mathrm{CC}=\frac{\mathrm{Length}_1\times r_1+\cdots+\mathrm{Length}_n\times r_n}{\mathrm{Length}_1+\cdots+\mathrm{Length}_n} \tag{5.16}$$

式中：Length_i 和 r_i 分别为匹配边的长度和相关系数。

对于两个建筑物边界线，根据上述内容可生成多种潜在的匹配边组，规则化各种匹配边组合的相关系数后，选择最大相关系数对应的边组合作为了这两个边界线的最优边匹配。假设机载和地面中建筑物边界线的数量分别为 p 和 q，则可得到其 $(p\times q)$ 的相关系数矩阵 $\boldsymbol{M}$，该矩阵包含了机载与地面边界线中所有潜在的匹配边组合。最佳匹配的建筑物边界线可通过以下公式确定：

$$\begin{aligned} M(i,j)=&\arg\max\left\{M(s,j),\ s\in(1,2,\cdots,p),s\neq i\right\} \\ &\&\&\arg\max\left\{M(i,t),\ t\in(1,2,\cdots,q),t\neq j\right\} \end{aligned} \quad i\in(1,2,\cdots,p),\ j\in(1,2,\cdots,q) \tag{5.17}$$

式中：$M(i,j)$ 为矩阵中所在行列的最大元素值，表示第 i 个机载建筑物边界线与第 j 个地面建筑物边界线匹配。因此，采用该方法可获取最佳匹配的边界线，此外，该匹配方法也可直接用于同平台的边界线特征匹配中，为多平台点云的拼接提供可靠的同名配准基元。

获得同名配准基元后，利用奇异值分解法通过矩阵构造与分解，求解转换参数。点云间的空间转换可转化为对以下目标函数的最小化问题：

$$D_1=\sum_{i=1}^{N}\left\|\boldsymbol{p}_i-\boldsymbol{R}\boldsymbol{q}_i-\boldsymbol{T}\right\|^2 \tag{5.18}$$

式中：N 为同名点数；$\boldsymbol{R}$，$\boldsymbol{T}$ 为待求参数。

通过对点云重心化，可得到同名点的新坐标：$\overline{p}_i,\overline{q}_i$，新点间只存在旋转变化，通过数学变换后有

$$D_2=\sum_{i=1}^{N}\left\|\overline{\boldsymbol{p}}_i-R\overline{\boldsymbol{q}}_i\right\|^2=\sum_{i=1}^{N}\left(\overline{\boldsymbol{q}}_i-R\overline{\boldsymbol{q}}_i\right)^{\mathrm{T}}\left(\overline{\boldsymbol{p}}_i-R\overline{\boldsymbol{q}}_i\right)=\sum_{i=1}^{N}\left(\overline{\boldsymbol{p}}_i^{\mathrm{T}}\overline{\boldsymbol{p}}_i+\overline{\boldsymbol{q}}_i^{\mathrm{T}}\overline{\boldsymbol{q}}_i-2\overline{\boldsymbol{q}}_i^{\mathrm{T}}R\overline{\boldsymbol{p}}_i\right) \tag{5.19}$$

为使 D_2 最小即等价于使下式最大化：

$$F=\sum_{i=1}^{N}\overline{\boldsymbol{q}}_i^{\mathrm{T}}R\overline{\boldsymbol{p}}_i=\mathrm{tr}\left(R\sum_{i=1}^{N}\overline{\boldsymbol{q}}_i^{\mathrm{T}}\overline{\boldsymbol{p}}_i\right)=\mathrm{tr}(\boldsymbol{R}\boldsymbol{H}) \tag{5.20}$$

通过对 $\boldsymbol{H}$ 矩阵 SVD 分解有

$$\boldsymbol{H}=\boldsymbol{U}\boldsymbol{\Lambda}\boldsymbol{V}^{\mathrm{T}} \tag{5.21}$$

由 Lemma 定理知，当 $\det(\boldsymbol{V}\boldsymbol{U}^{\mathrm{T}})=1$，旋转矩阵 $\boldsymbol{R}=\boldsymbol{V}\boldsymbol{U}^{\mathrm{T}}$ 时，可使目标函数最小，进而可计算出平移矩阵为

$$\boldsymbol{T}=\frac{1}{N}\sum_{i=1}^{N}\boldsymbol{p}_i-\boldsymbol{R}\frac{1}{N}\sum_{i=1}^{N}\boldsymbol{q}_i \tag{5.22}$$

5.4.5　实验验证与分析

1. 实验数据及相关参数

本实验采用两套试验区的机载与地面基站点云：武汉龙泉山数据和广州萝岗区数据验证所提方法的有效性。其中，龙泉山数据共架设 12 站地面站点，而萝岗区包含 10 站地面站点。在配准实验中，将机载点云视为标准参考点云，地面基站点云则为待配准点云。表 5.7 描述了试验区数据的相关参数，图 5.31 显示了测区地点及实验数据。

表 5.7　试验区数据的相关参数

试验区地点	数据类型	采集时间	设备型号	试验区范围	总点数/百万	点密度/m^2	相对精度/mm
龙泉山	ALS	2013.11	Riegl LMS-Q160	0.8×1.5 km^2	8.39	8	20
	TLS	2014.09	Riegl VZ400	150×160 m^2	0.76	12	1～1.5
萝岗区	ALS	2013.10	Trimble Harrier 68i	1.1×1.2 km^2	5.63	5	20
	TLS	2014.07	Stonex X-300*	120×150 m^2	0.73	20	2

*Stonex X-300 为一款国产的地面基站扫描仪

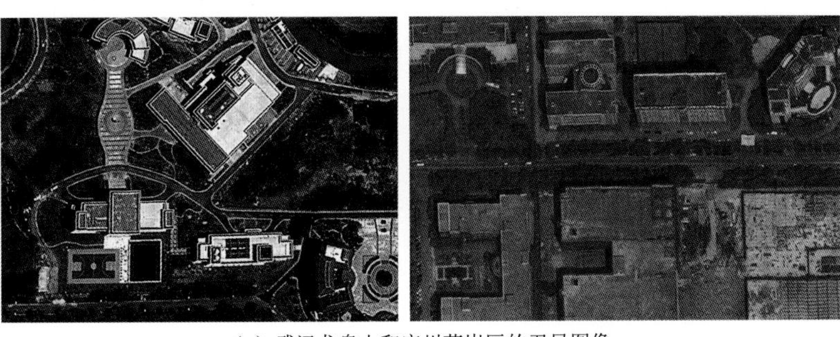

（a）武汉龙泉山和广州萝岗区的卫星图像

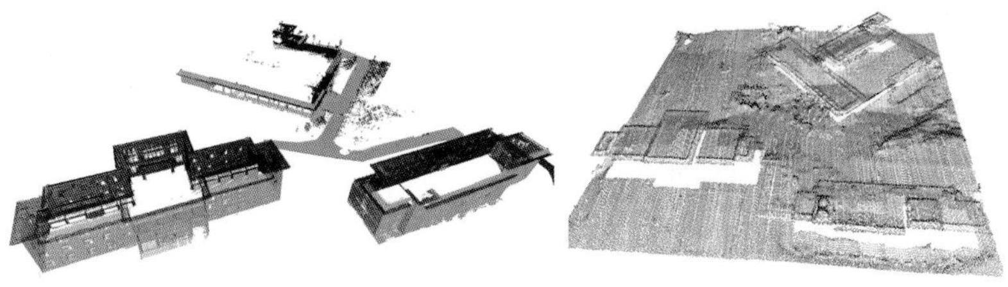

（b）龙泉山试验区的地面及机载点云

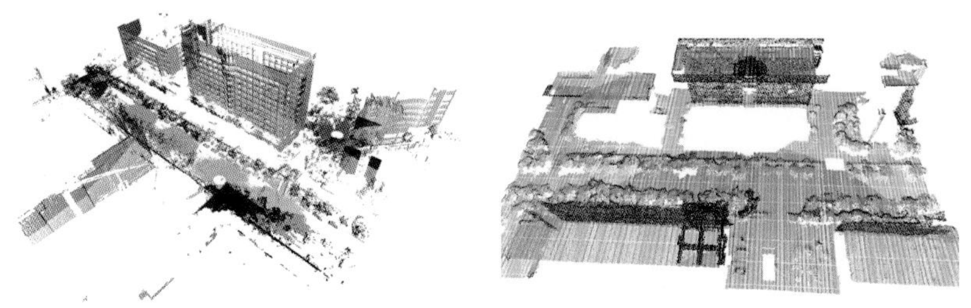

（c）萝岗试验区的地面及机载点云

图 5.31　城区实验区的地面与机载扫描点云

2. 建筑物外边界线特征提取

图5.32为从机载和地面数据中提取建筑物边界线特征的实验流程。从图中可以看出，地面基站点云中建筑物立面特征均可以被正确地提取，而冗余的边界线特征也得到了有效的抑制。机载数据中的外边界线特征也同样得到了准确的提取，尤其对于具有多层次结构屋顶的建筑物数据，边界线特征依然得到了完整提取，说明了该方法的稳健性。此外，将提取出的边界线特征与点云比较时，发现两者间具有较好的一致性，证明了边界线特征提取方法的准确性。而机载与地面数据中的同名边界线特征也具有较高的相似度，有利于后续的匹配。

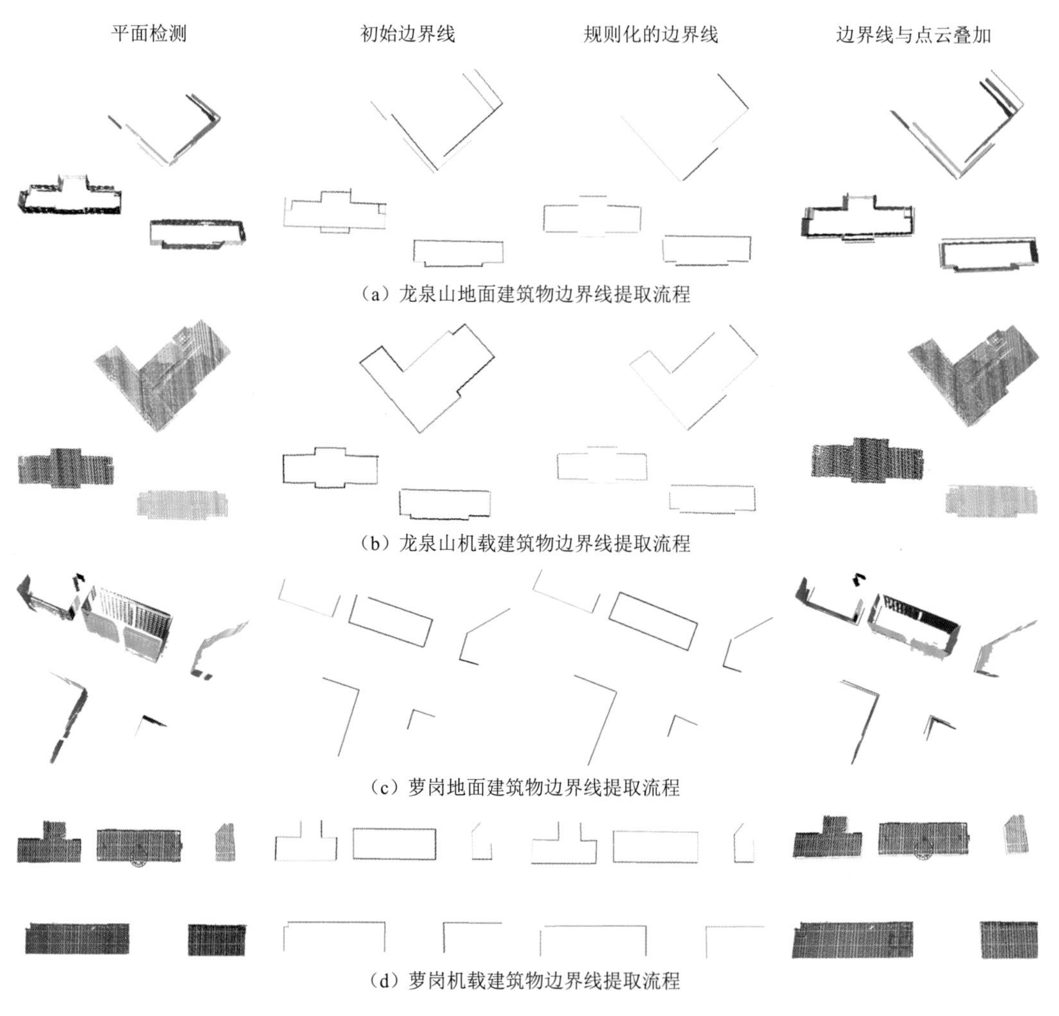

(a) 龙泉山地面建筑物边界线提取流程

(b) 龙泉山机载建筑物边界线提取流程

(c) 萝岗地面建筑物边界线提取流程

(d) 萝岗机载建筑物边界线提取流程

图5.32 地面与机载点云边界线特征提取流程

通过比较图5.32中龙泉山地面数据中外边界线特征规则化前后的结果发现，受屋檐的影响外边界线被纠正了约1.2 m，由于较长的外边界线可靠性更高，过滤掉了很多较短的外边界线。此外，为与机载数据中的线特征一致，地面数据中仅保留了最外侧的边界线特征。对于机载数据，其外边界线特征的提取主要受屋顶点云的聚类影响，可以看出规则化后外边界线特征的差别并不显著，这是由于机载屋顶点云投影后通常较为规则。

3. 同名基元匹配与空间一致性转换

ALS 与 TLS 建筑物边界线的整体匹配结果如图 5.33 所示，图中表明本小节方法可以有效地匹配同名边界线特征。一般情况下，由于遮挡的影响从 TLS 数据中提取的建筑物边界线特征往往并不完整，然而本节方法依然可以取得良好效果，显示出了其优异的稳健性和可靠性。图 5.34 为两平台点云的配准结果，建筑物的边缘区域表明 ALS 与 TLS 数据得到了精确地配准，拼接后的数据可完整描述三维目标的表面信息。

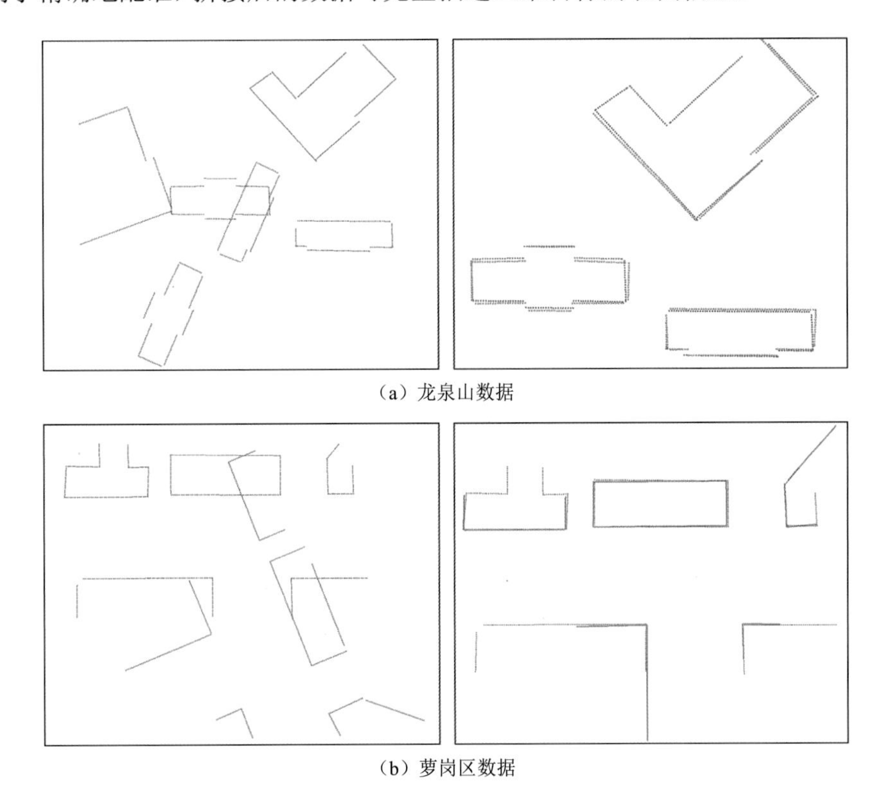

（a）龙泉山数据

（b）萝岗区数据

图 5.33　建筑物边界线的初始位置与配准结果

为定量评估本节方法的配准误差，分别采用均值、最大值和均方根误差衡量本文配准和手动配准后的点云。均值和最大值误差分别指采用本文方法和手动方法配准 TLS 后，相同点间的距离偏差。均方根误差为

$$\mathrm{RMSE}=\sqrt{\frac{\sum_{i=1}^{g} d_i^2}{g}} \tag{5.23}$$

式中：g 为 TLS 中总点数；d_i 为 TLS 中某一点在采用两种配准方法后的距离差。图 5.35 为选取的不同区域根据各点在两种方法下的距离差渲染结果。表 5.8 为相应的误差指标。

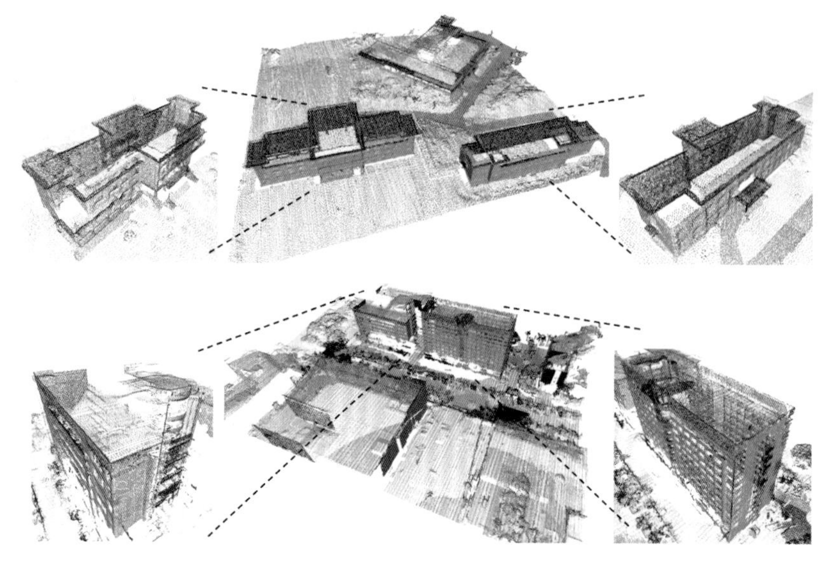

图 5.34　机载与地面点云的配准结果

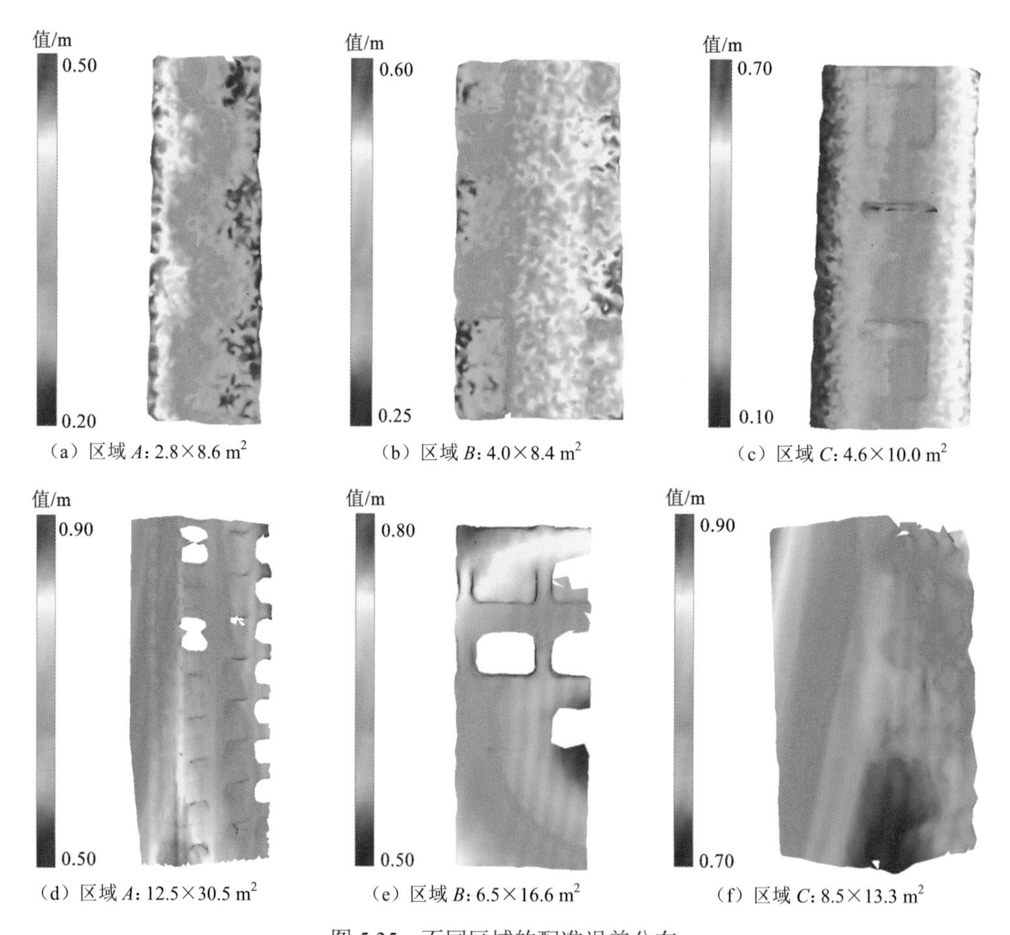

（a）区域 A: 2.8×8.6 m^2　（b）区域 B: 4.0×8.4 m^2　（c）区域 C: 4.6×10.0 m^2

（d）区域 A: 12.5×30.5 m^2　（e）区域 B: 6.5×16.6 m^2　（f）区域 C: 8.5×13.3 m^2

图 5.35　不同区域的配准误差分布

（a）～（c）为龙泉山数据；（d）～（e）为萝岗区数据

表 5.8 初配准误差表

数据	区域	地面点数	平均误差/m	最大误差/m	RMSE/m	ICP 后的平均误差/m
龙泉山	A	289	0.32	0.52	0.34	0.12
	B	405	0.37	0.61	0.41	0.17
	C	560	0.42	0.76	0.47	0.16
萝岗区	A	7 721	0.67	0.88	0.72	0.26
	B	2 018	0.66	0.78	0.68	0.22
	C	2 481	0.78	0.87	0.81	0.31

在图 5.35 中，这些区域中距离误差值非常接近，表明了本小节提出方法的拼接误差分布较均匀。表 5.8 中显示，尽管初配准时误差值较大，但精配准（ICP）后平均距离误差值得到了显著降低，这表明本节方法提供的初始参数可满足精配准需求。根据配准的点云构建其相应的不规则三角网模型（TIN），如图 6.36 所示，表面模型可以准确地描述目标细节信息（如立面），这意味着点云配准具有较高精确性。

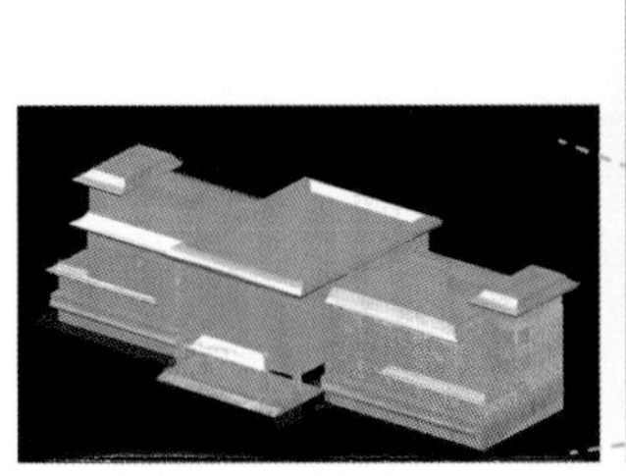
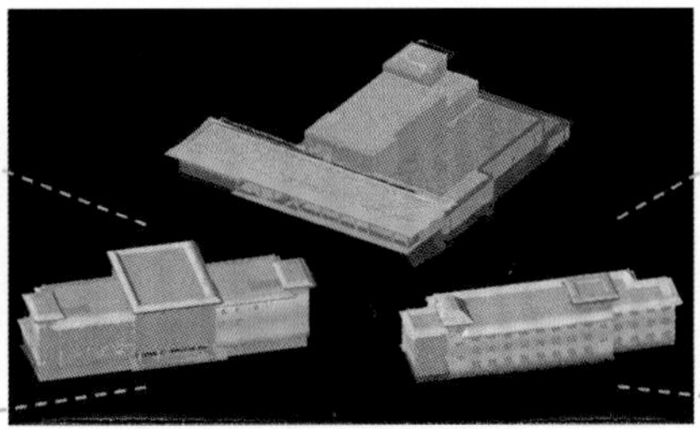
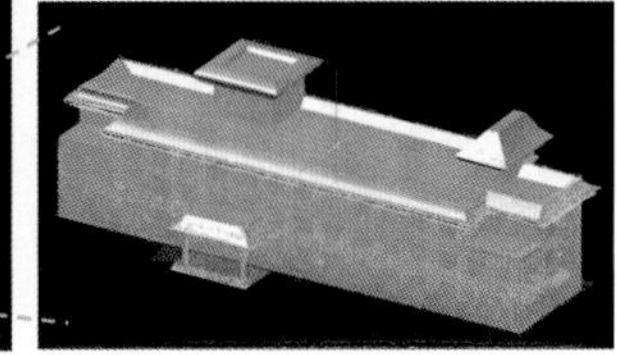

（a）龙泉山三维模型

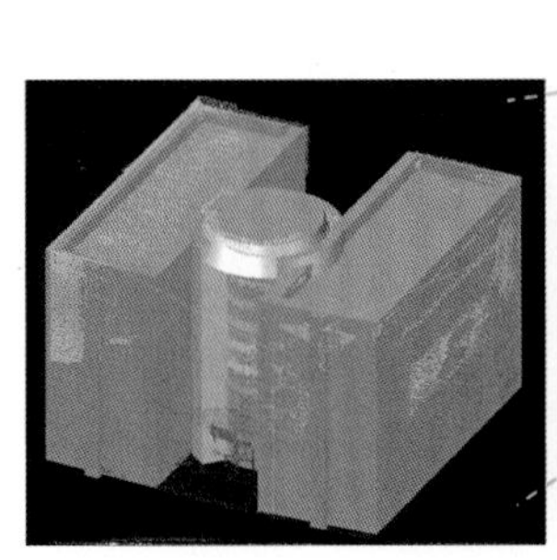
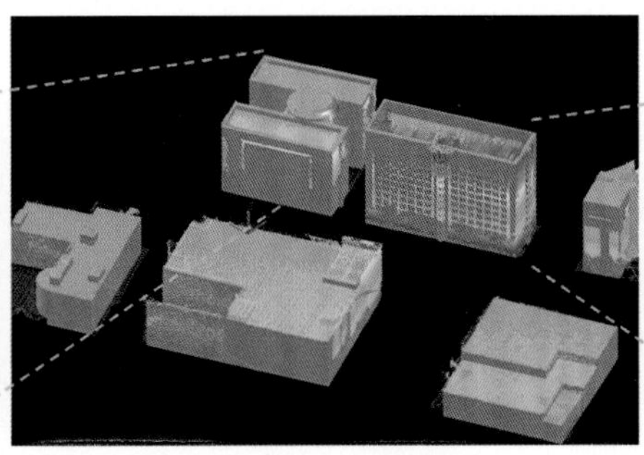

（b）萝岗区三维模型

图 5.36 基于配准后的点云构建的三维模型

不同程度的噪声和点间距也将影响点云的配准质量。为进一步验证本节方法的稳健性，对实验数据添加了不同程度的高斯噪声，其标准方差为 3.0，并且将其采样成不同的点间距数据。图 5.37 显示了在这些情况下的初配准和精配准误差。由于旋转只发生在 XOY 平面上，旋转角度误差仅有：$E_\omega = |\omega - \omega_m|$，平移误差为：$E_T = \|T - T_m\|$，其中，$\omega$ 和 T 为初配准或精配准的参数，ω_m 和 T_m 为结合手动和精配准得到的标准参数。

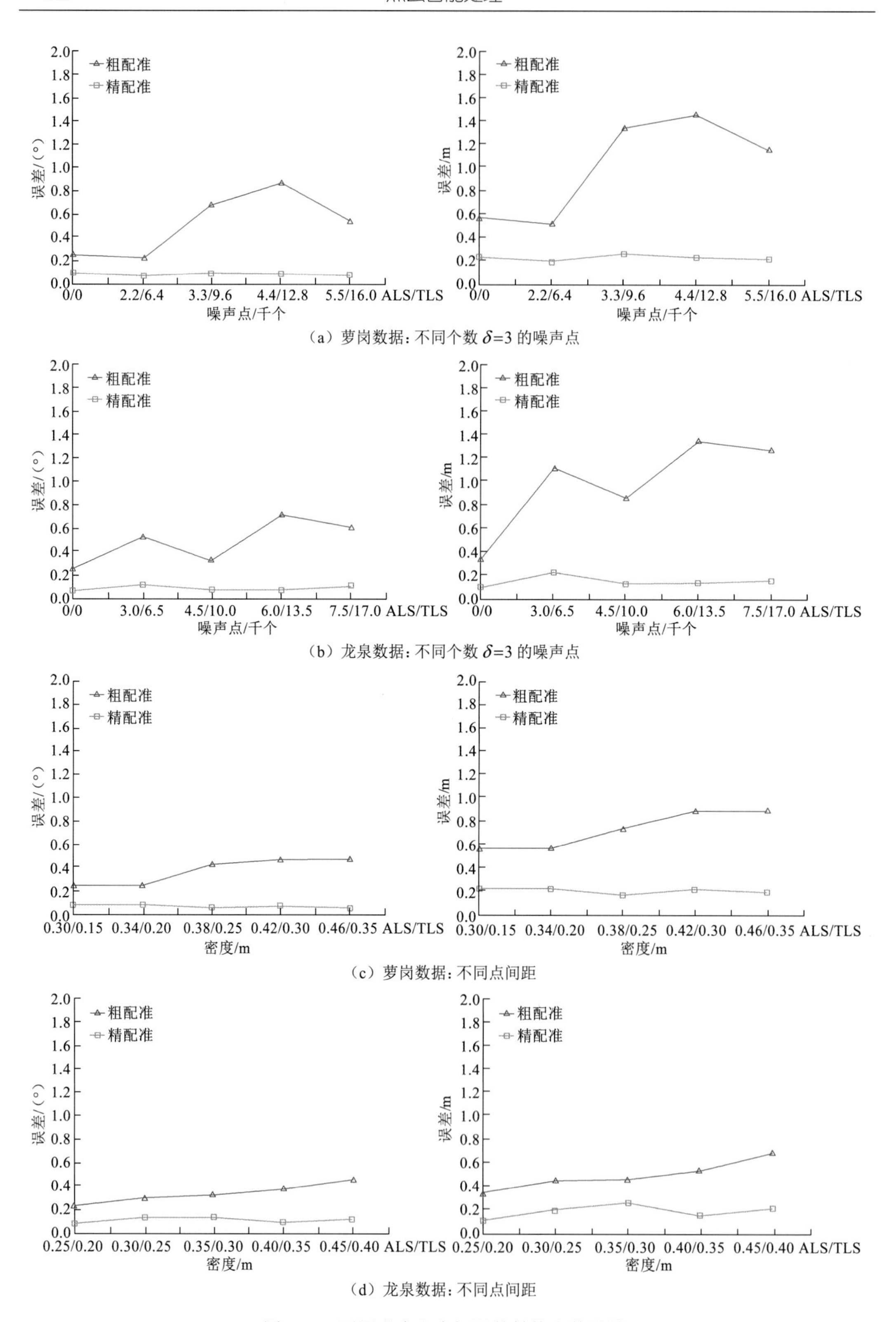

（a）萝岗数据：不同个数 $\delta=3$ 的噪声点

（b）龙泉数据：不同个数 $\delta=3$ 的噪声点

（c）萝岗数据：不同点间距

（d）龙泉数据：不同点间距

图 5.37　不同噪声和点间距的转换参数误差

如图 5.37（a）和图 5.37（b）中红线所示，不同噪声下初配准的旋转角度误差变化了约 0.6°，平移参数变化了约 1.0 m。然而，这些参数误差采用多线平差和精配准后得到了显著降低，如图 5.37（a）和图 5.37（b）中绿线所示。图 5.37（c）和图 5.37（d）表明，点间距对配准误差的影响中相对较小，因此本文提出的方法在配准不同点间距的 ALS 与 TLS 数据时较稳健。

在复杂的城市场景中，ALS 与 TLS 间往往存在着显著的差异，为评价本节方法在处理该类数据时的性能，人为地将 ALS 与 TLS 数据中部分边界线特征移除掉，以模拟两者间的差异，如图 5.38（a）所示。另一方面，ALS 数据的范围大小对配准结果也有一定的影响，范围越大，提出的几何特征越多。图 5.38（b）显示了不同区域范围的 ALS 数据，图 5.39 为两种情况下边界线的匹配结果。表 5.9 和表 5.10 为距离误差和初配准参数误差。

类型	情况 1	情况 2	情况 3
ALS 初始边界线			
TLS 初始边界线			

（a）机载与地面不同边界线特征

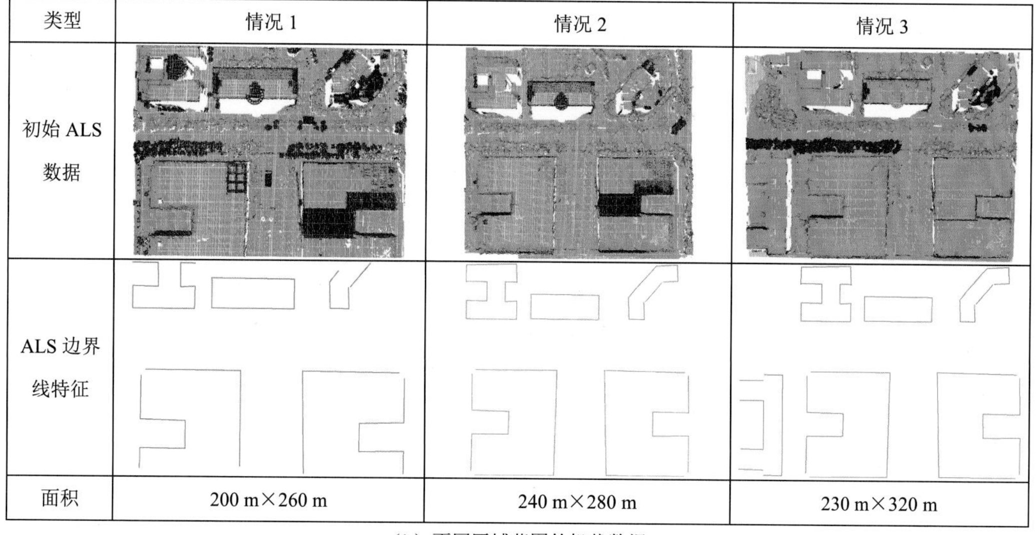

类型	情况 1	情况 2	情况 3
初始 ALS 数据			
ALS 边界线特征			
面积	200 m×260 m	240 m×280 m	230 m×320 m

（b）不同区域范围的机载数据

图 5.38　不同情况的边界线特征

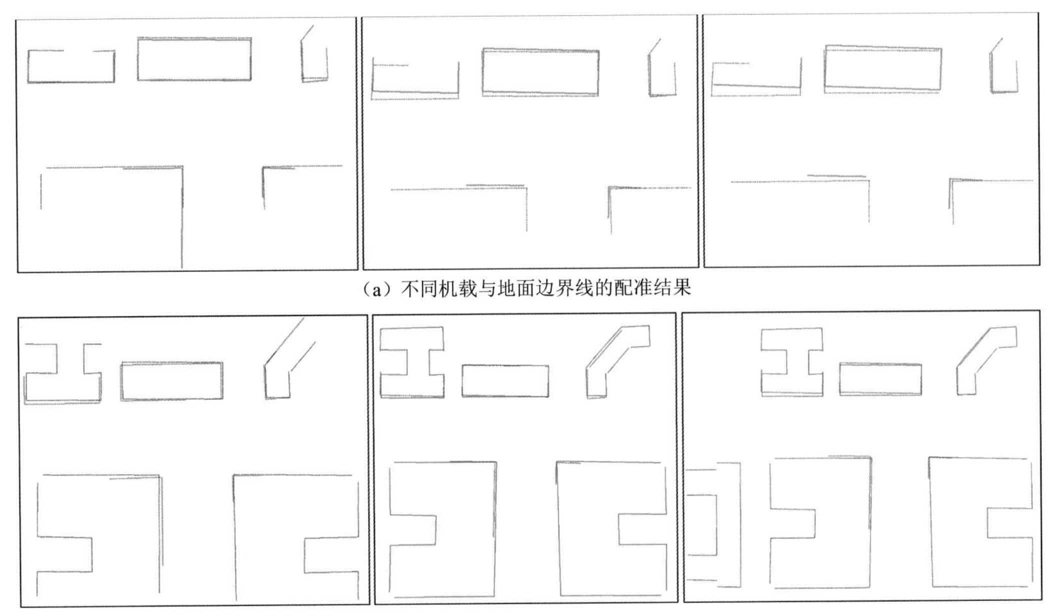

（a）不同机载与地面边界线的配准结果

（b）不同机载区域的配准结果

图 5.39　两种条件下的边界线匹配结果

表 5.9　不同建筑物边界线时的初配准精度

配准误差	距离误差/m			转换参数误差	
	平均误差	最大误差	RMSE	旋转角度/（°）	平移参数/m
情况 1	0.93	1.45	1.12	0.23	0.63
情况 2	2.32	3.37	2.45	0.92	1.26
情况 3	2.57	3.65	2.65	1.25	1.42

表 5.10　不同 ALS 区域的初配准精度

配准误差	距离误差/m			转换参数误差	
	平均误差	最大误差	RMSE	旋转角度/（°）	平移参数/m
情况 1	1.48	2.14	1.53	0.38	0.92
情况 2	1.74	2.21	1.96	0.52	1.10
情况 3	2.17	2.91	2.48	0.84	1.20

ALS 与 TLS 的建筑物边界线的显著差异对实验结果产生了一定的影响，如图 5.39（a）和表 5.9 所示。然而，初配准误差依然被控制在 2.5 m 以内，这是因为尽管去除了部分边界线特征，两数据间依然存在很多相同的几何结构，采用镶嵌特征空间可描述该结构信息。因此，即使在 TLS 与 ALS 数据间的重叠区域极少时，依然可以获得部分正确的匹配对，显示本节方法的稳健性。从图 5.39（b）和表 5.10 可看出：随着 ALS 范围的不断增大，旋转角度误差约为 1.0°，平移参数误差约 1.3 m。然而，本节方法仍可取得用于精配准的良好初值，验证了本节方法具有优异的稳健性能。

5.5 本章小结

针对现有不同平台点云配准方法效率低、难以解决低重叠度配准、缺少统一的配准理论研究等问题，本章重点介绍了层次化地基多平台激光点云自动配准、基于建筑物边界的地基与空基三维点云配准方法的原理与关键步骤。通过大量的实验对本章提出方法的普适性、稳定性、精准性、自动化程度等指标进行验证和分析。综合实验表明，本章提出的方法有效提高了多平台点云配准的效率、精度、适用范围，增强了配准方法对小重叠、多视角、多平台点云配准能力，为多源、多平台点云的自动配准提供了一套行之有效的科学方法，具有广泛的应用前景。

参考文献

臧玉府, 2016. 多平台点云空间基准统一与按需三维建模. 武汉: 武汉大学.

AKCA D, 2006. Registration of point clouds using range and intensity information. The International Workshop on Recording, Modeling and Visualization of Cultural Heritage: 115-126.

ASAI T, KANBARA M, YOKOYA N, 2005. 3D modeling of outdoor environments by integrating omnidirectional range and color images// Proceedings of the Fifth International Conference on 3-D Digital Imaging and Modeling (3DIM'05), Ottawa, ON, Canada: 447-454.

AIGER D, MITRA N J, COHEN-OR D, 2008. 4-points congruent sets for robust pairwise surface registration// ACM Siggraph, 27(3):85.

ANDRES B, KAPPES J, BEIER T,et al., 2012. The lazy flipper: Efficient depth-limited exhaustive search in discrete graphical models// European Conference on Computer Vision: 154-166.

BAPAT R B, 2011. Graphs and Matrices. London: Springer Hindustan Book Agency: 171.

BORRMANN D, ELSEBERG J, LINGEMANN K, et al., 2008. Globally consistent 3D mapping with scan matching. Robotics and Autonomous Systems, 56(2): 130-142.

BÖHM J, HAALA N, 2005. Efficient integration of aerial and terrestrial laser data for virtual city modeling using lasermaps. ISPRS Workshop Laser scanning 2005. Enschede, the Netherlands, September 12-14.

BÖHM J, BECKER S, 2007. Automatic marker-free registration of terrestrial laser scans using reflectance// Proceedings of 8th Conference on Optical 3D Measurment Techniques, Zurich, Switzerland, July 9-12: 338-344.

BARNEA S, FILIN S, 2008. Keypoint based autonomous registration of terrestrial laser point-clouds. ISPRS Journal of Photogrammetry and Remote Sensing, 63(1): 19-35.

BESL P J, MCKAY N D, 1992. Method for registration of 3-D shapes// International Society for Optics and Photonics, Robotics-DL tentative: 586-606.

CHEN H, BHANU B, 2007. 3D free-form object recognition in range images using local surface patches. Pattern Recognition Letters, 28(10): 1252-1262.

CHEN M, WANG S, WANG M, et al., 2017. Entropy-based registration of point clouds using terrestrial laser scanning and smartphone GPS. Sensors, 17(1): 229-39.

CARLBERG M, ANDREWS J, GAO P, et al., 2008. Fast surface reconstruction and segmentation with ground-based and airborne lidar range data.UC Berkeley, Tech. Rep. 2008.

CHENG L, TONG L, LI M, et al., 2013. Semi-automatic registration of airborne and terrestrial laser scanning data using building corner matching with boundaries as reliability check. Remote Sensing, 5(12): 6260-6283.

DOLD C, BRENNER C, 2006. Registration of terrestrial laser scanning data using planar patches and image data// International Archives of Photogrammetry, Remote Sensing and Spatial Information Sciences, 36(5): 78-83.

DONG Z, YANG B, LIU Y, et al., 2017. A novel binary shape context for 3D local surface description. ISPRS Journal of Photogrammetry and Remote Sensing, 130: 431-452.

FROME A, HUBER D, KOLLURI R, et al., 2004. Recognizing objects in range data using regional point descriptors// European conference on computer vision. Springer Berlin Heidelberg: 224-237.

FISCHLER M A, BOLLES R C, 1981. Random sample consensus: A paradigm for model fitting with applications to image analysis and automated cartography. Readings in Computer Vision. 1987: 726-740.

GRESSIN A, MALLET C, DEMANTKÉ J, et al., 2013. Towards 3D lidar point cloud registration improvement using optimal neighborhood knowledge. ISPRS Journal of Photogrammetry and Remote Sensing, 79: 240-251.

GE X, 2016. Non-rigid registration of 3D point clouds under isometric deformation. ISPRS Journal of Photogrammetry and Remote Sensing, 121: 192-202.

GE X, 2017. Automatic markerless registration of point clouds with semantic-keypoint-based 4-points congruent sets. ISPRS Journal of Photogrammetry and Remote Sensing, 130: 344-357.

GUO Y, SOHEL F, BENNAMOUN M, et al., 2013. Rotational projection statistics for 3D local surface description and object recognition. International Journal of Computer Vision, 105(1): 63-86.

GUO Y, BENNAMOUN M, SOHEL F, et al., 2014. 3D object recognition in cluttered scenes with local surface features: A survey. IEEE Transactions on Pattern Analysis and Machine Intelligence, 36(11): 2270-2287.

GUO H, DOU C, ZHANG X, et al., 2016.Toth. Earth observation from the manned low Earth orbit platforms. ISPRS Journal of Photogrammetry and Remote Sensing, 115: 103-118.

HANSEN W V, GROSS H, THOENNESSEN U, 2008. Line-based registration of terrestrial and airborne LIDAR data. Int. Archives Photogrammetry Remote Sensing Spatial. Inf. Sci, 37: 161-166.

HU J, YOU S, NEUMANN U, 2003. Approaches to large-scale urban modeling. Computer Graphics and Applications, IEEE, 23(6): 62-69.

HAUGLIN M, LIEN V, NÆSSET E, et al., 2014. Geo-referencing forest field plots by co-registration of terrestrial and airborne laser scanning data. International Journal of Remote Sensing, 35(9): 3135-3149.

HUBER D F, HEBERT M, 2003. Fully automatic registration of multiple 3D data sets// Image and Vision Computing, 21(7): 637-650.

JAW J J, CHUANG T Y, 2008. Feature-based registration of terrestrial and aerial LiDAR point clouds towards complete 3D scene. Proceedings of the 29th Asian Conference on Remote Sensing, Colombo, Sri Lanka. 1014: 12951300.

JOHNSON A E, HEBERT M, 1999. Using spin images for efficient object recognition in cluttered 3D scenes. IEEE Transactions on Pattern Analysis and Machine Intelligence, 21(5): 433-449.

KNOPP J, PRASAD M, WILLEMS G, et al., 2010. Hough transform and 3D SURF for robust three dimensional classification// European Conference on Computer Vision: 589-602.

KELBE D, VAN AARDT J, ROMANCZYK P, et al., 2017. Multiview marker-free registration of forest terrestrial laser scanner data with embedded confidence metrics. IEEE Transactions on Geoscience and Remote Sensing,55(2): 729-741.

KRUSKAL J B, 1956. On the shortest spanning subtree of a graph and the traveling salesman problem// Proceedings of the American Mathematical society, 7(1): 48-50.

LO T W R, SIEBERT J P, 2009. Local feature extraction and matching on range images: 2.5 D SIFT. Computer Vision and Image Understanding, 113(12): 1235-1250.

MATEUS D, HORAUD R, KNOSSOW D, et al., 2008. Articulated shape matching using Laplacian eigenfunctions and unsupervised point registration. Computer Vision and Pattern Recognition, IEEE Conference on: 1-8.

MIAN A, BENNAMOUN M, OWENS R A, 2006. A novel representation and feature matching algorithm for automatic pairwise registration of range images. International Journal of Computer Vision, 66(1): 19-40.

MIAN A, BENNAMOUN M, OWENS R, 2010. On the repeatability and quality of keypoints for local feature-based 3d object retrieval from cluttered scenes. International Journal of Computer Vision, 89(2-3): 348-361.

MASUDA T, 2002. Object shape modelling from multiple range images by matching signed distance fields// 3D Data Processing Visualization and Transmission, 2002. Proceedings. First International Symposium on: 439-448.

MASUDA T, YOKOYA N, 1995. A robust method for registration and segmentation of multiple range images. Computer vision and image understanding, 61(3): 295-307.

ORTNER M, DESCOMBES X, ZERUBIA J, 2007. Building outline extraction from digital elevation models using marked point processes. International Journal of Computer Vision, 72(2): 107-132.

PAJDLA T, VAN GOOL L, 1995. Matching of 3-D curves using semi-differential invariants// International Conference on Computer Vision: 390-395.

PU S, LI J, GUO S, 2014. Registration of terrestrial laser point clouds by fusing semantic features and GPS positions. Acta Geod. Cartogr. Sin, 43: 545-550.

RUSU R B, BLODOW N, MARTON Z C, et al., 2008. Aligning point cloud views using persistent feature histograms// International Conference on Intelligent Robots and Systems: 3384-3391.

RUSU R B, BLODOW N, BEETZ M, 2009. Fast point feature histograms (FPFH) for 3D registration// IEEE International Conference on Robotics and Automation: 3212-3217.

SHARP G C, LEE S W, WEHE D K, 2002. ICP registration using invariant features. IEEE Transactions on Pattern Analysis and Machine Intelligence, 24(1): 90-102.

STAMOS I, LEORDEANU M, 2003. Automated feature-based range registration of urban scenes of large scale// Proceedings of the IEEE conference on computer vision and pattern recognition, 2: II-555-Ii-561.

SUN J, OVSJANIKOV M, GUIBAS L, 2009. A Concise and Provably Informative Multi-Scale Signature Based on Heat Diffusion// Computer Graphics Forum: 1383-1392.

SIPIRAN I, BUSTOS B, 2011. Harris 3D: A robust extension of the Harris operator for interest point detection on 3D meshes. The Visual Computer, 27(11): 963.

TANG J, LIANG D, WANG N, 2007. A Laplacian spectral method for stereo correspondence. Pattern recognition letters, 28(12): 1391-1399.

THEILER P W, SCHINDLER K, 2012. Automatic registration of terrestrial laser scanner point clouds using natural planar surfaces. ISPRS Annals of Photogrammetry, Remote Sensing and Spatial Information Sciences, 3: 173-178.

THEILER P W, WEGNER J D, SCHINDLER K, 2014. Keypoint-based 4-Points Congruent Sets–Automated marker-less registration of laser scans. ISPRS journal of photogrammetry and remote sensing, 96: 149-163.

THEILER P W, WEGNER J D, SCHINDLER K, 2015. Globally consistent registration of terrestrial laser scans via graph optimization. ISPRS Journal of Photogrammetry and Remote Sensing, 109: 126-138.

TOMBARI F, SALTI S, DISTEFANO L, 2010. Unique shape context for 3D data description// Proceedings of the ACM workshop on 3D object retrieval: 57-62.

TOMBARI F, SALTI S, DISTEFANO L, 2013. Performance evaluation of 3D keypoint detectors. International Journal of Computer Vision, 102(1): 198-220.

TOTH C, JÓŹKÓW G, 2016. Remote sensing platforms and sensors: A survey. ISPRS Journal of Photogrammetry and Remote Sensing, 115: 22-36.

VOSSELMAN G, 2000. Building reconstruction using planar faces in very high density height data. International Archives of Photogrammetry and Remote Sensing, 32: 87-94.

WILLIAMS J, BENNAMOUN M, 2001. Simultaneous registration of multiple corresponding point sets. Computer Vision and Image Understanding, 81(1): 117-142.

WEINMANN M, WEINMANN M, HINZ S, et al., 2011. Fast and automatic image-based registration of TLS data. ISPRS Journal of Photogrammetry and Remote Sensing, 66(6): 62-70.

WEBER T, HÄNSCH R, HELLWICH O, 2015. Automatic registration of unordered point clouds acquired by Kinect sensors using an overlap heuristic. ISPRS Journal of Photogrammetry and Remote Sensing, 102: 96-109.

WU H, SCAIONI M, LI H, et al., 2014. Feature-constrained registration of building point clouds acquired by terrestrial and airborne laser scanners. Journal of Applied Remote Sensing, 8(1): 083587-083587.

XU Y, BOERNER R, YAO W, et al., 2017. Automated coarse registration of point clouds in 3d urban scenes using voxel based plane constraint. ISPRS Annals of the Photogrammetry, Remote Sensing and Spatial Information Sciences, 4: 185-191.

YAN L, TAN J, LIU H, et al., 2017. Automatic registration of TLS-TLS and TLS-MLS point clouds using a genetic algorithm. Sensors, 17(9): 1979.

YANG B, DONG Z, LIANG F, et al., 2016a. Automatic registration of large-scale urban scene point clouds based on semantic feature points. ISPRS Journal of Photogrammetry and Remote Sensing, 113: 43-58.

YANG J, LI H, CAMPBELL D, et al., 2016b. Go-ICP: a globally optimal solution to 3D ICP point-set registration. IEEE transactions on pattern analysis and machine intelligence, 38(11): 2241-2254.

YANG B S, WEI Z, LI Q, et al., 2013. Semiautomated building facade footprint extraction from mobile LiDAR point clouds. Geoscience and Remote Sensing Letters, IEEE, 10(4): 766-770.

ZAHARESCU A, BOYER E, VARANASI K, et al., 2009. Surface feature detection and description with applications to mesh matching// IEEE Conference on Computer Vision and Pattern Recognition: 373-380.

ZAI D, LI J, GUO Y, et al., 2017. Pairwise registration of TLS point clouds using covariance descriptors and a non-cooperative game. ISPRS Journal of Photogrammetry and Remote Sensing, 134: 15-29.

ZHAO H, SHIBASAKI R, 2005. Updating a digital geographic database using vehicle-borne laser scanners and line cameras. Photogrammetric Engineering & Remote Sensing, 71(4): 415-424.

ZHANG J, LIN X, 2013. Filtering airborne LiDAR data by embedding smoothness-constrained segmentation in progressive TIN densification. ISPRS Journal of photogrammetry and remote sensing, 81: 44-59.

ZHONG Y, 2009. Intrinsic shape signatures: A shape descriptor for 3d object recognition// International Conference on.Computer Vision Workshops: 689-696.

第 6 章　点云目标三维提取

6.1　引　　言

点云是物理世界数字化的三维描述，点云目标三维提取是点云场景理解和各种应用（如：智能驾驶、智慧城市等）的基础。当前，点云目标三维提取主要集中在基于特征（模板）和基于深度学习三维提取两个方面。基于特征（模板）的点云目标三维提取方法依赖特征描述子的特征描述能力。然而，由于场景中相邻目标之间存在不同程度的遮挡、目标之间存在着形态上的差异（如：尺寸、纹理、空间拓扑结构等）及数据的不完整性等实际情况，基于特征（模板）的点云目标三维提取方法在地物目标提取的种类、完整度及正确性方面还不能达到令人满意的结果。基于深度学习网络的方法依赖于训练样本的选择和学习网络的泛化能力，但在网络架构设计、训练样本方面及处理大规模点云场景方面均存在不足。针对点云场景的特点，围绕点云目标三维提取的实际需求，本章重点介绍点云的分割/分类、点云目标的提取策略、点云目标三维提取的理论方法与实践方面的内容。

6.2　点云目标三维提取研究现状

点云目标三维提取的关键是点云特征提取（学习）与表达。当前关于点云目标三维提取的研究重点集中在：①基于机器学习的逐点分类提取；②先分割后目标识别的提取；③基于深度学习的提取。

6.2.1　基于机器学习的逐点分类提取

基于机器学习的逐点分类提取方法的流程是先计算点云的局部特征描述子，然后利用训练数据集的特征描述和点类别作为输入训练分类器，最后根据训练出的分类器和待检测点的局部特征描述子实现逐点分类（Zhang et al.，2017；Hackel et al.，2016；Weinmann et al.，2015a；Guo et al.，2015；Xu et al.，2014；Niemeyer et al.，2014；Munoz et al.，2009）。在局部特征描述子计算方面主要有二进制形状上下文特征描述算子（Dong et al.，2017），法向量、主曲率和表面曲率、维数特征（Lalonde et al.，2006），基于特征值和特征向量的特征（Weinmann et al.，2013），全波形特征（Niemeyer et al.，2011；Heinzel et al.，2011），协方差矩阵特征（Lin et al.，2014），离地面的高度、点密度、回波强度（Yang et al.，2017a），平滑性等。除定义特征描述子外，设计合适的分类器也是必不可少的。常用于点云逐点分类的分类器有人工神经网络（Priestnall et al.，2000）、期望最大化（Mei et al.，2018；Charaniya et al.，2004）、贝叶斯分类（Wang et al.，2006）、支持向量机（Mallet et al.，2008）、自组织图（Salah et al.，2009）、决策树（Hermosilla et al.，2011）、增强决策树（enhanced decision tree）（Babahajiani et al.，2014）、AdaBoost（Lodha et al.，2007）、JointBoost（Mallet，2010）、Gradient Boosting（赵刚 等，2016）、随机森林（Ni et al.，2017; Yang et al.，2017b）、霍夫森林（Wang et al.，2014）等。

Weinmann 等（2015b）基于逐点分类的方式实现点云三维目标提取。该方法首先计算激光点云的三维局部特征（如：局部点密度、基于特征值的组合特征）和二维局部特征（如：二维结构张量、基于累计图的特征）；然后利用单变量和多变量滤波方法选择上述特征的最佳子集进行分类器的训练；最后根据训练出的分类器和待检测点的局部特征描述实现逐点分类，如图 6.1 所示。为了提高单一尺度特征描述子的表达能力，Brodu 等（2012）利用多尺度的局部维数特征进行自然场景点云分类（图 6.2）。算法首先计算每个点在不同邻域尺度下的维数特征，并把多个尺度下的维数特征串联作为该点的特征描述；然后把每个点的特征描述作为输入，利用训练好的 SVM 分类器将每个点分类为地面、植被、岩石、砾石和水面。由于结合不同尺度下的特征，该方法比单一尺度特征的分类效果更好，对部分数据缺失的 TLS 点云分类具有一定的鲁棒性，提高了分类精度和召回率（Wang et al.，2015）。为了避免逐点分类过程中的椒盐噪声，获得空间平滑的语义标记，Najafi 等（2014）、Weinmann 等（2015b）和 Landrieu 等（2017）根据空间上相邻点属于同一类别概率大的原则构建邻域点概率图模型，然后分别利用马尔科夫随机场、条件随机场和结构规则化的方法获得概率图模型的最优解，实现空间平滑的逐点分类，如图 6.3 所示。

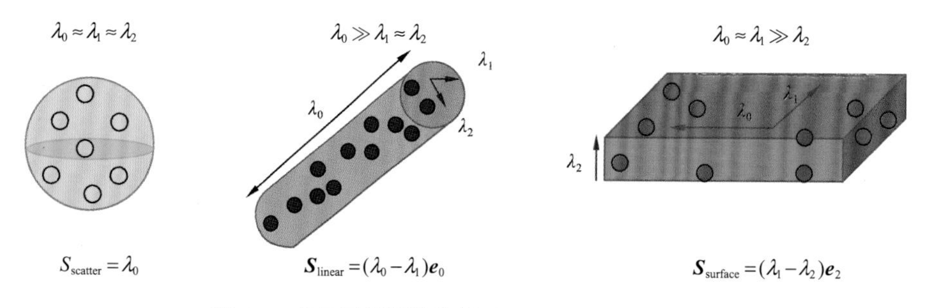

图 6.1　点云局部维数特征（Lalonde et al.，2006）

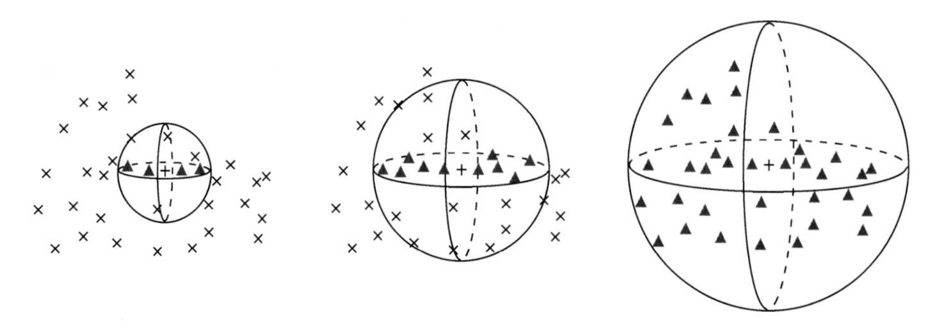

图 6.2　多尺度维数特征计算示意图（Brodu et al.，2012）

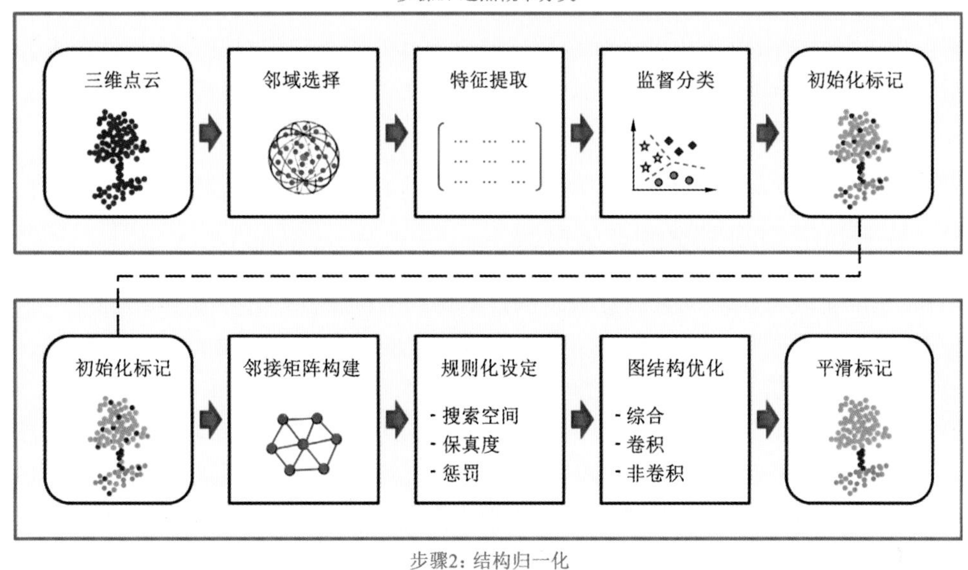

图 6.3　逐点分类及空间平滑流程图（Landrieu et al.，2017）

该类方法只需要对每一类目标训练相应的分类器，适用于多类别目标提取的场景（汪汉云，2015）。但是，由于仅仅利用了点云的局部特征，缺少邻域上下文和全局信息，因此对弱局部特征和大尺度目标的分类精度较差（Yang et al.，2017a）；另外，此类方法一般通过遍历逐点的方式进行特征计算、训练和分类，计算复杂度也相对较高（于永涛，2015）。

6.2.2　先分割后目标识别方法

基于局部特征描述子的逐点分类方法仅仅利用了有限邻域范围内的信息，缺乏对邻域上下文及目标的全局描述，因此对弱局部特征和大尺度目标的分类精度较差。因此，需要对点云进行相应的分割处理，将目标点云和背景点云分开；然后综合考虑目标点云的局部、全局及上下文特征实现分割目标的识别。该类方法包括两个主要步骤：点云分割和目标识别。

点云分割是指根据三维坐标、回波强度、波形、纹理和形状等特征把点云划分成若干互不重叠的区域，并使这些特征在同一区域内呈现相似性，而在不同区域间呈现出差异性。目前主流的点云分割方法主要包括：基于欧氏空间相邻关系的连通性分析、基于特征空间聚类的点云分割、多层次点云分割、基于图论的点云分割，以及融合过分割和指导性合并的点云分割方法。

1. 基于欧氏空间相邻关系的连通性分析

连通性分析具有原理简单、计算速度快等特点，是常用的点云分割方法之一（Lehtomaki et al.，2015；Awan et al.，2013；Golovinskiy et al.，2009）。例如，Lehtomaki 等（2015）首先移除地面点云和建筑物点云，然后对剩余的点云格网化，并通过格网 26 邻域的连通性分析将剩余点云分割成不同的区域。为了提高连通性分析方法对点密度变化的鲁棒性，Yan 等（2016）提出了一种顾及局部点密度的距离阈值自适应连通性分析方法。该算法根据低密度区域距离阈值大、高密度区域距离阈值小的原则，根据局部区域的点密度及其变化自适应地计算每个点的距离阈值，从而在一定程度上解决了分割不足和过分割的问题。

2. 基于特征空间聚类的点云分割

特征空间聚类方法可以直接着眼于点云本身的结构特性，用特征相似性测度所反映的内在属性区分不同目标，实现点云自动、快速、准确分割（Filin，2002）。该类方法根据点云的局部特征（法向量、局部粗糙度、回波强度等），在特征空间中利用 k-means、模糊 K 均值、概率 K 均值、mean shift 等聚类算法将点云进行分组。例如，Filin（2002）提出了一个 7 维的特征空间（坐标（3），法向量（2），点到坐标原点的距离，点到邻域点的高程差），在特征空间中采用邻近性将点云分割成不同的聚类，完成机载点云分割。Biosca 等（2008）采用与 Filin（2002）相同的特征空间，通过模糊 K 均值（Bezdek，2013）和概率 K 均值的方法对点云进行聚类分析，从而检测点云中的平面区域。Dai 等（2018）首先在三维几何空间利用 mean shift 聚类算法对林区点云进行分割得到单木提取初始结果；然后在 6 维的几何和光谱域特征空间利用 mean shift 对欠分割的类簇进行精化分割，提高了点云分割的精度。多个目标之间存在交错或重叠时，基于欧氏空间相邻以及特征空间聚类的点云分割算法容易导致分割不足（多个目标聚类为一个簇）；同时，这两类算法对目标遮挡区域易导致过分割，从而影响目标识别的精度。

3. 多层次点云分割

Xiong 等（2011）将点云由粗到细分为基于点的层次和基于区域的层次，上一层次的判别结果被用于下一层次，并借助统计和关联信息进行点云分类。Xu 等（2014）将点云分割为单点层、平面分割层及 mean shift 分割层三个层次，并分别从这三个层次计算点云的上下文特征和形状特征。Wang 等（2015）首先把原始点云重采样为不同尺度的点云，并将重采样点云聚合成多层次点集，通过借助 LDA 对各个层次下的点集特征进行表达，再将每个点集通过分类器进行类别归属判别。由于多层次结构能够表达类别之间的语义相关性或视觉相似性，采用多层次分割有利于提高分类识别的精度（张振鑫，2016）。但该方式得到的分割结果以目标的部分结构为主，并未达到对地物目标整体分割的目的。

4. 基于图论的分割

Yang 等（2016）提出了一种层次化最小割的方法分割森林中的单株树木，如图 6.4 所示。该算法首先检测树木的树干，并以当前最高的树干作为“前景点云”，其一定邻域范围内的其他树干作为“背景点云”；然后以点到前景点云的归一化距离作为边的权值构建加权无向图，并利用最小割的方式把当前邻域点云划分为“前景点云”和“背景点云”；从点云中移除“前景点云”后，重复上述过程，直到所有树木分割完成。Yu 等（2015a，

2015b）提出了一种体素归一化割方法将包含多个目标的聚类分割成单独的语义目标。该算法首先剔除地面点云，并采用欧氏距离聚类方法对非地面点进行分割，分离出空间上相互独立的目标；然后以体素作为节点，相邻体素之间的水平和垂直距离作为边的权值构建加权图；最后采用基于体素的归一化割方法将包含多个重叠语义目标的聚类分割成单独的语义目标，如图 6.5 所示。

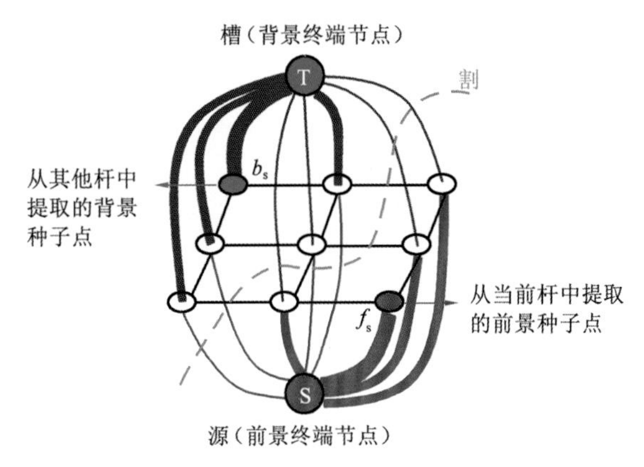

图 6.4　最小割原理图（Yang et al.，2016）

图 6.5　归一化割分割前后对比图（Yu et al.，2015a）

5. 融合过分割和指导性合并的点云分割

Yang 等（2015）首先将点云过分割为多尺度的超体素，并将超体素分类为线状、面状、球状三类；然后采用多规则区域生长的策略分别对三类点进行聚类，得到地物目标的组成结构（如，平面、杆等）；最后将地物目标的先验知识编码为组成结构的合并规则，指导其合并成有意义的地物目标。遵循类似的算法流程，Dong 等（2015）提出了一种层次化的点云分割方法实现城区 MLS 点云中小尺寸目标的分割。方法首先将点云过分割为超体素，然后利用事先训练好的目标分类器指导超体素合并成有意义的目标。该类方法在点云分割过程中融合了地物目标的语义知识，一定程度上实现了点云分割和目标识别的协同，如图 6.6 所示。

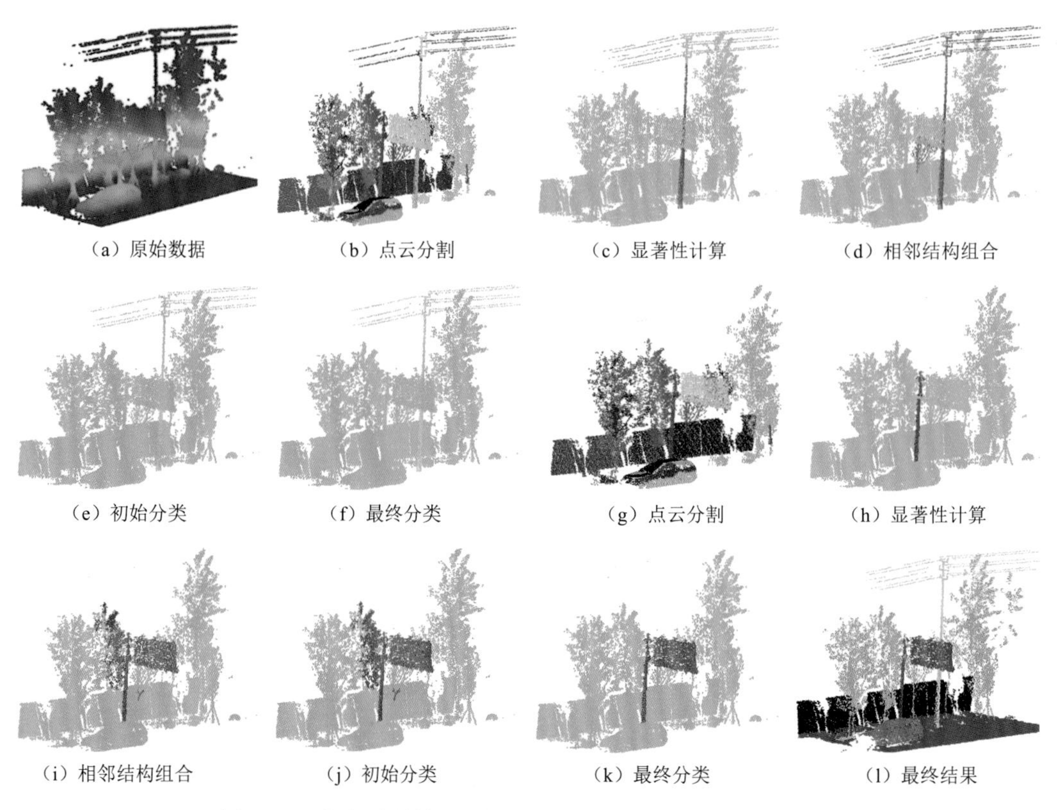

图 6.6　目标组成结构层次化合并示意图（Yang et al.，2015）

目标识别在点云分割的基础上通过定义一定的规则对目标进行三维提取，主要有以下几种方法。

1）基于语义规则/先验知识的目标提取

基于语义规则/先验知识的目标提取方法通过定义待提取目标一系列的语义规则，如尺寸（如：目标最小外接矩的长、宽、高）、形状（如：路面或建筑物立面是平面，树干、路灯杆是柱状等）、反射强度（如：交通标志牌和交通标志线高反射，路面低反射等）、上下文信息（如：车在路面上、交通标志牌垂直于道路等）等，来提取特定的三维目标。Teo 等（2015）从位置（目标分布在道路两侧）、尺度（目标的长、宽、高、半径等）、形状（曲率等）三个方面对目标的语义规则进行了概括，实现了交通信号灯、交通标志牌、行道树等杆状目标识别。为提高目标分类和提取的准确性，Yang 等（2015）建立了城市场景中几类常见目标的多层次语义规则，在点云分割的基础上实现了建筑物、地面、路灯、树木、电线杆、交通标志牌、汽车、围墙等多类目标识别。例如，树木的语义规则包括：树木存在杆状结构（树干）、树木存在球状结构（树冠）、树木的杆状结构比球状结构高程低（即树干低于树冠）、树木高度大于某阈值、树木几何中心比重心低、多次回波点占总点数的百分比大于阈值等。此类方法的计算效率较高、识别速度较快、对特定目标识别率高；但只能应用于特定的目标类别和场景。

2）基于机器学习的目标提取

在点云分割的基础上，基于机器学习的目标提取方法首先计算待识别目标的局部、全局或上下文特征；然后利用待识别目标的训练样本，通过机器学习方法对分类器训练，构造出识别特定目标的分类器或概率估计模型；最后根据训练出的分类器对待识别目标进行分类，如图 6.7 所示。Babahajiani 等（2014）计算每个分割区域的几何形状（最小外接长方体的面积、边长比例、最大边长、协方差）、离地面的高度、距离道路中心线的距离、点密度、回波强度、法向量、平面性等特征，并利用增强决策树将分割区域分类为树木、行人、汽车、交通信号灯、围栏等。在点云分割的基础上，Lehtomaki 等（2015）首先计算分割区域的 spin image，局部描述子直方图（local descriptor histograms，LDH）及目标尺寸、到地面平均高度、z 坐标标准差等通用特征；然后利用 SVM 将分割区域分类为树、路灯、交通标志、汽车、行人和广告牌等目标，并比较了这三类特征的平均分类精度。这些方法大都基于目标的全局形状特征，因此算法的性能严重依赖分割目标的正确性和完整性，对复杂场景中遮挡、重叠等现象的鲁棒性差。

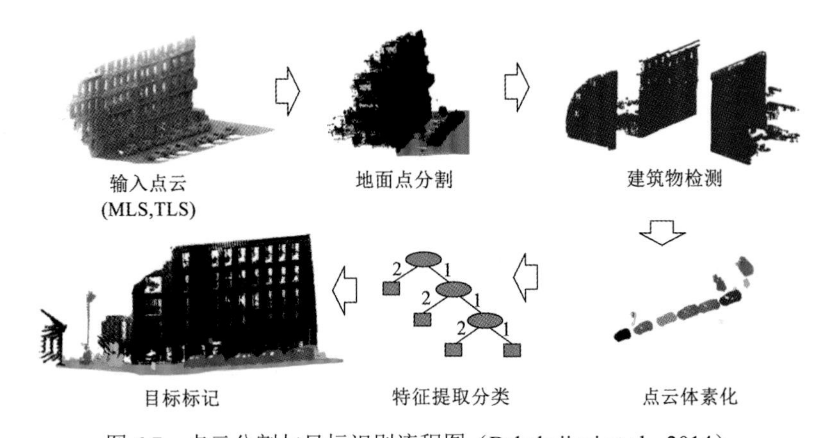

图 6.7　点云分割与目标识别流程图（Babahajiani et al.，2014）

3）基于模型匹配的目标识别

基于模型匹配的目标识别方法主要利用待检测目标的模型点云与场景点云分割区域的局部或整体特征相似性，通过局部描述子或整体形状匹配的方法实现对特定三维目标的检测。于永涛（2015）利用三维目标匹配的方法从非地面点分割区域中识别路灯、交通标志牌、汽车等目标，如图 6.8 所示。该三维目标匹配框架包含特征匹配项和几何匹配项两部分，特征匹配项用于描述模型特征点与场景点云分割区域特征点之间的局部特征相似性（如：FPFH 的相似性）；几何匹配项用于描述模型特征点与场景特征点之间的几何结构相似性。此外，通过构造局部仿射不变性几何约束，该三维目标匹配框架能够有效地处理同类目标间的形态差异（如：不同数据完整性、不同尺寸、不同空间拓扑结构）。该类方法对点云分割结果有较强的鲁棒性，对包含附属物的目标或多个重叠的目标也具有较佳的处理效果；但此类方法对点云局部特征的描述性和鲁棒性要求较高。

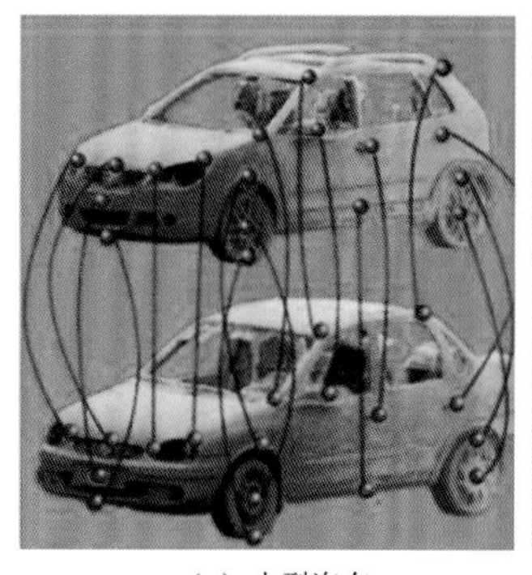

（a）小型汽车

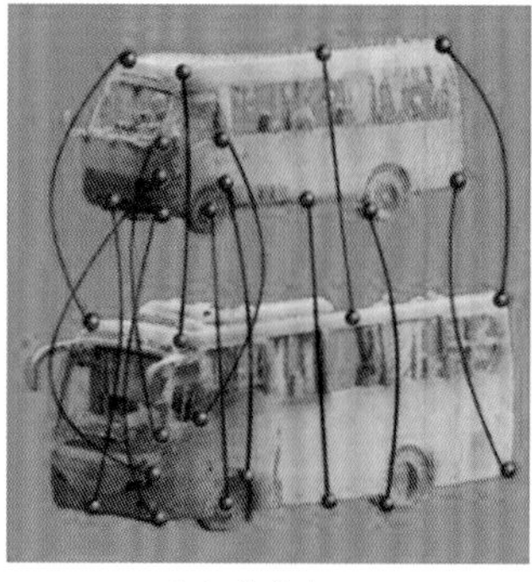

（b）公交车

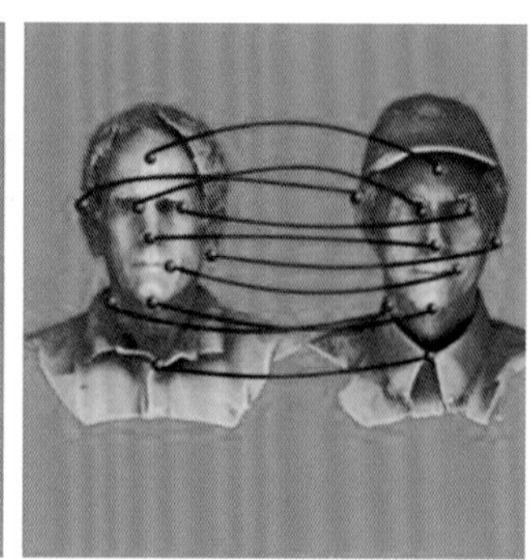

（c）人

图 6.8　三维目标匹配框架所获得的同源特征点匹配结果（于永涛，2015）

6.2.3　基于深度学习的目标提取

借鉴深度学习在图像识别领域的成功经验，学者们针对点云的特点，提出了多种深度学习网络结构用于三维目标的识别与检测（Qi et al.，2017a，2017b，2016；Su et al.，2015；Wu et al.，2015）。这些方法按照其输入数据的形式，分为基于多视图的深度学习、基于体素的深度学习和基于不规则点云的深度学习三类。

（1）基于多视图的深度学习首先将三维数据按照一定的方式，从不同的视角渲染成许多图像，然后直接在这些图像上利用成熟的图像卷积神经网络结构对三维对象进行特征学习与识别。Su 等（2015）使用多视图的深度模型，在 ModelNet40 的分类任务上达到了 90.1%的识别准确率。这类方法的优点在于能够直接应用深度学习在图像处理领域的已有成果，并且能够获得较好的结果；但是其缺点在于数据分类的结果依赖于渲染的方式和渲染的视角。

（2）基于体素的深度学习将空间划分成规则的体素，然后将二维卷积神经网络推广至三维卷积神经网络，同样具有卷积层（convolution）和池化层（pooling）。Wu 等（2015）最早利用深度卷积置信网络（convolution deep belief network）同时进行三维数据的识别与数据补全。Maturana 等（2015）以填充概率构建体素，进行实时的目标识别。Wang 等（2017）将体素建立在八叉树层次上，加快了计算速度。Qi 等（2017a）分析和比较了基于多视图三维神经网络与基于体素的三维神经网络，发现三维表达能力依然具有很大的提升空间。

（3）基于不规则点云的深度学习将卷积计算建立在不规则的原始点云上。Qi 等（2017a）提出了 PointNet，采取逐点多层感知机（multi-layer perception，MLP）加上全局的特征池化（pooling）方式，获得了点集顺序置换（permutation）的不变性，并且证明 PointNet 结构可以拟合任意结构的函数。在 PointNet 的基础上，Qi 等（2017b）提出了 PointNet++深度学习网络，使得神经网络具备了学习多层次特征的能力。Ravanbakhsh 等（2016）探索了对集合对象深度学习模型的函数形式，并将具有顺序置换不变性的函数进行了归纳。Klokov 等（2017）设计了一种建立在 K-D 树上的卷积神经网络，通过 K-D 树来实现网络的层次化结构，每个孩子节点都会综合得到父节点的特征。Verma 等（2017）

将点集构建成图，在图上将普通的卷积进行了推广，得到一种适用于不规则图的卷积形式。三种方案中，基于不规则点云进行学习的方式是最直接也更能广泛应用的，其它两种形式需要对数据进行渲染或格网化，都会带来一定的信息损失。

6.3　典型道路路侧目标三维提取

针对大规模三维点云目标提取时间复杂度高、多目标重叠区域分割不足、单一层次特征描述识别率低等问题，本节提出一种协同点云分割与目标识别的层次化目标提取方法（hierarchical object detection by collaboration of segmentation and recognition，HOD），实现了建筑物、电线杆、路灯、交通标牌、树木、护栏、小汽车等地物目标的精准提取。该方法主要包括：数据预处理、非地面点多尺度超级体素生成、基于多规则区域生长的地物目标结构检测、地物目标结构显著性计算、地物目标多分割图构建、地物目标多层次特征计算、地物目标提取与最佳分割选择等关键步骤，方法整体流程如图 6.9 所示。

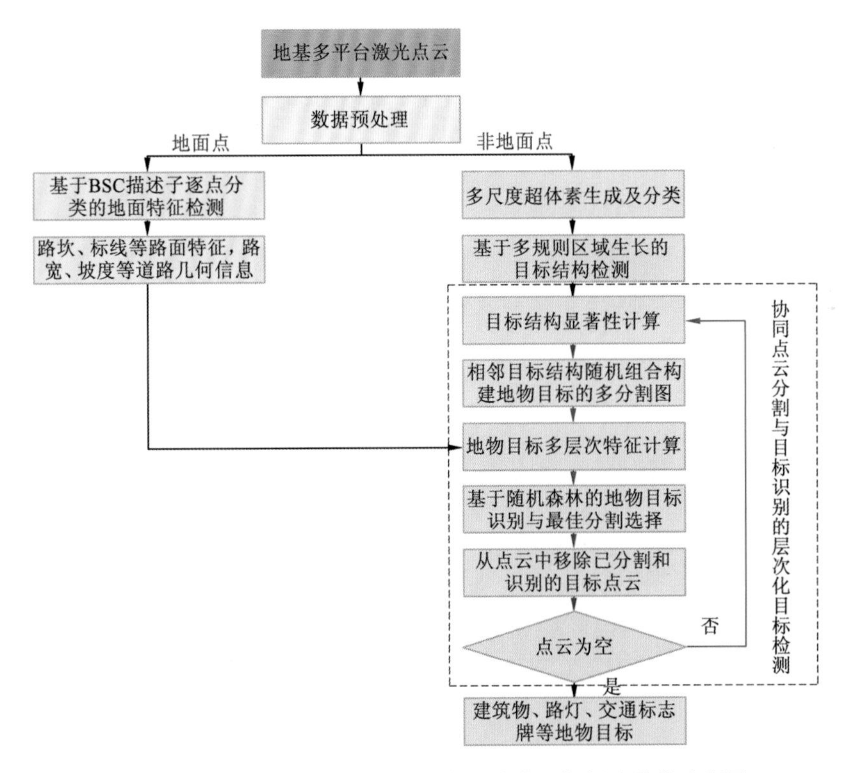

图 6.9　协同点云分割与目标识别的层次化目标提取整体流程图

6.3.1　非地面点多尺度超体素生成

首先沿着车辆行驶轨迹的方向将点云在 *XY* 平面内按着一定的宽度、长度和重叠度切分成一系列局部点云块，并利用 Wu 等（2016）的方法将点云粗分类为地面点云和非地面点云；然后计算非地面点的多尺度超体素。三维点云的数据海量及空间离散特性，导致现有目标提取算法计算复杂度高、数据处理耗时。作者受图像处理中“超像素”（Achanta et al.，2012）的启发，通过分析点云局部空间分布及回波强度特征，发展了顾及回波强度和欧氏距离约束的海量激光点云多尺度超体素生成方法，实现了大规模点云从“点”到“超体素”的抽象，提高目标提取的效率。多尺度超体素生成算法的伪代码如算法 6.1 所示。

算法 6.1	**超级体素生成**
	/*初始化*/
1	
2	将激光点云划分成尺寸为 S 的规则体素，将距离每个体素中心最近的激光点初始化为超体素 $\mathbf{SV}_k$ 的中心
3	$\boldsymbol{C}_k\{I_k, x_k, y_k, z_k\}$，$I_k, x_k, y_k, z_k$ 分别为超体素 $\mathbf{SV}_k$ 中心点的反射强度及 x, y, z 坐标值。对于每个点 $\boldsymbol{p}_i$，设置
4	其超体素的标识为 $l_i=-1$，点到超体素中心的距离 $d_i=\infty$
5	**Repeat**
	/*赋值*/
6	**for** 每个超体素 $\mathbf{SV}_k$，do
7	
8	**for** 以 $\boldsymbol{C}_k$ 为中心，以 S 为半径的球内任意点 $\boldsymbol{p}_i$，根据式（6.1）计算点 $\boldsymbol{p}_i$ 到 $\boldsymbol{C}_k$ 的加权距离 d_{ik}
9	**if** $d_{ik}<d_i$ then
10	set $d_i=d_{ik}$
11	set $l_i=k$
12	**end if**
13	**end for**
14	**end for**
	/*更新*/
15	**for** 每个超级体素 $\mathbf{SV}_k$，do
16	把 $l_i=k$ 的所有点的平均值（平均反射强度和平均坐标值）作为超体素 $\mathbf{SV}_k$ 的新中心 $\boldsymbol{C}_k$，并计算新体素
17	中心和前一次迭代体素中心的位置偏移量Δp
18	**end for**
19	**until** $\Delta p \leqslant$ threshold

$$
\begin{cases}
d_{ik}=\sqrt{\left(\dfrac{d_{ik}^{\mathrm{I}}}{N_{\mathrm{I}}}\right)^2+\left(\dfrac{d_{ik}^{\mathrm{s}}}{N_{\mathrm{s}}}\right)^2} \\
d_{ik}^{\mathrm{I}}=\left|(I_i-\boldsymbol{C}_k^{\mathrm{I}})\right| \\
d_{ik}^{\mathrm{s}}=\sqrt{(x_i-\boldsymbol{C}_k^x)^2+(y_i-\boldsymbol{C}_k^y)^2+(z_i-\boldsymbol{C}_k^z)^2}
\end{cases}
\tag{6.1}
$$

式中：d_{ik}，d_{ik}^{I}，d_{ik}^{s} 分别为点 $\boldsymbol{p}_i$ 到超体素中心 $\boldsymbol{C}_k$ 的加权距离，反射强度距离和欧氏空间距离；x_i，y_i，z_i，I_i 为点 $\boldsymbol{p}_i$ 的坐标值 x, y, z 及反射强度；$\boldsymbol{C}_k^x$，$\boldsymbol{C}_k^y$，$\boldsymbol{C}_k^z$，$\boldsymbol{C}_k^{\mathrm{I}}$ 为超体素 $\mathbf{SV}_k$

中心 $\boldsymbol{C}_k$ 的坐标值 x，y，z 及反射强度；N_I 和 N_s 为欧氏距离和反射强度的权值因子，可以通过调整 N_I 和 N_s 的大小来调整和权衡体素的紧凑性和边缘准确性。具体而言，反射强度距离的权值越大，生成的超体素同质性越强、边界越准确；反之，欧氏距离权值越大，生成的超体素越紧凑。由于场景复杂性及目标多样性，单一尺度的超体素无法准确表达目标的局部几何特征，如：尺度较小时能够减少混合体素的出现，但对噪声、点密度变化的鲁棒性差，且不利于大尺度目标的特征表达；尺度较大时对噪声、点密度变化鲁棒性强，有利于大尺度目标的特征表达，但对目标遮挡和重叠的鲁棒性差，且容易出现混合体素，不利于细节特征表达。因此，本节使用大、小两个不同尺度，根据算法 6.1 进行超体素划分，提升了超体素对不同尺度特征的表达能力。

对任意超体素 $\mathbf{SV}_k$，按照步骤对超体素进行分类和特征计算：①根据式（6.2），对超体素内的点构建协方差矩阵 $\boldsymbol{M}$，并计算其特征值 $\{\lambda_1\geqslant\lambda_2\geqslant\lambda_3\}$ 和对应的特征向量 $\{\boldsymbol{e}_1,\boldsymbol{e}_2,\boldsymbol{e}_3\}$；②根据式（6.3）计算超体素 $\mathbf{SV}_k$ 的维数特征，维数特征表明了超体素 $\mathbf{SV}_k$ 属于线状、面状、球状的程度，$\mathbf{SV}_k^{1D}$ 越大表明邻域内的点越接近杆状分布，$\mathbf{SV}_k^{2D}$ 越大表明邻域内的点越接近面状分布，$\mathbf{SV}_k^{3D}$ 较大则表明邻域内的点为散乱的球状分布，如图 6.10 所示；③根据超体素 $\mathbf{SV}_k$ 的维数特征，利用式（6.4）将其分类为线状（$\mathbf{SV}_k^\mathrm{L}=1$）、面状（$\mathbf{SV}_k^\mathrm{L}=2$）和球状（$\mathbf{SV}_k^\mathrm{L}=3$）3 类；④把最小特征值 λ_3 对应的特征向量 $\boldsymbol{e}_3$，最大特征值 λ_1 对应的特征向量 $\boldsymbol{e}_1$ 分别作为超体素 $\mathbf{SV}_k$ 的法向量 $\mathbf{SV}_k^\mathrm{N}$ 和主方向 $\mathbf{SV}_k^\mathrm{P}$；⑤将超体素表示为向量的形式，如式（6.5）所示；⑥根据表 6.1 的优化策略确定最优的尺度及其对应的超级体素的特征。

$$\boldsymbol{M}=\frac{1}{\left|\mathbf{SV}_k\right|}\sum_{\boldsymbol{p}_i\in\mathbf{SV}_k}(\boldsymbol{p}_i-\mathbf{SV}_k^\mathrm{C})(\boldsymbol{p}_i-\mathbf{SV}_k^\mathrm{C})^\mathrm{T} \tag{6.2}$$

式中：$\left|\mathbf{SV}_k\right|$ 为超体素 $\mathbf{SV}_k$ 的点个数；$\boldsymbol{p}_i$ 为超体素 $\mathbf{SV}_k$ 中的点；$\mathbf{SV}_k^\mathrm{C}$ 为超体素 $\mathbf{SV}_k$ 的中心点坐标。

$$\begin{cases}\mathbf{SV}_k^{1D}=\dfrac{\sqrt{\lambda_1}-\sqrt{\lambda_2}}{\sqrt{\lambda_1}}\\[2ex]\mathbf{SV}_k^{2D}=\dfrac{\sqrt{\lambda_2}-\sqrt{\lambda_3}}{\sqrt{\lambda_1}}\\[2ex]\mathbf{SV}_k^{3D}=\dfrac{\sqrt{\lambda_3}}{\sqrt{\lambda_1}}\end{cases} \tag{6.3}$$

式中：$\mathbf{SV}_k^{1D}$，$\mathbf{SV}_k^{2D}$，$\mathbf{SV}_k^{3D}$ 分别为超体素 $\mathbf{SV}_k$ 的线状、面状和球状维数特征。

$$\mathbf{SV}_k^\mathrm{L}=\arg\max_{d\in[1,3]}(\mathbf{SV}_k^{dD}) \tag{6.4}$$

式中：$\mathbf{SV}_k^\mathrm{L}$ 为超体素 $\mathbf{SV}_k$ 的类别，$\mathbf{SV}_k^\mathrm{L}=1$ 为线状，$\mathbf{SV}_k^\mathrm{L}=2$ 为面状，$\mathbf{SV}_k^\mathrm{L}=3$ 为球状。

$$\mathbf{SV}_k\left\{\mathbf{SV}_k^\mathrm{C},\mathbf{SV}_k^\mathrm{I},\mathbf{SV}_k^\mathrm{L},\mathbf{SV}_k^\mathrm{N},\mathbf{SV}_k^\mathrm{P}\right\} \tag{6.5}$$

式中：$\mathbf{SV}_k^\mathrm{C},\mathbf{SV}_k^\mathrm{I}$ 为超体素 $\mathbf{SV}_k$ 的中心点坐标和平均反射强度；$\mathbf{SV}_k^\mathrm{L},\mathbf{SV}_k^\mathrm{N},\mathbf{SV}_k^\mathrm{P}$ 分别为超体素 $\mathbf{SV}_k$ 的类别、法向量和主方向。

图 6.10　维数特征与点云局部分布示意图

表 6.1　多尺度超级体素优化策略

情况	策略	说明
$\mathbf{SV}_k^{SI}=\mathbf{SV}_k^{LI}$	大尺度为最优尺度	该区域比较平滑，同质性好，大尺度超体素更有利于减少计算量
$\mathbf{SV}_k^{SI}=1, \mathbf{SV}_k^{LI}=2$	小尺度为最优尺度	尺度变大后，把其他目标中强度相近的点包含进来
$\mathbf{SV}_k^{LI}=3$	小尺度为最优尺度	尺度变大后，把其他目标中强度相近的点包含进来
$\mathbf{SV}_k^{SI}=2, \mathbf{SV}_k^{LI}=1$	大尺度为最优尺度	较粗的粗杆目标，尺度较小时呈现面状，尺变大后呈现杆状
$\mathbf{SV}_k^{SI}=2, \mathbf{SV}_k^{LI}=3$	小尺度为最优尺度	尺度变大后，把其他目标中强度相近的点包含进来
$\mathbf{SV}_k^{SI}=3, \mathbf{SV}_k^{LI}=3$	大尺度为最优尺度	数据中有噪声存在，小尺度抗噪声能力差，误分类为球状

注：$\mathbf{SV}_k^{SI}$ 为小尺度下超体素的类别；$\mathbf{SV}_k^{LI}$ 为大尺度下超体素的类别

图 6.11 展示了从 MLS 点云生成超体素的流程。图 6.11（a）显示了原始的 MLS 点云（点云的颜色信息来自于同一平台的光学相机），图 6.11（b）和图 6.11（c）为小尺度下（R_S=0.1 m）生成的超体素及分类结果，图 6.11（d）和图 6.11（e）是大尺度下（R_L=0.5 m）生成的超体素及分类结果。在图 6.11（c）和图 6.11（e）中存在明显的几处错误，例如图 6.11（c）中将较粗路灯柱上的超体素错分为面状，图 6.11（e）中把两个平面相交位置的超体素被错分为球状，如图黑框中所示。本节方法通过融合两个尺度的分类结果，根据表 6.1 的优化策略选择合适的尺度，解决了上述错误分类的问题，如图 6.11（f）所示。

（a）原始的 MLS 点云

（b）小尺度生成的超体素

（c）小尺度超体素分类结果

（d）大尺度生成的超体素

（e）大尺度超体素分类结果

（f）融合两个尺度的超体素分类结果

图 6.11　多尺度超体素生成及分类示意图

6.3.2　基于多规则区域生长的地物目标结构检测

利用单一特征（如：反射强度、主方向、法向量等）的一致性进行点云分割存在一定的局限性，易导致片面的分割。为克服上述不足，本方法融合反射强度、法向量、主方向等特征，利用多规则区域生长策略对 5.3.1 小节的超体素进行聚类，从而检测目标的组成结构。通过分析发现，属于同一“线状”结构（如：电力线，路灯柱、树干）的超体素在空间上相邻并且具有相同或相近的主方向；属于同一“面状”结构（如：建筑物立面，标志牌）的超体素在空间上相邻并且具有相同或相近的法向量；由于“球状”结构（如：树冠）没有方向性，所以属于同一“球状”结构的超体素在空间上相邻，没有主方向和法向量的约束，但存在一定程度的反射强度一致性。为兼顾各类目标结构的特点，克服传统区域生长方法单一生长准则的不足，本小节对上述不同类别的超体素分别采取不同的生长准则进行区域生长。本小节对区域生长中的几个关键问题处理如下。

（1）种子点的选取。从未聚类的三类超体素中分别随机选取每一类别的初始种子点；在区域生长过程中，把满足生长准则的点作为生长的种子点。

（2）生长的准则。对于“线状”的超体素，生长准则为空间上相邻并且相邻超体素主方向之间的夹角小于阈值 T_{∂}；对于“面状”的超体素，生长准则为空间上相邻并且相邻超体素法向量之间的夹角小于阈值 T_{∂}；对于“球状”的超体素，生长准则为空间上相邻且相邻超体素的反射强度之差小于阈值 T_I。

（3）终止条件。该算法递归调用，直到所有的超体素都已聚类。图 6.12 展示了利用多规则区域生长对超体素进行合并的优势。图 6.12（a）为利用法向量约束的区域生长结果，该方法对建筑物立面等面状超体素的合并效果好，但容易导致线状、球状超体素的过分割；图 6.12（b）为利用主方向约束的区域生长结果，该方法对路灯杆等线状超体素的合并效果好，但容易导致面状、球状超体素的过分割；图 6.12（c）为利用反射强度约束的区域生长结果，该方法对树冠等球状超体素的合并效果好，但容易导致其他超体素的过分割。本小节融合法向量、主方向、反射强度等多种特征，利用多规则区域生长的策略解决了上述错误分割的问题，如图 6.12（d）所示。

多规则区域生长完成后，利用与超体素类似的方法计算每个分割结构 $\mathbf{OS}_k$ 的中心点坐标 $\mathbf{OS}_k^{\mathrm{C}}$、反射强度平均值 $\mathbf{OS}_k^{\mathrm{I}}$、线状维数特征 $\mathbf{OS}_k^{\mathrm{1D}}$、面状维数特征 $\mathbf{OS}_k^{\mathrm{2D}}$、球状维数特

（a）利用相邻和法向量约束的区域生长

（b）利用相邻和主方向约束的区域生长

（c）利用相邻和反射强度约束的区域生长

（d）融合多规则的区域生长

图 6.12　多规则区域生长示意图

征 $\mathbf{OS}_k^{\mathrm{3D}}$ 、结构类别 $\mathbf{OS}_k^{\mathrm{L}}$（$\mathbf{OS}_k^{\mathrm{L}}=1$ 竖直线状、$\mathbf{OS}_k^{\mathrm{L}}=2$ 水平线状、$\mathbf{OS}_k^{\mathrm{L}}=3$ 其他线状、$\mathbf{OS}_k^{\mathrm{L}}=4$ 竖直面状、$\mathbf{OS}_k^{\mathrm{L}}=5$ 水平面状、$\mathbf{OS}_k^{\mathrm{L}}=6$ 其他面状、$\mathbf{OS}_k^{\mathrm{L}}=7$ 球状）、法向量 $\mathbf{OS}_k^{\mathrm{N}}$ 和主方向 $\mathbf{OS}_k^{\mathrm{P}}$ 等特征，如式（6.6）所示。

$$\mathbf{OS}_k\left\{\mathbf{OS}_k^{\mathrm{C}},\mathbf{OS}_k^{\mathrm{I}},\mathbf{OS}_k^{\mathrm{1D}},\mathbf{OS}_k^{\mathrm{2D}},\mathbf{OS}_k^{\mathrm{3D}},\mathbf{OS}_k^{\mathrm{L}},\mathbf{OS}_k^{\mathrm{N}},\mathbf{OS}_k^{\mathrm{P}}\right\} \tag{6.6}$$

6.3.3　地物目标结构显著性计算

多规则区域生长完成后，得到的聚类并不是完整的地物目标，而是地物目标的组成结构，还需要对这些目标结构进一步地组合得到地物目标的完整表达。现有的目标分割方法假设“不同目标在空间中相对独立”，但在真实点云场景中多类型目标相互交错和重叠（如：树木和标牌，树木和树木），不满足上述假设。因此该类方法易导致分割不足，将多个目标聚类为一个分割区域。为克服上述不足，本小节通过区域显著性计算、相邻区域多分割图模式构建、多层次特征计算、基于多层次特征的目标识别与最佳分割选择等关键步骤，实现三维目标的层次化协同分割与识别。

地物目标结构的显著性指标主要包括：目标结构 $\mathbf{OS}_k$ 最低点到地面的高程差 $\mathbf{OS}_k^{\Delta H}$ ，$\mathbf{OS}_k$ 的高度 $\mathbf{OS}_k^{h}$ ，与 $\mathbf{OS}_k$ 相邻的结构个数 $\mathbf{OS}_k^{n}$ ，$\mathbf{OS}_k$ 的法向量与 z 轴的夹角 $\mathbf{OS}_k^{\partial}$ ，$\mathbf{OS}_k$ 的主方向与 z 轴的夹角 $\mathbf{OS}_k^{\beta}$　5 项指标，各项指标的说明见表 6.2。对于任意目标结构 $\mathbf{OS}_k$ ，其显著性 $\mathbf{OS}_k^{Sa}$ 计算如式（6.7）所示。

表 6.2　显著性指标

显著性指标	说明
$\mathbf{OS}_k$ 最低点到地面的高程差 $\mathbf{OS}_k^{\Delta H}$	地物目标靠近地面，$\mathbf{OS}_k^{\Delta H}$ 越小，显著性越大
$\mathbf{OS}_k$ 的高度 $\mathbf{OS}_k^h$	高度 $\mathbf{OS}_k^h$ 越大，显著性越大
与 $\mathbf{OS}_k$ 相邻的结构个数 $\mathbf{OS}_k^n$	$\mathbf{OS}_k^n$ 越小，说明该区域跟周围区域相对独立，显著性越大
$\mathbf{OS}_k$ 的法向量与 z 轴的夹角 $\mathbf{OS}_k^\partial$	$\mathbf{OS}_k^\partial$ 越接近 90°，说明该区域是立面的可能性越大，显著性越大
$\mathbf{OS}_k$ 的主方向与 z 轴的夹角 $\mathbf{OS}_k^\beta$	$\mathbf{OS}_k^\beta$ 越接近 0°，说明该区域是竖直杆的可能性越大，显著性越大

$$
\begin{aligned}
\mathbf{OS}_k^{Sa} = {} & \omega_{\Delta H}\cdot\frac{\mathbf{OS}_{\max}^{\Delta H}-\mathbf{OS}_k^{\Delta H}}{\mathbf{OS}_{\max}^{\Delta H}-\mathbf{OS}_{\min}^{\Delta H}}+\omega_h\cdot\frac{\mathbf{OS}_k^h-\mathbf{OS}_{\min}^h}{\mathbf{OS}_{\max}^h-\mathbf{OS}_{\min}^h} \\
& +\omega_n\cdot\frac{\mathbf{OS}_{\max}^n-\mathbf{OS}_k^n}{\mathbf{OS}_{\max}^n-\mathbf{OS}_{\min}^n}+\omega_\partial\cdot\frac{\mathbf{OS}_k^\partial}{\frac{\pi}{2}}+\omega_\beta\cdot\frac{\frac{\pi}{2}-\mathbf{OS}_k^\beta}{\frac{\pi}{2}}; \qquad \mathbf{OS}_k^\partial,\mathbf{OS}_k^\beta\in\left[0,\frac{\pi}{2}\right]
\end{aligned} \tag{6.7}
$$

式中：$\mathbf{OS}_{\max}^{\Delta H}$ 和 $\mathbf{OS}_{\min}^{\Delta H}$ 为 $\mathbf{OS}_k^{\Delta H}$ 的最大和最小值；$\mathbf{OS}_{\max}^h$ 和 $\mathbf{OS}_{\min}^h$ 为 $\mathbf{OS}_k^h$ 的最大和最小值；$\mathbf{OS}_{\max}^n$ 和 $\mathbf{OS}_{\min}^n$ 为 $\mathbf{OS}_k^n$ 的最大和最小值。

目标结构显著性计算实现了多类型目标显著度层次化排序（如：建筑物的立面部分，电线杆、路灯、交通标牌的立杆部分，树干或者树冠部分，汽车、行人等较小的目标），为层次化的目标提取奠定基础。

6.3.4　地物目标多分割图构建

地物目标多分割图以显著性最大的目标结构作为种子结构跟其相邻的目标结构进行组合，得到所有可能的分割结果，如图 6.13 所示。具体包括步骤：①以显著性最大的地物目标结构作为种子结构 $\mathbf{OS}_{\text{seed}}$；②搜索种子结构 $\mathbf{OS}_{\text{seed}}$ 的 q 阶邻域内的目标结构（注：与种子结构 $\mathbf{OS}_{\text{seed}}$ 直接相邻的结构为一阶邻域，与一阶邻域相邻的结构为二阶邻域，依此类推），组成邻域结构集合 $\mathbf{OS}\{\mathbf{OS}_{\text{seed}},\mathbf{OS}_{(1)},\mathbf{OS}_{(2)},\cdots,\mathbf{OS}_{(N)}\}$，其中 $\mathbf{OS}_{(i)}$ 为 $\mathbf{OS}_{\text{seed}}$ 的第 i 个相邻的结构，N 为 q 阶邻域内目标结构总个数；③遍历所有可能的 $C_N^0+C_N^1+C_N^2+\cdots+C_N^{N-1}+C_N^N$ 中组合（C_N^n 表示从 N 个邻域结构中选择 n 个与种子结构 $\mathbf{OS}_{\text{seed}}$ 组成待检测的目标），共获得 2^N 种目标分割结果 $\mathbf{OB}\{\mathbf{OB}_1,\mathbf{OB}_2,\cdots,\mathbf{OB}_{2^N}\}$。下面将分别计算这 2^N 种分割结果的多层次特征并利用随机森林分类器对其分类，并根据分类结果信息熵最小的策略选择最佳的分割结果。

图 6.13 阐述了地物目标多分割图构建的基本流程。图 6.13（a）显示了原始的 MLS 点云（高程赋色），图 6.13（b）和图 6.13（c）分别为点云多规则区域生长得到的目标结构按照实体和类别赋色的结果，图 6.13（b）中不同目标结构用不同的颜色表示，图 6.13（c）中按照结构的类别赋色。图 6.13（d）为当前的种子结构 $\mathbf{OS}_{\text{seed}}$ 及其三阶邻域内的目标结构，种子结构用红色表示，其一阶、二阶、三阶邻域内的目标结构分别用蓝色、绿色和咖啡色表示。图 6.13（e）～图 6.13（j）为从 2^N 种分割结果中随机选取的 6 种地物目标分割结果。

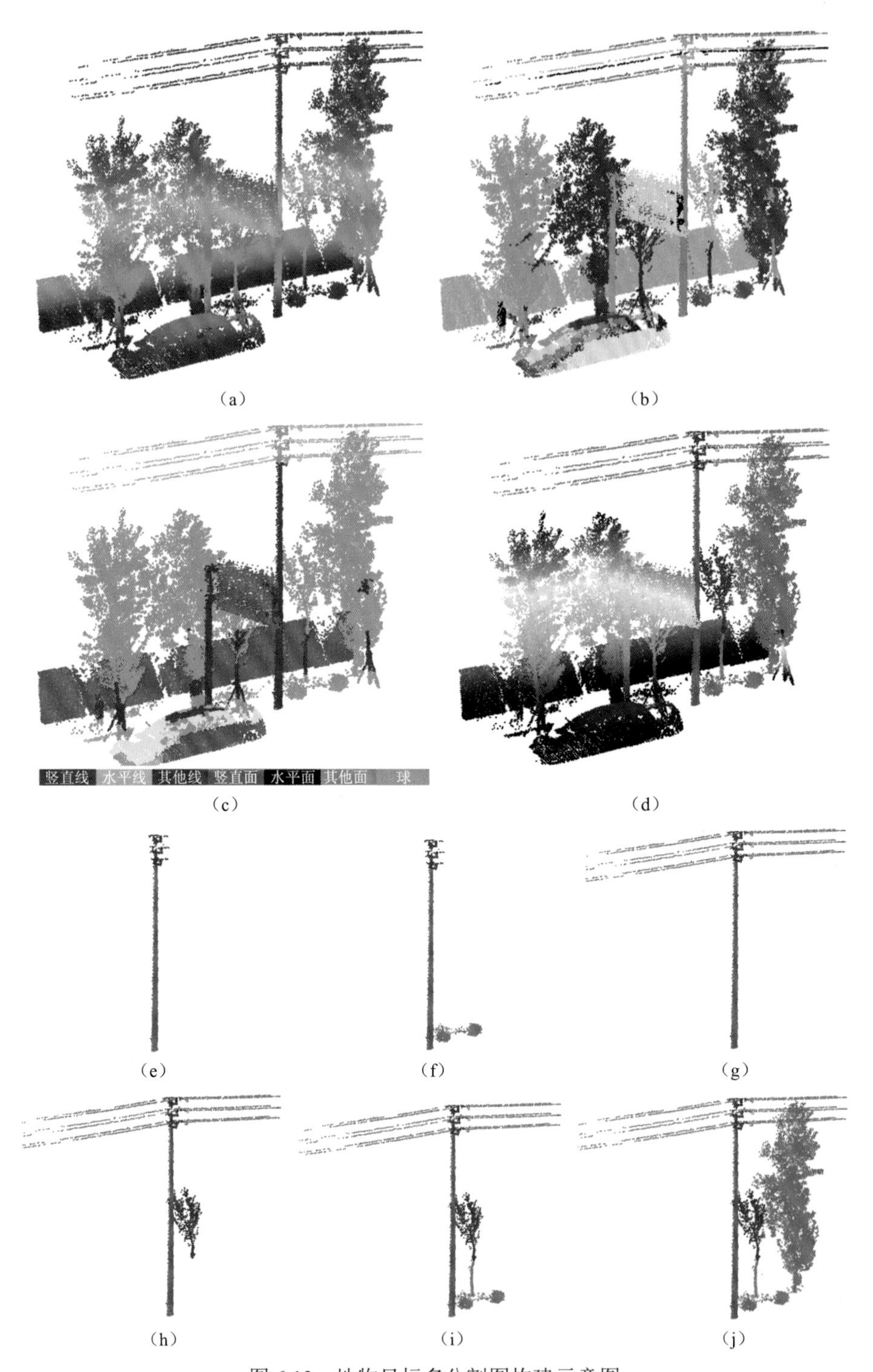

图 6.13　地物目标多分割图构建示意图

（a）原始点云；（b）多规则区域生长得到的目标结构，不同目标结构用不同的颜色表示；（c）多规则区域生长得到的目标结构类别，不同类别用不同的颜色表示；（d）种子结构 $\mathbf{OS}_{\text{seed}}$ 及其三阶邻域内的目标结构，种子结构用红色表示，其一阶、二阶、三阶邻域内的目标结构分别用蓝色、绿色和咖啡色表示，其他目标结构用灰色表示；（e）～（j）为从 2^N 种分割结果中随机选取的 6 种分割结果

6.3.5　地物目标多层次特征计算

在实际场景中，同类目标之间存在形态上的差异（如：尺寸、纹理、空间拓扑结构等），而不同类目标之间又存在一定的相似性；另外，相邻目标之间存在不同程度的遮挡，导致同类目标之间存在不同程度的数据完整性问题。基于单一层次特征的目标识别方法精确度和召回率较低，特别是对于不完整目标、运动目标及小尺寸目标。因此，通过计算地物目标的多层次特征（目标结构特征、目标整体特征、目标上下文特征等），在多个粒度下对目标进行更全面和详细的刻画，提高目标识别的准确性和召回率。

1. 地物目标结构特征

目标结构特征描述了组成目标的各个结构/部分的形状、尺寸和方向。例如，大多数交通标志牌由竖直的杆状结构和竖直的面状结构组成，树木则由垂直的杆状结构（树干）和球状结构（树冠）组成，建筑物立面由大量的竖直面状结构组成等（Yang et al.，2013）。因此，目标结构特征在目标识别中可以起到非常重要的作用。本小节利用分割目标中 7 种结构（竖直线状、水平线状、其他线状、竖直面状、水平面状、其他面状、球状）各自的比例，及其各自的最大尺寸（最小外接长方体的长、宽、高）来描述目标的结构。图 6.14 罗列了交通标志牌、电线杆、树木、路灯、建筑物、汽车、电力线、护栏等几种常见地物目标及其结构特征。

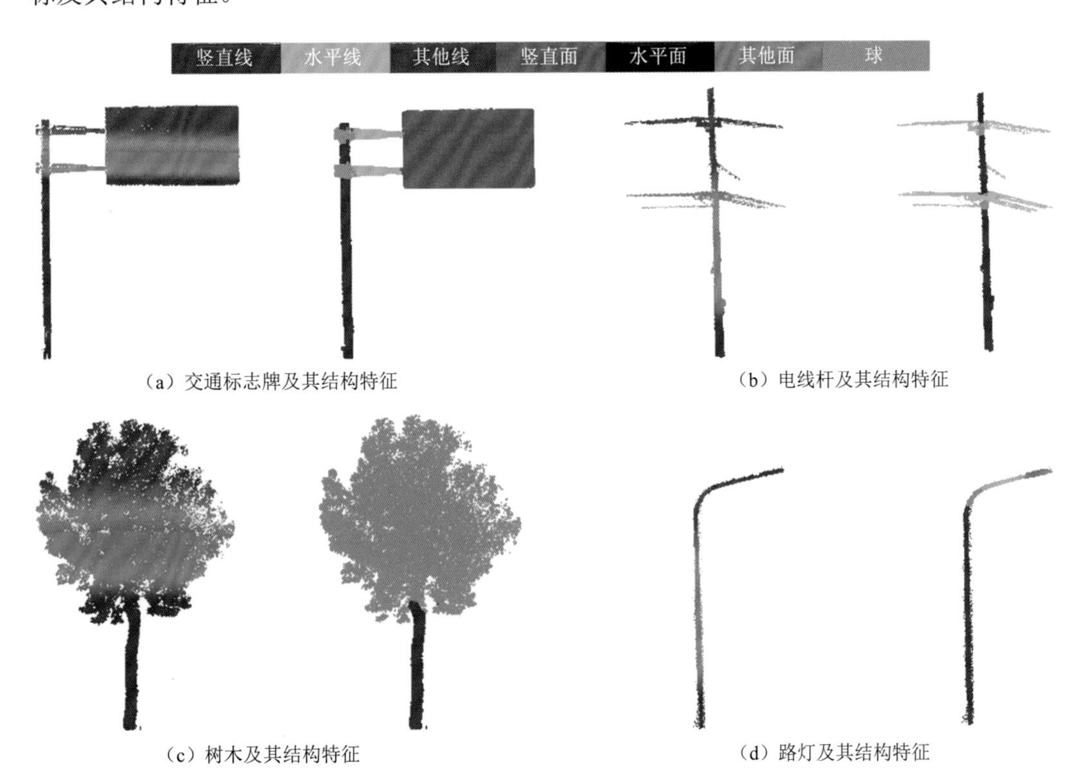

（a）交通标志牌及其结构特征　（b）电线杆及其结构特征

（c）树木及其结构特征　（d）路灯及其结构特征

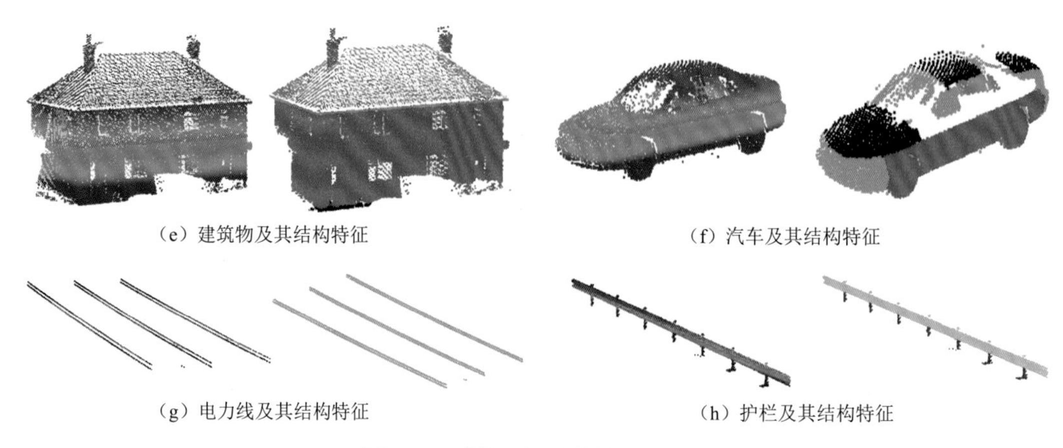

（e）建筑物及其结构特征　　（f）汽车及其结构特征

（g）电力线及其结构特征　　（h）护栏及其结构特征

图 6.14　地物目标结构特征示意图

2. 地物目标整体特征

地物目标整体特征有效而简洁地描述整个三维目标，对点云中的噪声和点密度变化等有较强的鲁棒性（Castellani et al.，2008）；但是其性能依赖于分割目标的正确性和完整性，对复杂场景中遮挡、重叠等鲁棒性差。本小节采用的地物目标整体特征包括：目标整体聚合描述子 GAD、地物目标的三维尺寸、三种类型超体素占比、目标几何中心和重心的高程差等，具体描述见表 6.3。

表 6.3　地物目标整体特征

特征名称	说明
地物目标整体聚合描述子 GAD	利用地物目标中所有关键点的 BSC 描述子聚合得到，详细计算方法见 4.2.2 小节，用于描述地物目标的整体形状
地物目标的三维尺寸	地物目标最小外立方体的长、宽、高，用于描述地物目标的尺寸。如：建筑物尺寸大，汽车尺寸小
三种类型超体素占比	三种类型超体素在地物目标中分别占的比例。如：线状和球状超体素在树木中占比大，面状超体素在建筑物中占比大
目标几何中心和重心的高程差	树木的重心比几何中心高，是区分树木和其他地物的有效特征

3. 地物目标上下文特征

地物目标所处的上下文特征，如：目标与道路的相对位置（相邻、相交、相离等）和相对方向（垂直、平行等）也可以为三维目标识别提供重要的线索，尤其是对于弱特征目标、不完整目标、运动目标的识别效果显著。

1）相对位置

地物目标与道路的相对位置是道路目标识别的重要线索（Teoet al.，2015）。例如，汽车在路面上行驶，路灯、围栏、交通灯在道路两侧等。本小节计算地物目标中心点到道路边界的二维距离来描述其相对水平位置，计算地物目标最低点和路面之间的高差来描述其相对高程。图 6.15 显示了汽车和路灯到两条道路边界的水平距离及到地面的垂直距离。

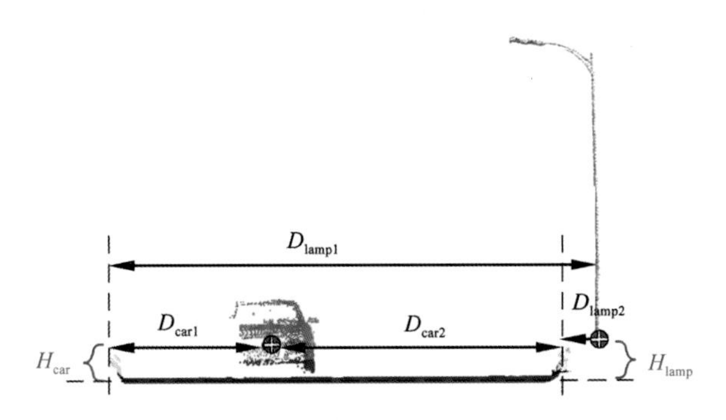

图 6.15　地物目标与道路的相对位置关系示意图

2）相对方向

相对方向描述了地物目标与道路段主方向之间的方位关系，也是道路目标识别的重要特征之一。例如，护栏和行车线的主方向与路段的主方向大致平行，交通标志牌与路段的主方向基本垂直等。本小节计算地物目标主方向、法方向与路段主方向之间的夹角，描述地物目标与道路段相对方向关系。图 6.16 显示了交通标牌法向量 $\boldsymbol{N}_t$ 与道路主方向 P_r 的夹角 α，以及护栏主方向 P_g 与道路主方向 P_r 的夹角 β。

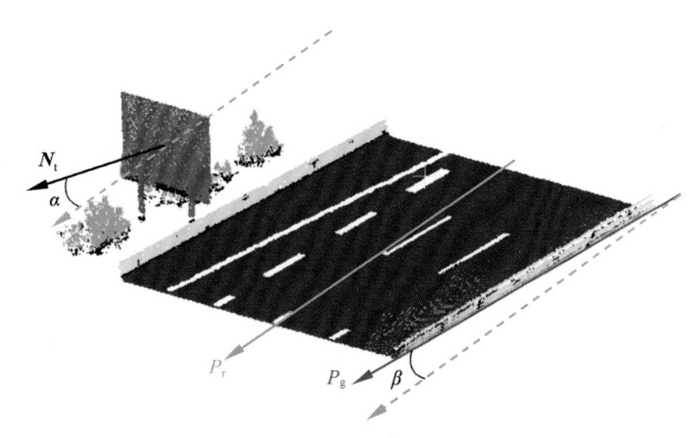

图 6.16　地物目标与道路相对方向示意图

6.3.6　地物目标提取与最佳分割选择

除了定义地物目标的特征描述，设计合适的分类器也是必不可少的。随机森林相对其他算法有着很大的优势，具体包括：两个随机性的引入，使得随机森林具有很好的抗噪声能力，不容易陷入过拟合；能够处理很高维度的数据，并且不用做特征选择，对数据集的适应能力强；训练速度快，可以得到特征的重要性排序等。因此，本小节选择随机森林分类器用于地物目标的识别。利用随机森林分类器进行训练和预测主要包括的关键步骤为：①手工标记 N 个地物目标作为训练样本；②随机有放回的抽取 N 次样本，构成一个元

素个数为 N 的训练集；③重复第②步 N_T 次，得到 N_T 个新的训练集，并利用 N_T 个训练集构造 N_T 棵决策树；④在每棵决策树的每个节点随机选择 d 个特征（d=D，D 是特征的维数），并从 d 个特征中选择信息增益最高的属性作为划分属性；⑤重复步骤④构建 N_T 棵决策树，每棵树不做修剪，最大限度生长；⑥将 N_T 棵决策树组成随机森林；⑦利用每棵树分别对测试数据进行分类，按照式（6.8）综合 N_T 棵树的分类结果，并根据式（6.9）计算分类结果的信息熵。

$$P_{i,k}=\frac{N_k}{N_\mathrm{T}} \tag{6.8}$$

式中：$P_{i,k}$ 为目标 $\mathbf{OB}_i$ 分类为类别 k 的概率；N_k 为将目标 $\mathbf{OB}_i$ 分类为类别 k 的决策树个数。

$$H(P_i)=-\sum_{k=1}^{n}P_{i,k}\cdot\log(P_{i,k}) \tag{6.9}$$

式中：$P_i\{P_{i,1},P_{i,2},\cdots,P_{i,n}\}$ 为目标 $\mathbf{OB}_i$ 的分类为 n 个类别的概率；n 为待分类类别的数量；$H(P_i)$ 为分类结果 P_i 的信息熵。信息熵越小，说明分类结果的不确定性越低，分类结果越可靠。因此，本小节选择信息熵最小的分割和识别结果作为最佳的目标提取结果。图 6.17 分别给出了图 6.13 中 6 种分割结果的前 3 个类别、概率及分类结果的信息熵。

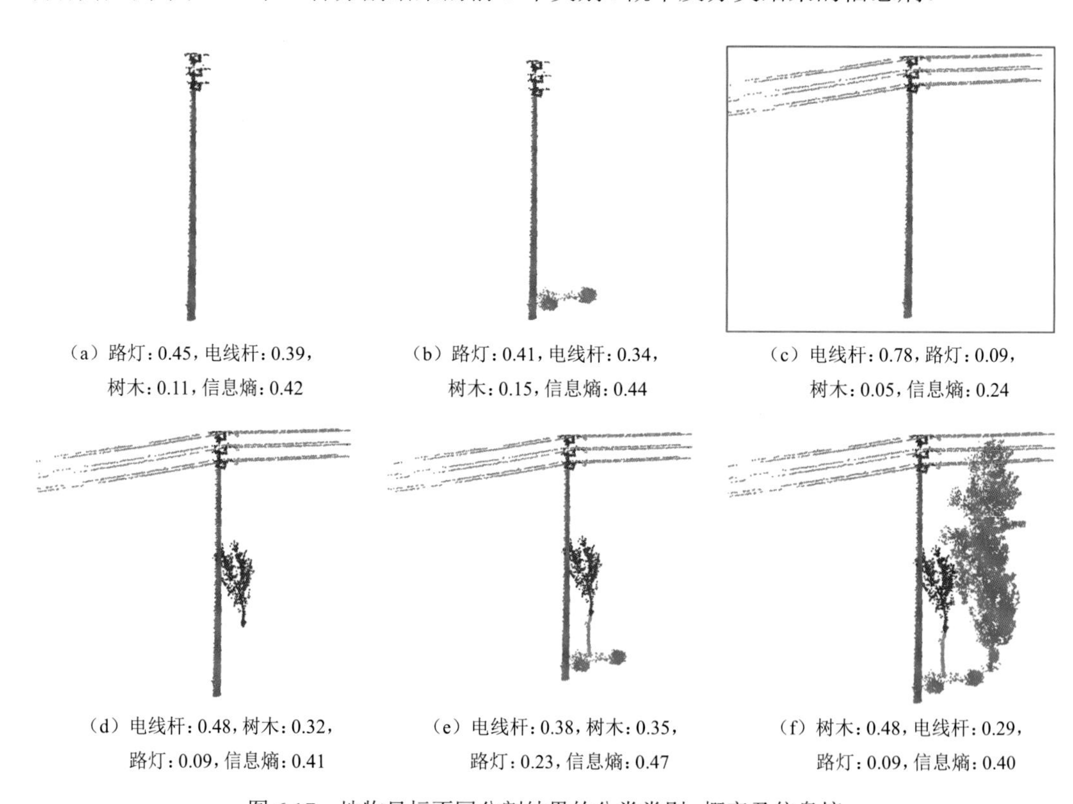

（a）路灯：0.45，电线杆：0.39，树木：0.11，信息熵：0.42
（b）路灯：0.41，电线杆：0.34，树木：0.15，信息熵：0.44
（c）电线杆：0.78，路灯：0.09，树木：0.05，信息熵：0.24
（d）电线杆：0.48，树木：0.32，路灯：0.09，信息熵：0.41
（e）电线杆：0.38，树木：0.35，路灯：0.23，信息熵：0.47
（f）树木：0.48，电线杆：0.29，路灯：0.09，信息熵：0.40

图 6.17　地物目标不同分割结果的分类类别、概率及信息熵

图 6.17（c）的目标分割和识别结果有最小的信息熵 0.24，因此作为最佳的目标识别结果，并从点云中删除其对应的几何结构，然后重复目标结构显著性计算、多分割图模式

构建、多层次特征计算、目标识别与最佳分割选择等关键步骤，直到所有目标提取完成。图6.18给出了其在测试数据上的前两次迭代和最后的目标提取结果。

（a）原始点云　（b）多规则区域生长后的目标结构，不同目标结构用不同的颜色表示

（c）种子结构及其三阶邻域内的目标结构，种子结构用红色表示，其一阶、二阶、三阶邻域内的目标结构分别用蓝、绿和咖啡色表示，其他目标结构用灰色表示

（d）第一次迭代目标提取结果

（e）从点云中剔除电线杆对应的目标结构后剩余的目标结构

（f）种子结构及其三阶邻域内的目标结构

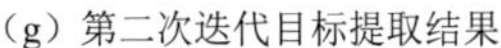

（g）第二次迭代目标提取结果

（h）目标提取的最终结果

图 6.18　协同点云分割与目标识别示意图

6.3.7　实验结果与分析

1. 数据描述

实验利用两个城区场景的 MLS 点云数据集、三个高速场景的 MLS 点云数据集及三个校园场景的 MLS 点云和多站 TLS 点云配准数据集对 HOD 的性能进行评估。表 6.4 描述了测试数据及其采集设备的相关参数；图 6.19 展示了两份城区 MLS 点云的采集设备、点云范围及纹理赋色的局部点云；图 6.20 展示了三份高速 MLS 点云的采集设备、点云范围及高程赋色的局部点云；图 6.21 展示了三份校园 MLS 和多站 TLS 配准点云的采集设备和高程赋色结果。这些数据集非常具有挑战性：①数据集由不同视角、测量范围和测量精度的激光扫描系统采集得到；②数据海量，每个数据集包含几亿到数十亿个点；③测试数据集涵盖了城区、高速和校园等多种场景，这些场景在土地覆盖类型和地物表面几何结构上都存在显著差异；④点云数据集中包含常见的多种目标，如高层建筑物立面、电线杆、茂盛的行道树、路灯、汽车、行人、交通标牌、草坪及栅栏等，三维目标的数据不完整性，目标间的重叠性、遮挡性、相似性等现象也给三维激光点云目标智能化解译带来了巨大的挑战。

表 6.4　三维目标提取实验数据及采集设备

数据名称	采集设备	场景类型	总点数/亿	平均点密度/（点/m^2）	数据范围/km
衡阳市 MLS 点云	VMX-450	城区	2.02	120	3.85
横店镇 MLS 点云	SSW-MMTS	城区	6.94	77	8.15
京承高速北京到怀柔段 MLS 点云	VMX-450	高速	1.67	204	6.01
京哈高速四平到公主岭段 MLS 点云	SSW-MMTS	高速	8.25	82	50.84
京承高速北京到密云段 MLS 点云	Trimble MX2	高速	5.64	33	79.8

续表

数据名称	采集设备	场景类型	总点数/亿	平均点密度 /（点/m²）	数据范围 /km
武汉大学计算机学院 MLS 和多站 TLS 点云配准数据	Lynix SG VZ-400	校园	1.80	1 749	0.85
武汉大学法学院 MLS 和多站 TLS 点云配准数据	Lynix SG VZ-400	校园	2.60	2 034	0.62
武汉大学经济与管理学院 MLS 和多站 TLS 点云配准数据	Lynix SG VZ-400	校园	3.20	1 986	0.64

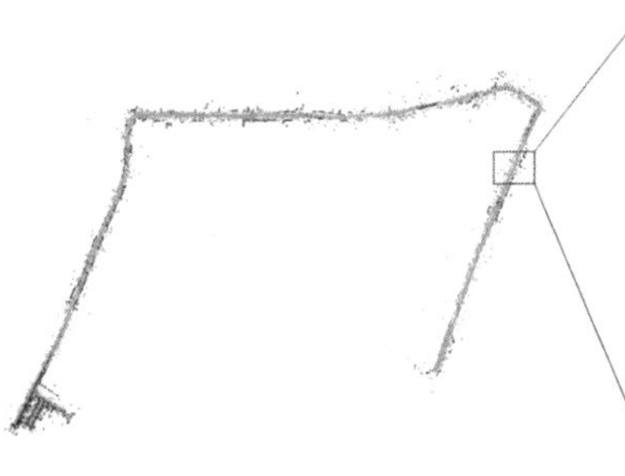

（a）衡阳市 MLS 点云数据集

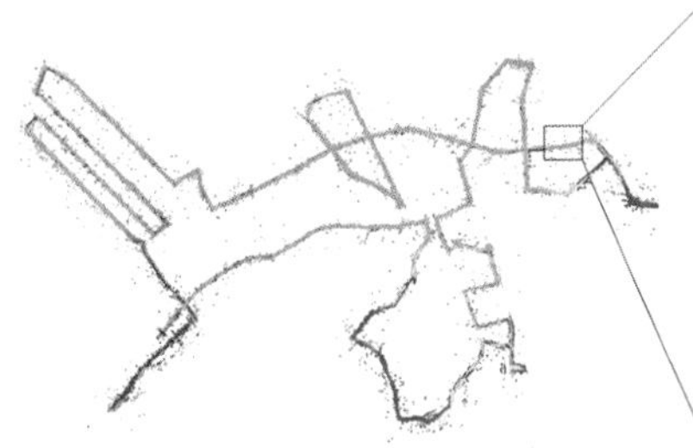

（b）横店镇 MLS 点云数据集

图 6.19　城区 MLS 点云采集设备、数据范围及局部点云

（a）京承高速北京到怀柔段 MLS 点云数据集

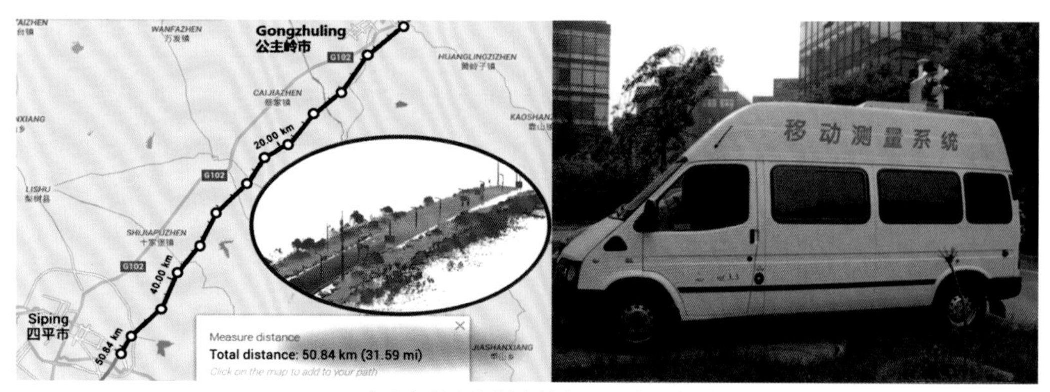

（b）京哈高速四平到公主岭段 MLS 点云数据集

（c）京承高速北京到密云段 MLS 点云数据集

图 6.20　高速 MLS 点云采集设备、数据范围及局部点云

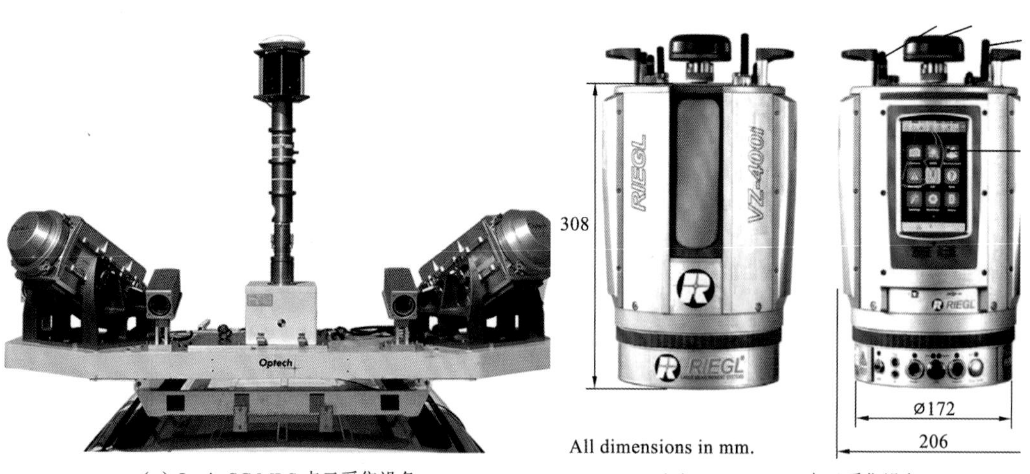

（a）Lynix SG MLS 点云采集设备　　　　（b）VZ-400 TLS 点云采集设备

（c）武汉大学计算机学院 MLS 和多站 TLS 点云配准数据集

（d）武汉大学法学院 MLS 和多站 TLS 点云配准数据集

（e）武汉大学经济与管理学院 MLS 和多站 TLS 点云配准数据集

图 6.21　校园 MLS 和多站 TLS 配准点云采集设备和点云

2. 定量评价指标

首先利用式（6.10）计算目标分割真值$\mathbf{OB}_i^{\mathrm{GT}}$与本小节分割结果$\mathbf{OB}_i^{\mathrm{SR}}$的交集和并集的比值$\mathrm{IoU}_i$；然后把$\mathrm{IoU}_i$大于阈值$T_{\mathrm{IoU}}$（本小节取值$T_{\mathrm{IoU}}$=6作为正确分割判断的阈值）的分割结果作为正确的分割；最后根据式（6.11）计算分割结果的精确度（precision）、召回率（recall）及F1分数（F1-score），用于评价分割结果的质量。值得注意的是精确度、召回率及F1分数是阈值T_{IoU}的函数。

$$\mathrm{IoU}_i=\frac{\mathbf{OB}_i^{\mathrm{SR}}\cap\mathbf{OB}_i^{\mathrm{GT}}}{\mathbf{OB}_i^{\mathrm{SR}}\cup\mathbf{OB}_i^{\mathrm{GT}}} \tag{6.10}$$

式中：$\mathbf{OB}_i^{\mathrm{GT}}$和$\mathbf{OB}_i^{\mathrm{SR}}$分别为目标$\mathbf{OB}_i$分割结果的真值和本小节算法的分割结果；$\mathrm{IoU}_i$为两者的交集和并集的比值，反映了分割结果的质量，$\mathrm{IoU}_i$越大分割质量越高。

$$\begin{cases}\mathrm{precision}(T_{\mathrm{IoU}})=\dfrac{N_{\mathrm{CS}}}{N_{\mathrm{S}}}\\ \mathrm{recall}(T_{\mathrm{IoU}})=\dfrac{N_{\mathrm{CS}}}{N_{\mathrm{GT}}}\\ F1(T_{\mathrm{IoU}})=\dfrac{2N_{\mathrm{CS}}}{N_{\mathrm{S}}+N_{\mathrm{GT}}}\end{cases} \tag{6.11}$$

式中：N_{CS}、N_{S}和N_{GT}分别为正确分割的目标数量、本小节目标分割结果的数量，以及真值中目标分割的数量。

精确度（precision）、召回率（recall）、F1分数（F1-score）三个指标被用于目标提取结果的质量评价，计算公式如下：

$$\begin{cases}\mathrm{precision}=\dfrac{\mathrm{TP}}{\mathrm{TP}+\mathrm{FP}}\\ \mathrm{recall}=\dfrac{\mathrm{TP}}{\mathrm{TP}+\mathrm{FN}}\\ F1=\dfrac{2\mathrm{TP}}{2\mathrm{TP}+\mathrm{FP}+\mathrm{FN}}\end{cases} \tag{6.12}$$

式中：TP、FP和FN分别为正确提取（分割正确且识别正确）的目标个数、错误提取的目标个数和漏提取的目标个数。

3. 实验参数设置

表6.5罗列了本小节方法的主要参数、建议取值范围及本实验中的取值。HOD共包括6个重要参数：多尺度超体素生成的小尺度半径R_{S}和大尺度半径R_{L}、多规则区域生长的角度阈值（法向量夹角和主方向夹角）T_{θ}及反射强度差值的阈值T_{I}、多分割图模式构建中邻域阶数q、决策树的个数N_{T}。

多尺度超体素生成尺度决定了超体素分类的精度。尺度较小时能够减少混合体素的出现，但对噪声、点密度变化的鲁棒性差，且不利于大尺度目标的特征表达；尺度较大时对噪声、点密度变化鲁棒性强，有利于大尺度目标的特征表达，但对目标遮挡和重叠的鲁

表 6.5　HOD 关键参数设置

处理流程	参数	描述	参数取值
多尺度超体素生成	R_S	多尺度超体素生成的小尺度半径	建议取值范围：0.05～0.2m 本小节实验取值：0.1 m
	R_L	多尺度超体素生成的大尺度半径	建议取值范围：0.3～0.8 m 本小节实验取值：0.5 m
基于多规则区域生长的地物目标结构检测	T_∂	法向量夹角和主方向夹角的角度阈值	建议取值范围：5°～15° 本小节实验取值：10°
	T_I	反射强度差值的阈值	建议取值范围：5～15（将强度值归一化到 0～255） 本小节实验取值：10
多分割图模式构建	q	多分割图模式构建中邻域阶数	建议取值范围：3～6 本小节实验取值：4
地物目标识别	N_T	随机森林中决策树个数	建议取值范围：180～230 本小节实验取值：200

棒性差，且容易出现混合体素，不利于细节特征表达。实验发现，当小尺度半径在 0.05～0.20 m，大尺度半径在 0.3～0.8 m 时都可以取得相对理想的结果。实验中设置 R_S=0.1 m，R_L=0.5 m。多规则区域生长的角度阈值 T_∂ 和反射强度差阈值 T_I 控制目标结构提取的质量。具体而言，较大的 T_∂ 和 T_I 易导致分割不足，而较小的 T_∂ 和 T_I 会导致过分割。实验发现，当 T_∂ 取值为 5°～15°，T_I 取值为 5～15 时，可以在过分割和分割不足之间取得较好的平衡。本小节在实验中设置 T_∂=10°，T_I=10。多分割图模式构建中的邻域阶数 q 控制多分割图生成时的邻域范围。具体而言，较大的 q 增大了用于多分割图模式构建的目标结构数量，可以更好地保证分割目标的完整性，但是也增加了错误组合的可能性及计算复杂度；较小的 q 可以减小算法的搜索空间，加快计算速度，但易导致不完整的目标分割结果。实验发现，当 q 取值为 3～6 可以在分割目标完整性、目标识别精度及计算效率之间取得较好的平衡。因此，在实验中设置 q=4。随机森林中的决策树个数 N_T 控制目标识别的精确度和召回率。在一定范围内增加决策树的个数，有利于目标识别的精确度和召回率增加；超过一定范围后继续增加决策树的数量，对精确度和召回率的影响变得微乎其微，但却增加了训练和预测的时间消耗。实验发现，当决策树个数 N_T 取值为 180～230 时，可以在识别的精确度和召回率及计算效率之间取得较好的平衡。本实验中设置 N_T=200。

4. 目标三维提取结果

图 6.22 是 HOD 对衡阳市城区 MLS 点云数据集进行点云分割和目标识别的结果。其中图 6.22（a）为衡阳市城区 MLS 点云的测区范围及随机选择的 4 块实验区域，图 6.22（b）～图 6.22（e）分别为 4 块实验区域的点云分割结果，图 6.22（f）～图 6.22（i）分别为 4 块实验区域的目标识别结果。

图 6.22　衡阳市城区 MLS 点云数据集点云分割和目标识别结果

（a）点云的测区范围及随机选择的 4 块实验区域；（b）～（e）实验区域 1～4 的点云分割结果，不同分割用不同颜色表示；（f）～（i）实验区域 1～4 的目标识别结果，不同类别用不同颜色表示

图 6.23 是 HOD 对横店镇城区 MLS 点云数据集进行点云分割和目标识别的结果。其中图 6.23（a）为横店镇城区 MLS 点云的测区范围及随机选择的 4 块实验区域，图 6.23（b）～图 6.23（e）分别为 4 块实验区域的点云分割结果，图 6.23（f）～图 6.23（i）分别为 4 块实验区域的目标识别结果。

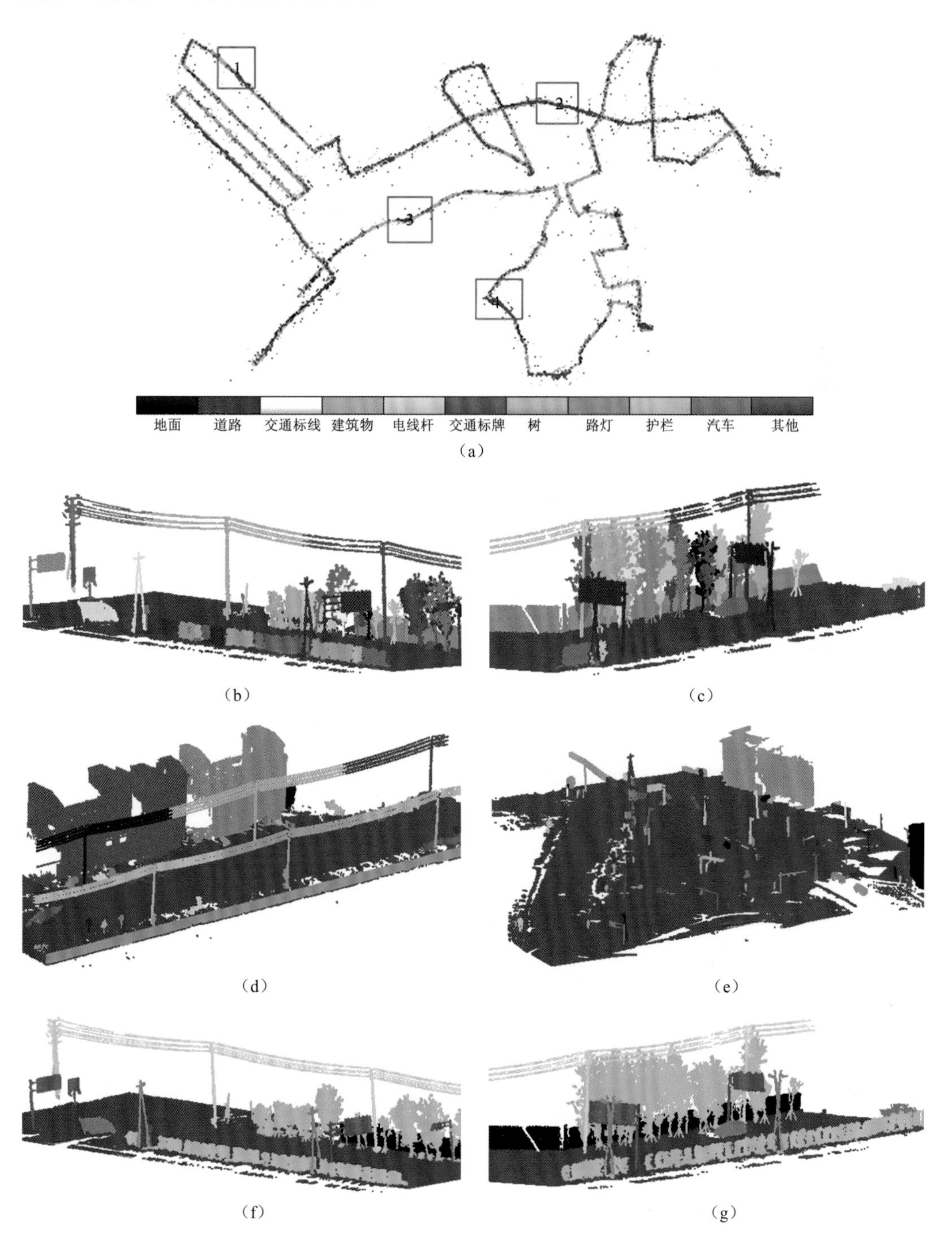

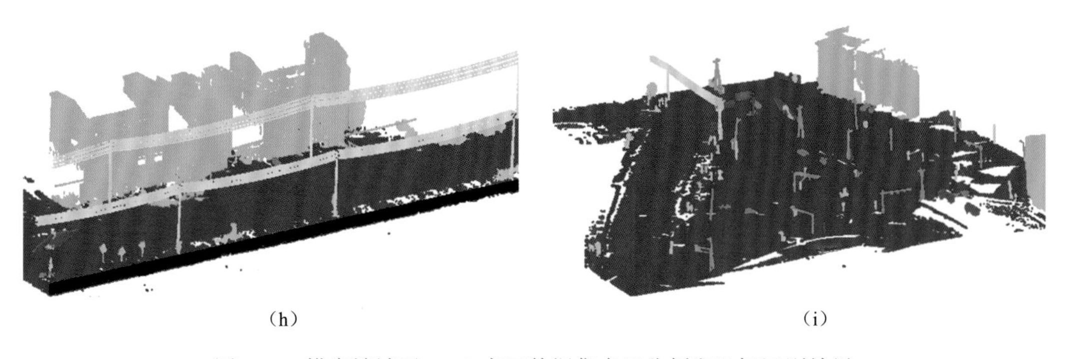

（h）　　　　（i）

图 6.23　横店镇城区 MLS 点云数据集点云分割和目标识别结果

（a）点云的测区范围及随机选择的 4 块实验区域；（b）～（e）实验区域 1～4 的点云分割结果，不同分割用不同颜色表示；（f）～（i）实验区域 1～4 的目标识别结果，不同类别用不同颜色表示

图 6.24～图 6.26 分别是 HOD 对京承高速北京到怀柔段 MLS 点云、京哈高速四平到公主岭段 MLS 点云和京承高速北京到密云段 MLS 点云进行点云分割和目标识别的结果。其中图 6.24（a）、图 6.25（a）和图 6.26（a）分别为从测区中随机选择的实验区域（高程赋色）；图 6.24（b）、图 6.25（b）和图 6.26（b）分别为实验区域点云分割的结果，不同分割用不同颜色表示；图 6.24（c）、图 6.25（c）和图 6.26（c）分别为实验区域目标识别的结果，不同类别用不同颜色表示。

（a）从测区中随机选择的实验区域，高程赋色　　　　（b）实验区域点云分割结果，不同分割用不同颜色表示

（c）实验区域目标识别结果，不同类别用不同颜色表示

图 6.24　京承高速北京到怀柔段 MLS 点云数据某实验区域点云分割和目标识别结果

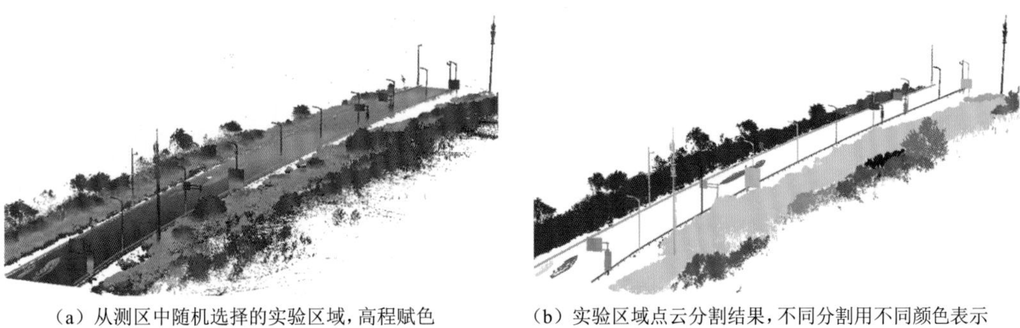

（a）从测区中随机选择的实验区域，高程赋色　（b）实验区域点云分割结果，不同分割用不同颜色表示

（c）实验区域目标识别结果，不同类别用不同颜色表示

图 6.25　京哈高速四平到公主岭段 MLS 点云数据某实验区域点云分割和目标识别结果

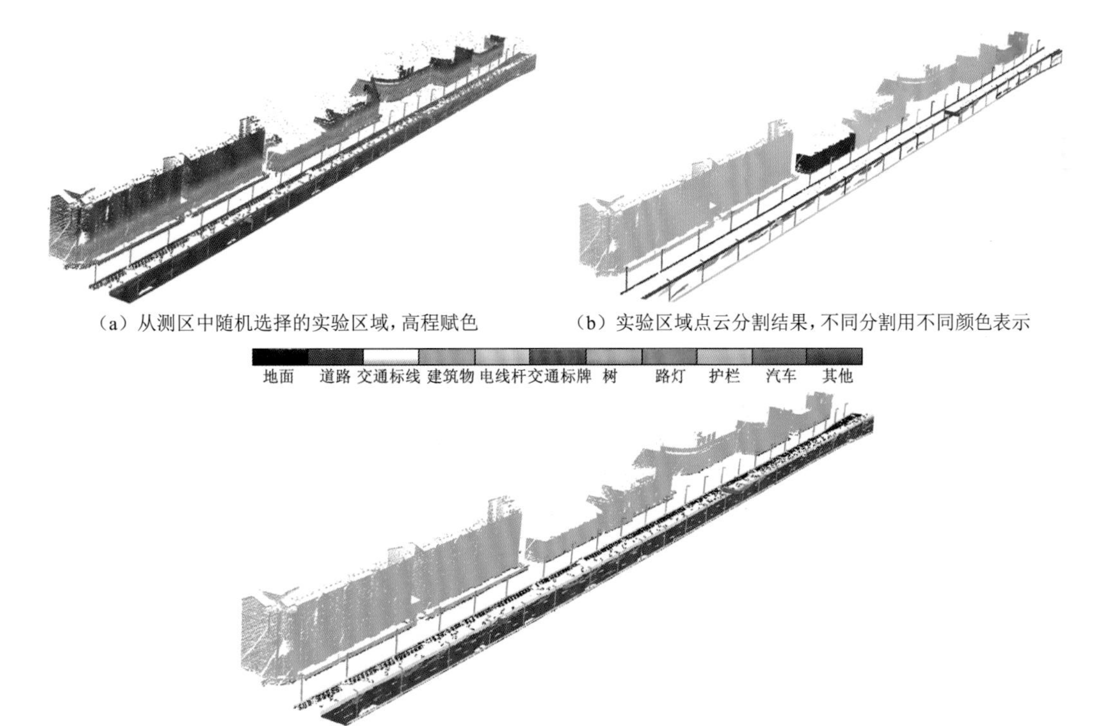

（a）从测区中随机选择的实验区域，高程赋色　（b）实验区域点云分割结果，不同分割用不同颜色表示

（c）实验区域目标识别结果，不同类别用不同颜色表示

图 6.26　京承高速北京到密云段 MLS 点云数据某实验区域点云分割和目标识别结果

图 6.27 是 HOD 对武汉大学计算机学院进行点云分割和目标识别的结果。其中图 6.27（a）为从测区中随机选择的实验区域（黑框中所示）；图 6.27（b）和图 6.27（d）分别为实验区域 1 和 2 点云分割的结果，不同分割用不同颜色表示；图 6.27（c）和图 6.27（e）分别为实验区域 1 和 2 目标识别的结果，不同类别用不同颜色表示。

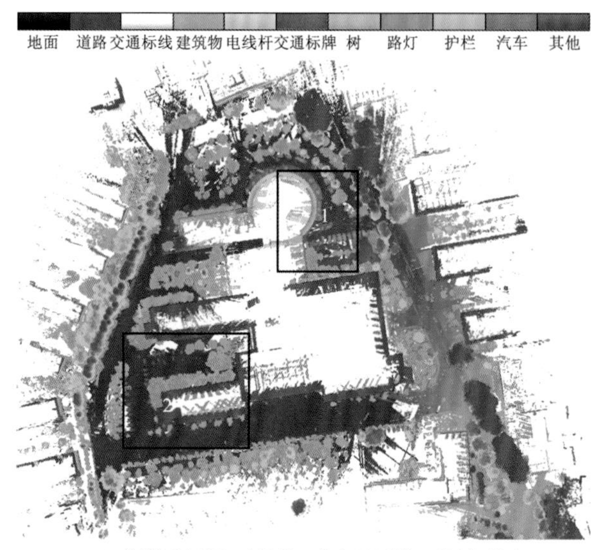

（a）从测区中随机选择的 2 个实验区域，黑框中所示

（b）实验区域 1 点云分割结果，不同分割用不同颜色表示

（c）实验区域 1 目标识别结果，不同类别用不同颜色表示

（d）实验区域 2 点云分割结果，不同分割用不同颜色表示

（e）实验区域 2 目标识别结果，不同类别用不同颜色表示

图 6.27　武汉大学计算机学院 MLS 和多站 TLS 融合点云某实验区域点云分割和目标识别结果

图 6.28 是 HOD 对武汉大学法学院进行点云分割和目标识别的结果。其中图 6.28(a)为从测区中随机选择的实验区域（黑框中所示）；图 6.28（b）为实验区域点云分割的结果，不同分割用不同颜色表示；图 6.28（c）为实验区域目标识别的结果，不同类别用不同颜色表示。

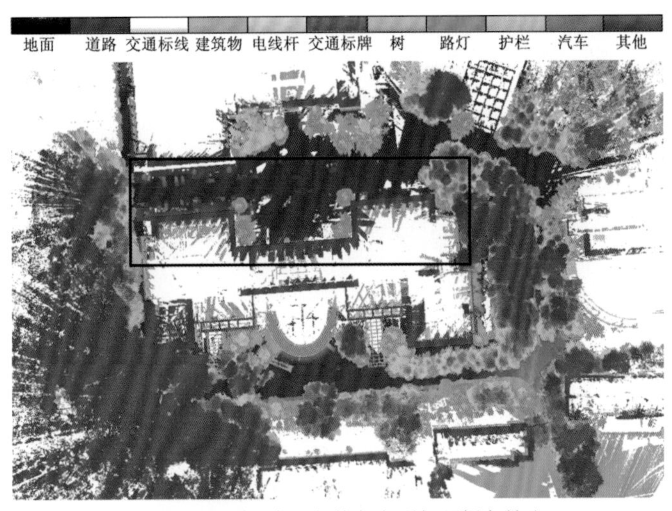

（a）从测区中随机选择的实验区域，黑框中所示

（b）实验区域点云分割结果，不同分割用不同颜色表示

（c）实验区域目标识别结果，不同类别用不同颜色表示

图 6.28　武汉大学法学院 MLS 和多站 TLS 融合点云某实验区域点云分割和目标识别结果

图 6.29 是 HOD 对武汉大学经济与管理学院进行点云分割和目标识别的结果。其中图 6.29（a）为从测区中随机选择的实验区域（黑框中所示）；图 6.29（b）为实验区域点云分割的结果，不同分割用不同颜色表示；图 6.29（c）为实验区域目标识别的结果，不同类别用不同颜色表示。

（a）从测区中随机选择的实验区域，黑框中所示

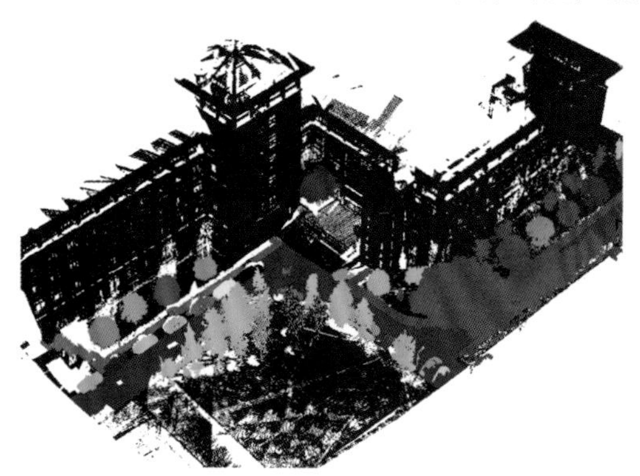
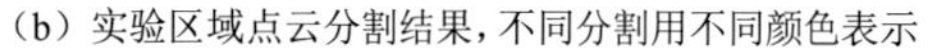

（b）实验区域点云分割结果，不同分割用不同颜色表示

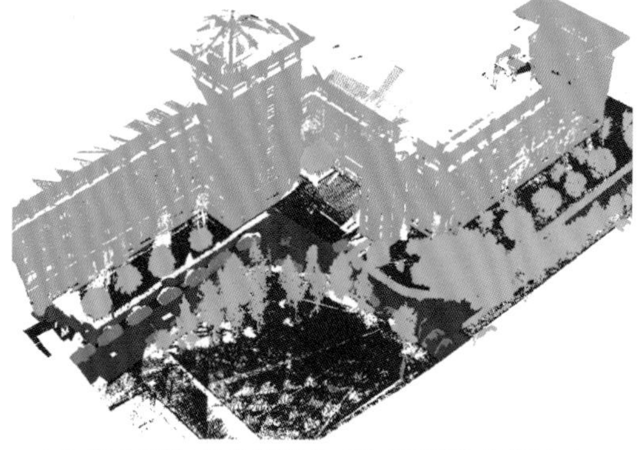

（c）实验区域目标识别结果，不同类别用不同颜色表示

图 6.29　武汉大学经济与管理学院 MLS 和多站 TLS 融合点云某实验区域点云分割和目标识别结果

图 6.30 和图 6.31 显示了部分目标提取结果的细节。从图 6.30 可以看出，HOD 不仅能准确地分割和识别相互独立的地物目标，而且当不同目标相互交错甚至部分重叠时，仍然可以得到视觉最优的点云分割和识别结果，提高了重叠目标分割的准确率。图 6.30 展示了相互交错并被树木遮挡的路灯、交通标志牌和电线杆等目标被正确提取。

从图 6.31 可以看出，HOD 不仅能准确地识别完整的大尺寸目标（如：建筑物、路灯、大型交通标志牌等），而且可以识别小尺寸目标、弱特征目标、运动目标及不完整目标，提高了目标识别的精确性和召回率。图 6.31 展示了小尺度、弱特征的交通标牌，运动的汽车和不完整的交通标志牌被正确识别。

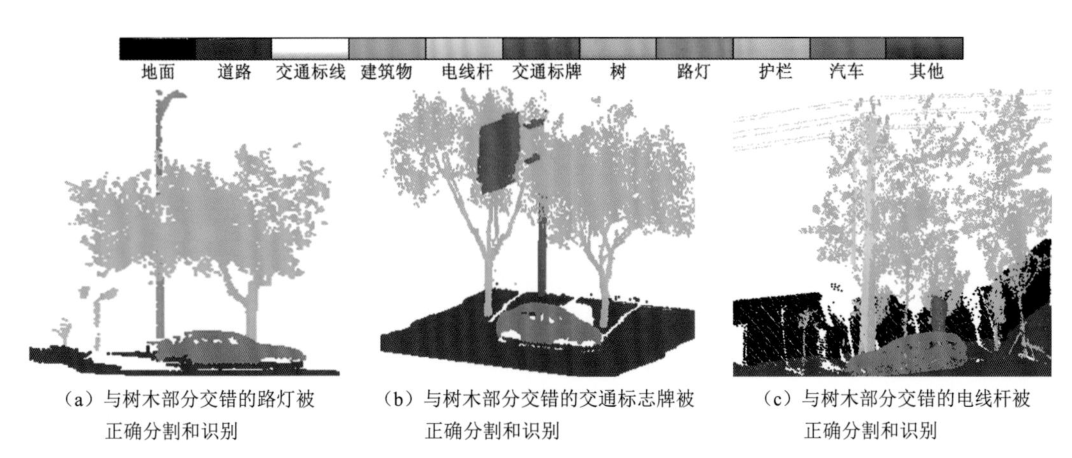

（a）与树木部分交错的路灯被正确分割和识别　（b）与树木部分交错的交通标志牌被正确分割和识别　（c）与树木部分交错的电线杆被正确分割和识别

图 6.30　部分目标提取结果的细节

（a）小尺度、弱特征的交通标志牌被正确识别　（b）运动中的汽车被正确识别　（c）不完整的交通标志牌被正确识别

图 6.31　部分目标提取结果的细节

如图 6.32 所示该方法仍然存在一些错误。这些错误主要集中在枝叶稀少的树木错分类为其他目标，如图 6.32（a）所示；被树木严重遮挡（一半以上都被遮挡）的路灯被错误识别为树木，如图 6.32（b）所示。

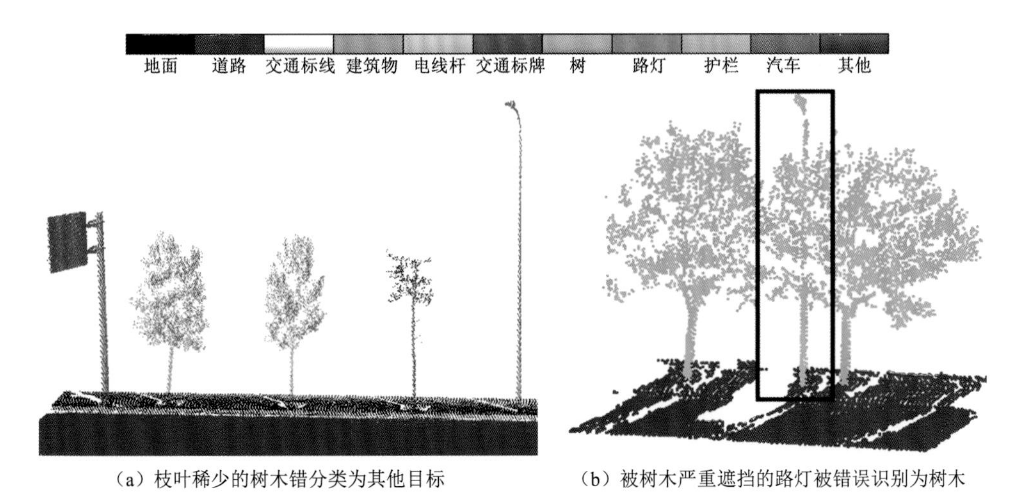

（a）枝叶稀少的树木错分类为其他目标　（b）被树木严重遮挡的路灯被错误识别为树木

图 6.32　部分目标错误检测结果

5. 三维目标提取定量评价与分析

对实验的目标提取结果计算精确度（precision）、召回率（recall）、F1 分数（F1-score）和时间消耗 4 个指标评价 HOD 的性能。实验所用电脑配置为：16 GB RAM、Intel Core i7-6700HQ、2.60 GHz CPU。利用 Cloud Compare 软件[①]手工标记三维目标提取结果作为点云分割和目标提取的真值。表 6.6 罗列了 8 份测试数据点云分割和目标提取结果的精确度、召回率、F1 分数和时间消耗。具体而言，基于表 6.6 和表 6.7 定量评价结果可以得出如下结论。

表 6.6　点云分割定量评价及耗时

数据名称	精确度/%	召回率/%	F1 分数/%	耗时/min
衡阳市 MLS 点云	79.2	80.1	79.7	146.9
横店镇 MLS 点云	80.3	79.9	80.1	268.2
京承高速北京到怀柔段 MLS 点云	87.2	85.6	86.4	58.5
四平到公主岭段 MLS 点云	85.1	83.2	84.2	286.9
北京到密云段 MLS 点云	82.3	80.9	81.6	296.7
武汉大学计算机学院 MLS 和多站 TLS 点云	73.2	69.8	71.5	39.2
武汉大学法学院 MLS 和多站 TLS 点云	70.1	66.3	68.2	28.3
武汉大学经管学院 MLS 和多站 TLS 点云	69.2	67.5	68.4	31.6

表 6.7　目标提取定量评价

数据名称	评价指标	建筑物	电线杆	交通标牌	路灯	树木	汽车	护栏
衡阳市 MLS 点云	精确度/%	91.6	86.7	88.2	84.2	68.9	84.6	85.3
	召回率/%	92.1	84.3	86.6	80.1	60.7	80.7	83.6
	F1 分数/%	91.8	85.5	87.4	82.1	64.8	82.6	84.4
横店镇 MLS 点云	精确度/%	91.2	85.6	86.2	82.3	69.5	84.6	84.1
	召回率/%	90.6	84.2	83.1	80.9	60.8	83.9	83.6
	F1 分数/%	90.9	84.9	84.6	81.6	65.2	84.2	83.8
京承高速北京–怀柔段 MLS 点云	精确度/%	92.2	90.7	92.3	93.4	74.9	92.2	87.1
	召回率/%	91.6	89.1	89.9	92.3	68.7	94.7	85.9
	F1 分数/%	91.9	89.9	91.1	92.8	71.8	93.4	86.5
四平到公主岭段 MLS 点云	精确度/%	91.5	89.5	91.4	91.9	72.1	91.1	85.6
	召回率/%	92.1	87.3	88.2	90.3	65.2	93.8	83.4
	F1 分数/%	91.8	88.4	89.8	91.1	68.7	92.4	84.5
北京到密云段MLS 点云	精确度/%	91.0	87.8	89.8	90.2	71.8	89.9	84.4
	召回率/%	91.6	87.5	87.5	89.3	64.9	90.8	83.8

① http://www.cloudcompare.org/

续表

数据名称	评价指标	建筑物	电线杆	交通标牌	路灯	树木	汽车	护栏
北京到密云段MLS点云	F1分数/%	91.3	87.6	88.6	89.7	68.4	90.3	84.1
武汉大学计算机学院MLS和多站TLS点云	精确度/%	90.8	/	/	82.2	63.2	84.2	/
	召回率/%	90.6	/	/	80.9	49.8	81.5	/
	F1分数/%	90.7	/	/	81.5	56.5	82.8	/
武汉大学法学院MLS和多站TLS点云	精确度/%	89.6	/	/	80.6	60.1	84.4	/
	召回率/%	91.1	/	/	79.6	48.2	83.2	/
	F1分数/%	90.3	/	/	80.1	54.2	83.8	/
武汉大学经管学院MLS和多站TLS点云	精确度/%	90.5	/	/	82.1	61.3	85.5	/
	召回率/%	89.9	/	/	79.8	50.6	80.9	/
	F1分数/%	90. 2	/	/	80.9	60.0	83.1	/

（1）HOD方法在城区、高速和校园等多类型场景的激光点云三维目标提取中取得了较高的精确度和召回率，其中建筑物的提取效果最好，汽车、电线杆、交通标牌、路灯等目标次之，树木的提取质量最差（树木之间重叠严重，易导致分割不足），三维激光点云目标提取结果基本满足数字城管、道路基础设施入库、城市规划、高精驾驶地图生产等应用的需求。

（2）HOD方法在城区、高速和校园等多类型场景的三维激光点云目标提取中取得了很高的计算效率，处理每千米测试点云分别耗时约38 min（衡阳市 MLS 点云）、32 min（横店镇MLS点云）、10 min（京承高速北京到怀柔段MLS点云）、6 min（四平到公主岭段MLS点云）、4 min（北京到密云段MLS点云）、46 min（武汉大学计算机学院MLS和多视TLS融合点云）、45 min（武汉大学法学院MLS和多视TLS融合点云）、48 min（武汉大学经济与管理学院MLS和多站TLS融合点云），场景点云的点密度越大、目标分布密度越高，三维目标提取越耗时。

（3）高速场景点云中电线杆、交通标牌、路灯等杆状物及汽车的提取结果优于城市和校园场景。造成上述结果的原因包括：①高速场景点云中目标相对独立，目标遮挡和交错重叠的现象较少，因此点云分割结果的精确度和召回率更高；②高速场景相对简单且地物目标分布的规律性更强，目标的上下文特征更容易发挥作用（如：根据目标与道路的位置关系可以很容易识别高速场景中的汽车），因此有利于提高目标提取的精确度和召回率。

为了进一步分析本小节 HOD 方法的性能，实验从点云分割和目标识别的精确度（precision）、召回率（recall）和时间消耗等方面与当前先进的三维目标提取方法Lehtomaki等（2015）进行比较。为了验证多尺度超体素生成、多分割图模式构建、多层次特征计算等对HOD方法性能的影响，实验进一步分析HOD方法的变种HOD-SV、HOD-MS、HOD-SF、HOD-OF和HOD-CF等的性能。具体而言，为了验证超体素对方法效率和精度的影响，HOD-SV利用逐点计算的方式代替多尺度超体素，其他步骤与HOD方法一致；

为了验证多分割图模式对点云三维目标分割结果的影响，HOD-MS 利用连通性分析的点云分割方法代替多分割图，其他步骤与 HOD 算法一致；为了验证目标结构特征对目标识别精度的影响，HOD-SF 从多层次特征中剔除目标结构特征，只保留目标整体特征和目标上下文特征；为了验证目标整体特征对目标识别精度的影响，HOD-OF 从多层次特征中剔除目标整体特征，只保留目标结构特征和目标上下文特征；为了验证目标上下文特征对目标识别精度的影响，HOD-CF 从多层次特征中剔除目标上下文特征，只保留目标结构特征和目标整体特征，其他步骤与 HOD 方法一致。表 6.8 列出了 7 种基准方法在点云分割和目标识别的精确度（precision）、召回率（recall）和时间消耗。

表 6.8　点云三维目标提取方法性能比较

数据集/方法		点云分割		目标提取		运行时间
		精确度/%	召回率/%	精确度/%	召回率/%	/min
横店镇 MLS 点云	Lehtomaki 等（2015）	73.6	69.9	78.1	75.9	**156.9**
	HOD_SV	79.8	78.6	84.6	**83.5**	2 412.9
	HOD_MS	72.4	68.7	79.6	77.3	208.9
	HOD_SF	78.8	77.6	80.2	79.1	240.5
	HOD_OF	48.6	46.9	52.8	48.9	238.6
	HOD_CF	78.9	77.8	82.8	82.0	249.7
	HOD	**80.3**	**79.9**	**84.9**	83.2	268.2
京承高速北京到怀柔段 MLS 点云	Lehtomaki 等（2015）	79.9	78.2	83.6	79.7	**39.6**
	HOD_SV	**87.9**	**86.2**	90.8	86.9	546.8
	HOD_MS	80.2	79.5	85.8	82.1	50.5
	HOD_SF	84.2	82.1	84.9	81.3	54.6
	HOD_OF	69.8	65.3	70.2	63.7	52.9
	HOD_CF	83.2	81.9	84.3	80.2	55.3
	HOD	87.2	85.6	**91.2**	**87.6**	58.8

实验比较表明，本小节提出的 HOD 方法在多种测试数据集上的表现优于其 5 种变种及目前先进的三维目标提取方法（Lehtomaki et al.，2015）。具体而言，基于以上对比实验的结果可以得出如下结论。

（1）本小节的 HOD 方法与 Lehtomaki 等（2015）相比，城区和高速场景点云分割的精确度和召回率提高了约 10%，目标提取的精确度和召回率提升约 8%，证明了本小节多分割图模式、多尺度特征计算、协同分割与识别的策略有助于提升激光点云三维目标提取的质量；但是 HOD 方法的超体素特征生成和分类、多层次特征计算、协同点云分割与目标识别等步骤相对耗时，与 Lehtomaki 等（2015）相比计算量增加了近一倍。

（2）本小节的 HOD 方法与 HOD-SV 取得相当的点云分割与目标提取的精确度和召回率，但计算速度提升了近 9 倍，横店镇 MLS 点云耗时从 2 412.9 min 减少为 268.2 min，京承高速北京到怀柔段 MLS 点云处理时间从 546.8 min 缩小为 58.8 min。结果表明 HOD 方法可以在保证三维目标提取精度的前提下，大幅度提高算法计算效率。

（3）本小节的 HOD 方法与 HOD-MS 相比，城区场景点云分割的精确度从 72.4%提高到 83.4%（提升约 11%），召回率从 68.7%提高到 82.0%（提升约 13%）；高速场景点云分割的精确度从 80.2%提高到 90.0%（提升约 8%），召回率从 79.5%提高到 87.5%（提升约 8%）。结果表明 HOD 方法的多分割图可以大幅度提高点云分割的精确度和召回率，且对城区场景点云分割的提升效果更明显。

（4）本小节的 HOD 方法与 HOD-SF 相比，城区场景目标提取的精确度从 82.2%提高到 86.9%（提升约 4%），召回率从 79.1%提高到 83.2%（提升约 4%）；高速场景目标提取的精确度从 84.9%提高到 91.2%（提升约 6%），召回率从 83.3%提高到 87.6%（提升约 4%）。结果表明：在目标整体特征和目标上下文特征的基础上，进一步添加目标结构特征可以在一定程度上提高目标识别的精确度和召回率。

（5）本小节的 HOD 方法与 HOD-OF 相比，城区场景目标提取的精确度从 52.8%提高到 86.9%（提升约 34%），召回率从 48.9%提高到 83.2%（提升约 34%）；高速场景目标提取的精确度从 70.2%提高到 91.2%（提升约 21%），召回率从 63.7%提高到 87.6%（提升约 24%）。结果表明：目标整体特征在目标识别过程中起到了最重要的作用，在目标结构特征和目标上下文特征的基础上，进一步添加目标整体特征可以大幅度提高目标识别的精确度和召回率。

（6）本小节的 HOD 方法与 HOD-CF 相比，城区场景目标提取的精确度从 84.8%提高到 86.9%（提升约 2%），召回率从 79.5%提高到 83.2%（提升约 3%）；高速场景目标提取的精确度从 84.3%提高到 91.2%（提升约 7%），召回率从 79.2%提高到 87.6%（提升约 8%）。实验结果表明：在目标结构特征和目标整体特征的基础上，进一步添加目标上下文特征可以在一定程度上提高目标识别的精确度和召回率，且对高速场景点云目标识别的提升效果更明显。高速场景地物目标分布的规律性更强，上下文特征更容易发挥作用（如：根据目标与道路的关系就可以很容易识别高速场景点云中的汽车、交通标牌等），因此更有利于目标提取精确度和召回率的提高。

6.4　道路边界三维信息自动提取

道路信息是基础地理信息的重要组成部分之一，准确、高精度的道路信息对于城市规划、交通控制及应急响应等很多行业具有重要的作用。目前道路环境信息主要由道路的中心线来表达，在实际道路环境中，一些道路形状比较规则，具有固定道路宽度，利用道路中心线、宽度等信息可以描述道路环境信息，但在交叉路口、多车道的道路环境中，非规则的花坛、道路路口等引起道路的宽度变化，单一的中心线信息难以准确描述道路形状和变化，但在大多数城市环境中，都存在道路几何边界约束路面形状。车载激光扫描点云能够最大限度地克服机载点云/影像无法避免的树木遮挡问题，在获取道路三维信息方面具有独特的优势。下面介绍车载点云中提取道路边界的方法。

6.4.1 道路边界点识别

为从点云中提取道路边界，首先利用移动窗口法对车载激光点云进行滤波，剔除道路周围高的建筑物、树木、电线杆，以及路面上的车辆等目标，保留路面、道路几何边界及周围的人行道等信息，然后通过分析道路几何边界与周围路面之间的几何形状和空间分布差异，构建常见的道路边界模型，将道路几何边界从道路区域中提取，具体流程如图 6.33 所示，主要包括三个主要部分。

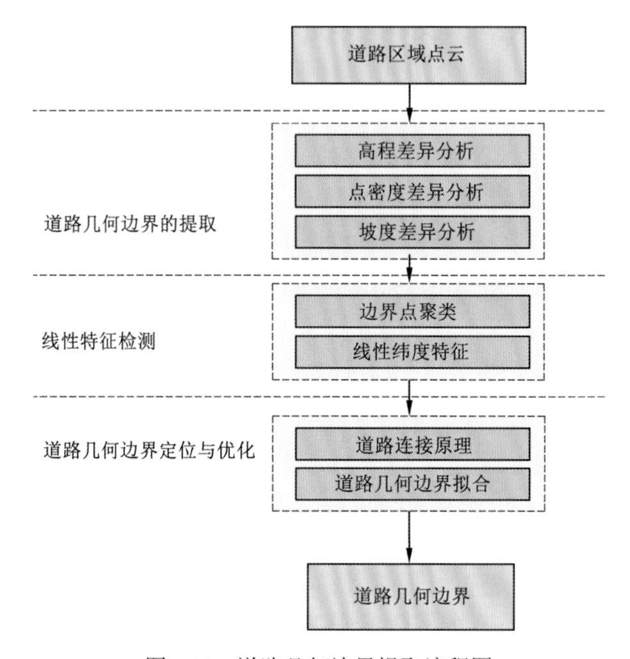

图 6.33 道路几何边界提取流程图

（1）道路几何边界识别：根据道路几何边界与路面在高程、点密度、坡度上的差异，从扫描线中识别出道路几何边界。

（2）线性检测：从道路边界全局线性空间分布出发，对识别出的道路边界进行线性检测。

（3）道路几何边界优化：将因数据缺失和遮挡造成的非连续道路段连接成结构完整的道路边界，对连接后边界进行拟合形成矢量的道路边界数据。

道路边界是一个相对的概念，在不同的道路环境中有不同形式。城市街道、高速公路等结构化道路环境中道路边界一般表现为规则的人造台阶形状即：路坎（路肩），而在乡村的半结构化道路环境中，则可能是由道路与草地、低矮灌木等的分界形成的，没有规则的几何形状。为简化起见，本小节主要关注的城区环境中结构化道路，根据路坎与路面之间的连接形状主要有三种类型，如图 6.34 所示。第一种类型，路坎连接路面与人行道（花坛）等，三者构成一个近似的直角形状，这种路坎在城区道路环境中比较常见；在第二种类型中，路坎与路面成一个斜角，在一些道路的出入口比较常见；第三种类型路坎主要是

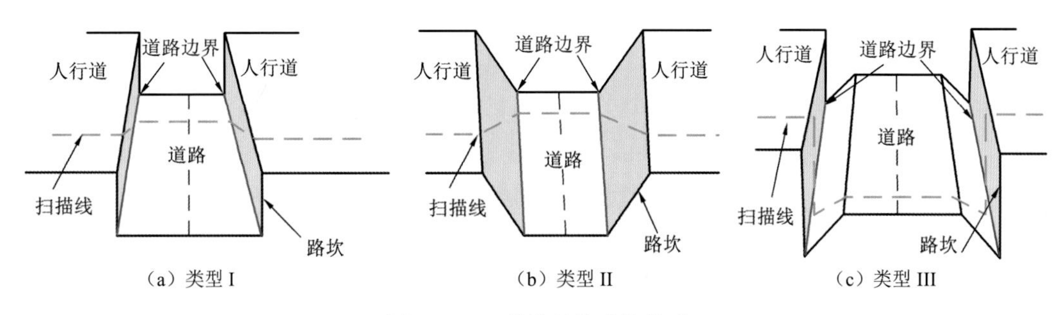

图 6.34　三种常见的路坎类型

为了利于道路的排水，中间部分的道路比较高，连接路坎部分的道路表面高程呈局部最低，这个类型在城区和高速公路中都存在。

从图 6.34 中可以看出，在结构化的道路环境中，路坎作为道路的几何边界，在扫描线中具有以下的几何和空间分布特征（图 6.35）。

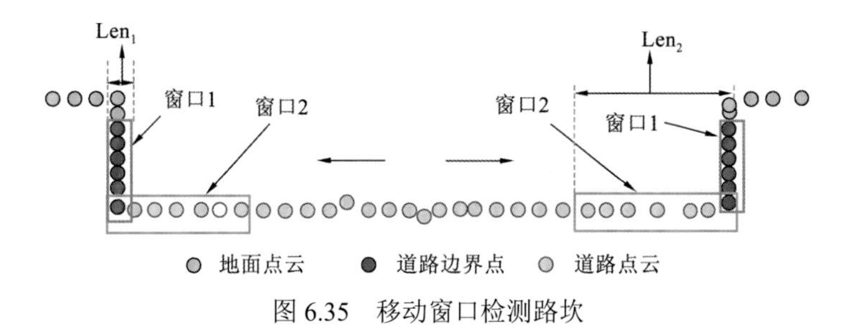

图 6.35　移动窗口检测路坎

（1）与路面存在一定的高度差。这种高差的表现形式可能是规则的跳变，也可能是一种渐变。

（2）相对于路面而言，路坎处的扫描点局部聚集，这些点水平坐标相近，在垂直方向上存在一定的高度差。

因此可以对地面点云的每一条扫描线从两端往中间逐点开 2 个连续相邻的窗口，假设每个窗口包含 n_1 个激光点：$S_1=\{\mathrm{pt}_1,\mathrm{pt}_2,\mathrm{pt}_3,\cdots,\mathrm{pt}_{n1}\}$，其中 $\mathrm{pt}_k=(x_k,y_k,z_k)$，综合分析路坎与路面的高度、扫描点密度及累计坡度差异，确定道路的 2 个边界区域即路坎点云。

1. 高程差异分析

如图 6.35 所示，路坎点局部区域有高程阶跃，若移动窗口位于路坎处，若窗口 1 中全部是路坎点云，点云的高程有比较大的差异，窗口 2 则是路面的点云，高程的变化比较平缓，两个窗口的高程变化满足

$$\Delta Z_{\mathrm{curb\_1}} \geqslant \Delta h_{\mathrm{curb}} \tag{6.13}$$

$$\Delta Z_{\mathrm{curb\_2}} \leqslant \Delta h_{\mathrm{pavement}} \tag{6.14}$$

式中：$\Delta Z_{\mathrm{curb}}=\max(z_1,z_2,\cdots,z_{n1})-\min(z_1,z_2,\cdots,z_{n1})$，$\Delta Z_{\mathrm{curb\_1}}$ 和 $\Delta Z_{\mathrm{curb\_2}}$ 为窗口 1 和 2 中的高程差值；$\Delta h_{\mathrm{pavement}}$ 为人行道的高程；Δh_{curb} 为路坎模型中路坎的最低高度，在城区环境中路坎较低，在高速公路中路坎较高，具体的取值依据道路环境来确定。

2. 点密度差异分析

车载激光扫描系统在行驶过程中，激光扫描仪在电机驱动下均匀旋转，在同一扫描线中，激光脚点按相同角度步长分布。激光脚点打在路面上是近似均匀分布的，而在路坎部分会出现一个局部点密集，这些点的水平坐标相近，如图 6.36 所示。在每条一条扫描线中，用窗口起点与终点的水平距离值：Len 来描述点密度分布情况，其中 $\mathrm{Len}=\sqrt{(x_1-x_{n_1})^2+(y_1-y_{n_1})^2}$，$\mathrm{Len}_1$ 和 Len_2 为窗口 1 和窗口 2 起点与终点的水平距离值，应满足如下条件：

$$\mathrm{Len}_1 < L < \mathrm{Len}_2 \tag{6.15}$$

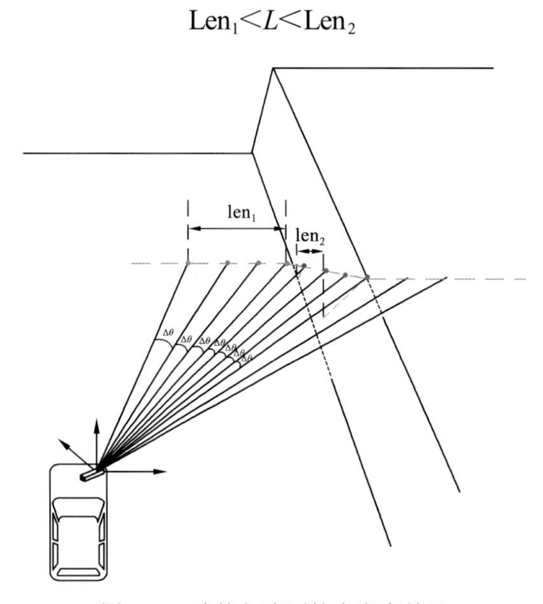

图 6.36　路坎与路面的点密度差异

对于第一和第三种类型而言，路坎点的水平距离非常小的，L 取为 0.3 m 即可，在第 2 种路坎可能是大的斜面，L 可取较大值 0.5 m。

3. 坡度差异分析

在真实道路环境中，不同的路坎类型与道路表面之间有不同的夹角，本小节引入累计坡度来度量道路表面与路坎之间的这种空间分布关系，α_1，α_2 分别为窗口 1、窗口 2 中的累积坡度值（图 6.37）。在路坎类型 I 中，$\alpha_1\approx 90°$，$\alpha_2\approx 0°$；在路坎类型 II 中，$50°<\alpha_1<90°$，$\alpha_2\approx 0°$；在路坎类型 III 中，$\alpha_1\approx 90°$，$0°<\alpha_2<20°$。

虽然不同类型路坎与路面的连接形状不一样，但是累计坡度夹角Δangle 是一个比较大的角度值，则有

$$\alpha=\sum_{i=1}^{n_1}\arctan\left[\frac{z_i-z_{i+1}}{\sqrt{(x_i-x_{i+1})^2+(y_i-y_{i+1})}}\right]\qquad \alpha\in\left[-\frac{\pi}{2},\frac{\pi}{2}\right] \tag{6.16}$$

$$\Delta\mathrm{angle}=\mathrm{abs}(\alpha_1-\alpha_2)>\Delta\theta_2 \tag{6.17}$$

式中：$\Delta\theta_2$ 是路面与路坎的最小夹角阈值。

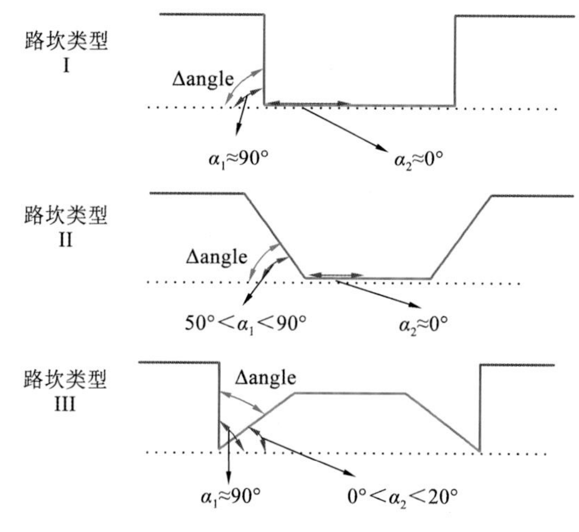

图 6.37　路坎与路面的累计坡度差异

如果相邻两个窗口内的点同时满足上述三个条件，则窗口 1 中的点为路坎点。在城区环境中，路坎比较矮，虽然路坎点云在垂直方向上局部聚集，但是一条扫描线中属于路坎的点云个数相对较少，因此移动窗口的大小（每个窗口中点的个数 n_1）取为 $n_1 = n/2$；在高速公路环境中，路坎比较高，则 $n_1 = n$。利用路坎与路面的高度、点密度及路坎累计坡度差异，从地面点云可以快速识别出道路边界，从图 6.38（a）中提取的道路边界点云如图 6.38（b）所示。

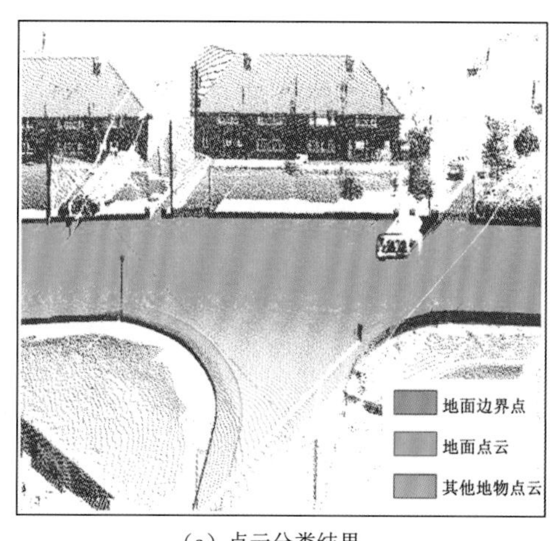

（a）点云分类结果

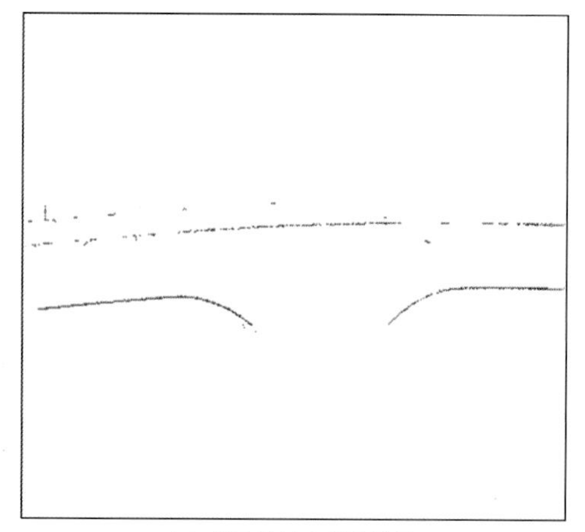

（b）道路边界点提取结果

图 6.38　道路几何边界提取结果

6.4.2　线性特征检测

从图 6.38（b）中可以看到，因部分地物在高程及与地面的连接形状与道路边界接近，识别出来的道路边界存在部分非道路边界点。这些地物主要是道路周围的低矮篱笆点云，路面中车辆、行人的底部点。从全局角度来看，道路的边界点呈线性分布，为连续长形线段。而非道路边界点多为零星的片段，与周围道路边界有一定的距离。因此可以对提取的道路边界点聚类，分析其空间分布和形状特征，去除噪声，对结果进行优化。

1. KNN 聚类

局部区域中，车辆在一个方向上保持均匀行驶，相邻扫描线中道路边界的角度和平面距离相近。除了在空间位置上临近，道路边界点还具有相同的或相近的主方向。利用 K 最近邻（k-nearest neighbor，KNN）聚类的方法将相似角度、主方向、空间临近的点集合成线段，来判断聚类段的空间分布特征对边界进行优化。利用 KNN 方法进行道路边界聚类的主要步骤如下：

（1）先将道路边界点按 KD 树进行组织；

（2）搜索每个边界点的 k 近邻，利用 k 近邻计算当前点的主方向；

（3）利用每个边界点的 k 近邻计算当前点的高程残差，将残差最小的点作为种子点，构成初始点集 S；

（4）将道路边界相邻点之间的扫描角度、主方向夹角、空间距离小于一定阈值作为聚类准则，判断种子点与其最近邻点之间的相似性，若满足聚类准则，则将当前点纳入点集 S；

（5）重复步骤（3）～（4），直到所有道路边界点均处理。

2. 线性维度分析

由于不同的目标具有不同的几何结构形状，根据目标的几何特征，局部点云的空间分布特征可大致描述为线状（道路的边界、电线、树干等地物）、面状（建筑物的立面、路面、交通标牌）和离散分布或球状（树冠、灌木等植被）。而局部点云在 X, Y, Z 三个方向上空间分布特征可由其 k 邻域范围内的点云的三个特征值（λ_0，λ_1，λ_2，其中 $\lambda_0 \geqslant \lambda_1 \geqslant \lambda_2$）的关系来判定。若特征值 $\lambda_0 \gg \lambda_1 \approx \lambda_2$，则认为该局部点云为线状分布；若 $\lambda_0 \approx \lambda_1 \gg \lambda_2$，这些点具有面状特征；若 $\lambda_0 \approx \lambda_1 \approx \lambda_2$，局部点向四处发散，呈离散分布，详见图 6.1。这种基于主成分分析（principal component analysis，PCA）的方法被广泛用于点云处理，如：目标分割（Yang et al.，2013b）、杆状物识别（Lehtomäki et al.，2011；Brenner，2009）、点云自适应邻域选择（Lalonde et al.，2006）等。

根据 PCA 理论，采用奇异值分解的原理，通过构建的局部点的协方差矩阵计算特征值。假设点 p_i 的 k 邻域范围为 $p_m=(x_m, y_m, z_m)$，$m=(1,2,\cdots,k)$，则局部点的协方差矩阵为

$$\boldsymbol{M}=\frac{1}{k}\sum_{m=1}^{k}(P_m-\bar{P})^{\mathrm{T}}\times(P_m-\bar{P}) \tag{6.18}$$

式中：$\bar{P}$ 为局部重心点，$\bar{P}=\frac{1}{k}\sum_{m=1}^{k}p_m$。

利用局部点的协方差矩阵计算出来的特征值分别代表了不同目标的空间分布特征，但不具备数据归一化特征。为了避免量纲的不一致对空间相似度的影响，需要将特征值归一化到[0,1]。Unnikrishnan 等（2010）将三个特征值进行组合和归一化成点云的维度

特征 a_{1D}, a_{2D}, a_{3D} 定量化描述点云的空间分布模式。

$$a_{1D}=\frac{e_1-e_2}{e_1},\quad a_{2D}=\frac{e_2-e_3}{e_1},\quad a_{3D}=\frac{e_3}{e_1} \tag{6.19}$$

式中：$e_j=\sqrt{\lambda_j}, j\in[1,3]$，$a_{1D}+a_{2D}+a_{3D}=1$。

当点云为线状分布时，维度特征为 $a_{1D}\approx 1$，$a_{2D}\approx 0$，$a_{3D}\approx 0$；当点云为面状分布时，维度特征为 $a_{1D}\approx 0$, $a_{2D}\approx 1$, $a_{3D}\approx 0$；当点云为散状分布时，维度特征为 $a_{1D}\approx 0$，$a_{2D}\approx 0$，$a_{3D}\approx 1$。a_{1D}, a_{2D}, a_{3D} 趋近于 1 的程度分别对应一维、二维、三维目标（图 6.39）。

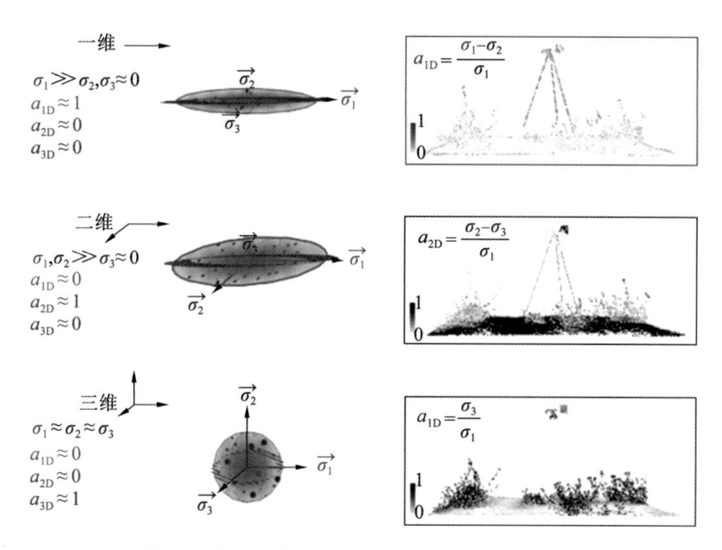

图 6.39　三种空间分布特征的维度值（Unnikrishnan et al.，2010）

根据局部点云维度的差异，计算通过 KNN 聚类形成的连通区域的维度特征，并统计每个连通区域的点云个数 N，制定如下法则对道路边界进行优化：

$$a_{1D}>\delta_1 \tag{6.20}$$

$$a_{2D}<\delta_2 \tag{6.21}$$

$$a_{3D}<\delta_3 \tag{6.22}$$

$$N>n \tag{6.23}$$

式中：$\delta_1,\delta_2,\delta_3$ 为线性地物的维度阈值；n 为道路连通区域的最小点云个数。

6.4.3 道路边界定位与优化

经过以上线性特征识别过程，细小孤立非线性的非道路边界点被去除，邻近的道路边界形成道路段。在数据采集过程中，因为车辆或行人的遮挡，导致道路边界不连续和不完整。同时地面滤波和路坎提取中移动窗口大小是根据车载激光点云的平均点密度来选取。相对于道路中心点，远离激光扫描仪的道路边界点的间隔较大，点云的分布不均匀和固定窗口的大小导致提取的路坎点不连续。因此道路边界被分割成许多细小的片段，为了提取完整的道路边界，需要对不连续道路边界进行连接，利用曲线拟合对缺失部分进行插值。

1. 道路连接原理

根据 Gestalt 视觉感知中的良好延续性特点（good continuation），细小的道路边界段连接必须满足：连续性和最小曲率变化。Stroke 技术提供了一种琐碎道路边界连接的有效方法。一条 Stroke 道路，就是由一组在方向上具有较好连续性的道路段连接而成（stroke-chain of road segments）。在生成道路边界的 Stroke 过程中，任意选取一个边界段作为“参考线段”，依次判断与参考线段首、末端点具有 Stroke 连接属性的“目标线段”。如果存在这样的目标线段，则以该线段为参考线段，继续寻找同属一条 Stroke 的线段，依次不断循环，直到无法找到满足条件的线段，形成一条完整的 Stroke 边界。在构建 Stroke 边界中需要考虑三个要素：空间分布关系、线段夹角、线段之间的距离。为了方便后续的计算和表达，边界段用起始点为 b、起始方向为 θ_b、中心点为 m、终点为 e，终点方向为 θ_e、长度为 L 来表示。

1）空间分布关系

根据 Stroke 原理，判断两条线段是否相连，需要先分析它们的空间分布关系，即：两条道路段连接，则相邻端点的距离要邻近，同时目标线段不能位于参考线段上下方以保证较小的连接角度。因此需要定义参考线段对目标线段的吸引区域和排斥区域，如图 6.40 所示。参考线段的吸引区域包括两个部分，即以线段的两个端点为中心，半径为 ε（$\varepsilon=L/4$）的两个圆形区域。而排斥区域则是以线段中心 m 为原点，L 为直径的圆形区域。若两条线段 $s_i=(b_i,m_i,e_i,L_i,\theta_i)$ 和 $s_j=(b_j,m_j,e_j,L_j,\theta_j)$ 连接，则首先 s_i 的端点处于 s_j 的吸引区域，或 s_j 的端点落在 s_i 的吸引区域，同时 s_i 和 s_j 的互不在对方的排斥区域：

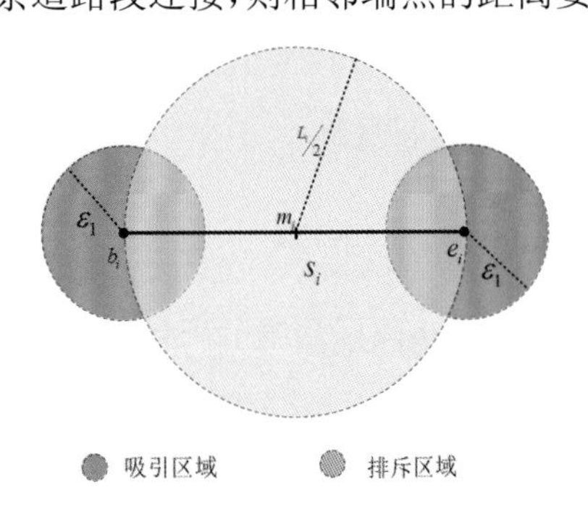

图 6.40　线段的吸引区域和排斥区域

规则-1：s_i 不在 s_j 的排斥区域，但位于 s_j 的吸引区域，或反之；

规则-2：$\|m_i-m_j\|>\max\{L_i,L_j\}/2$；

其中：$\|m_i-m_j\|$ 为线段中心点之间的欧氏距离。

2）线段夹角

为了保证线段连接的平滑性，如果两条线段相连，则在吸引区域中两条线段夹角 τ_{ij} 较小。线段两个端点的方向 θ_b、θ_e 由位于相应吸引区域 ε 的离散点的主方向决定。判断线段的夹角关系，应先判断线段之间是共线还是平行关系。为了保证道路网的平滑性，共线线段被鼓励连接，而非平行线段。当两个线段方向的差小于 10°时，则认为两条线段为平行线段。平行线段的夹角则由端点线段与参考线段之间的夹角代替，如图 6.41 所示。因此在吸引区域中，两条线段的夹角 τ_{ij} 为

$$\tau_{ij}=\begin{cases}\min\{|\theta_i-\theta_j|,\pi-|\theta_i-\theta_j|\}, & \text{如果}\min\{|\theta_i-\theta_j|,\pi-|\theta_i-\theta_j|\}>10\\ \theta_c, & \text{如果}\min\{|\theta_i-\theta_j|,\pi-|\theta_i-\theta_j|\}\leqslant 10\end{cases} \tag{6.24}$$

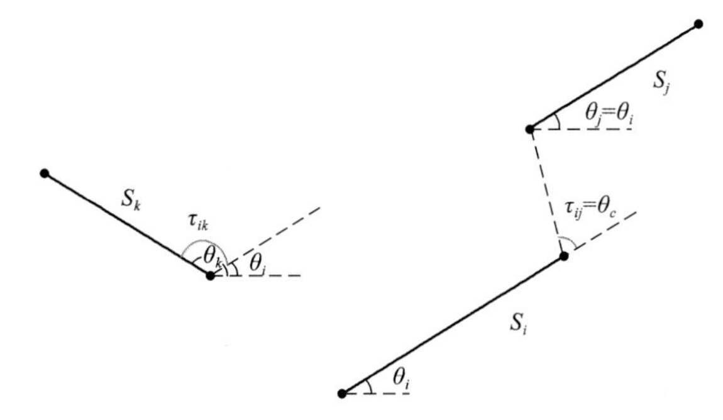

图 6.41　线段之间的夹角

如果两个线段之间的夹角 τ_{ij} 满足如下条件，则线段可连接。

规则-3：

$$\tau_{ij} < \tau_{\max} \tag{6.25}$$

式中：$\tau_{\max}$ 为道路段进行连接的最大夹角阈值。

3）线段距离

对于同一条参考线段而言，在每一个吸引区域中，可能存在多条满足如上规则的“目标线段”。为了得到更光滑的道路边界，与参考选段之间具有最小距离的目标线段应为最优连接线段。

规则-4：

$$\text{dist}_{ij}=\min\{\text{dist}_{ik}\} \tag{6.26}$$

式中：dist_{ik} 为目标线段 S_k 与参考线段 S_i 之间的距离，$k=1,2,\cdots,n$。线段之间的距离为邻接端点到对方线段的距离的最大值，如图 6.42 所示。

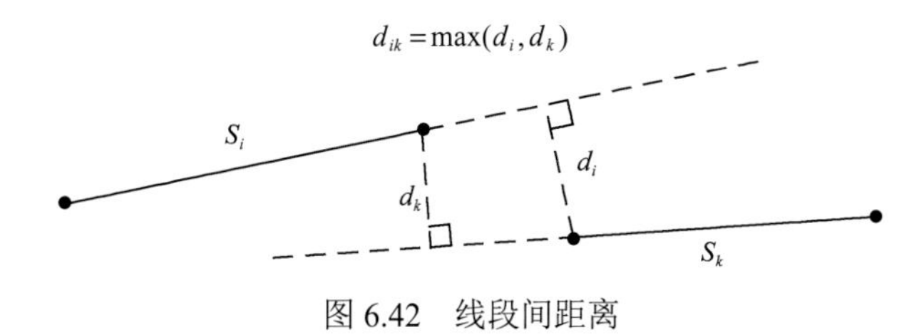

图 6.42　线段间距离

对于一条参考线段，如果能在其吸引范围内找到同时满足如上 4 个条件的目标线段，则认为这两个线段是属于同一个 Stroke 线段，即属于一条道路边界，应该进行连接。对于图 6.43 中参考线段 S_1，线段 S_2～S_6 为其目标线段，但因为 S_4 落在 S_1 的排斥区域，S_6 远离线段 S_1，线对 $\{S_1,S_3\}$ 夹角不满足条件 3，线段 S_2 与 S_5 都满足条件 1～3。但线对 $\{S_1,S_2\}$ 的距离更段，因此线段 S_2 的最佳目标线段。线段 $\{S_1,S_2\}$ 为同一 Stroke 边界中的线段，并以 S_2 为参考线段，寻找下一条属于该 Stroke 边界线段进行连接。

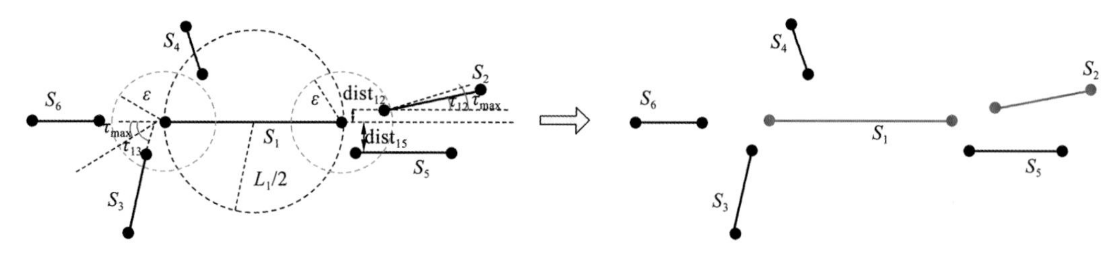

图 6.43　不同线段之间的连接关系

2. 道路几何边界拟合

因数据缺失和遮挡等原因，通过线段连接而成的道路边界存在断裂和缺失部分。同时道路边界包含大量的密集点云，形成的 3D 道路矢量数据并不适合基础地理数据的更新。因此需要对连接后的道路边界进行内插和重采样，将点转化成由点和线段形成的矢量化的边界。法国雷诺公司 Bézier 提出的 Bézier 曲线近年来被广泛用来进行曲线的拟合和插值。Bézier 曲线由确定该曲线的控制点决定，n 个控制点可以定义 $n-1$ 次多项式曲线。Bézier 曲线上的各点的参数方程为

$$P(t)=\sum_{i=0}^{n}P_iB_{i,n}(t),\qquad t\in[0,1] \tag{6.27}$$

式中：P_i 为第 i 个顶点的坐标值；$B_{i,n}(t)$ 为 n 阶伯恩斯坦（Bernstein）基底多项式，是 Bézier 曲线上各点位置矢量的调和基函数，为

$$B_{i,n}(t)=C_n^t t^k(1-t)^{n-i},\qquad i=0,1,\cdots,n \tag{6.28}$$

依照 Bernstein 基函数的性质，当 $n=0$，Bézier 为一个顶点；当 $n=1$，Bézier 为连接两个顶点的直线；$n\geqslant 2$ 时，Bézier 为曲线，并且曲线过起始点和终点，具有凸包性、对称性、几何不变化和仿射不变性。

利用 Bézier 曲线进行拟合，函数的次数与控制点的个数 n 相对应。当 n 较大时，拟合高阶 Bézier 曲线则计算量大，而且难以得到理想曲线，因此可采用多段 Bézier 曲线组成整个 Bézier 曲线。为了保证整个 Bézier 曲线光滑性，分段 Bézier 曲线则需要满足如下条件：

（1）前一段曲线的末点为下一段曲线的起始点；

（2）连接点和相邻两个控制点在同一条直线上。

在分段 Bézier 曲线中采用三次 Bézier 曲线，即每段利用 4 个顶点控制曲线形状，三次 Bézier 曲线的公式为

$$P(t)=\sum_{i=0}^{3}P_iB_{i,3}(t)=(1-t)^3P_0+3t(1-t)^2P_1+3t^2(1-t)P_2+t^3P_3,\qquad t\in[0,1] \tag{6.29}$$

式中：P_0～P_3 为 Bézier 曲线控制点；$P(t)$ 为经过插值后计算得到 Bézier 曲线上的点。

将上式分解后可转化为

$$P(t)=[t^3\ t^2\ t\ 1]\begin{bmatrix}-1 & 3 & -3 & 1\\ 3 & -6 & 3 & 0\\ -3 & 3 & 0 & 0\\ 1 & 0 & 0 & 0\end{bmatrix}[P_0\ P_1\ P_2\ P_3]^{\mathrm{T}},\quad t\in[0,1] \tag{6.30}$$

中间的系数矩阵称为三阶 Bézier 控制矩阵。

由上可知，利用 Bézier 控制矩阵和控制顶点可以将复杂的曲线拟合和插值转变为多段直线的连接，得到所需的矢量化道路边界信息，如图 6.44 所示。本小节中 t 的值与离散点个数相关，为了保准曲线拟合的精度和计算效率，t 取值间隔为 $t=1/(n-1)$。

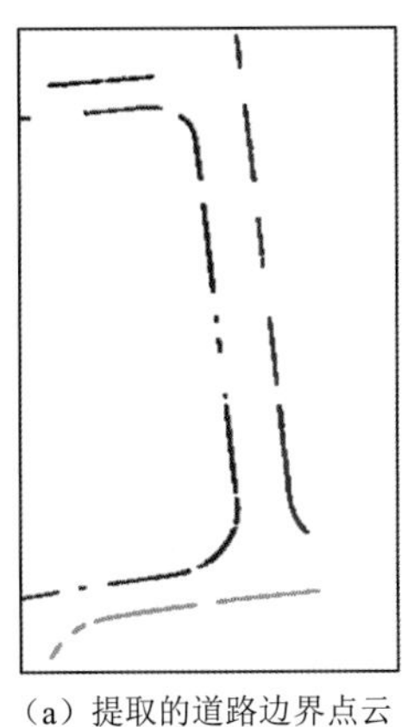

（a）提取的道路边界点云

（b）Bézier 曲线内插

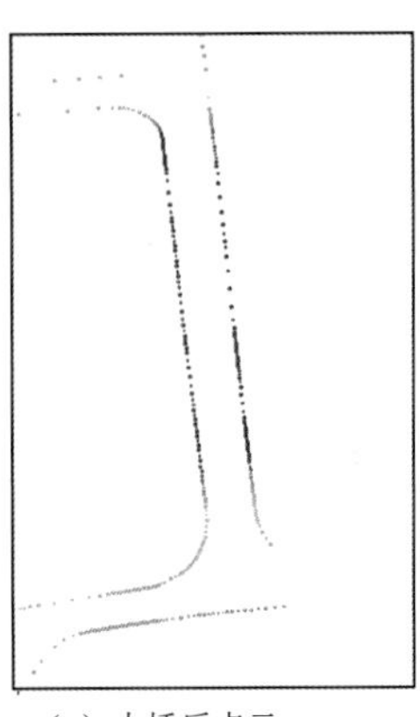

（c）内插后点云

图 6.44　基于 Bézier 曲线的道路边界拟合

利用提取路坎的最低点做为道路边界约束地面点云，从而进行路面点云的提取。图 6.45 显示了从车载激光点云中提取的道路几何边界，其中红色为路坎点云，黄色为路面点云。

图 6.45　车载激光点云中提取的道路几何边界和路面

6.4.4　道路边界三维提取实验分析

本小节提出的道路几何边界提取方法主要针对城市中的结构化道路，为了验证本小节方法的有效性，主要采用城市公共区域 1 和区域 2、居民区和街区中的数据进行验证与评价分析。

1. 数据描述

城市公共区域 1 和区域 2 为 Lynx V100 系统获取的典型城市环境数据（图 6.46，图 6.47），数据包含城市环境中常见的道路、建筑物、树木、植被、交通标志杆等目标。从图 6.47（b）中的局部细节可以看到在城市环境中，点云密集但分布不均，距离车辆行驶轨迹近的区域点密度高，远离车辆行驶轨迹的点稀疏。其中图 6.47（b）包含一个大型的停车场，车辆遮挡导致建筑物前方的道路边界完全缺失。这两份数据车载激光扫描系统只采集了城市环境的三维表面信息，无激光反射强度记录。

图 6.46　Lynx V100 系统获取的城市公共区域 1 数据

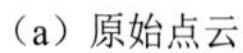

（a）原始点云　　（b）局部细节

图 6.47　Lynx V100 获取的城市公共区域 2 数据

第 3 份数据为 Lynx V100 获取的典型居民区数据（图 6.48），包括三维表面信息和反射强度强度信息。从细节图 6.48（a）中可以看到该数据场景目标多样，不仅包含道路、大量的房屋，树木、电杆、电力线等地物，还包含大量与道路边界几何形状类似的低矮篱笆、道路边界形状多样，直线与曲线型道路交叉存在。由于数据采集和车辆遮挡，数据存在不完整、道路边界不连续［图 6.48（b）］。从图 6.48（c）中可以看到，因距离和角度的影响，道路标线的强度信息不一致，路面和道路周围存在大量与标线强度相似的点。

（a）原始点云

（b）局部细节（高程赋色）

（c）局部细节（反射强度赋色）

图 6.48　Lynx V100 系统获取的居民区数据

第 4 份数据为由 Lynx V100 获取的复杂街区环境（图 6.49），该数据包括地物的三维表面信息和反射强度信息。相对于前面三份数据而言，该数据场景更为复杂，目标更为丰富多样，数据量非常大，包括大量的高层建筑物立面信息，大量的行道树、路灯、电力线。同时道路中间还有大量的异形花坛、交通控制台、交通隔离带等非规则形状地物，构成道路几何边界。从图 6.49（b）中可以看出，部分标线因磨损等原因对激光呈低反射，强度值较小，与周围路面之间没有明显的强度反差。

（a）原始点云（高程赋色）

（b）局部细节（高程赋色）

（c）局部细节（强度赋色）

图 6.49　Lynx V100 系统获取的复杂街区数据

2. 道路边界三维提取结果

针对前面确定道路区域点云，采用如表 6.9 所示的参数设置，利用本小节提出的道路几何边界提取方法，提取道路几何边界。

表 6.9　道路几何边界提取参数设置

道路几何边界提取过程	参数	参数描述	城市公共区域 1	城市公共区域 2	居民区	复杂街区
道路几何边界提取	n_1	移动窗口大小	10	10	13	15
	$\Delta h_{pavement}$	路面点的最大高差/m	0.10	0.10	0.10	0.08
	Δh_{curb}	道路边界的最大高差/m	0.30	0.30	0.25	0.20
	$\Delta\theta_{slope}$	累计坡度差异	60°	60°	40°	50°
线性特征识别	k	最近邻点个数	60	60	70	70
	δ_1	线状维度（a_{1D}）阈值	0.9	0.9	0.9	0.9
	δ_2	面状维度（a_{2D}）阈值	0.08	0.08	0.08	0.08
	δ_3	散乱状维度（a_{2D}）阈值	0.02	0.02	0.02	0.02
	n_{link}	道路片段的最少点数	100	100	100	100
道路边界优化	τ_{max}	道路段链接的最大夹角阈值	30°	30°	30°	30°

在道路几何边界提取的过程，移动窗口的大小 $n_1=n/2$，路面点的最大高差 $\Delta h_{\text{pavement}}$ 与道路区域提取过程中的设置一样。其他参数的设置主要是依据具体的道路环境进行设置。在公共城市区域 1 和区域 2 两份城区数据中，道路边界较高，道路边界与路面的多为直角连接，近似于第一种路坎模型。因此道路边界提取过程中，路坎与路面的高差 Δh_{curb} 设置为 0.3，$\Delta\theta_{\text{slope}}$ 设置为 60°。居民区数据路坎较低，路面并不水平，中间部分的道路比较高，连接路坎部分的道路表面高程呈局部最低，道路边界与路面之间的连接近似于第三种类型。路坎的最低高度值 Δh_{curb} 设置为 0.25 m，两个面的夹角比较小，$\Delta\theta_{\text{slope}}$ 取为 40。街区数据中不仅有连接路面与人行道的结构化路坎，还有连接花坛的非结构化路坎，主要是第一种和第二种路坎。街区场景复杂，包含多种不同类型和高度的路坎，为了提取的完整性，Δh_{curb} 设置较小为 0.2 m，道路边界与路面之间的累计坡度差值设为较大值 50°。在进行道路边界的线性特征检测中，参数 k 由点密度决定，线性维度 a_{1D} 设置为 0.9 能检测到更逼近线性分布的道路几何边界。如果两条道路边界线段的夹角 $\tau_{\max}$ 小于 30°，并同时满足道路连接规则，则对线段进行连接。最后将道路几何边界进行了曲线拟合和插值，对结果进行优化。对于存在大量非规则花坛数据的街区数据则未对其进行插值。根据以上设置的参数值，道路边界提取的结果见图 6.50～图 6.53。

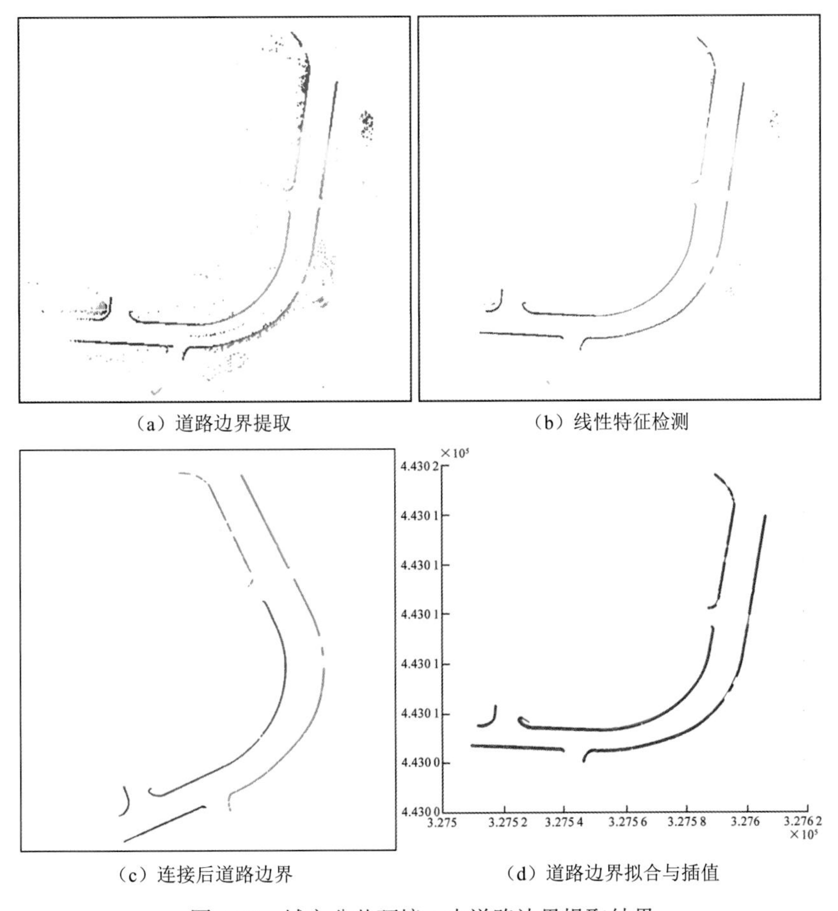

（a）道路边界提取　　（b）线性特征检测

（c）连接后道路边界　　（d）道路边界拟合与插值

图 6.50　城市公共环境 1 中道路边界提取结果

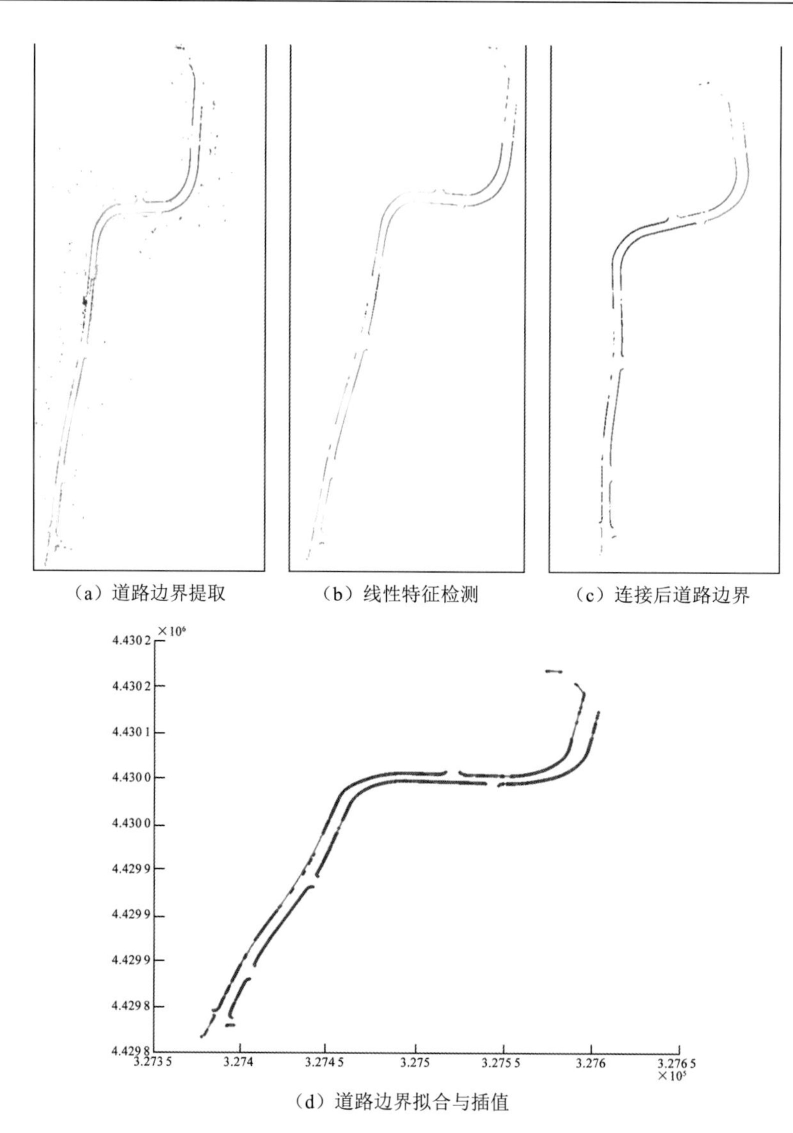

（a）道路边界提取　（b）线性特征检测　（c）连接后道路边界

（d）道路边界拟合与插值

图 6.51　城市公共环境 2 中道路边界提取结果

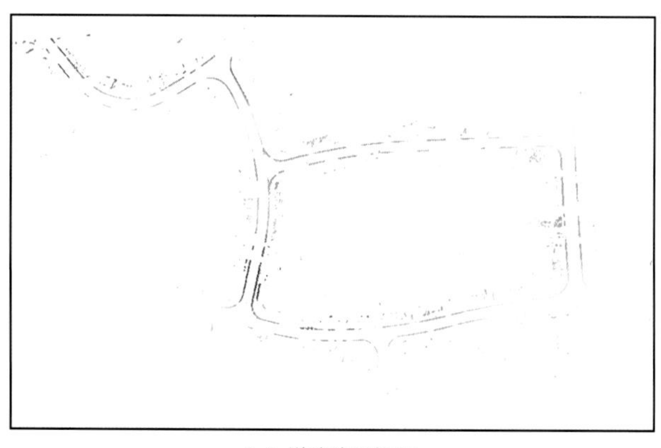

（a）道路边界提取

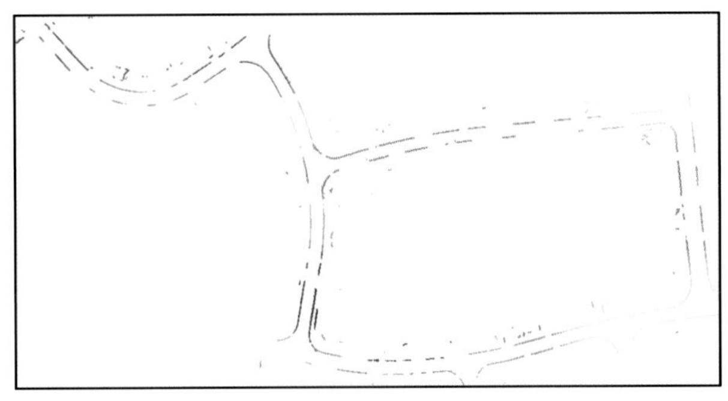

（b）线性特征检测

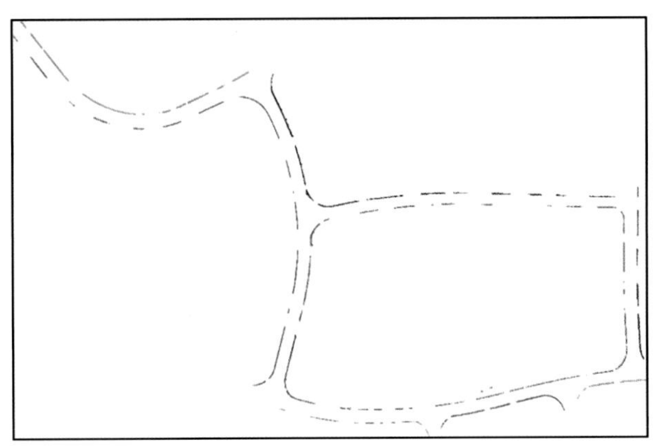

（c）连接后道路边界

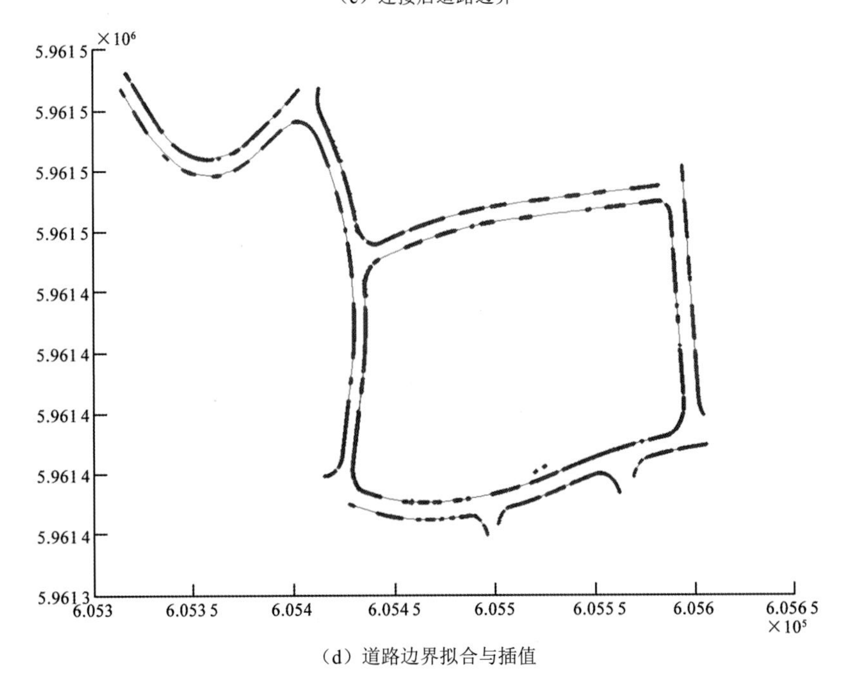

（d）道路边界拟合与插值

图 6.52　居民区中道路边界提取结果

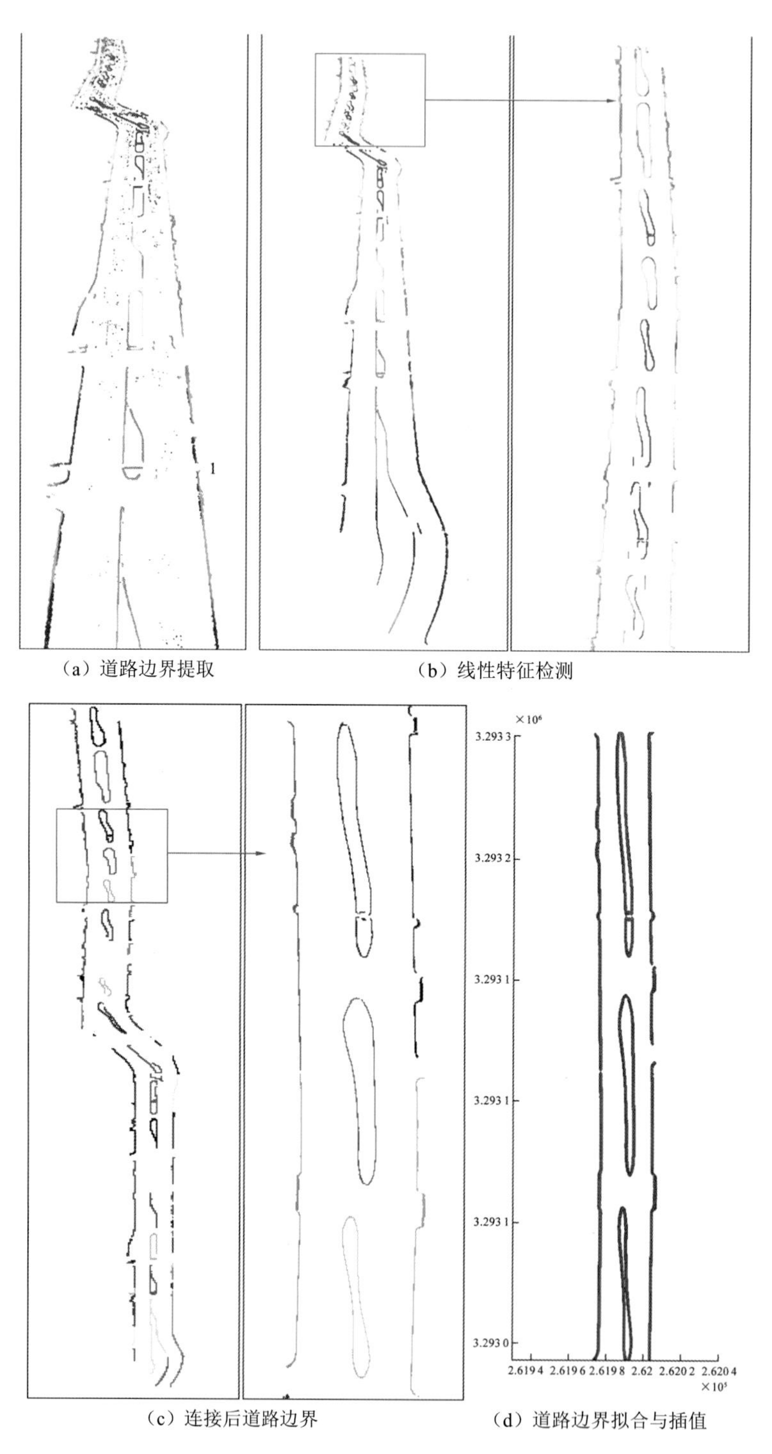

（a）道路边界提取　　（b）线性特征检测

（c）连接后道路边界　　（d）道路边界拟合与插值

图 6.53　街区数据中道路边界提取结果

3. 参数敏感性分析

在道路边界提取中，与高程相关的参数主要根据城市环境中的道路先验知识来设定。

为了研究线性维度分析中的两个主要参数（邻近点个数 k，线性维度 a_{1D}）对结果的影响，本小节分别将 k 设置为 140，δ_1 设置为 0.6、0.8 和 0.9，对居民区数据进行实验，如图 6.54 所示。从图 6.52（a）中给看出，居民区中道路边界提取结果存在非常多的噪声。将线性维度 a_{1D} 值设置为 0.6 时，绝大部分的草地和路面点面状、散状分布的噪声点都被滤除。δ_1 值从 0.6 增大到 0.8，线性检测的结果变化不是特别大，图 6.54（a）中灰色框中的部分点被滤除。随着 δ_1 增大到 0.9，图 6.54（b）中红色框中的大部分噪声都被滤除，道路边界的正确度提高，说明线性维度 a_{1D} 能够体现道路边界的线性分布，可以滤除道路边界的大部分噪声。但对于类似道路边界空间线性分布的地物，如栅栏底部等目标，还需要通过长度、点数等进一步优化。

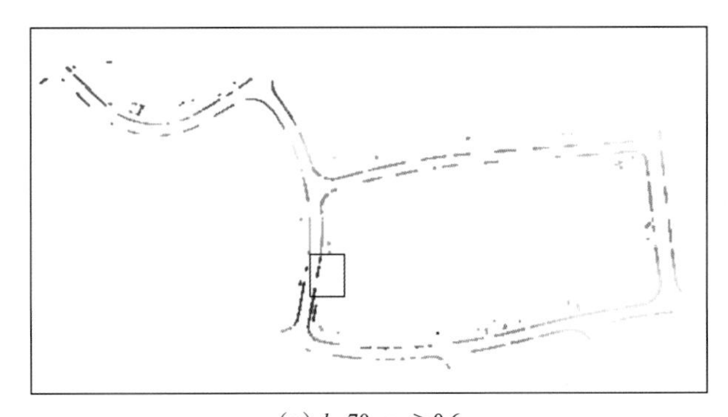

（a）k=70, a_{1D}>0.6

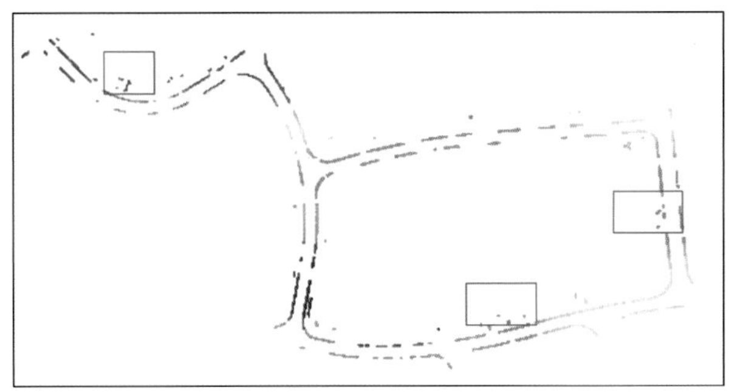

（b）k=70, a_{1D}>0.8

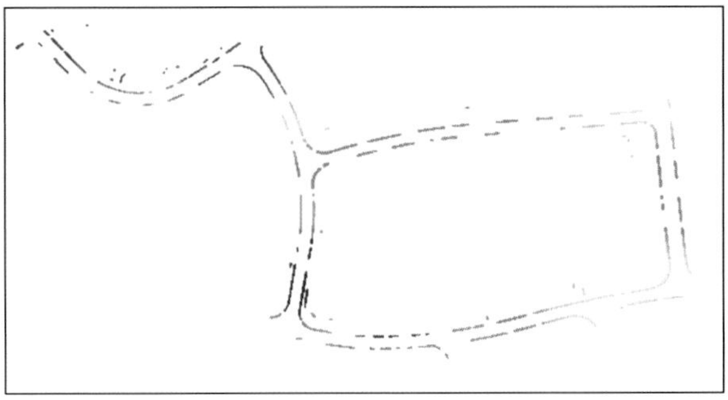

（c）k=70, a_{1D}>0.9

图 6.54　线性维度 a_{1D} 对线性特征检测结果的影响

在计算离散点的特征时，邻近点的个数对协方差矩阵的特征值有很大的影响。因此本小节固定 δ_1 为 0.9，k 分别设置为 30、50、70 对居民区道路边界提取结果进行实验，如图 6.55 所示。当邻近点的个数太少时，一些道路边界点形成的局部范围不够长，呈现为散乱状分布，图 6.55（a）中许多道路边界都被滤除，如灰色框中道路。随着点数的增多，道路边界的完整性提高。图 6.55（b）中绝大部分道路边界都被保留下来，边界中点比较稀少或是道路拐弯处仍然存在部分边界点被滤除（红色框），同时一些噪声点也体现出线性分布的特点。k 的选取，决定于平均点密度，本小节中以邻近点能形成 0.5 m 左右的道路边界为标准。

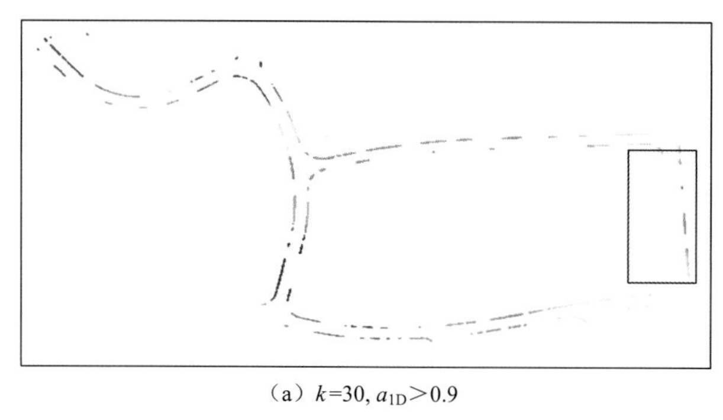

（a）k=30, a_{1D}>0.9

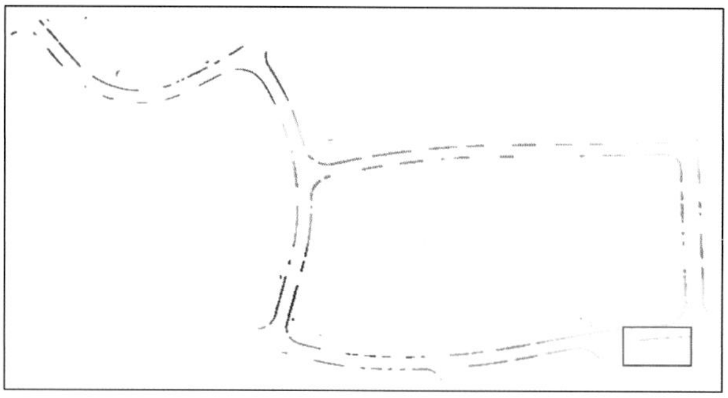

（b）k=50, a_{1D}>0.9

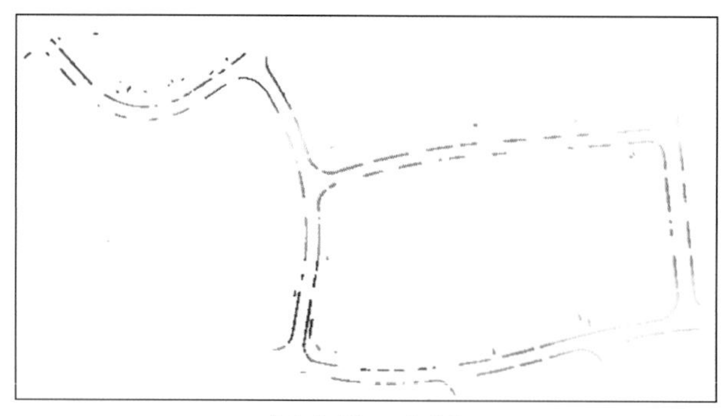

（c）k=70, a_{1D}>0.9

图 6.55　邻近点个数 k 对线性特征检测结果的影响

4. 结果分析与精度评价

从以上道路边界提取结果可以看出，绝大部分的道路边界都被检测出来。就道路边界提取的结果而言，城区公共区域中两份实验数据的道路边界提取的正确性更高，主要是因为其道路场景相对简单。利用 Bezier 曲线对城市公共区域、居民区中道路边界进行拟合，并对缺失的道路边界插值后，道路边界更为完整。复杂道路环境中因中间异形花坛数据，未对道路边界拟合与插值，道路完整性相对要低。

为了直观的显示，选取居民区和街区数据中识别的道路边界进行路面的提取，将结果与原始点云结合做成分类图，如图 6.56 和图 6.57 所示。

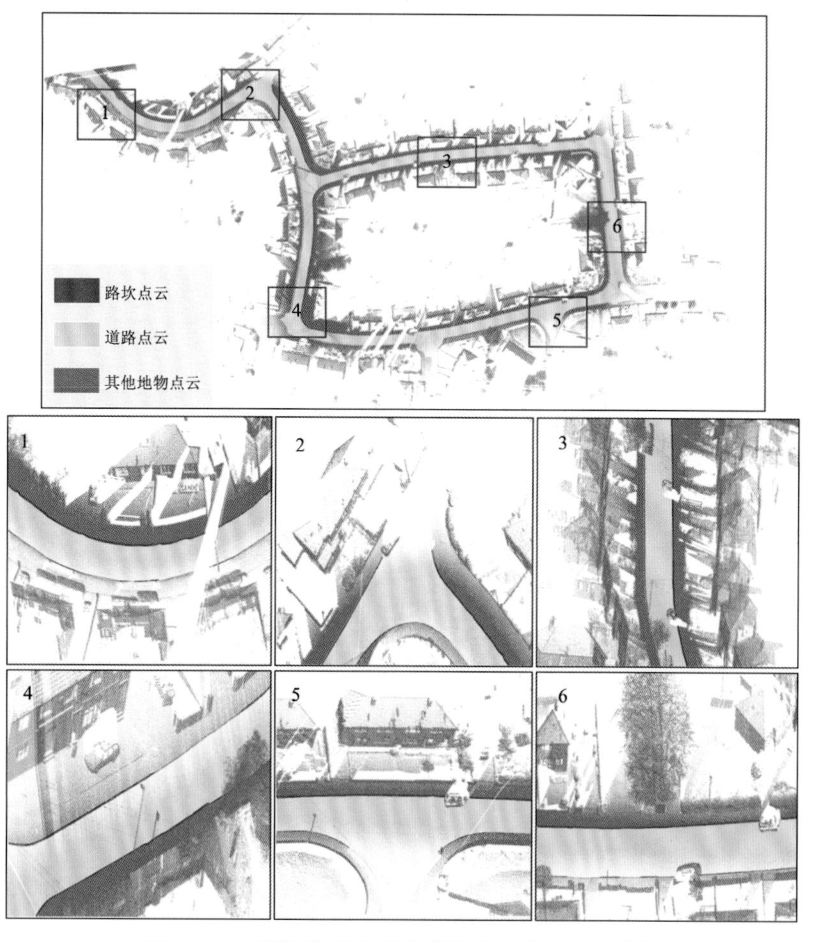

图 6.56 居民区数据的道路提取结果及局部细节图

从道路边界实验结果可以看出本小节提出的方法不仅能准确地识别规则道路环境中的道路边界（图 6.56 中的局部细节 1 和图 6.56 中的局部细节 3)，对于复杂道路环境中非规则的花坛（图 6.57 中的局部细节 5 和图 6.57 中的局部细节 8)、分车道（图 6.57 中的局部细节 2 和图 6.57 中的局部细节 3)、道路交叉口（图 6.56 中的局部细节 2 中图 6.56 中的局部细节 5）形成的道路边界一样取得很好结果。从图 6.57 中的局部细节 1、图 6.57

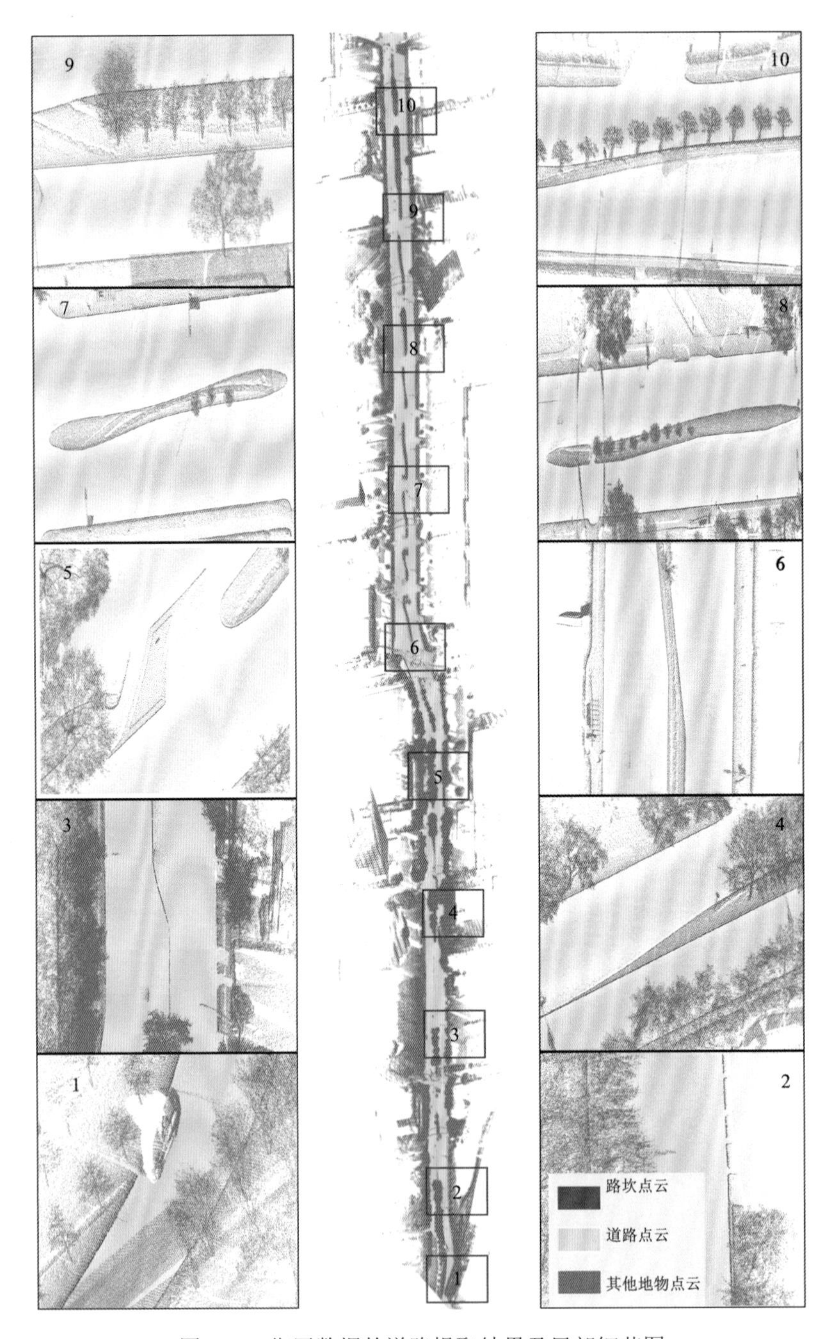

图 6.57　街区数据的道路提取结果及局部细节图

中的局部细节 8 可以看到仍存在错误道路边界点，这些错误道路边界点主要分布在人行道的入口处，少量在车子底部边缘。这主要是因为车子底部边缘类似第一种类型的路坎，而人行道入口与第二种类型的路坎相似，呈斜坡形状。同时从图 6.56 中的局部细节 2 和图 6.56 中的局部细节 5 可以看出部分道路边界漏提取，这主要是因为在道路交叉口处点分布非常稀疏和移动窗口大小的限制，这部分的路坎的平面距离不满足路坎识别点密度的约束条件（$Len_1 < 0.3$）。

因为所有实验数据源没有提供标定的道路中心线等参考数据，无法得到真实参考数据。本小节将提取的矢量路坎点云转换成标记语言（keyhole markup language，KML）文件，通过 Google Earth 与其地面数据进行套合（图 6.58 和图 6.59）进行直观视觉精度评价。图 6.58（b）和图 6.58（c）是居民区数据中套合的局部区域细节图，图 6.59（b）和图 6.59（c）为街区数据中套合的局部区域细节图，从中可以看出点云路坎边界与图像中的路坎边界之间的位置吻合较好。

（a）套合结果

（b）套合细节 1

（c）套合细节 2

图 6.58　居民区道路边界在 Google Earth 上套合效果

同时对提出的道路边界，利用准确度（correctness）、完整度（completeness）和检测质量（quality）三个指标来进行结果评价，这三个指标是目前道路提取与识别中应用比较广泛的客观评价指标（Clode et al.，2007；Heipke et al.，1997）。准确度是指正确提取的道路边界占所有提取道路边界的比率；完整度是正确提取道路几何边界与参数数据道路几何边界中的比率，精度是指正确识别的道路边界与参考道路边界数据和错误道路边界之和的比，代表总体道路几何边界提取结果。

$$\text{Correctness} = TP/(TP+FP) \tag{6.31}$$

$$\text{Completeness} = TP/(TP+FN) \tag{6.32}$$

$$\text{Quality} = TP/(TP+FP+FN) \tag{6.33}$$

（a）整体结果　　（b）套合细节1　　（c）套合细节 2

图 6.59　复杂街区道路边界在 Google Earth 上套合效果

式中：TP（ture positive）为正确提取的道路边界，也就是在实际中存在并被正确提取出来；FP（false positive）错误提取的道路边界，也就是提取的道路边界在现实中并不是道路边界；FN（false negative）为未提取的道路边界，也就是在实际中存在，但未被提取的道路边界。

由于实验数据无真实参考数据，于是借鉴 Heipke 等（1997）和 Clode 等（2007）在路网提取中的精度评价方法，通过人工定义参考数据来计算以上三个精度评价指标。通过人工多次测量的手段统计未检测出的道路边界长度（FN）和检测出的错误道路边界长度（FP），如表 6.10 所示。为了统计正确道路边界长度（TP），本小节将提取的路坎点云投影到 *XOY* 平面中的一个二维格网中（格网间隔为 0.25 m），统计至少含一个点云的格网数目 Num，用来作为实际提取的道路边界长度（LC），将实际提取的道路边界长度与错误道路边界长度（FP）的差值作为正确道路边界长度（TP）（表 6.11），计算三个精度评价指标（表 6.12）。

表 6.10　多次测量的参考数据值 FN_s 和 FP_s

数据	FN_s/m	FP_s/m	数据	FN_s/m	FP_s/m
城市公共区域 1	15.48	1.35	居民区	85.25	32.36
城市公共区域 2	36.32	10.32	复杂街区	410.26	335.73

表 6.11　提取的道路边界（LC_s）和正确提取的道路边界 TP_s

数据	LC_s/m	TP_s/m	数据	LC_s/m	TP_s/m
城市公共区域 1	321.03	319.68	居民区	1 697.70	1 665.34
城市公共区域 2	935.77	925.45	复杂街区	8 350.50	8 014.77

表 6.12　道路几何边界提取结果精度评价值

数据	Correctness/%	Completeness/%	Quality/%
城市公共区域 1	99.57	95.38	94.99
城市公共区域 2	98.89	96.22	95.20
居民区	98.09	95.13	93.40
复杂街区	95.98	95.13	91.48

本小节中漏提取的道路边界 FN 主要是发生在点云较稀疏的道路交叉口和数据开始采集和结束的道路区域。复杂街区中未进行道路边界的拟合与插值，因此漏提取的道路边界较多。在城市公共区域，错误提取的道路边界 FP 主要是道路边界混合了极少人行道点云；街区中，错误提取的道路边界 FP 为道路周围的低矮篱笆底部；复杂街区中，错误提取的道路边界 FP 主要分布在车辆的底部和道路进入口等。从表 6.12 中可以看到，在 4 份实验数据中，本小节方法的正确性高于 95%，完整性高于 95%，精度大于 91%。这表明本小节方法能够从车载激光点云中提取精确的道路边界信息，不仅适用于规则道路环境，对于复杂的非规律道路环境也能取得较满意的结果。

6.5　道路标线自动提取

近年来，随着经济的发展和社会的进步，道路的通行能力、交通的安全性等问题越来越突出。道路交通标线作为重要的交通标志，管制和引导交通，提高道路利用率，是智能交通系统的一个重要子系统。现有的 GIS 道路数据，无法提供清晰、精确的路面信息，如行车线、路面标志等车道信息，限制了人类交通安全的发展。而安全辅助驾驶系统、智能交通系统、全息导航地图等领域都需要高精确三维道路环境数据作为支撑，不仅关注道路环境几何边界信息，还需要全面反映与路面环境相关的道路标线信息。

目前国内外针对道路交通标线识别的研究多集中于智能车辆导航领域和车辆自动（或辅助）驾驶中，利用机器视觉的方法和理论，从视频图像中自动检测和识别道路交通标线。一些学者将标线构造成简单的直线、曲线模型，一些学者采用复杂的数学模型来描述道路标线模型，如 B 样条曲线、B-Snake 曲线、Hough 直线变换（Voisin et al.，2005）等。简单的数学模型效率高，但适应性差，在复杂道路环境下难以保持较高的精确性，而复杂的标线模型能得到较好的实验结果，但是计算量大、耗时，难以保证实践要求。路面污染、光照强度，天气变化、阴影遮挡等环境因素对利用光学影像数据进行道路标线识别造成影响。基于视觉的道路标线检测其研究目标主要是感知车辆当前的行驶环境，对于大范围的道路信息的检测较弱，无法应用大范围道路标线信息更新。除了道路标线和路面部分，道路区域中还包括大量的周围环境信息，而环境的复杂性大大增加了通过图像处理得到车道标线的困难。

车载激光扫描点云不仅能记录目标形状的三维坐标，还提供地物对激光的反射强度信息，为道路交通标线的识别和更新提供了一种新数据源。尽管目前车载激光扫描仪获取的都是未经归一化的强度信息，但是当相邻地物间介质属性区别比较明显时，通过分析激光回波强度信息，能够利用强度信息进行地物分类。道路标线因其特殊的材质，对激光的反射强度相较于周围的路面更强，利用激光反射强度可以极大地提高和改善传统利用几何特征进行道路标线识别的结果。由于单纯依赖几何模型和强度难以从复杂场景中提取道路标线，需要利用标线蕴含的语义信息，如：排列、方向，实现标线的精细提取。

6.5.1 激光点云中道路标线特征建模

为了快速实现车载激光点云中道路标线目标的提取，本小节通过分析道路标线的强度、几何形状、语义信息，融合道路标线几何模型和语义信息的双重优势，从车载激光点云中快速提取道路标线，该方法的流程如图 6.60 所示。

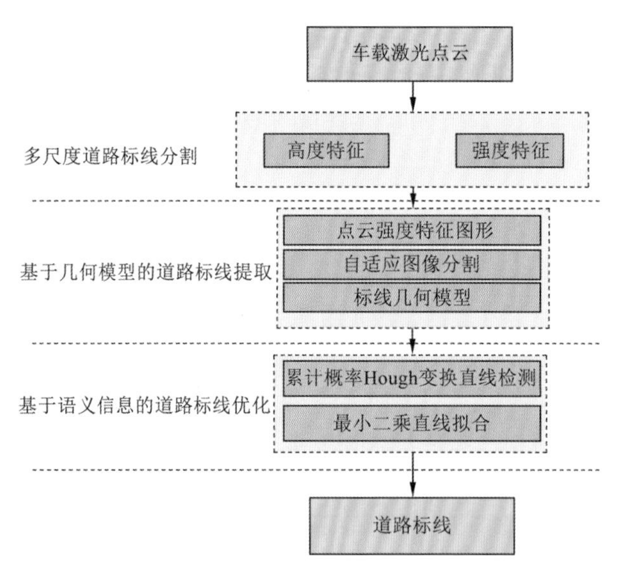

图 6.60 车载激光点云中道路标线提取流程图

道路标线附着于道路表面，利用高程信息难以从地面点云中直接分离标线目标。道路标线作为典型的人工地物，具有规则的几何形状、语义信息、特殊的材质。从车载激光点云中进行道路标线提取，需要先分析道路标线的强度、几何和语义信息。

1. 道路标线强度特征分析

激光扫描仪发射激光到达目标表面反射后，接收的回波强度主要取决于地物介质表面的反射系数。地物介质的反射系数主要取决于介质的材料、表面的明暗黑白程度、激光波长。一般而言，自然地物（植被）对激光的反射能力强于人工地物（道路、建筑物），介质表面越亮越光滑，反射率就越高。而黑色表面（沥青、黑色瓦片屋顶）、水体对激光信号有吸收效应，反射信号较弱。高反射率的地物介质有光亮表面、草、树、水面（波纹），低反射率的介质表面一般为黑暗表面、沥青、炭、铁的氧化物、潮湿表面、泥巴、平静水面等地物。表6.13列举了一些常见地物在激光波长为0.9 μm的反射率（刘经南 等，2005）。但车载激光点云的反射强度不仅与地物介质表面反射率相关，还受地物距离及激光扫描仪的距离、激光的反射角度、车辆行驶速度等影响。相同介质的地物因角度和距离的不同，具有不同的反射强度值，车载激光反射强度信息还不能完全反映地物介质表面反射率的值。因车载激光扫描系统变化的车速、动态的环境，如何消除激光反射强度与激光波长、激光扫描角度、距离之间的关系，将车载激光反射强度信息校正到与地物介质反射率相关还比较困难。在一个大的区域中，利用全局强度阈值对点云进行标线分割难以得到理想的结果。

表6.13　不同地物介质对激光（0.9 μm）的反射系数（刘经南 等，2005）

材质	反射率/%	材质	反射率/%
白纸	接近于100	（碳酸钙类沙石）湿润	41
形状规则的木料（干的松树）	94	海岸沙滩，沙漠裸露地	典型值50
雪	80～90	粗糙的木料	25
白石块	85	光滑混泥土	24
石灰石，黏土	接近75	带卵石的沥青路	17
落叶树	典型值60	火山岩	8
松类针类常青树	典型值30	黑色氯丁橡胶	5
（碳酸钙类沙石）干燥	57	黑色橡皮轮胎	2

虽然车载激光点云的反射强度随着距离的增加而衰退，但在局部范围内当地物介质属性区分比较明显时，仍然能够区分不同的地物。由于道路标线多采用高亮的白色或黄色涂料，对激光具有高反射能力。而路面多采用带卵石的沥青或是混凝土，相对于道路标线，是低反射地物介质。路面点与标线点之间具有较大的强度差异。图6.61为车载激光扫描系统采集的路面点云，将其反射强度值归一化到0～255进行赋色显示。从图6.61中可以看出，标线为高亮的白色点，路面为低反射的灰色点，路面与标线之间具有较大强度反差，这种可区分的强度信息为从路面中解译标线提供关键特征。

图6.61　车载激光点云中可区分的强度信息

2. 道路标线几何特征分析

道路交通标志是由标划于路面上的各种线条、箭头、文字，以及道路周围突起路牌和轮廓标等所构成的交通安全设施。道路标线作为路面道路管制和引导交通指示，对行驶安全具有重要作用。按照《道路交通标志和标线》（GB 5768—2009）标准，道路交通标线区分如表 6.14 所示。

表 6.14　道路交通标线区分表

类型	位置	作用
白色虚线	路段中	分隔同向行驶的交通流或作为行车安全距离识别线
	路口	引导车辆行进
白色实线	路段中	分隔同向行驶的机动车和非机动车
	路口	导向车道线或停止线
黄色虚线	路段中	分隔对向行驶的交通流
	划于路侧或缘石上时	禁止车辆长时在路边停放
黄色实线	路段中	分隔对向行驶的交通流
	路侧或缘石上	禁止车辆长时或临时在路边停放
双白虚线	路口	减速让行线
	路段中	行车方向随时间改变之可变车道线
双黄实线	路段中	分隔对向行驶的交通流
黄色虚实线	路段中	分隔对向行驶的交通流黄色实线一侧禁止车辆超车、跨越或回转，黄色虚线一侧在保证安全的情况下准许车辆超车、跨越或回转
双白实线	路口	停车让行线

从表 6.14 可以看出，道路标线主要由连续的细长实线或是较短等间隔的分布的虚线构成。道路标线作为典型的人工地物，具有规则的几何形状，如图 6.62 所示。与路面上的人行横道、路标、箭头等其他交通标志相比，它的宽度最小。中国高速公路和城市道路的路段上虚线型长度一般为 3.76～4.00 m，宽度一般为 0.15 m。而停止线、接近障碍物、导向箭头、路面文字等其他交通标识一般都位于标记车道线之间，距离车道线在 1 m 以内，人行道则相对密集的线簇，线宽为 0.40 m。

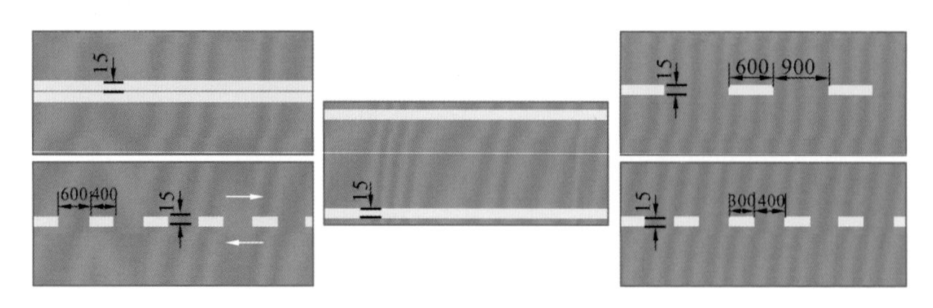

图 6.62　实线和虚线型道路标线

3. 道路标线语义特征分析

道路标线不仅具有规则的几何形状，同时虚线形标线不会单独出现，在同一方向上会存在多个道路段，并且等间隔分布，因此对于道路标线语义信息进行如下定义：

（1）标线总是出现在道路区域之内；

（2）车道线间距宽度 $L_d \in \{3\text{m}, 4\text{m}\}$；

（3）在同一方向上虚线形标线的长度宽度一致，并呈等间隔分布；

（4）同一条方向虚线型标线不会单独出现，一般多于三条。

6.5.2　道路标线多尺度分割

从车载激光点云中识别道路标线，将标线从地面点云中分割出来是标线提取一个重要步骤。在离散点云中具有相似的局部特征（如反射强度、局部高程粗糙度、法向量等）的点被分割为同一地物。而离散点的局部特征是由其一定范围内的邻域点来决定的，不同的邻域大小，会导致同一个地物具有不同的几何、强度特征。图6.63中，离散点（蓝色点）为标线的中心点，当邻域范围很小时，邻域为标线中极小一部分，呈散乱状；当邻域的直径接近标线的宽度时，这个尺度范围的点云呈面状分布；当邻域的直径大于标线的长度时，邻域中点能准确描述标线这种线性分布形状。车载激光扫描系统中点云因扫描距离、遮挡等原因，存在点密度分布不均。采用单一固定邻域计算离散点局部特征存在计算不准确、缺乏鲁棒性等问题。通过分析不同尺度（邻域大小）下不同目标所表现的“局部”几何形状、强度变化趋势的，融合全局分析和局部几何特征来进行目标识别可以克服单一尺度下邻域难以选择和特征不明显的问题。

为了分析标线在不同局部范围中的特征，本小节对每一个地面点 p 设置两个不同的尺度（图6.64），它们是半径为 r_1 和 r 的两个圆形区域，其中 r_1 的取值接近标线的宽度值，$r_1 < r$。统计这两种尺度 v_1、v 下邻域内点的高程变化、强度差异变化特征来判定该点是否为标线点。

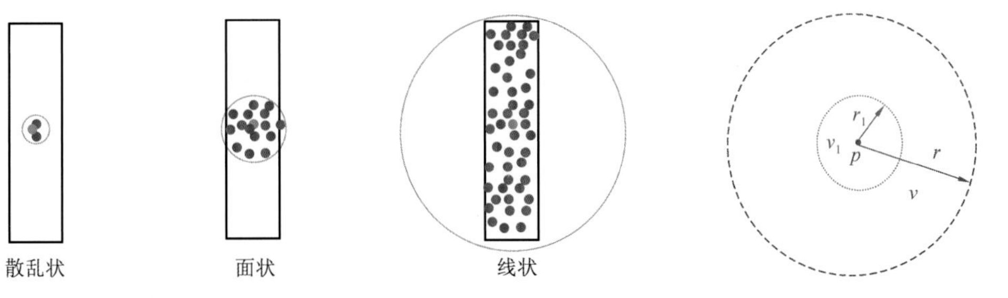

图6.63　同一地物在不同尺度下的空间分布和形状特征　　图6.64　离散点的多尺度邻域

1. 高程变化

若离散点 p 位于标线段的中心点，由于标线位于道路表面，邻域 v_1、v 内的点全部为地面点，两个邻域中的点云高程变化都较小，邻域中的高程差异应该满足如下条件：

$$\Delta Z_{v_1} < \Delta h \tag{6.34}$$

$$\Delta Z_{v} < \Delta h \tag{6.35}$$

式中：ΔZ_{v_1} 、ΔZ_v 为离散点 p 与邻域 r、r_1 内最低点之间的高程差；Δh 为两个邻域中最大高程变化阈值。

2. 强度变化

在局部范围中，距离和角度对地物反射强度的影响较小，地物的反射强度主要由地物介质的反射系数决定，不同的地物具有不同的强度值，具有一定的强度差异。

若离散点 p 位于标线段的中心点，在较小邻域 v_1 全部为标线，强度变化较小，强度标准方差 σ_v 较小。在邻域 v 中，混合标线和路面点，两种地物反射强度值具有较大的差异，强度变化较大，强度的标准方差 σ_v 较大。同时在局部范围中，同一地物的强度值具有相似性，强度差异很小。如果邻域 v 中离散点的强度值与中心点 p 强度相似，则该点与中心点 p 的地物类型相同，同为标线点，它们应该分布在图 6.65 中的灰色区域。则在邻域 v 中，标线点的个数 n 与邻域 v 内点云个数 N 的比率 I_{ratio} 应与标线段位于邻域 v 内的面积 S_1 与邻域 v 的面积 S 相近。因此若离散点 p 位于标线段的中心点，则邻域 v_1、v 中的强度具有以下的特征：

$$\sigma_v \gg \sigma_{v_1} \tag{6.36}$$

$$\min(I)_v \gg \min(I)_{v_1} \tag{6.37}$$

$$I_{\text{ratio}} = \frac{n}{N} \approx \frac{S_1}{S} \tag{6.38}$$

式中：$\min(I)_{v_1}$ 为邻域 v_1 内的最小强度值；$\min(I)_v$ 为邻域 v 内的最小强度值；n 为邻域 v 中与中心点 p 强度相似点的个数；N 为邻域 v 内总的点云个数；S_1 为标线段位于邻域 v 内的面积；S 为邻域 v 的面积。

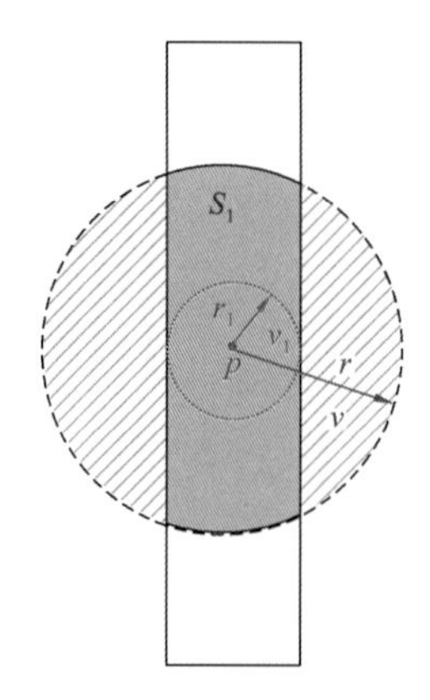

图 6.65　多尺度下的标线强度变化特征

通过多尺度分析，如果离散点满足以上的高程和强度变化特征，则离散点 p 为标线中心点，邻域 v_1 内的点被分割为标线点云。图 6.66 显示通过分析多尺度下标线特征对车载激光点云进行标线分割的结果。

（a）车载激光点云

（b）地面点云

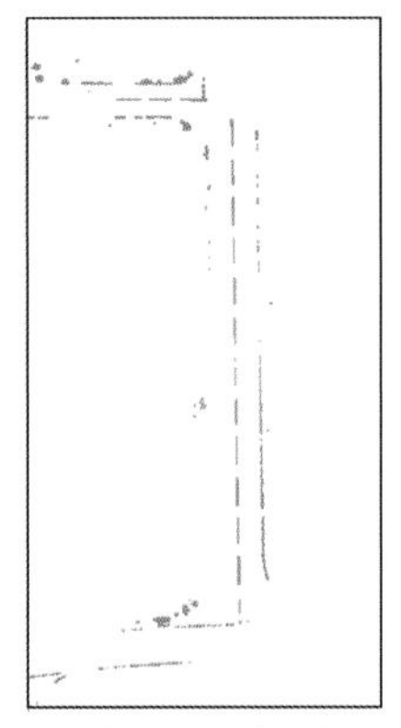
（c）标线多尺度分割

图 6.66　利用多尺度特征分割后的标线点云

6.5.3　基于几何模型的道路标线提取

在城市环境中，一些标线长期使用磨损，导致对激光的反射系数降低，存在与地面的强度值接近情况。利用多尺度特征分析进行标线分割，一些与标线强度相似的地面点、植被点、道路边界也被分割成标线，存在大量的噪声。而这些地面噪声高程、反射强度值与标线接近，难以滤除。但是在局部范围中，标线呈现平面聚集，地面噪声点相对稀疏；标线和路面点云因角度、距离影响相似，地物介质的反射系数不同，使得标线和路面点云具有一定的强度差。为了增加局部强度、点密度差异性，提高标线识别的准确度，本小节将分割后的标线点云转化到二维图像空间生成强度特征图像，充分利用图像处理中方法，从特征图像中提取标线。

1. 点云强度特征图像生成方法

离散点云转化成具有地理参考的特征图像，需要将点云投影到 *XOY* 平面生成规则格网，假设扫描区域的最大最小 *XYZ* 坐标分别是：$X_{\min}$、$Y_{\min}$、$Z_{\min}$、$X_{\max}$、$Y_{\max}$、$Z_{\max}$，特征图像的分辨率为 GSD，则有

$$\begin{cases} W=(X_{\max}-X_{\min})/\mathrm{GSD} \\ H=(Y_{\max}-Y_{\min})/\mathrm{GSD} \end{cases} \tag{6.39}$$

式中：*W*、*H* 为格网的大小。

格网中的特征值计算借鉴魏征（2012）提出的特征图像生成算法来决定，主要由落在该单元格内的扫描点的个数、平面距离、强度差异决定。为了计算每一个点对格网特征值的影响，每个点的内插权重依据 Bater 等（2009）内插生成 DEM 的反距离加权插值（inverse distance weight，IDW）来制定。

（1）相对于稀疏的路面噪声点，标线点云在平面上的点更为密集，为了增强点密度的差异，格网中扫描点距离格网中点的平面距离越近，则该点对格网特征值的影响越大，具有较大权重。

（2）在局部范围中，路面点的强度值较小，而标线点云具有较大强度。因此格网中强

度值较小的点具有较大概率为路面点，而强度值较大的点为标线的概率较高。为了增强强度的差异，格网中扫描点的强度值与格网中最小强度值的差异越大，则该扫描点对格网特征中值的影响越大，相应的权值贡献也越大。

假设第 (i,j) 个格网中的扫描点个数为 n_{ij}，格网 (i,j) 的中心点为 $P_0^{ij}(x_0^{ij},y_0^{ij},0)$。计算格网中所有点与格网中心点 $P_0^{ij}(x_0^{ij},y_0^{ij},0)$ 之间的平面距离 D_{ij}^k（k 表示点号，$0\leqslant k\leqslant n_{ij}$）和格网中所有点与格网中最低点之间的强度差异 I_{ij}^k，每一个格网特征值 F_{ij} 的权值 W_{ijk} 分为两部分，其中第一部分由格网中所有点与格网中心点 $P_0^{ij}(x_0^{ij},y_0^{ij},0)$ 之间的平面距离 D_{ij}^k（k 表示点号，$0\leqslant k\leqslant n_{ij}$）；第二部分由格网中所有点与格网中最低点之间的强度差异 I_{ij}^k 决定。因此对于单元格 (i,j) 内的扫描点 k 而言，其权可以描述为

$$W_{ijk}=\alpha W_{ijk}^{XY}+\beta W_{ijk}^{I} \tag{6.40}$$

$$\begin{cases} W_{ijk}^{XY}=\sqrt{2}\cdot \mathrm{GSD}/D_{ij}^k \\ W_{ijk}^{I}=\dfrac{(I_{ijk}-I_{\min(ij)})\cdot(I_{\min(ij)}-I_{\min})}{I_{\max}-I_{\max(ij)}} \end{cases} \tag{6.41}$$

式中：W_{ijk}^{XY}、W_{ijk}^{I} 分别为扫描点 k 与格网中心点的距离及扫描点 k 强度的权重；$I_{\min(ij)}$、$I_{\max(ij)}$ 分别为格网 (i,j) 中的最小、最大强度值；$I_{\min}$、$I_{\max}$ 分别是整个区域中最小、最大强度值；I_{ijk} 为格网 (i,j) 中的第 k 个点 $p(i,j,k)$ 的强度值；GSD 为网格距离；D_{ij}^k 为格网 (i,j) 中第 k 个点的距离。

W_{ijk}^{XY} 反映了离散点与格网中心点的平均距离对格网中心点特征值的贡献。W_{ijk}^{XY} 反映了格网内离散点的强度值对格网中心点的特征值的贡献。每一个格网特征值由格网中的点的离散程度和强度差异共同决定。其中 α、β 为这两部分的权重，其中 $\alpha+\beta=1$。为了增强点云强度差异，突出标线与地面的边缘特征，W_{ijk}^{I} 在特征计算中具有更大的权值，即 β 具有较大的值。

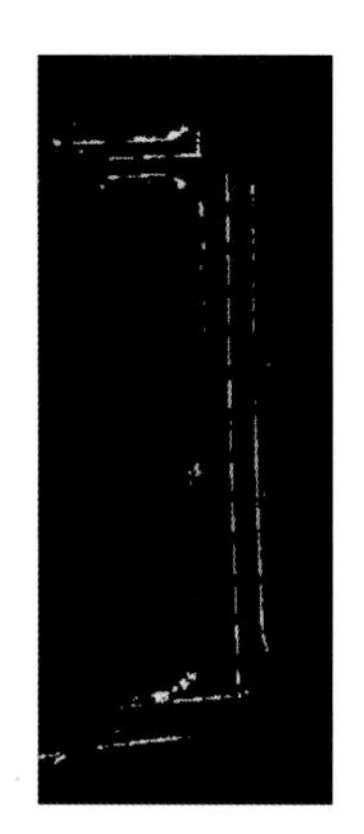

图 6.67　基于强度信息的特征图像

根据上述定义的扫描点的权值公式，通过设定不用的 α、β 值，可以计算出格网 (i,j) 的特征值，其描述为

$$F_{ij}=\left(\sum_{k=1}^{n_{ij}}W_{ijk}\cdot I_{ijk}\right)\Bigg/\left(\sum_{k=1}^{n_{ij}}W_{ijk}\right) \tag{6.42}$$

最后将格网的特征值 F_{ij} 归一化到 0～255 灰度空间即可得到格网对应的点云强度特征值对应的强度图像的像素值 G_{ij}。利用该方法，将图 6.66（c）中多尺度分割后标线点云投影到 XOY 平面后生成的强度特征图像如图 6.67 所示。

2. 自适应图像分割

在强度特征图像中，一些强度值较小的路面点在图像中的灰度较暗，而标线和周围植被在图像上具有较亮的灰度。为了滤除路面上的点，需要对图像进行分割，保留图像中高

亮的标线像素。强度特征图像中主要分为标线和路面两种主要的灰度级，因此采用一个阈值 T 将图像进行分割。阈值处理后的二值图像 $f(x,y)$ 定义为

$$f(x,y)=\begin{cases}1, & f(x,y)\geqslant T\\ 0, & f(x,y)<T\end{cases} \tag{6.43}$$

式中，像素值为 1 的对应为标线（目标），标注为 0 的像素则对应为非标线（背景）。

在特征图像中标线和非标线点（主要为地面点）存在一定的灰度差异，为了自适应确定图像分割的阈值 T，本小节采用最大类间方差法的阈值分割算法将标线点和非标点分离。该方法由日本学者大津展之于 1979 年提出，又叫大津法（OTSU）。该方法统计不同灰度等级的像素个数，将图像灰度归一化到[0，L]范围内，从[0，L]中依次选择阈值 T，统计属于目标的像素点占整幅图像的比例为 ω_0，其平均灰度为 μ_0。背景像素点占整幅图像的比例为 ω_1，其平均灰度为 μ_1。整个强度特征图像的平均灰度记为 μ，像素点为 N，类间方差为 g。则有

$$\omega_0=\frac{N_0}{N} \tag{6.44}$$

$$\omega_1=\frac{N_1}{N} \tag{6.45}$$

$$\mu=\omega_0\cdot\mu_0+\omega_1\cdot\mu_1 \tag{6.46}$$

$$g=\omega_0(\mu_o-\mu)^2+\omega_1(\mu_1-\mu)^2 \tag{6.47}$$

联合式（6.46）和式（6.47）可得

$$g=\omega_0\omega_1(\mu_0-\mu_1)^2 \tag{6.48}$$

通过遍历，当间类方差 g 为最大时，即目标和背景的类内方差最小，间类方差最大，从而得到的阈值 T 为图像最优的二值化阈值。

3. 标线几何模型

图像二值化后，地面上一些灰度值较低的点被去除，植被、栅栏、路坎等具有高亮反射强度的地物仍然存在。当相对于标线而言，草地等地物几何形状不规则，并且具有较大的面积，呈面状分布。由于标线是典型的人工地物，具有规则的几何形状，在图像中标线为矩形形状。因此标记图像中的 4 连通区域，分析连通区域几何形状信息，提取具有矩形形状的标线区域。为了快速地提取图像中具有规则矩形形状的连通区域，主要使用以下几个几何形状特征构建标线几何模型：

1）连通区域面积 S

在图像中，道路虚线型标识线的面积不会太大，采用此特征滤掉面积比较大的区域，如草地。这个面积阈值选择根据特征图像的分辨率（GSD）来设定。

2）填充度 F

$$F=S/S_{\mathrm{MBB}} \tag{6.49}$$

式中：S_{MBB} 为 4 连通区域的最小外接矩阵的面积。

道路标识线在图像中应该是一个矩形区域，则它的充满度应该大于 80%，从而滤除大量非规则区域。

3）延展度 R

$$R = L_{\mathrm{MBB}} / W_{\mathrm{MBB}} \tag{6.50}$$

式中：L_{MBB}、W_{MBB} 为 4 连通区域的最小外接矩形的长度和宽度。对于行车道中心线、行车道边缘线和行车道分界线，道路标线的宽度一般为 0.15 m。对于虚线型道路标识线，在图像中应该是一个狭长的直线段，长度远大于宽度，并且长度在一定范围中，从而滤除掉一些与标线有相似强度信息的连续长路坎。

4）偏心率 E_{MBB}

$$E_{\mathrm{MBB}} = \frac{c}{a}\left(c = \sqrt{a^2 + b^2}\right) \tag{6.51}$$

式中：E_{MBB} 为与 4 连通区域有着相同二阶距的椭圆的偏心率；a、b 为椭圆的长轴和短轴，如图 6.68 所示。偏心率的值在 0 和 1 之间，偏心率为 0 的椭圆的是圆，偏心率为 1 的椭圆是线段。一个 4 连通区域若是候选的标识线，它的偏心率应该越接近 1，因此利用偏心率阈值可以滤掉大部分非线段区域。

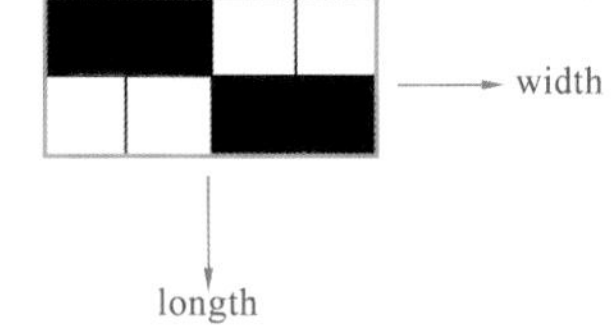

（a）4 连通区域的最小外接矩形

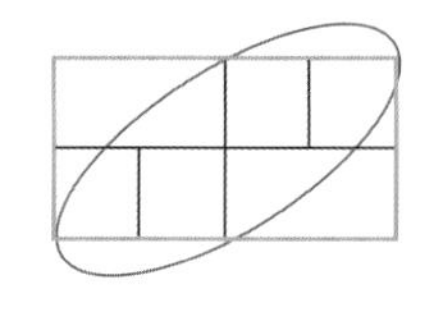
（b）与最小外接矩阵有相同二阶距的椭圆

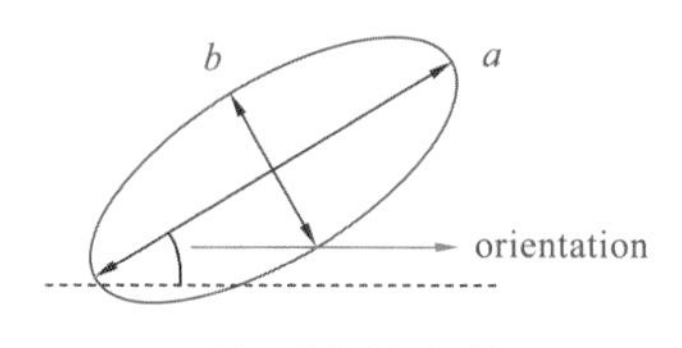

（c）椭圆的长轴、短轴

图 6.68　4 连通区域的偏心率

对图像进行连通区域分析前，先利用数学形态学中的开、闭运算（结构元素为 3×3）先将细小的片段滤除。通过分析图像中 4 连通区域的属性，符合道路标线几何模型的连通区域段提取为标线点云，图 6.69（b）为从强度图像中识别的标线段。

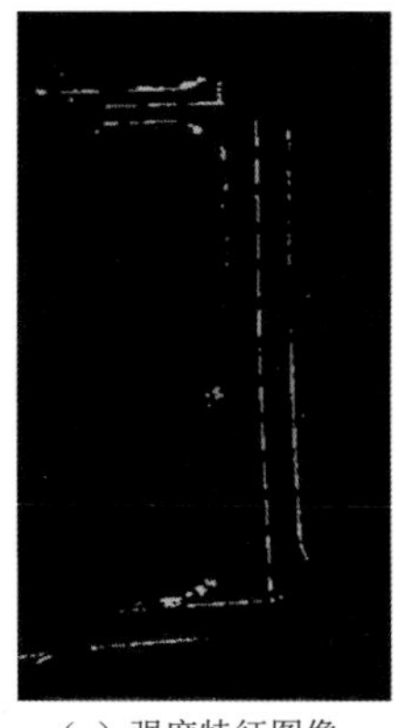
（a）强度特征图像

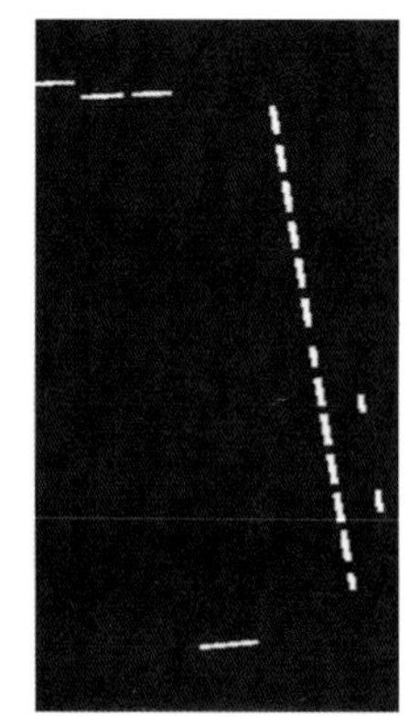
（b）利用几何模型提取的标线段

图 6.69　基于几何模型提取的道路标线

6.5.4　基于语义信息道路标线优化

从图6.69（b）中可以看出提取的标线基本为规则矩形段。但这些线段中可能还包括一些与道路标线几何特征、点云强度相似的路坎线段。同时在点稀疏的地方或强度值较弱处的标线段未被识别。由于虚线型标线在同一方向上具有多段分布，因此统计同一方向上的存在的线段数量和长度来对结果进行优化。

1. 累计概率Hough变换直线检测

目前采用较多的直线检测方法是Hough变换。标准Hough变换检测直线需要将遍历图像中所有像素点进行检测直线，计算复杂耗时，为了提高Hough变换检测直线的效率，本小节利用累计概率Hough变换来检测标线。

Hough变换于1962年由Paul Hough提出，所实现的是一种从图像空间到参数空间的映射关系（图6.70），将图像空间中具有一定关系的像元进行聚类，寻找能把这些像元用某一种解析形式联系起来的参数空间累计对应点，将图像中的全局检测问题，转化为对参数量化空间的投票积累峰值检测问题。例如在图像空间中一个斜率a和截距b的直线$y=ax+b$，变换为$b=-xa+y$。记为参数空间AOB平面上一条直线，其中斜率为$-x$，截距为y。

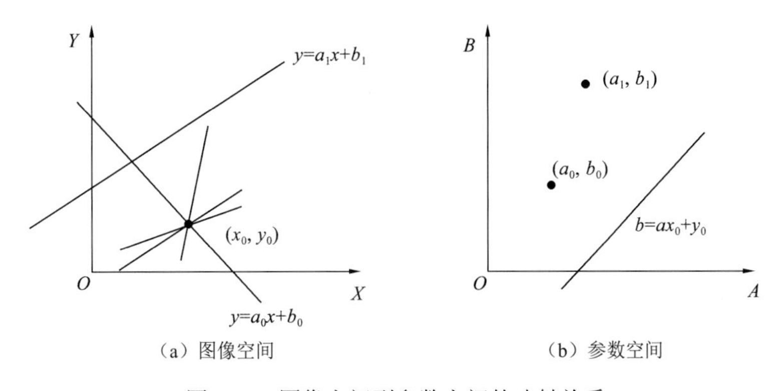

（a）图像空间　　（b）参数空间

图6.70　图像空间到参数空间的映射关系

从图6.70中可以看出，图像空间中的一点(x, y)对应参数空间中的一条直线，而图像空间中的一条直线又是由参数空间中的一个点(a,b)来决定的。Hough变换就是利用图像空间到参数空间的点–线或线–点之间的对偶关系，把图像空间中的直线检测问题转化到参数空间中对点的检测问题，通过在参数空间里对累加平面进行统计点数来完成检测任务。如果参数平面使用直线方程时，当直线接近垂直方向（$x=a$），斜率a和截距b接近无穷而使累加器尺寸变大，计算复杂度过大。标准Hough变换对噪声不敏感，利用图像的全局特性将不连续的边缘像素连接，能显著提高直线检测的结果，是图像中直线检测中常用的方法，但是它需要较大的存储空间和较长的计算时间。为了克服这个缺点，Kiryati等（1991）提出了一种新的Hough变换，即概率Hough变换（probabilistic Hough transform，PHT）。其思想是较长的直线有更大的概率首先被检测到，通过删除已检测直线上的点来减少映射的计算量。Matas 等（2000）在概率 Hough 变换的基础上提出了累计概率 Hough 变换（progressive probabilistic Hough transform，PPHT）。累计概率 Hough 变换将图像空间转化到参数空间的映射和从累加平面中检测峰值以确定直线的操作同时进行，随机地从图像中取点进行映射，最长、最明显的直线具有更大的期望被最早检测。该方法并不将累加器平面的所有可能点累加，而只累加其中一部分。如果峰值足够高，则只用小部分时间去寻找它就足够了，具体步骤如下：

（1）将参数空间 (ρ,θ) 量化为多个小区间，每一个细化的区间对应一个累加器平面 $A(\rho,\theta)$，并将初值置为 0；

（2）随机从图像中选取一像素点，映射到参数空间，遍历各个 θ 并计算相应的 ρ 值，并在相应的累加器 $A(\rho,\theta)$ 加 1；

（3）从图像空间中删除所选点；

（4）判断更新后的累加器是否足够大，即大于预先设定的阈值，否而返回步骤（2）；

（5）如果累加器大于阈值，则该累加器参数确定一条直线，判断图像中位于该直线上的点构成的最长片断是连续的直线还是中间断裂的线段；

（6）删除图像中位于该直线上的点，并将该累加器清 0；

（7）判断图像中的最长直线段的长度是否大于预设的最小长度，如果满足则输出该直线；

（8）回到步骤（2）。

PPHT 通过设置一条直线在累加平面中所必须达到的值 $Para_1$，将要返回的线段的最小长度 $Para_2$，一条直线上分离线段不能连成一条直线的长度 $Para_3$，从图像平面中检测直线。在这种情况下，只有很少一部分的图像点完成了映射，其他的点被作为被检测直线上的点而被从图像空间中去除，从而不必进行向参数空间中的映射，减少了算法的计算量。与标准的 Hough 变换相比，PPHT 算法计算量少，同时抗干扰性显著提高，降低了直线的漏检率。

2. 最小二乘直线拟合

累计概率 Hough 变换将位于一条直线上、具有一定长度的标线段检测出来。由于累加平面峰值阈值难以自适应动态确定，一般根据先验知识确定一个全局阈值。为了尽可能地检测多个方向存在的线段，阈值设置不会太大，因此在图像中会检测出许多标线存在的方向直线。需要利用 Hough 检测出来的直线信息，结合最小二乘直线拟合算法，从强度特征图像中提取同一方向上的全部标识线。计算同一方向上存在的标线段个数，认为同一方向上最少存在三个以上线段块才能被确定是所需要的虚线型标识线。而实线型标识线应该是整个图像中的最长线条，这样可以剔除那些路沿，植被或是孤立的白块。

对于图像 6.71（a）中检测出来的直线方向，利用语义信息进行约束后，只有两个方向上的标线被最后确定为正确的标线［图 6.71（b）］。同时看到紫色方向，利用几何特征约束后一些被滤除的正确标线点也被检测出来，提高了标线识别的完整性。

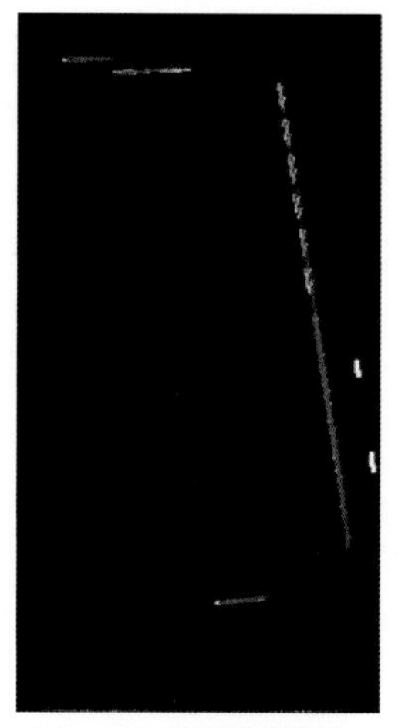
（a）PPHT检测的直线段

（b）语义信息约束后标线段

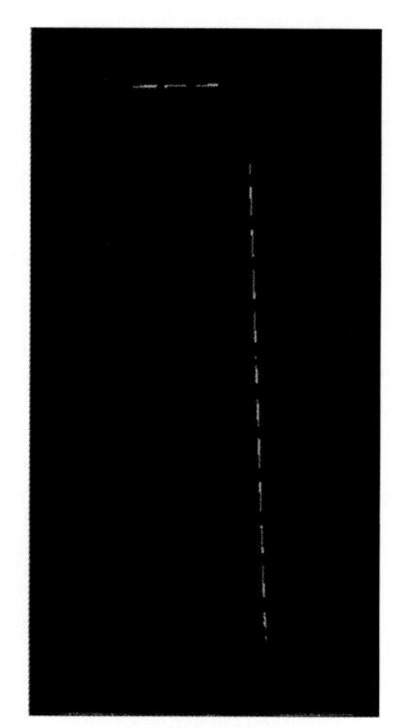
（c）标线点云

图6.71　利用PPHT和最小二乘直线拟合识别的标线点云

6.5.5　道路标线提取实验分析

为了验证本小节道路标线提取方法的有效性，不同车载激光扫描系统获取的街区和高速公路环境数据用来进行验证与评价分析。

1. 数据描述

图6.72为Lynx V100系统采集的典型高速公路环境，数据环境相对简单，没有明显的道路边界，但包含着大量的虚线型、实线型标线。该数据主要用来进行标线识别。从图6.72（b）中可以看出，标线与地面之间具有可区分的强度信息，但是在道路周围存在大量可临时停车的缓冲带草地，这些草地反射强度与标线类似，影响标线识别的正确性。

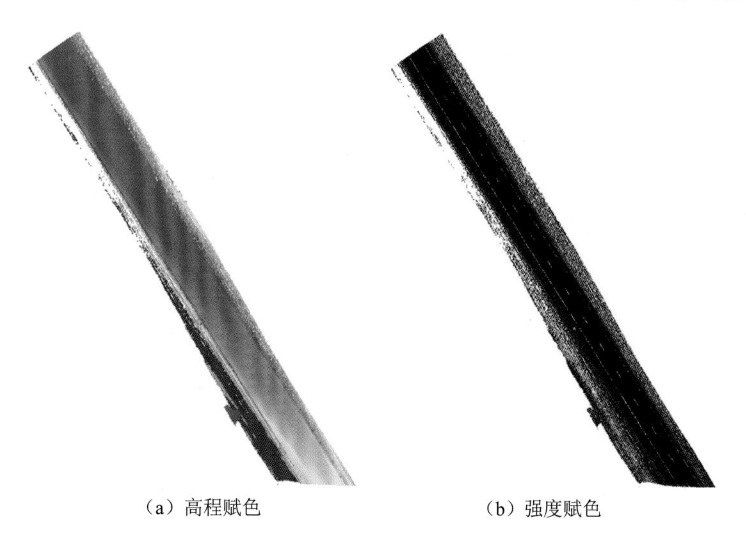
（a）高程赋色　　（b）强度赋色

图6.72　Lynx V100系统获取高速公路数据

图 6.73 为 StreetMapper 360 系统获取的高速公路。这份数据的采集场景为辅道与主道分离汇合区域，与前一份的高速公路相比，场景复杂，不仅有植被、草地等干扰地物，还有桥梁等建筑。路面上目标多样，不仅存在交通标线，还存在箭头、文字及各种图像符号的交通标志。同时交通标线形状多样，实线型标线多由曲线组成。

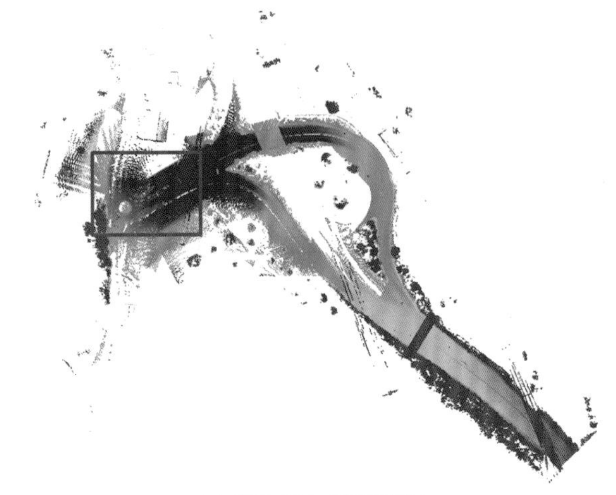

（a）原始点云（高程赋色）

（b）局部细节图（高程赋色）

（c）局部细节图（反射强度赋色）

图 6.73　StreetMapper 360 系统获取的复杂高速公路实验数据

图 6.74 为 StreetMapper 360 系统采集的街区环境数据。该数据扫描范围约为 135 m×520 m，但是数据量非常大，共有 7 452 252 个点，点密度非常高，约为 900 点/m^2。同时该场景中包含不同高度的建筑物立面、树木，以及大量的电杆、电力线目标。道路标线强度值在区域中分布不一致，部分标线与地面点强度接近。该场景中不仅存在虚线或长实线型标线，还有大量的斑马线信息。

2. 实验结果与分析

道路标线提取结果如图 6.75～图 6.77 所示，绝大部分感兴趣的虚线或实线型标线都被检测出来，本节提出标线提取方法具有较好的效果，不仅适用于规则的道路环境，也适

（a）原始点云（高程赋色）　（b）原始点云（反射强度赋色）

图 6.74　StreetMapper 360 系统获取的街区数据

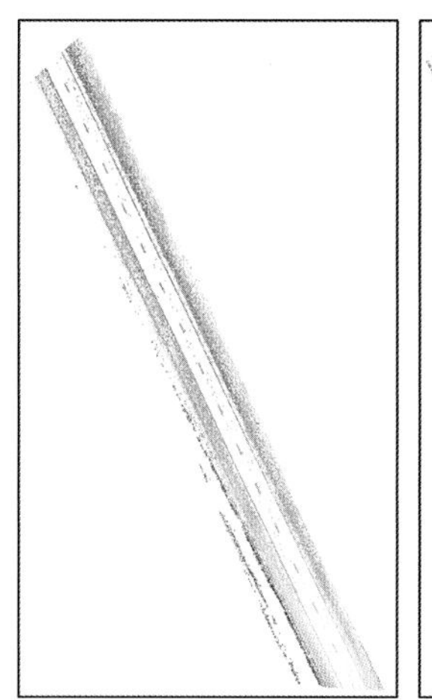
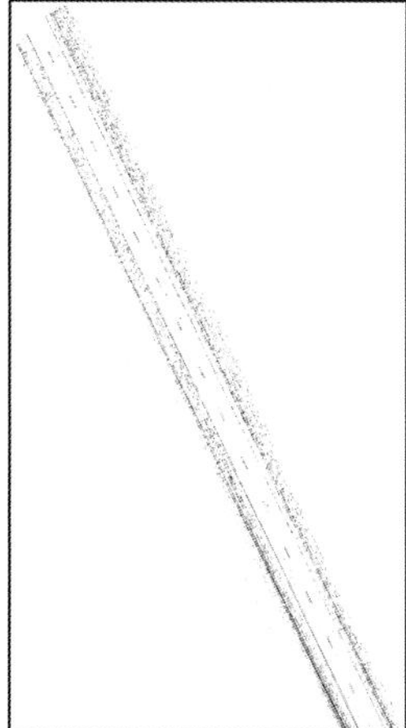
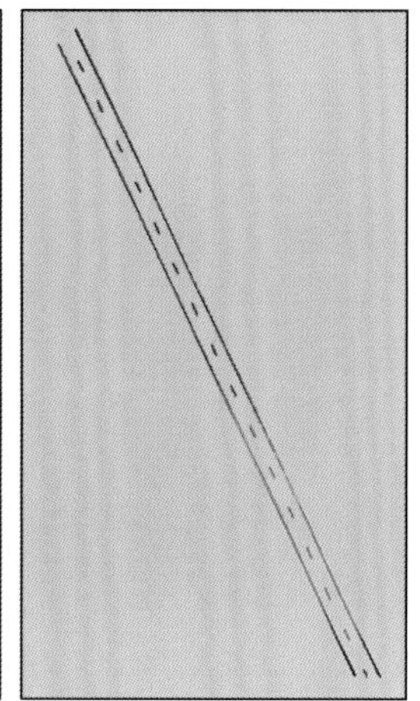

（a）道路标线多尺度分割结果　（b）强度特征图像　（c）道路标线提取结果

图 6.75　高速公路中道路标线提取结果

用于复杂的道路环境。同时还存在一些漏提取的标线。在复杂数据中主要是车辆等地物的遮挡导致数据不完整，相关位置没有采集到标线点云。另外小部分标线在标线多尺度分割中被检测出来，但是因为周围包含大量的路面点，在基于几何模型的道路标线提取过程中与周围的路面聚成一类而呈现出面状形态被滤除。在复杂高速公路中漏提取的部分主要是点的密度太稀，部分标线因在图像中像素较少而去滤除。在标线提取过程中，一些道路指示线不符合延展度指标，被滤除掉，连接该部分的一些实线型标线也被去除。在街区数据中标线的识别结果更为完整，路面上存在的虚线和实线型标线都被正确识别出来了。在实验数据中还存在少量错误提取，主要为道路周围细长的草地如图 6.76 中的局部细节 2 和图 6.77 中的局部细节 1 中的细长道路边界，它们的形状和长度都与实线型标线类似。

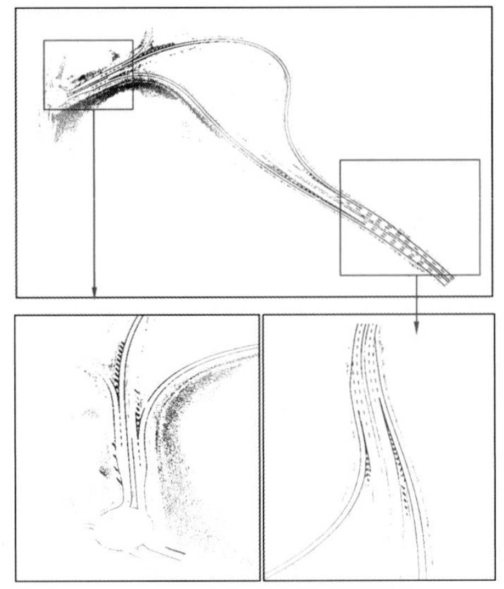

（a）道路标线多尺度分割结果

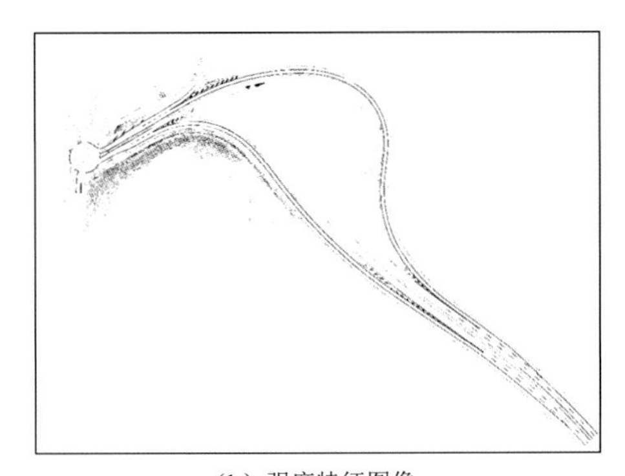

（b）强度特征图像

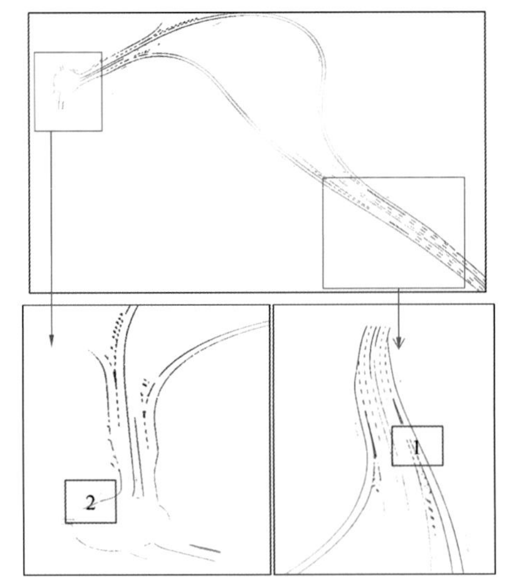

（c）道路标线提取结果

图 6.76　复杂高速公路中道路标线提取结果

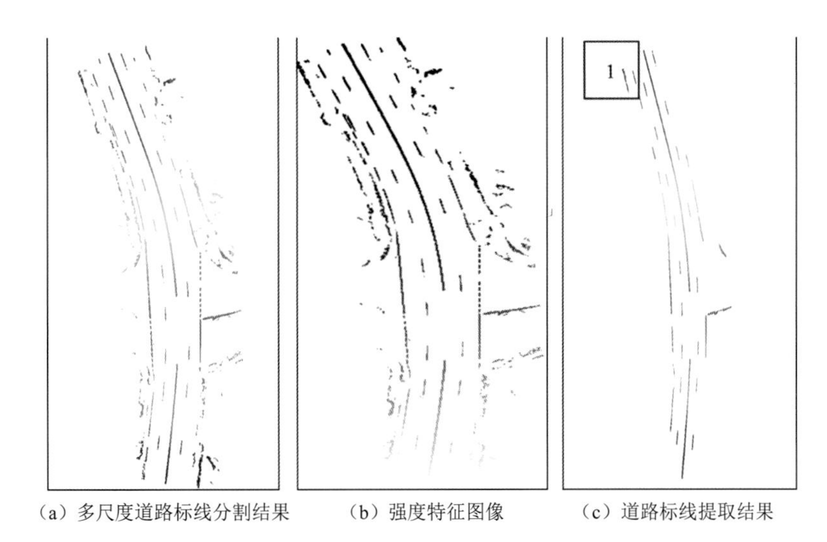

（a）多尺度道路标线分割结果　（b）强度特征图像　（c）道路标线提取结果

图 6.77 街区中道路标线提取结果

3. 精度评价与分析

道路标线提取结果如图 6.75～图 6.77 所示，对于道路标线提取结果的评价，主要借鉴 Rutzinger 等（2009）提出的基于目标的正确度（correctness）、完整度（completeness）和精度（quality）。在基于目标的评价体系中，如一个提出的标线与参考目标的重叠面积超过 50%，则认为该标线提取正确。在三份标线实验数据中，都存在虚线型标线，因此利用虚线型标线来进行精度评价。通过人工统计正确提取的标线个数（TP）、未检测出来的标线个数（FN）、检测出来的错误标线个数（FP）进行精度评价，如表 6.15 所示。表 6.16 给出了对三份实验数据的进行标线识别的评价结果。

表 6.15 道路标线提取结果中 TP_s、FN_s 和 FP_s 值

数据	TP_s	FN_s	FP_s
高速公路	14	0	0
复杂高速公路	65	5	4
街区	22	3	1

表 6.16 标线提取结果精度评价值

数据	completeness/%	correctness/%	quality/%
高速公路	100	100	100
复杂高速公路	92.85	94.20	87.84
街区	95.13	95.98	91.48

通过表 6.16 可以看出，在三份实验数据中，本节提出的道路标线提取方法的完整率超过 91%，正确率超过 94%，精度超过 87%，表明本节的方法取得了较好的结果。相对而

言，居民区和高速公路的路面上目标相对简单，标线种类较少。同时路面为沥青路面，与标线之间具有较大的强度反差，因此在这两份数据中提取的标线都是正确的。在简单的高速公路中，虚线和实线型标线都被提取出来，完整度较高。相对而言，Lynx V100 获取居民区和复杂街区的标线完整率要低于 StreetMapper360 获取的复杂高速公路和街区。在实际数据中，相对于 StreetMapper360，Lynx V100 中地物对激光的反射率随着距离增加衰减更快。在居民区中未检测到的标线主要为远离激光扫描仪的路口处的标线段。在复杂街区中，即有部分标线因为强度值与地面接近未被提取出来，也有因车辆遮挡未采集到的标线。在复杂街区中路面为混凝土路面，部分区域中标线与路面之间强度区分不明显，这也影响复杂街区数据中道路标线提取的完整率和精度。复杂高速公路中标线的完整率和正确率较高，但精度相对较低，主要是因为存在错误提取和漏提取的标线较多，这主要是因为该高速公路在两个辅道与主道分离处，部分其他车道的数据远离激光扫描仪，点密度较低，强度较弱，在强度特征图像二值化中，这些离散、孤立的标线被滤除。总体而言，本节提出的方法能提取绝大部分的道路标线，能处理不同车载激光扫描系统数据的标线提取问题，不仅适合城市道路环境，还适合高速公路，对于简单和复杂道路环境都能取得较好的结果和精度。

6.6　建筑物边界三维提取

建筑物提取一直以来是遥感信息智能化处理研究的热点之一。其中，机载 LiDAR 系统所获取的三维点云，不仅可以得到建筑物的平面数据，还可以得到建筑物垂直分布信息，为建筑物三维建模及相关应用分析提供更加丰富的数据基础。因此，国内外许多学者致力于研究如何高质量地从机载 LiDAR 点云中提取建筑物，并发表了很多相关的成果，概括起来有：基于 DSM 的建筑物提取方法、基于激光点云的建筑物提取方法及影像辅助下的 DSM 或激光点云建筑物提取方法。随着机载 LiDAR 硬件系统的发展，激光点云密度越来越高且对植被的穿透能力也变强，基于激光点云的建筑物提取方法有了更大的发展潜力，来适应不同复杂程度的场景。其中，基于点云分割的建筑物层次提取方法已得到广泛应用。但是，此类算法都将面片作为独立单元处理，而单个面片有可能仅是建筑物、植被等目标的局部区域，其相关特征（形状、几何尺寸、回波信息等）无法稳健地描述目标之间的差异，如：植被等地物局部区域的面片很容易与建筑物面片具有相似的高度、面积、回波等特征，进而造成建筑物提取质量下降。

本节提出的基于自顶向下策略的建筑物点云稳健提取通过模拟人眼视觉系统（human visual system，HVS）识别目标的方式，采用自顶向下的策略，从目标区域层次识别建筑物区域，然后根据目标细部特征差异精确提取建筑物点云（图 6.78）。

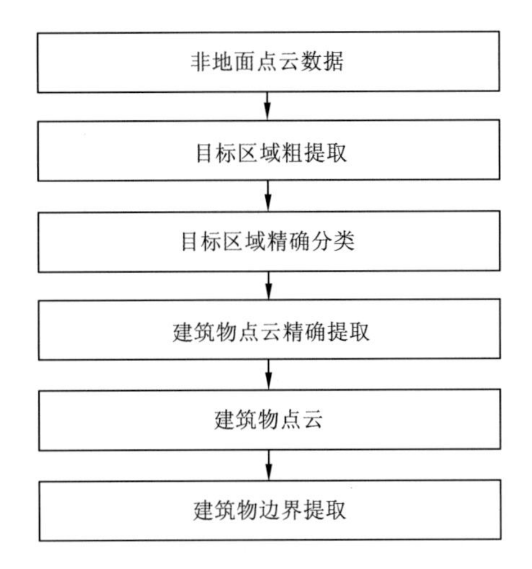

图6.78　基于自顶向下策略的建筑物点云稳健提取流程图

6.6.1　目标区域粗提取

在自适应分区的点云滤波处理后，点云被分成了地面点云和非地面点云，其中非地面点云表示为两种类型：非地面面片和非地面离散独立点云。在非地面点云中，通常存在建筑物、植被、车辆等地物，需要进一步区分。为了模仿 HVS 从目标整体到目标局部细节的目标精确识别策略，非地面点云首先需要划分成不同的目标区域。因此，根据建筑物屋顶较为平缓，其屋顶应该由一个或多个非地面面片构成，从而提取疑似为建筑物的目标区域，并剔除明显不是建筑物的目标区域。其具体的操作步骤如下。

步骤一：对非地面面片进行连通性分析，将相邻的非地面面片进行合并。将合并的结果，作为待定的目标区域，记为 $\mathrm{SC}=\{\mathrm{SC}_1,\mathrm{SC}_2,\cdots,\mathrm{SC}_i,\cdots,\mathrm{SC}_m\}$。

步骤二：根据建筑物的几何尺寸及建筑物边界与地面存在一定的高程差异，将明显不是建筑物的目标区域剔除。如果目标区域被判定为疑似建筑物目标区域，其应满足以下三个几何约束条件，如式（6.52）所示。

（1）目标区域的面积应该大于一定阈值（t_A）。通常，此阈值的大小与研究区域的场景类型有关，可以设置成 2～100 m^2。如果研究区域位于商业中心，建筑物占地面积都比较大，阈值可以适当设置大一些，以去除更多的非建筑物目标区域；如果研究区域位于居民区或者农村，建筑物占地面积有可能很小，阈值也需要设置为比较小的值。

（2）目标区域的宽度也应该大于一定阈值（t_W）。同样，此阈值也与研究区域的场景类型有关，通常设置为 2～10 m。

（3）一定比例（t_PB）的目标区域边界点云应该高于地面一定阈值（t_ED）。

$$\mathrm{cBuilds}=\left\{\mathrm{SC}_i\in\mathrm{SC}\left|\begin{array}{l}\mathrm{Rule1:Num}\left(\mathrm{Bound}(\mathrm{SC}_i)>t_\mathrm{ED}\right)>t_\mathrm{PB}\cdot\mathrm{Num}\left(\mathrm{Bound}(\mathrm{SC}_i)\right)\\ \mathrm{Rule2:Width}(\mathrm{SC}_i)>t_\mathrm{W}\\ \mathrm{Rule3:Area}(\mathrm{SC}_i)>t_\mathrm{A}\end{array}\right.\right\}\tag{6.52}$$

式中：cBuilds 为疑似建筑物目标区域集合；Num()为满足条件点云计数器；Bound(SC_i)表

示目标区域 SC_i 的边界点云；Width()为目标区域宽度计算函数；Area()为目标区域面积计算函数。

步骤三：在点云滤波时，点云被分成面片集合和离散独立点云集合，导致目标区域存在不完整的情况。为了确保目标的完整性，以增强对目标描述的稳健性，需要对剩余的目标区域进行一定距离的缓冲区扩张。其中，缓冲距离阈值非常重要。如果阈值过小，目标的完整性可能依然无法保障；如果阈值过大，缓冲区域则过大，导致非目标区域面积过大，从而造成目标的错误分类。因此，本节采用一种自适应的渐进式缓冲扩张，以固定的步长逐步缓冲扩张，直到满足两个条件则扩张结束。其中，缓冲步长通常设置为点间距的 2 倍，而扩张的结束条件为：累计扩张的缓冲距离不能超过一定阈值（t_{CD}），比如：3 m；缓冲扩张的面积不能超过原本目标区域的面积。图 6.79（d）即为目标区域提取的最终结果。

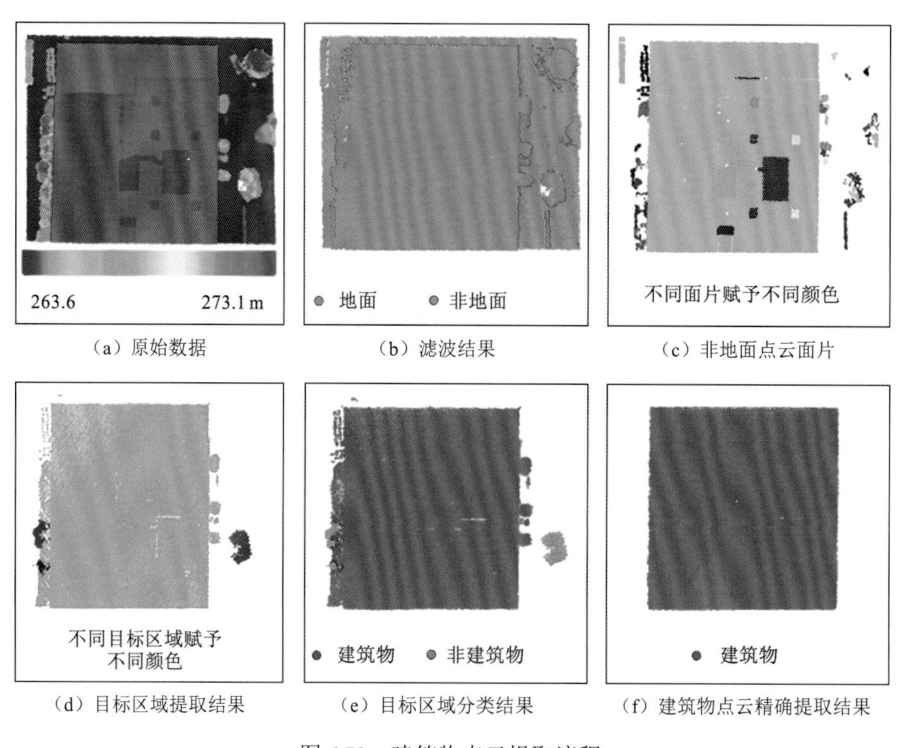

（a）原始数据　（b）滤波结果　（c）非地面点云面片

（d）目标区域提取结果　（e）目标区域分类结果　（f）建筑物点云精确提取结果

图 6.79　建筑物点云提取流程

6.6.2　目标区域分类

目标区域提取后，低矮、狭小的地物目标区域（如：低矮的灌木、车辆、城市基础设施等）通过三个简单的几何约束条件已被剔除，则剩余的目标区域主要是建筑物及大型植被等地物。因此，建筑物目标区域和植被等地物目标区域的区分成为主要焦点。本小节采用表面特征和穿透能力指标等变量对目标区域进行整体性描述，并采用一定规则将目标区域精确分类成建筑物和非建筑物两类。

对于目标区域表面，建筑物主要是由单个或多个平面组成，表面平缓变化，而植被表面分布较为粗糙。由此，可以采用点云分割的结果来刻画建筑物和植被区域的表面特征差异。如图6.79（c）所示，建筑物区域分割效果较好，植被区域分割破碎且仅有部分区域存在满足条件的面片。但是，为了更好地表达建筑物与植被等地物目标的表面特征差异，本小节采用点云平面分割方法对目标区域点云重新分割，来替代自适应分区点云滤波中的基于平滑约束点云分割方法。其中，点云平面分割方法的实施步骤与基于平滑约束点云分割基本相似，不同之处仅是：点云平面分割方法对于同一面片的分割过程中不需要进行种子点更新。在点云平面分割后，同样利用面片点云的数量作为阈值（t_N）将小面片进行剔除，所剔除的面片点云纳入离散独立点云集合之中，剩余的面片则记为 $\mathrm{Segs}=\{\mathrm{Seg}_1, \mathrm{Seg}_2, \mathrm{Seg}_3, \cdots\}$。相比较于基于平滑约束点云分割的分割结果，点云平面分割方法对建筑物区域的分割效果相差不大，但是植被区域的分割结果更为破碎且分割面片总面积更小。

对于激光的穿透能力，主要表现为目标区域点云的垂直分布是否丰富。一般情况下，建筑物范围内，点云通常分布在屋顶面上；而植被区域，点云可能存在于树冠层上，也可能存在于植被的内部结构（如：树叶、树干等）上，甚至植被之下的地面上，并且植被内部结构上的点云分布较为凌乱无序。在很多方法中，都采用点云的回波次数进行表达（Zhang et al.，2013）。然而，有些数据可能不存在此记录信息。为此，本小节对植被区域穿透点云的分布特点进行分析，发现植被内部结构的点云在平面分割中难以形成完整有效的面片，使得植被区域分割面片点云所占比例非常小，从而可以采用此参量间接反映目标区域的穿透能力指标。此外，目标区域内的地面点云分布情况也可以反映激光对该区域的穿透能力。

综上所述，本小节设计了三个指标对目标区域进行分类，以提取建筑物目标区域。首先，所有目标区域初始化标记为0。其中，0表示未确定类别的目标区域，1表示建筑物目标区域，2表示非建筑物目标区域。然后，利用三个指标对目标区域进行分类。

1. 分割面片所占面积比（$\mathrm{AR}_{\mathrm{Seg}}$）

分割面片所占面积比，是所有分割面片在平面上的投影面积与目标区域面积之比。该值直接地反映了目标表面的平坦性。在建筑物区域，该值较大。植被区域，该值相对较小。因此，可以采用一定的阈值（t_{ARS}）剔除部分非建筑物的目标区域。对所有未确定类别的目标区域计算 $\mathrm{AR}_{\mathrm{Seg}}$ 指标值，如果该值小于阈值（t_{ARS}），则标记为非建筑物目标区域，否则不做任何处理，如式（6.53）所示。通常，该阈值应该大于0.5。

$$\mathrm{COBJA}=\begin{cases}2, & \text{如果}\mathrm{AR}_{\mathrm{Seg}}<t_{\mathrm{ARS}} \\ 0, & \text{其他}\end{cases} \tag{6.53}$$

式中：COBJA为目标区域的分类状态标记。

2. 地面点云所占面积比（$\mathrm{AR}_{\mathrm{Ground}}$）

地面点云所占面积比，为目标区域内滤波所得地面点云所占面积与目标区域面积之比。在建筑物区域，激光一般无法穿透屋顶，该值通常非常低。在植被区域，激光束具有一定概率穿透叶片之间的空隙到达地面，从而相对于建筑物区域，该值应该较高。因此，采用阈值（t_{ARG}）剔除部分植被等目标区域。如果未确定类别目标区域的 AR_{Ground} 大于阈值 t_{ARG}，则其为非建筑物目标区域，标记为 2，见式（6.54）。理论上，阈值 t_{ARG} 应该接近于 0。但是，即使为建筑物目标区域，建筑物周边也可能存在植被，且少数建筑物的结构也可能导致部分的激光束能够观测到屋顶之下的地面。进而，阈值需要设置为大于 0 的数据，但又不能太大。一般情况，该值可以取 0.2～0.6 的值。

$$COBJA=\begin{cases}2, & \text{如果} AR_{Ground}>t_{ARG}\\0, & \text{其他}\end{cases} \tag{6.54}$$

3. 分割面片点云数量所占比（$R_{SegPoints}$）

分割面片点云数量所占比，为面片所含点云的数量总和与目标区域非地面点云数量之比。该值反映了目标的表面平坦性，也间接地表达了目标区域激光束的穿透能力。在建筑物区域，该值较高。在植被区域，分割面片较少，且植被内部结构的点云一般很难分割成有效的面片，从而该值较小。因此，采用阈值（t_{SP}）来剔除部分植被等非建筑物目标区域。如果未确定类别目标区域的 $R_{SegPoints}$ 小于阈值 t_{SP}，则该目标区域为非建筑物目标区域，标记为 2，如式（6.55）所示。通常，该阈值取值应该大于 0.5。

$$COBJA=\begin{cases}2, & \text{如果} R_{SegPoints}<t_{SP}\\0, & \text{其他}\end{cases} \tag{6.55}$$

经过以上处理，所有非建筑物目标区域都已被标记，而未确定类别的目标区域则全部标记为建筑物类型，其结果如图 6.79（e）所示。此外，分类过程中涉及的所有特征都是面向整个目标区域，并且仅依赖于三维坐标，不需要强度和多次回波记录信息，极大地提高了本方法对各种 LiDAR 系统的适应能力。

6.6.3 建筑物点云精确提取

在目标区域分类后，本方法已提取建筑物目标区域，但是建筑物目标区域内可能存在植被或其他类型目标位于建筑物附近。通常，此类非建筑物地物主要由比较小的面片或者离散独立点云组成，并且位于建筑物附近，即在建筑物目标区域的边界附近。首先，利用面积阈值（t_{SA}）提取小面片，除平坦性较好的面片之外，并且将小面片内的点云与目标区域的离散独立点云都标记为未分类点云。然后，通过水平欧氏距离约束的区域增长将未分类点云合并成不同的簇，其中平面距离阈值为点间距的两倍。最后，利用 Alpha shape 方法提取建筑物目标区域的边界点云（border_build），并遍历每个簇，通过以下规则对其进行分类处理。

（1）判断该簇是否位于建筑物目标区域边界附近。利用 Alpha shape 算法提取该簇点云的边界（border_Cluster）后，计算边界点云到 border_build 的最短距离（sDist）。然后，采用两倍的点间距与每个边界点云 sDist 比较，如果该点的 sDist 更小，则该点被认为是位于建筑物目标区域边界附近。当位于建筑物目标区域边界附近的边界点云所占比例小于一定阈值（如：10%），则判定该簇在目标区域的内部，并且将该簇标记为建筑物类型；否则，该簇判定为位于建筑物目标区域边界附近，需要进一步处理，判定其类别。

（2）对未确定类别族分类。对于未确定类别的簇，将每个簇作为独立的整体，计算其 5 种特征（面积、宽度、分割面片所占面积比、地面点云所占面积比、分割面片点云数量所占比），并根据目标区域分类步骤中相应的阈值对每个簇进行分类。当且仅当，所有特征都满足建筑物目标条件时，该簇被标记为建筑物类型，否则该簇被确定为非建筑物类型。

经过以上步骤处理，本方法可以提取精确的建筑物点云。图 6.79（f）为图 6.79（a）原始数据处理后的建筑物点云最终提取结果。

6.6.4　建筑物边界提取

在建筑物三维重建、地籍测量和许多 GIS 相关应用分析中，建筑物边界是其中重要的一部分。因此，在建筑物点云提取后，对其进行边界线提取。在点云集边界提取方面，已有很多方法。一类方法是将点云转化成二值图像，并通过腐蚀膨胀及边界跟踪方法提取建筑物边界，但是图像重采样过程中对边界的精度有一定影响（Zhou et al.，2013）。另一类方法是直接根据边界点云的分布特征从点云中提取边界，常用的方法有：Alpha shape 算法（Edelsbrunner et al.，1994）、凸包算法（Sampath et al.，2007）、基于三角网的边界探测算法（曾齐红 等，2009）等。本小节采用 Alpha shape 算法提取建筑物边界点云。该方法将建筑物点云投影到水平面上，并采用一个半径为 α 的圆环进行滚动，从而得到建筑物的边界离散线段，然后利用线段之间首尾相接的特点，将线段连接成封闭的多边形，并根据多边形的面积大小剔除虚假的建筑物边界信息，如图 6.80 所示。在 Alpha shape 算法中，半径 α 参数设置非常重要。如果参数过大，所得建筑物的边界线段比较粗略，与真实的建筑物边界相差较大，特别是凹处区域。如果参数过小，所得建筑物的边界线段则过多，且内部存在很多虚假的孔洞。通常，半径 α 取值为点间距的 3～5 倍。

（a）建筑物点云提取结果

（b）建筑物边界提取结果

图 6.80　建筑物点云边界线提取

6.6.5　实验分析

通过采用 ISPRS 提供的测试数据集和两处国内外大场景数据进行对比实验分析，验证本节方法的有效性、实用性、可靠性及对复杂场景的适应性，并利用真值与提取结果对比进行定量分析（Rutzinger et al.，2009）。在定量分析中，主要采用三类指标：基于面积的评价指标类、基于目标的评价指标类及建筑物边界几何精度。

（1）基于面积的评价指标类包括完整率（$COMP_{area}$）、正确率（$CORR_{area}$）和质量（Q_{area}）三个标量。该类评价指标的具体计算方法是：首先，将建筑物提取结果和参考结果转化成统一空间分辨率的栅格图像，以像素的数量来量化面积大小；然后，通过两幅图像的比较，确定正确提取的建筑物像素（TP）、误提取为建筑物的非建筑物像素（FP）及漏提取的建筑物像素（FN），并利用式（6.56）计算完整率（$COMP_{area}$）、正确率（$CORR_{area}$）和质量（Q_{area}）。

（2）基于目标的评价指标类也包括了完整率（$COMP_{object}$）、正确率（$CORR_{object}$）和质量（Q_{object}）三个标量。该类型的评价指标是通过建筑物提取结果与参考结果两幅图像的叠加分析，确定正确提取的建筑物目标（TP）、误提取为建筑物的非建筑物目标（FP）及漏提取的建筑物目标（FN），并利用式（6.56）计算完整率（$COMP_{object}$）、正确率（$CORR_{object}$）和质量（Q_{object}）。在 TP、FP 和 FN 确定时，主要是考虑提取结果中的建筑物与参考结果中建筑物区域重叠部分占对应参考建筑物的百分比 P。如果 P 大于 50%，则为 TP；如果 P 小于 50%，则为 FN；如果 P 为 0.00%，则为 FP。然而，提取结果中的建筑物目标与参考结果中的建筑物目标之间可能存在拓扑不一致性问题，即目标之间不总是 1:1 的关系，而有可能是 1:N、M:N 或 N:1 的关系，因此需要对提取结果中的建筑物目标进行分割和合并操作（Rutzinger et al.，2009）。如果是 1:N 时，将提取结果中的建筑物分割成 N 个对象；如果是 N:1 时，将提取结果中对应的 N 个建筑物合并；如果是 M:N 时，先处理 1:N 情况，后处理 N:1 情况。

$$\begin{cases} \text{Comp} = \dfrac{\|\text{TP}\|}{\|\text{TP}\| + \|\text{FN}\|} \\ \text{Corr} = \dfrac{\|\text{TP}\|}{\|\text{TP}\| + \|\text{FP}\|} \\ \text{Quality} = \dfrac{\|\text{TP}\|}{\|\text{TP}\| + \|\text{FP}\| + \|\text{FN}\|} \end{cases} \tag{6.56}$$

式中：Comp、Corr 和 Quality 分别为基于面积或者目标的完整率、正确率和质量；$\|\text{TP}\|$ 为正确提取的建筑物像素或目标个数；$\|\text{FP}\|$ 为误提取为建筑物的非建筑物像素或目标个数；$\|\text{FN}\|$ 为漏提取的建筑物像素或目标个数。

（3）建筑物边界几何精度，表达了建筑物提取结果与相对应的参考建筑物之间形状的相似程度，可以采用边界点位偏差的标准差（RMS_d）表示，其计算公式如下：

$$\text{RMS}_d = \sqrt{\frac{\sum d^2}{N}} \tag{6.57}$$

式中：d 为边界点位偏差，指建筑物提取结果的边界点云与相应参考建筑物的边界点云之间最短距离；N 为边界点的个数。此外，当 d 大于 3 m 时，不参与计算。

1. 数据描述

建筑物点云自动化提取一直以来都是摄影测量与遥感数据处理领域关注的焦点之

一，并且国内外学者发表了许多算法，但由于彼此所使用数据的不同，不同算法之间的比较非常困难，无法确定算法的优劣，从而在最优算法选择时无法提供直接的指导信息。为此，国际摄影测量与遥感学会（ISPRS）WG II/4“3D Scene Reconstruction and Analysis”提供了 Vaihingen 和 Toronto 两个区域的数据（包含点云、影像），并从中选择了 5 份小区域的数据作为测试数据集，以提供给大家进行算法评估和比较（Rottensteiner et al.，2014）。在测试数据集中，前三份数据位于 Vaihingen 市，后两份数据位于 Toronto 市。此外，与 ISPRS 数据滤波结果评价处理不同的是建筑物提取结果需要提交给 ISPRS，由 ISPRS 进行结果评估与公布，确保评估结果的可信度。

Vaihingen 区域数据共有 10 个条带，由德国摄影测量与遥感协会（German Association of Photogrammetry and Remote Sensing）提供。该数据是于 2008 年 8 月由 Leica ALS50 以 45°视场角、距离地面 500 m 获取，其点密度平均值为 6.7 点/m^2。在单个条带区域，点密度平均值为 4 点/m^2。其中前三份测试数据（Area1、Area2 和 Area3）则是从 10 个条带中截取的部分数据，其位置和大致范围如图 6.81 中黄色多边形所示，相应的点云如图 6.82 所示，且各自所处场景的详细情况描述见表 6.17。

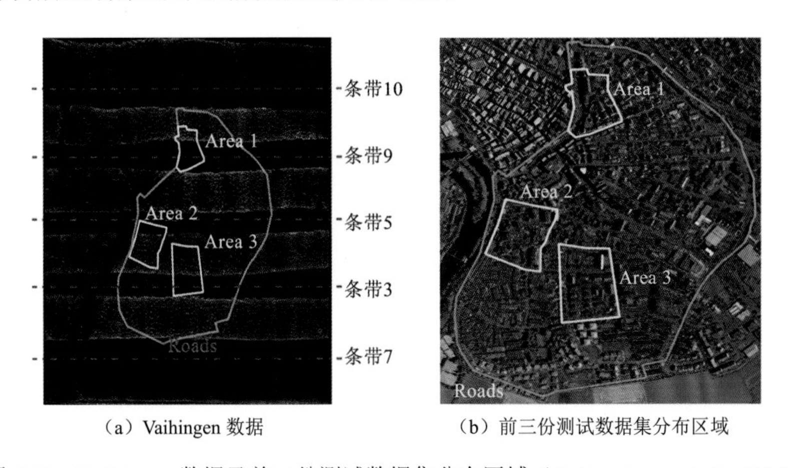

（a）Vaihingen 数据　（b）前三份测试数据集分布区域

图 6.81　Vaihingen 数据及前三份测试数据集分布区域（Rottensteiner et al.，2014）

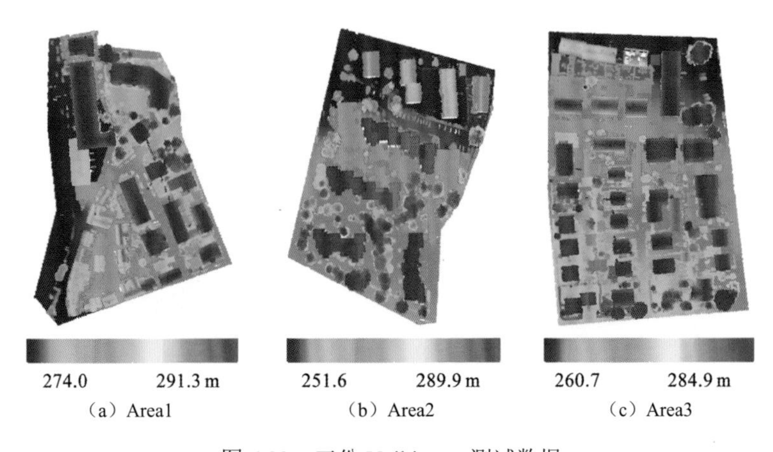

（a）Area1　（b）Area2　（c）Area3

图 6.82　三份 Vaihingen 测试数据

表 6.17　ISPRS 5 份测试数据介绍

所属城市	测试数据	场景描述
Vaihingen	Area1	该测试数据位于 Vaihingen 市中心，其中包含：密集且形状复杂的古建筑，以及一些植被
	Area2	该测试数据是高层建筑物区，其中包含：高层建筑物和植被，且居民楼被植被包围
	Area3	该测试数据位于居民区，其中包含：带附属结构的独立式住宅房屋和植被
Toronto	Area4	该测试数据位于 Toronto 商业中心，其中包含：低高层混杂的建筑物，以及车辆、植被、城市基础设施等目标，且建筑物屋顶结构及屋顶部件复杂多样
	Area5	该测试数据集也位于 Toronto 市商业中心，高楼林立，具有典型的北美现代化大都市特点，同样也包含其他城市目标

Toronto 数据总共包含 6 个条带，覆盖面积 1.45 km^2，于 2009 年 2 月由 Optech ALTM-ORION 获取，其系统配置参数为：飞行高度 650 m、扫描频率 100 kHz、扫描角 20°（图 6.83）。数据的点密度平均值为 6 点/m^2。其中，后两份测试数据（Area4、Area5）是从 6 个条带数据中截取的部分数据，其位置和大致范围如图 6.83 中红色框线所示，相应的点云如图 6.84 所示，且各自所处场景的详细情况描述见表 6.17。

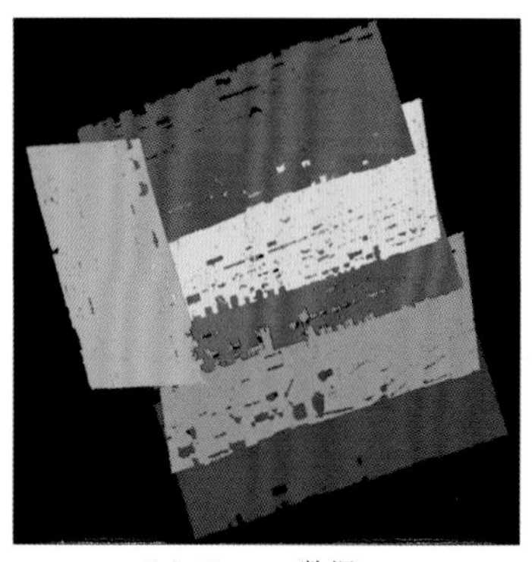

（a）Toronto 数据

（b）后两份测试数据分布区域

图 6.83　Toronto 数据及后两份测试数据分布区域（Rottensteiner et al.，2013）

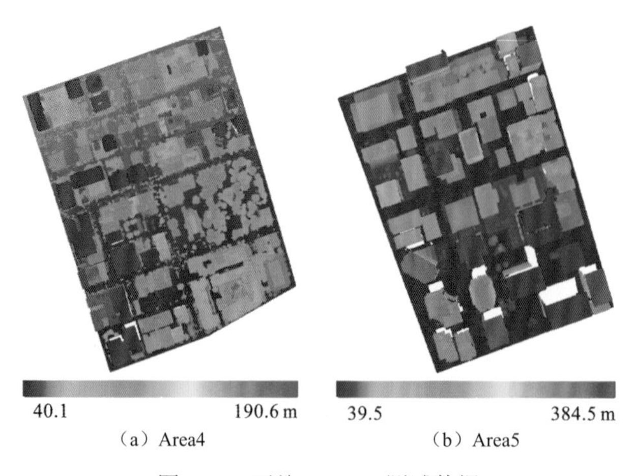

（a）Area4　　（b）Area5

图 6.84　两份 Toronto 测试数据

2. 实验结果与分析

在自适应分区的点云滤波方法对 5 份测试数据处理后，利用基于自顶向下策略的建筑物点云稳健提取算法对非地面点云进行处理，其中涉及的参数取值如表 6.18 所示。为了评价本小节方法的性能，将提取结果提交 ISPRS 进行评估，结果如图图 6.85 和图 6.86 所示，对应的定量评估结果如表 6.19 所示。

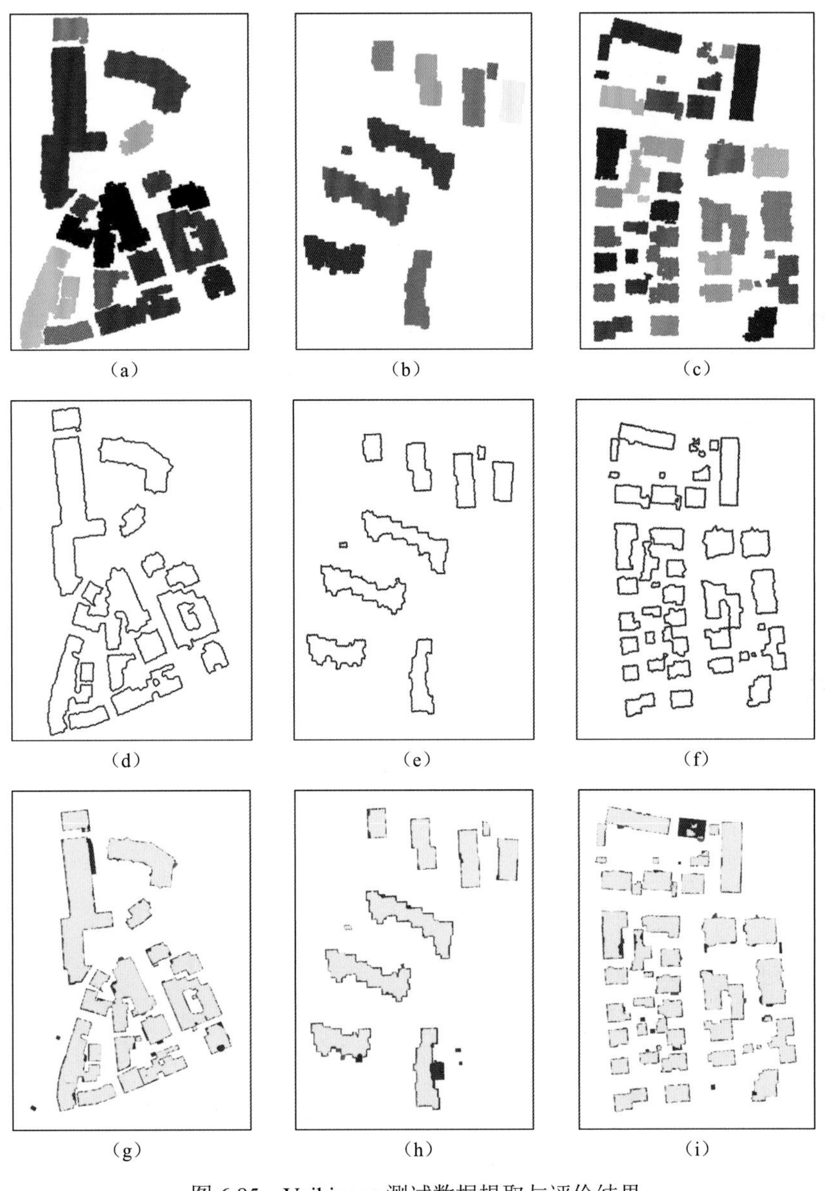

图 6.85　Vaihingen 测试数据提取与评价结果

TP　FN　FP

（a）～（c）为 Area1、Area2 和 Area3 区域建筑物提取结果，不同颜色代表不同的建筑物；（d）～（f）为 Area1、Area2 和 Area3 区域建筑物边界提取结果；（g）～（i）为 Area1、Area2 和 Area3 区域建筑物评价结果

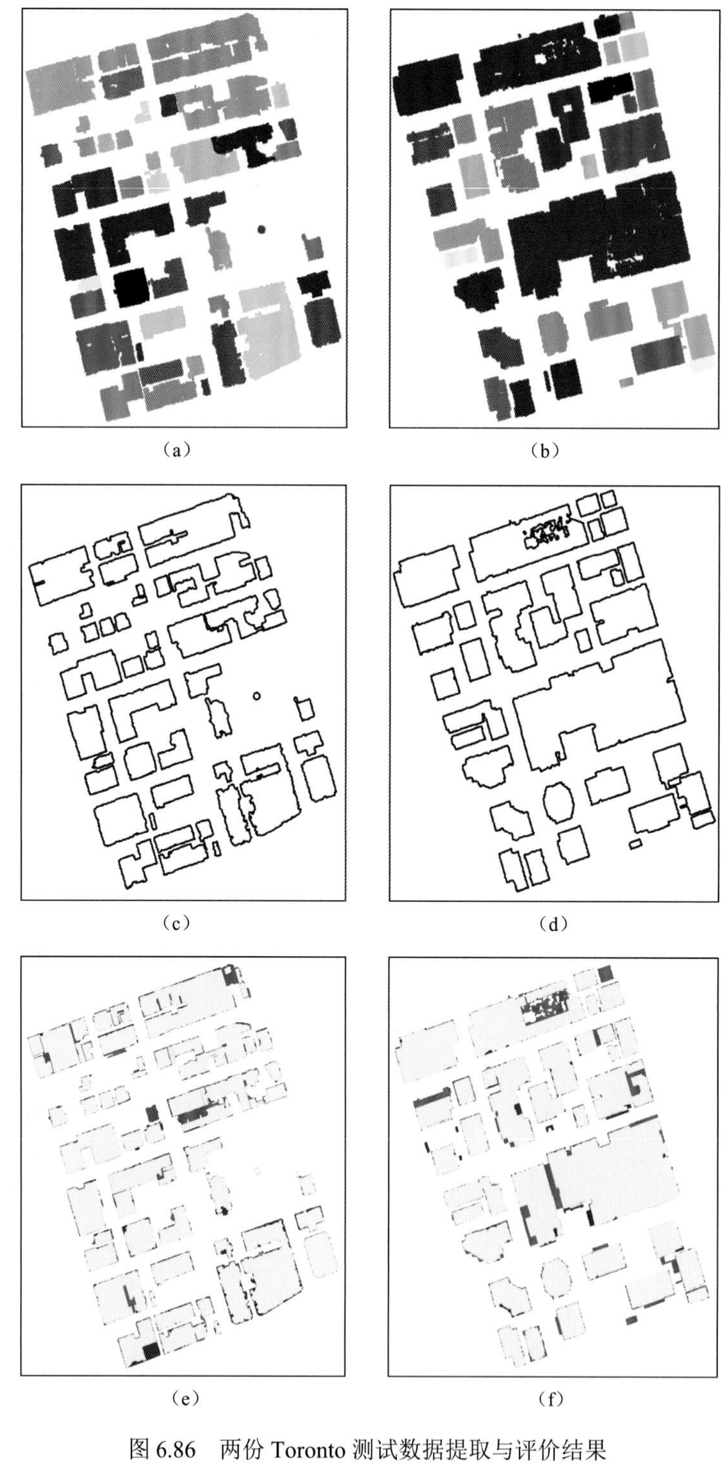

图 6.86　两份 Toronto 测试数据提取与评价结果

TP　FN　FP

（a）、（b）为 Area4 和 Area5 区域建筑物提取结果，不同颜色代表不同的建筑物；（c）、（d）为 Area4 和 Area5 区域建筑物边界提取结果；（e）、（f）为 Area4 和 Area5 区域建筑物评价结果

表 6.18 建筑物提取参数设置

参数	t_N	t_A/m^2	t_W/m	$t_{ED}/\%$	$t_{PB}/\%$	t_{CD}/m	t_{ARS}	t_{ARG}	t_{SP}	t_{SA}/m^2
Area1	10	5.0	2.0	1.5	25	3.0	0.5	0.5	0.5	5.0
Area2	10	5.0	2.0	1.5	25	3.0	0.5	0.5	0.5	5.0
Area3	10	5.0	2.0	1.5	25	3.0	0.5	0.5	0.5	5.0
Area4	10	5.0	5.0	1.5	25	3.0	0.5	0.5	0.5	5.0
Area5	10	5.0	10.0	1.5	25	3.0	0.5	0.5	0.5	5.0

表 6.19 建筑物提取 ISPRS 评估结果

所属城市	测试数据	基于面积的质量指标/%			基于目标的质量指标/%			RMS/m
		CP	CR	Q	CP	CR	Q	
Vaihingen	Area1	91.8	98.6	90.6	91.9	100.0	91.9	0.9
	Area2	87.3	99.0	86.5	85.7	100.0	85.7	0.7
	Area3	90.2	98.1	88.7	85.7	98.0	84.2	0.6
	平均值	**89.8**	**98.6**	**88.6**	**87.8**	**99.3**	**87.3**	**0.7**
Toronto	Area4	94.7	95.5	90.6	98.3	96.6	94.9	0.8
	Area5	96.9	93.7	91.0	84.2	94.1	80.0	0.7
	平均值	**95.8**	**94.7**	**90.8**	**91.3**	**95.4**	**87.5**	**0.8**

从表 6.19 可以发现，对于 Vaihingen 和 Toronto 测试数据集，基于面积的质量指标平均值分别是 88.6%和 90.8%，基于目标的质量指标平均值分别是 87.3%和 87.5%，表明了：在复杂的城市场景下，算法具有较好的性能。并且，正确率和完整率方面的具体分析如下。

（1）从评估结果的正确率方面进行详细分析。在基于面积的正确率平均值方面，Vaihingen 和 Toronto 测试数据集的结果分别是 98.6%和 94.7%；在基于目标的正确率平均值方面，两份测试数据集的结果分别是 99.3%和 95.4%。因此，本小节方法在正确率方面的评估结果都很高，表明：不同的复杂城市场景下，算法都能够稳健地区分建筑物点云和植被或其他地物点云。从目标评价层次看，无独立树木被错分成建筑物，仅有很少的其他非建筑物目标被错分成了建筑物目标，而此类目标都是与建筑物具有极为相似的结构和表面特征，从几何上难以进行两者的区分，如图 6.87（a）所示。从面积评价层次看，除了错误提取的非建筑物独立目标，在正确提取的建筑物目标周围也有少量的非建筑物点云被错分，如图 6.85 和图 6.86 中评价结果的红色像素所示。其主要原因是：本小节方法将建筑物区域作为整体进行分类，容易将建筑物周围表面平缓的非建筑物目标错误当成是建筑物的附属结构，从而造成错误提取。此外，本小节方法还能够较好地剔除建筑物屋顶植被点云，如图 6.87（c）所示。

（2）从评估结果的完整率方面进行详细分析。在基于面积的完整率平均值方面，Vaihingen 和 Toronto 测试数据集的结果分别是 89.9%和 95.8%；在基于目标的完整率平均

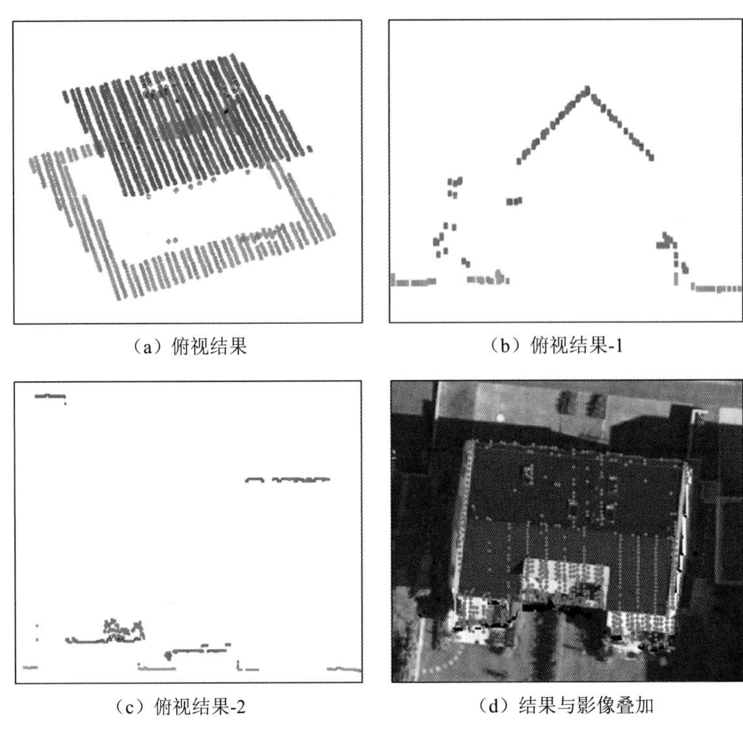

图 6.87　建筑物提取结果局部区域案例

●建筑物　●非建筑物　●地面

值方面，两份测试数据集的结果分别是 87.8%和 91.3%，说明了：本小节方法能够提取大部分建筑物，如图 6.85 和图 6.86 中评价结果的黄色像素所示。此外，本小节方法能够很好地保持建筑物的附属结构和屋顶小部件，如图 6.87（b）和图 6.87（c）所示。但是，相较于正确率，本小节方法在完整率方面的评估结果稍微低些，存在一些建筑物区域漏提取，如图 6.85 和图 6.86 中评价结果的蓝色像素所示，其主要是：由于点密度低、数据缺失和结构尺寸过小等问题，部分独立建筑物和建筑物边缘结构被漏提取，如图 6.87（d）所示；在点云滤波时，由于部分建筑物面片直接与地面相接，其被错误地分成地面点云，从而造成建筑物区域漏提取，如图 6.87（h）橙色箭头所示。

此外，将本小节方法与其他参与 ISPRS 评估的方法对比。在 Vaihingen 数据方面，参与评估的方法比较多，选取了 35 个方法进行对比；在 Toronto 数据方面，参与评估的方法特别少，本小节选取了 9 个方法进行对比，比较结果如图 6.88 所示。对于 Vaihingen 数据，本小节方法在基于目标的质量指标上是最好的；而在基于面积的指标和边界几何精度 RMS 方面，本小节方法比最好结果稍低。在边界几何精度 RMS 方面，ZJU 方法（0.63 m）最好，比本节方法小 0.1 m；在基于面积的指标方面，影像融合 DSM 的某些方法比本小节方法好，如：ZJU 方法达到最高 89.7%，比本小节方法高 1.1%。其主要原因是：ISPRS 提供了 Vaihingen 区域的正射影像及高质量的影像和点云配准结果，而且建筑物相对不高。对于 Toronto 数据，本小节方法在基于面积和目标的质量指标及边界几何精度 RMS 方面都是最佳。此外，高建筑物导致的影像遮挡、阴影等问题给影像辅助 DSM 或激光点云建

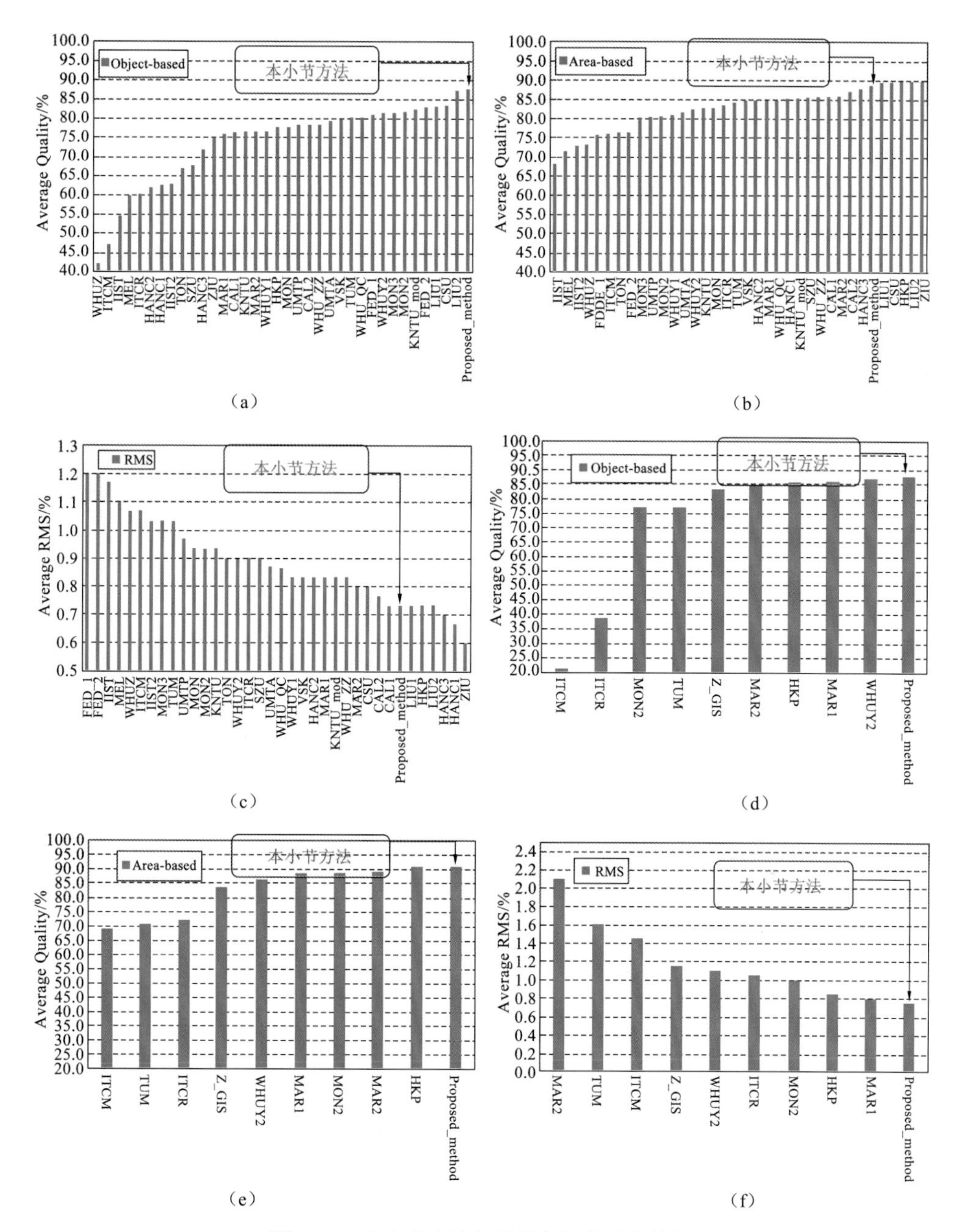

图 6.88　本小节方法与其他方法的性能比较

(a)～(c)为 Vaihingen 测试数据，基于目标质量、面积质量及建筑物边界几何精度的不同方法对比图；(d)～(f)为 Toronto 测试数据，基于目标质量、面积质量及建筑物边界几何精度的不同方法对比图

筑物提取方法带来了很大的挑战，导致此类方法参与评估很少且效果也不佳，其中参与评估的 ITCM 在基于目标的质量指标仅为 21.0%。

由此，根据以上实验结果和分析，可以证明：在不同的城市场景下，本小节方法能够稳健地提取各种类型建筑物，并且与其他方法相比，在建筑物与植被等地物的区分上具有更好的性能，同时也能保持较高的建筑物边界几何精度。

6.7 本 章 小 结

本章首先从基于机器学习的逐点分类方法、先点云分割后目标识别的方法、基于深度学习的目标提取方法三个方面对目前点云三维目标提取的研究现状进行了综合分析；然后分别详细介绍了基于车载点云的路侧目标自动提取方法（建筑物、电线杆、路灯等识别），基于车载点云的道路路面特征自动提取方法（道路边界和标线识别），以及基于机载点云的建筑物提取方法。综合对比实验结果表明，本章提出的目标提取方法提高了典型地物目标（如：道路、建筑物、城市部件等）的提取效率、目标分割准确率及目标识别的精确度和召回率。

参 考 文 献

刘经南, 张小红, 2005. 利用激光强度信息分类激光扫描测高数据. 武汉大学学报(信息科学版), 45(2): 11-15.

汪汉云, 2015. 高分辨率三维点云目标识别技术研究. 长沙: 国防科学技术大学.

魏征, 2012. 车载 LiDAR 点云中建筑物的自动识别与立面几何重建. 武汉: 武汉大学.

于永涛, 2015. 大场景车载激光点云三维目标检测算法研究. 厦门: 厦门大学.

曾齐红, 2009. 机载激光雷达点云数据处理与建筑物三维重建. 上海: 上海大学.

张振鑫, 2016. 基于多层次点集特征的 ALS 点云分类的方法与技术. 北京: 北京师范大学.

赵刚, 杨必胜, 2016. 基于 Gradient Boosting 的车载 LiDAR 点云分类. 地理信息世界, 23(3): 47-52.

ACHANTA R, SHAJI A, SMITH K, et al., 2012. SLIC superpixels compared to state-of-the-art superpixel methods. IEEE Transactions on Pattern Analysis and Machine Intelligence, 34(11): 2274-2282.

AWAN S, MUHAMAD M, KUSEVIC K, et al., 2013. Object class recognition in mobile urban lidar data using global shape descriptors// International Conference on 3D Vision: 350-357.

BABAHAJIANI P, FAN L, GABBOUJ M, 2014. Object recognition in 3D point cloud of urban street scene// Computer Vision-ACCV 2014 Workshops. Springer International Publishing: 177-190.

BATER C W, COOPS N C, 2009. Evaluating error associated with LiDAR-derived DEM interpolation. Computers & Geosciences, 35: 289-300.

BEZDEK J C, 2013. Pattern recognition with fuzzy objective function algorithms. Berlin: Springer.

BIOSCA J M, LERMA J L, 2008. Unsupervised robust planar segmentation of terrestrial laser scanner point clouds based on fuzzy clustering methods. ISPRS Journal of Photogrammetry and Remote Sensing, 63(1): 84-98.

BRENNER C, 2009. Extraction of features from mobile laser scanning data for future driver assistance systems// Advances in GIScience. Springer Berlin Heidelberg, 26-42.

BRODU N, LAGUE D, 2012. 3D terrestrial lidar data classification of complex natural scenes using a multi-scale dimensionality criterion: Applications in geomorphology. ISPRS Journal of Photogrammetry and Remote Sensing, 68: 121-134.

CASTELLANI U, CRISTANI M, FANTONI S, et al., 2008. Sparse points matching by combining 3D mesh saliency with statistical descriptors// Computer Graphics Forum. Blackwell Publishing Ltd, 27(2): 643-652.

CHARANIYA A P, MANDUCHI R, LODHA S K, 2004. Supervised parametric classification of aerial lidar data// Computer Vision and Pattern Recognition Workshop, 2004. CVPRW'04. Conference on. IEEE: 30-30.

CLODE S, ROTTENSTEINER F, KOOTSOOKOS P J, et al., 2007. Detection and vectorisation of roads from lidar data. Photogrammetric Engineering & Remote Sensing, 73(5): 517-535.

DAI W, YANG B, DONG Z, et al., 2018. A new method for 3D individual tree extraction using multispectral airborne LiDAR point clouds. ISPRS journal of photogrammetry and remote sensing, 144: 400-411.

DONG Z, DAI W, YANG B, 2015. An extended min-cut approach for individual tree extractioN. The 9th International Symposium on Mobile Mapping Technology MMT2015, 9-11 December 2015, Sydney, Australia.

DONG Z, YANG B S, LIU Y, et al., 2017. A novel binary shape context for 3D local surface description. ISPRS Journal of Photogrammetry and Remote Sensing 130: 431-452.

EDELSBRUNNER H, MÜCKE E P, 1994. Three-dimensional alpha shapes. ACM Transactions on Graphics (TOG), 13(1): 43-72.

FILIN S, 2002. Surface clustering from airborne laser scanning data. International Archives of Photogrammetry Remote Sensing and Spatial Information Sciences, 34(3/A): 119-124.

GOLOVINSKIY A, KIM V G, FUNKHOUSER T, 2009. Shape-based recognition of 3D point clouds in urban environments// International Conference on Computer Vision: 2154-2161.

GUO Y, SOHEL F, BENNAMOUN M, et al., 2015. A novel local surface feature for 3D object recognition under clutter and occlusion. Information Sciences 293(2): 196-213.

HACKEL T, WEGNER J D, SCHINDLER K, 2016. Fast semantic segmentation of 3D point clouds with strongly varying density. ISPRS Annals of the Photogrammetry, Remote Sensing & Spatial Information Sciences, Prague, Czech Republic, 3(3): 177-184.

HEINZEL J, KOCH B, 2011. Exploring full-waveform LiDAR parameters for tree species classification. International Journal of Applied Earth Observation and Geoinformation, 13(1): 152-160.

HEIPKE C, MAYER H, WIEDEMAN C, et al., 1997. Evaluation of automatic road extraction. International Archives of Photogrammetry, Remote Sensing and Spatial Information Sciences, 32(Part 3/W3): 47-56.

HERMOSILLA T, RUIZ L A, RECIO J A, et al., 2011. Evaluation of automatic building detection approaches combining high resolution images and LiDAR data. Remote Sensing, 3(6): 1188-1210.

KIRYATI N, ELDAR Y, BRUCKSTEIN A M, 1991. A probabilistic Hough transform. Pattern recognition, 24(4): 303-316.

KLOKOV R, LEMPITSKY V, 2017. Escape from cells: Deep kd-networks for the recognition of 3d point cloud models// IEEE International Conference on Computer Vision (ICCV): 863-872.

LALONDE J, VANDAPEL N, HUBER D F, et al., 2006. Natural terrain classification using three-dimensional ladar data for ground robot mobility. Journal of Field Robotics, 23(10): 839-861.

LANDRIEU L, RAGUET H, VALLET B, et al., 2017. A structured regularization framework for spatially smoothing semantic labelings of 3D point clouds. ISPRS Journal of Photogrammetry and Remote Sensing, 132: 102-118.

LEHTOMÄKI M, JAAKKOLA A, HYYPPÄ J, et al., 2011. Performance analysis of a pole and tree trunk detection method for mobile laser scanning data Int. Arch. Photogramm. Remote Sens. Spat. Inf. Sci, 38: 197-202.

LEHTOMAKI M, JAAKKOLA A, HYYPPA J, et al., 2015. Object classification and recognition from mobile laser scanning point clouds in a road environment. IEEE Transactions on Geoscience and Remote Sensing, 54(2): 1226-1239.

LIN C H, CHEN J Y, SU P L, et al., 2014. Eigen-feature analysis of weighted covariance matrices for LiDAR point cloud classification. ISPRS Journal of Photogrammetry and Remote Sensing, 94: 70-79.

LODHA S K, FITZPATRICK D M, HELMBOLD D P, 2007. Aerial lidar data classification using adaboost// 3-D Digital Imaging and Modeling, 2007. 3DIM'07. Sixth International Conference on. IEEE, 2007: 436-442.

MALLET C, 2010. Analysis of Full-Waveform lidar data for urban area mapping. Paris: Télécom Paris Tech.

MALLET C, Bretar F, Soergel U, 2008. Analysis of full-waveform lidar data for classification of urban areas. Photogrammetrie Fernerkundung Geoinformation, 5: 337-349.

MATAS J, GALAMBOS C, KITTER J, 2000. Robust detection of lines using the progressive probabilistic hough transform. Vision and Image Understanding, 78(1): 119-137.

MATURANA D, SCHERER S, 2015. Voxnet: A 3D convolutional neural network for real-time object recognition// Intelligent Robots and Systems (IROS), 2015 IEEE/RSJ International Conference on. IEEE, 2015: 922-928.

MEI J, ZHANG L, WANG Y, et al., 2018. Joint margin, cograph, and label constraints for semisupervised scene parsing from point clouds. IEEE Transactions on Geoscience and Remote Sensing.

MUNOZ D, BAGNELL J A, VANDAPEL N, et al., 2009. Contextual classification with functional max-margin markov networks// Proceedings of the IEEE conference on computer vision and pattern recognition: 976-982.

NAJAFI M, NAMIN S T, SALZMANN M, et al., 2014. Non-associative higher-order markov networks for point cloud classification// European Conference on Computer Vision. Springer, Cham, 2014: 500-515.

NI H, LIN X, ZHANG J, 2017. Classification of ALS point cloud with improved point cloud segmentation and random forests. Remote Sensing, 9(3): 288.

NIEMEYER J, MALLET C, ROTTENSTEINER F, et al., 2011. Conditional random fields for the classification of lidar point clouds. International Archives of Photogrammetry, Remote Sensing and Spatial Information Sciences, 38 (Part 4/W19).

NIEMEYER J, ROTTENSTEINER F, SOERGEL U, 2014. Contextual classification of lidar data and building object detection in urban areas. ISPRS Journal of Photogrammetry and Remote Sensing, 87: 152-165.

PRIESTNALL G, JAAFAR J, DUNCAN A, 2000. Extracting urban features from LiDAR digital surface models. Computers, Environment and Urban Systems, 24(2): 66-78.

QI C R, SU H, NIEßNER M, et al., 2016. Volumetric and multi-view cnns for object classification on 3D data// Proceedings of the IEEE Conference on Computer Vision and Pattern Recognition: 5648-5656.

QI C R, SU H, MO K, et al., 2017a. Pointnet: Deep learning on point sets for 3d classification and segmentation// Proceedings of the IEEE Conference on Computer Vision and Pattern Recognition, 1(2): 4.

QI C R, YI L, SU H, et al., 2017b. Pointnet++: Deep hierarchical feature learning on point sets in a metric space// Advances in Neural Information Processing Systems, 5106-5114.

RAVANBAKHSH S, SCHNEIDER J, POCZOS B, 2016. Deep learning with sets and point clouds. arXiv preprint arXiv:1611.04500.

ROTTENSTEINER F, SOHN G, GERKE M, et al., 2014. Results of the ISPRS benchmark on urban object detection and 3D building reconstruction. ISPRS Journal of Photogrammetry and Remote Sensing, 93: 256-271.

RUTZINGER M, ROTTENSTEINER F, PFEIFER N, 2009. A comparison of evaluation techniques for building extraction from airborne laser scanning. IEEE Journal of Selected Topics in Applied Earth Observations and Remote Sensing, 2(1): 11-20.

SALAH M, TRINDER J, SHAKER A, 2009. Evaluation of the self - organizing map classifier for building detection from lidar data and multispectral aerial images. Journal of Spatial Science, 54(2): 16-34.

SAMPATH A, SHAN J, 2007. Building boundary tracing and regularization from airborne lidar point clouds. Photogrammetric Engineering and Remote Sensing, 73(7): 806-812.

SU H, MAJI S, KALOGERAKIS E, et al., 2015. Multi-view convolutional neural networks for 3D shape recognition// Proceedings of the IEEE International Conference on Computer Vision: 946-953.

TEO T A, CHIU C M, 2015. Pole-like road object detection from mobile lidar system using a coarse-to-fine approach. IEEE Journal of Selected Topics in Applied Earth Observations and Remote Sensing, 8(10): 4806-4818.

UNNIKRISHNAN R, LALONDE J F, VANDAPEL N, et al., 2010. Scale selection for geometric fitting in noisy point clouds. International Journal of Computational Geometry & Applications, 20(5): 543-575.

VERMA N, BOYER E, VERBEEK J, 2017. Dynamic filters in graph convolutional networks. arXiv preprint arXiv: 1706.05206.

VOISIN V, AVILA M, EMILE B, et al., 2005. Road markings detection and tracking using hough transform and kalman filter// Advanced Concepts for Intelligent Vision Systems. Berlin Springer: 76-83.

WANG H, WANG C, LUO H, et al., 2014. Object detection in terrestrial laser scanning point clouds based on Hough forest. IEEE Geoscience and Remote Sensing Letters, 11(10): 1807-1811.

WANG O, LODHA S K, HELMBOLD D P, 2006. A bayesian approach to building footprint extraction from aerial lidar data// Third International Symposium on 3D Data Processing, Visualization, and Transmission: 192-199.

WANG P S, LIU Y, GUO Y X, et al., 2017. O-cnn: Octree-based convolutional neural networks for 3D shape analysis. ACM Transactions on Graphics (TOG), 36(4): 72.

WANG Z, ZHANG L, FANG T, et al., 2015. A multiscale and hierarchical feature extraction method for terrestrial laser scanning point cloud classification. IEEE Transactions on Geoscience and Remote Sensing, 53(5): 2409-2425.

WEINMANN M, JUTZI B, MALLET C, 2013. Feature relevance assessment for the semantic interpretation of 3D point cloud data. ISPRS Annals of the Photogrammetry, Remote Sensing and Spatial Information Sciences, 5: W2.

WEINMANN M, JUTZI B, HINZ S, et al., 2015a. Semantic point cloud interpretation based on optimal neighborhoods, relevant features and efficient classifier. ISPRS Journal of Photogrammetry and Remote Sensing, 105: 286-304.

WEINMANN M, SCHMIDT A, MALLET C, et al., 2015b. Contextual classification of point cloud data by exploiting individual 3D neighborhoods. ISPRS Annals of the Photogrammetry, Remote Sensing And Spatial Information Sciences, 2(3): 271-278.

WU B, YU B, HUANG C, et al., 2016. Automated extraction of ground surface along urban roads from mobile laser scanning point cloud. Remote Sensing Letters, 7(2): 170-179.

WU Z, SONG S, KHOSLA A, et al., 2015. 3D shapenets: A deep representation for volumetric shapes// Proceedings of the IEEE Conference on Computer Vision and Pattern Recognition: 1912-1920.

XIONG X, MUNOZ D, BAGNELL J A, et al., 2011. 3D scene analysis via sequenced predictions over points and regions// Robotics and Automation (ICRA), 2011 IEEE International Conference on. IEEE: 2609-2616.

XU S, VOSSELMAN G, ELBERINK S O, 2014. Multiple-entity based classification of airborne laser scanning data in urban areas. ISPRS Journal of Photogrammetry and Remote Sensing, 88: 1-15.

YAN W Y, MORSY S, SHAKER A, et al., 2016. Automatic extraction of highway light poles and towers from mobile LiDAR data. Optics & Laser Technology, 77: 162-168.

YANG B S, DONG Z, 2013a. A shape-based segmentation method for mobile laser scanning point clouds. ISPRS Journal of Photogrammetry and Remote Sensing, 81: 19-30.

YANG B S, WEI Z, LI Q, et al., 2013b. Semiautomated building facade footprint extraction from mobile LiDAR point clouds. Geoscience and Remote Sensing Letters, IEEE, 10(4): 766-770.

YANG B S, DONG Z, ZHAO G, et al., 2015. Hierarchical extraction of urban objects from mobile laser scanning data. ISPRS Journal of Photogrammetry and Remote Sensing, 99: 46-57.

YANG B S, DAI W, DONG Z, et al., 2016. Automatic forest mapping at individual tree levels from terrestrial laser scanning point clouds with a hierarchical minimum cut method. Remote Sensing, 8(5): 372.

YANG B S, DONG Z, LIU Y, et al., 2017a. Computing multiple aggregation levels and contextual features for road facilities recognition using mobile laser scanning data. ISPRS Journal of Photogrammetry and Remote Sensing, 126: 180-194.

YANG B S, LIU Y, DONG Z, et al., 2017b. 3D local feature BKD to extract road information from mobile laser scanning point clouds. ISPRS Journal of Photogrammetry and Remote Sensing, 130: 329-343.

YU Y, LI J, GUAN H, et al., 2015a. Automated extraction of urban road facilities using mobile laser scanning data. IEEE Transactions on Intelligent Transportation Systems, 16(4): 2167-2181.

YU Y, LI J, GUAN H, et al., 2015b. Learning hierarchical features for automated extraction of road markings from 3-D mobile LiDAR point clouds. IEEE Journal of Selected Topics in Applied Earth Observations and Remote Sensing, 8(2): 709-726.

ZHANG J, LIN X, NING X, 2013. SVM-based classification of segmented airborne LiDAR point clouds in urban areas. Remote Sensing, 5(8): 3749-3775.

ZHANG S, WANG C, YANG Z, et al., 2017. Traffic sign timely visual recognizability evaluation based on 3D measurable point clouds. arXiv preprint arXiv: 1710.03553.

ZHOU Q, NEUMANN U, 2013. Complete residential urban area reconstruction from dense aerial LiDAR point clouds. Graphical Models, 75(3): 118-125.

第 7 章　点云多细节层次三维建模

7.1　引　　言

自然地物和人工构筑物（如：建筑物）的多细节层次三维建模是多尺度地学分析与计算、三维制图等方面的基础。点云是自然地物和人工构筑物形态三维数字化的重要表达形式之一。将点云转化为具有结构、拓扑一体的地物目标三维多细节层次表达是点云三维建模的热点和难点。围绕建筑物和文化遗产对象的三维多细节层次建模的需求，在回顾点云三维建模现状的基础上，本章将分别阐述基于形态学重建点云尺度空间的建筑物多细节层次重建方法和面向文化遗产的视距相关多粒度点云三维重建方法。

7.2　点云三维建模研究现状

7.2.1　多细节层次建筑物模型重建

获取建筑物点云后将其转变成具有拓扑关系的不同类型基元组合的模型是建筑物三维建模的重要途径。建筑物三维重建方法分成模型驱动方法和数据驱动方法（Perera et al.，2014；Rottensteiner et al.，2014；Sampath et al.，2010），且基本均着重于建筑物屋顶的三维建模。模型驱动方法，在模型库建立后，对建筑物点云进行一定处理，与预定义的模型库进行匹配，并且求取模型相应的参数（Maas et al.，1999b）。为了解决建筑物屋顶结构的复杂性对模型库的苛刻要求，部分学者将模型库变成一些特定的结构库，存储建筑物中常见且重复的结构。然后，通过对建筑物点云进行一定规则的分解，并对分解结果匹配出相应的结构，从而对匹配结构进行组合来实现建筑物三维重建（Jarząbek-Rychard et al.，2016；Xiong et al.，2015；Elberink et al.，2009）。对常见的建筑物，模型驱动方法具有很好的效果，但是模型库或结构库难以适应建筑物的复杂多样性。数据驱动方法，则是通过对建筑物点云进行分割获取建筑物平面面片，并构建邻近面片之间的拓扑关系，进而提取建筑物三维结构线，并自动组合成三维建筑物模型（Perera et al.，2014；Sampath et al.，2010），在建筑物的多样性方面表现可能更佳，但是数据质量对重建的影响非常大，如：点密度低、数据缺失等。在实际应用过程中，不同的应用对建筑物模型的细节层次要求不同。例如：建筑物屋顶太阳能采集能力计算需要最为详细的建筑物屋顶模型（Jochem et al.，2009），而移动设备辅助人行导航时则仅需要粗略的三维建筑物模型（Biljecki et al.，2016）。因此，多细节层次建筑物模型构建非常重要。目前已有大量的相关研究开展（Verdie et al.，2015；Fan et al.，2012；Mao et al.，2011；Forberg，2007；Kada，2006）。一般而言，建筑物 LoD 模型构建均通过简化、综合和聚合等操作将最详细的三维建筑物模型逐次生成更为粗略的建筑物模型（Fan et al., 2012），部分方法可能需要二维地形图进行辅助。Sester（2000）利用最小二乘方法综合二维地形图辅助 LoD 生成。Thiemann 等（2004）将更为详细的细节层次建筑物模型划分成许多单元，并构建 CSG 树，然后进行三维综合处理以生成更为粗略的建筑物模型。Mayer（2005）和 Forberg（2007）采用影像处理方法（如：数学形态学等）逐次简化建筑物模型生成 LoDs。为了更好地实现数据的交换和共享，国际 OGC 组织提出了 CityGML 标准框架，定义了 5 层结构（LoD0，LoD1，LoD2，LoD3，LoD4），从最粗略的平面模型到最详细的建筑物模型（包括屋顶、立面和室内结构等信息）（Gröger et al., 2012）。相关的研究围绕 CityGML 标准构建建筑物 LoDs。Mao 等（2011）通过简化和聚合操作生成 CityGML 城市模型，并且将模型转换成 CityTree 结构来实现动态实时缩放。Fan 等（2012）提出了三步法简化二维地形图并综合屋顶细节结构。Verdie 等（2015）提出了利用网模型中提取建筑物并生成基于 CityGML 的多层次细节建筑物模型。但是，目前提出方法依然存在一些问题：基于最详细的三维模型进行 LoD 粗略层次的自动生成方法需要较高细节层次的三维模型，具有自动化程度低、成本高等不足，且许多应用工程不需要较高细节层次的三维模型；CityGML 标准的层数太少，对于多尺度模型可视化过程中，相邻尺度之间跨度太大，导致视觉跟踪跳跃，可视化效果差。因此，如何从原始的三维建筑物点云中直接生成自适应层次的建筑物 LoDs，克服现有首先生成较高细节层次的模型然后再简化手段的缺陷，是当前理论研究和工程应用的迫切需求。

7.2.2 典型复杂对象按需建模方法

文化遗产类等典型的文物具有复杂的几何外观，难以用简单的几何基元进行组合表达。为重建此类对象的复杂形体，直接从点云中选取满足需求的点数进行三维表达是较为常见的一种手段。Song 等（2009）根据目标局部曲面的几何特征将点云聚类成多个局部点集，从各点集中选择单个点获取整体点云的简化点云。采用相应策略评估选择出点云的几何偏差，并根据规定的点数要求对其进一步优化，从而得到符合点数需求的最终点云。与该方法类似，Yu 等（2010）结合点数需求和输出点的分布选择出点云，该法通过局部点云聚类构建的多层树结构，使选择的点云可保持特征同时提高了点云选择的效率。Sareen 等（2009）在简化人体三维模型时，发现面部模型可由多个规则曲面组成，因此他们从各局部曲面的边界线出发，从整体点云中提取出一系列的边界线特征，由其构造出各局部曲面，并结合各曲面特征选择出相应的点云，使效果近似达到用户需求。Han 等（2015）认为边特征是复杂对象中的重要信息，在考虑点数的需求选择点云时应该保留相应的边特征。通过构建各点的局部切平面，根据邻域点到平面的欧式距离计算各点的重要性。采用保留边点的选择方法，去除非重要点，并更新受影响点的重要性及法向量，迭代处理直到剩余的点满足规定的点数为止。

为有效构建点云的不规则多边形模型，需要点云的点密度较均匀且足够稠密。因此在点云选择中，要求其满足一定的点密度需求也很常见。为保证该需求，Moenning 等（2003）提出一种易于操作的均匀选择算法。该方法将用户规定的密度需求转换为距离阈值，采用最远点采样方法（FastFPS），通过重复选择未知区域中大于距离阈值的点，逐渐缩小与原始数据间的差异，进而选择出点云。这是一种由粗到精的渐进选择算法，对其选择的点云构建不规则多边形证明了其性能优异。Pauly 等（2002）提出了三种不同的点云选择方法：聚类、迭代和粒子模拟方法，其中，聚类法和粒子模拟方法可满足点密度需求。在聚类法中，点密度需求主要体现在局部点云的聚类上，而粒子模拟则将密度需求转换为粒子间的排斥力量，从而影响点云的选择。而 Dey 等（2001）提出分段线性曲面插值的方法选择点云，该方法采用了大量去除点的算法，检测出过采样的区域后，迭代删除区域中的点，使其满足点密度需求，保证剩余的点足够构建曲面。使选择的点云满足一定的几何误差需求（包括：Hough 距离、曲率差异、四次误差、法向量夹角等），是最常见的点云选择方法。Miao 等（2009）基于不规则三角网生成和高斯球的构建，提出一种基于法向量高斯球的点云选择方法。该法可根据目标内在的几何特征自适应地选择点云。将用户定义的高斯球形状等照度误差转换为局部法向量夹角阈值，从而删除相应的点调整高斯球，使其达到要求。该方法在处理噪声较多的数据时效果较差。除法向量约束外，Wu 等（2004）基于邻域点到当前点切平面的最大距离误差，提出一种采用局部曲面样板的点云选择方法。对各点构建其最大的局部曲面板，形成初始曲面板集，其中曲面板的半径取决于用户定义的最大距离误差。从初始曲面板集中选择出覆盖整体曲面的一个曲面板子集，并通过全局松弛算法和包含较少点的面板不断替换优化完成点云选择。这类满足距离误差需求的方法还有很多，如：Boissonnat 等（2001）的方法可满足点到原始三角面片的距离误差需求，Ma 等（2011）的方法可满足主曲率向量间的 Hough 距离误差等。Tseng（2014）从二次误差的角度出发，即一个点和它的连接三角形间距离的误差，采用齐次坐标转换的方法简化三维动画模型点云。此外，满足曲率误差需求的方法也有很多，如基于主曲率误差的选择方法（Kim et al.，2002）。

近年来，随着计算机视觉和生物模拟技术的发展，越来越多基于三维模型的应用，要求点云选择要能够满足视觉方面的需求。上述基于 Hough 距离、二次误差等几何误差的点云选择均没有考虑视觉特征，因此选择的点云多有偏差。Lavoué等（2011）提出一种基于视觉几何质量误差度量的点云选择方法，衡量选择的点云与原始点云间的视觉差异，从而使选择出的点云更加合理。与该方法不同，Kim 等（2012）提出基于目标曲面模板的点云选择方法，该法不仅考虑视觉的几何质量，同时也考虑了相应的纹理信息对视觉质量的影响。此外，视觉需求还包括满足纹理、光照变化、曲面反射等需求（Qu et al.，2008；Williams et al.，2003）。图 7.1 为多种类需求的点云按需建模示例。

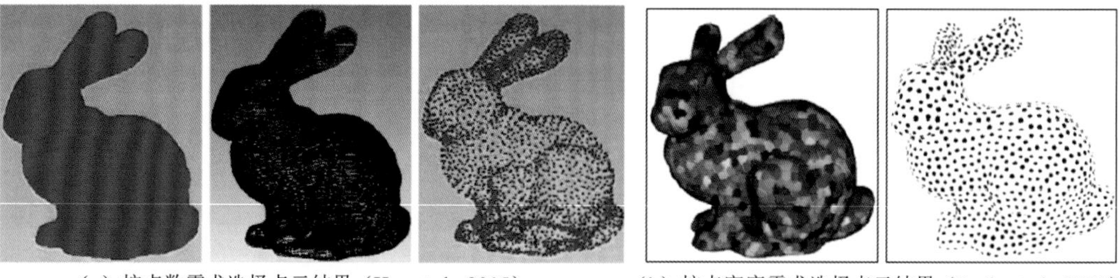

（a）按点数需求选择点云结果（Han et al., 2015）　（b）按点密度需求选择点云结果（Pauly et al., 2002）

（c）按误差需求选择点云结果（Miao et al., 2009）　（d）按误差需求选择点云结果（Wu et al., 2004）

图 7.1　多种类需求的点云按需建模

7.3　基于形态学尺度空间的建筑物多细节层次三维重建

为了满足不同应用对建筑物细节层次的要求，并考虑用户需求与制作成本之间的平衡，多细节层次建筑物模型的构建具有非常重要的意义。过去，国内外不同领域（如计算机视觉、GIS 等）的学者均对此有研究（Biljecki et al., 2016; Biljecki et al., 2014）。在最详细的细节层次建筑物模型基础上，通过逐次简化和综合等方式获取更加粗略的细节层次建筑物模型（Verdie et al., 2015; Fan et al., 2012）。然而，最详细细节层次模型的自动化构建难度大、成本高，且许多应用中无需此层次建筑物模型，例如：服务于车辆导航应用时，非常粗略的建筑物模型即可满足需求。因此，本节从建筑物点云出发，采用形态学重建尺度空间生成多细节层次建筑物点云，并采用数据驱动方法对建筑物各层次点云构建建筑物模型，从而可以根据用户需求生成既经济且适用的多细节层次模型。

7.3.1　形态学尺度空间的多细节层次建筑物数据生成

尺度空间是实现目标多层次表达的一种很好的理论。在尺度空间中，随着尺度的增加，逐步忽略目标的局部细节并将目标的不同部分进行组合以此简化综合目标。通常，尺度空间可以通过小波变换（Jung et al., 2003）、高斯平滑（Lopez-Molina et al., 2013）、形态学重建（Vincent, 1993）等方法实现。其中，基于形态学重建的尺度空间具有非线性特性，对目标的形状具有很好的保持作用（Goutsias et al., 2006）。因此，本节将基于形态学重建的尺度空间直接应用于点云，生成多细节层次的建筑物点云。首先，通过迭代使用不同尺度下的形态学重建进行点云处理，直到全部建筑物点云都位于水平面之上为止，以此生成多细节层次建筑物点云；然后，构建尺度内及尺度间的拓扑关系图（topological relationship graph，TRG）。

1. 基于结构约束的形态学重建生成某一层次建筑物点云

对点云进行形态学重建处理，就是在设定一定大小尺度的情况下，对点云进行开重构和闭重构，以此将建筑物的相应细节结构消除。然而，在开重构和闭重构操作中，形态学重建方法可能面临一些问题。其一，建筑物坡面结构部分区域可能被平面化，而造成后期相邻尺度之间的拓扑关系构建失败。其二，当小型结构的两侧都有点云，且其高程位于两者之间，则小型结构难以在相应尺度下被消除。因此，在形态学重建处理后，需要对结果进行自动优化修正。

假设建筑物点云为 $P=\{p_1,p_2,\cdots,p_i,\cdots,p_n\}$，对其进行尺度 s 下的形态学重建及自动优化修正处理。

1）点云平面分割及其面片分类

对建筑物点云进行点云平面分割，并将特别小的破碎面片剔除，其中剩余的点云面片记为 $P_{\mathrm{S}}=\{p_{\mathrm{s}_1},p_{\mathrm{s}_2},\cdots,p_{\mathrm{s}_i},\cdots,p_{\mathrm{s}_n}\}$。对每个点云面片，计算其坡度 $S_{p_{\mathrm{s}i}}$，并根据式（7.1）将其分类成平面结构和坡面结构。

$$L_{p_{\mathrm{s}i}}=\begin{cases}1, & \text{如果} S_{p_{\mathrm{s}i}}>t_{\mathrm{s}}\\ 0, & \text{如果} S_{p_{ss}}<t_{\mathrm{s}}\end{cases} \tag{7.1}$$

式中：t_{s} 为坡度阈值；$L_{p_{\mathrm{s}i}}$ 为面片结构标示符号；1 代表坡面结构，0 代表平面结构。

2）点云开重建运算

利用式（7.2）对点云进行开运算处理，结果记为 P_{OPEN}，从而小于尺度 s 的凸起细节结构被消除。然后，以 P_{OPEN} 为标记点云，以 P 为模板点云，采用测地膨胀算子对 P_{OPEN} 进行迭代处理，如式（7.3）和式（7.4），直到前后两次膨胀结果一致为止，从而得到开重建结果，记为 $P_{\mathrm{OPEN\_REC}}=\delta_p^{(n)}(P_{\mathrm{OPEN}})$。

$$P_{\mathrm{OPEN}}=(P\ominus B_{\mathrm{s}})\oplus B_{\mathrm{s}} \tag{7.2}$$

$$\delta_P^{(1)}(P_{\mathrm{OPEN}})=(P_{\mathrm{OPEN}}\oplus B_{\mathrm{I}})\wedge P \tag{7.3}$$

$$\delta_P^{(n)}(P_{\mathrm{OPEN}})=\underbrace{\delta_P^{(1)}\circ\delta_P^{(1)}\circ\delta_P^{(1)}\circ\cdots\circ\delta_P^{(1)}(P_{\mathrm{OPEN}})}_{n} \tag{7.4}$$

式中：$\oplus$ 为膨胀运算符号；$\ominus$ 为腐蚀运算符号；B_{s} 为以 s 作为半径大小的碟型结构元；δ 为测地膨胀符号；$\wedge$ 表示最小上界取值运算；B_{I} 为单位大小碟型结构元；n 为测地膨胀迭代次数；$\circ$ 为迭代。

3）点云闭重建运算

利用式（7.5）对开重建结果 $P_{\mathrm{OPEN\_REC}}$ 进行闭运算，结果记为 P_{CLOSE}，从而小于尺度 s 的凹陷细节结构被消除。然后，以 P_{CLOSE} 作为标记点云，以 $P_{\mathrm{OPEN\_REC}}$ 作为模板点云，采用测地腐蚀算子对 P_{CLOSE} 进行迭代处理，如式（7.6）和式（7.7）所示，直到前后两次测地腐蚀结果一致为止，从而得到闭重建结果，记为 $P_{\text{CLOSE\_REC}}=\varepsilon_{P_{\text{OPEN\_REC}}}^{(n)}(P_{\text{CLOSE}})$。

$$P_{\text{CLOSE}}=(P_{\text{OPEN\_REC}}\oplus B_{\text{s}})\ominus B_{\text{s}} \tag{7.5}$$

$$\varepsilon_{P_{\text{OPEN\_REC}}}^{(1)}(P_{\text{CLOSE}})=(P_{\text{CLOSE}}\ominus B_{1})\vee P_{\text{OPEN\_REC}} \tag{7.6}$$

$$\varepsilon_{P_{\text{OPEN\_REC}}}^{(n)}(P_{\text{CLOSE}})=\underbrace{\varepsilon_{P_{\text{OPEN\_REC}}}^{(1)}\circ\varepsilon_{P_{\text{OPENREC}}}^{(1)}\circ\cdots\circ\varepsilon_{P_{\text{OPENREC}}}^{(1)}}_{n}(P_{\text{CLOSE}}) \tag{7.7}$$

式中：ε 为测地腐蚀符号；$\vee$ 表示最大下界取值运算；n 为测地腐蚀迭代次数。

4）自动优化修正处理

如图 7.2（c）所示，其为一建筑物点云，在 2 m 尺度值下的形态学重建处理结果。其中，面片 T_6^0 被消除，且归并到了更大的面片 T_0^0 之上，但是结果中存在两类问题。其一，坡面面片 T_3^0 和 T_4^0 部分区域被平面化，被错误地处理成了三个面片 T_3^1、T_4^1 和 T_5^1，导致相邻层次间面片包含关系错误，造成后期拓扑关系图构建失败。其二，由于 T_2^0 和 T_0^0 的存在，

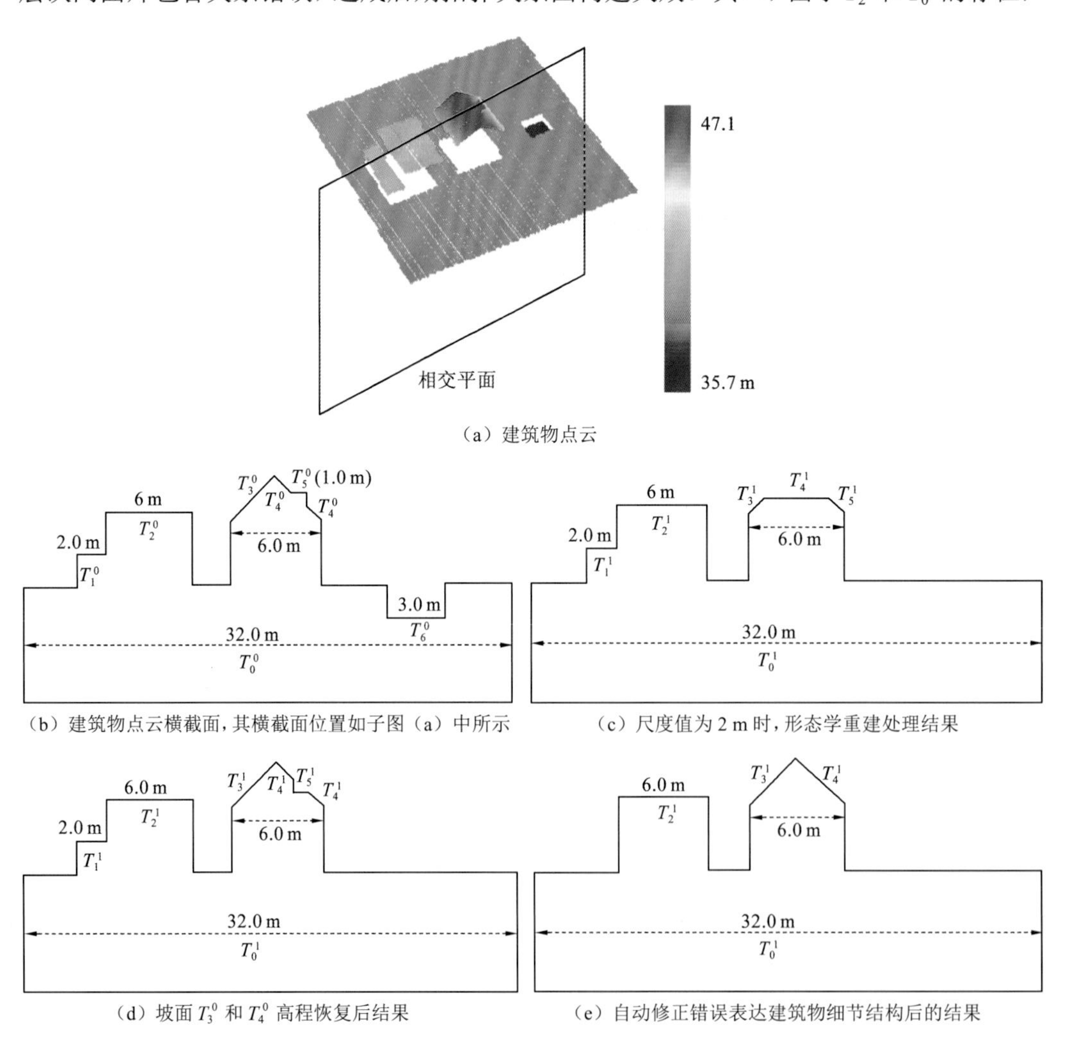

（a）建筑物点云

（b）建筑物点云横截面，其横截面位置如子图（a）中所示

（c）尺度值为 2 m 时，形态学重建处理结果

（d）坡面 T_3^0 和 T_4^0 高程恢复后结果

（e）自动修正错误表达建筑物细节结构后的结果

图 7.2　基于结构约束的形态学重建生成建筑物某一层次点云

小于相应尺度的T_1^0未被消除；由于T_5^0位于T_4^0中央，而未被消除。因此，针对此两类问题，本小节对其进行自动修正。

对于第一类问题，方法遍历P_S中的每一个面片，通过计算面片内点云的最高点和最低点之间的高程差$h_{p_{s_i}}$，来判定片在形态学重建后是否完全平面化，如式（7.8）和式（7.9）所示。如果高程差小于阈值t_{SH}，该面片被完全平面化；否则，该面片有可能仅部分区域被平面化，需要将点云高程恢复为开重建前的高程。图 7.2（c）中第一类问题处理后的结果，如图 7.2（d）所示。

$$h_{p_{si}} = h_{MAX} - h_{MIN} \tag{7.8}$$

$$L_{p_{si}}^{*} = \begin{cases} 1, & 如果 h_{p_{si}} \geqslant t_{SH} \\ 0, & 如果 h_{p_{si}} < t_{SH} \end{cases} \tag{7.9}$$

式中：h_{MAX}和h_{MIN}为开重建后某坡面面片p_{s_i}内最高点和最低点高程值；$h_{p_{s_i}}$为最大高程差；t_{SH}为高程差阈值；$L_{p_{s_i}}^{*}$为面片是否完全被平面化的判断结果，0 表示完全被平面化，1 表示未完全被平面化。

对于第二类问题，方法分两步进行处理。首先，方法对错误表达的面片进行检测，如图 7.2（c）中的T_1^1和T_5^1。对于类似T_1^1情况，方法将面片进行连通性分析，将面片组合成不同的部分结构，并以部分结构为基本单元。如果某部分结构的宽度小于 2 倍的尺度，则该部分结构被标记为错误表达的部分结构。对于类似T_5^1情况，方法遍历所有面片，检测出所有宽度小于 2 倍尺度的面片，并判断其是否位于某一坡面面片中央。如果位于某一坡面面片内部，则该面片被标记为错误表达面片。然后，对检测出来的错误表达部分结构和面片，分别利用其邻域内正确表达的面片进行延伸拟合修正。如图 7.2（e）所示，为图 7.2（c）第二类处理后的结果。

2. 形态学重建尺度空间生成及其 TRG 构建

为了生成建筑物区域的多细节层次点云，基于结构约束的形态学重建操作需要随尺度增长进行多次运算。因此，点云尺度空间生成需要使用序列尺度值$S=\{s_1,s_2,s_3,\cdots,s_n\}$，直到点云都位于水平的平面上为止。图 7.3 为多细节层次建筑物点云生成案例。其中，尺度序列值设置为$S=\{2,4,8,16,\cdots\}$。图 7.3（a）和图 7.3（d）为建筑物原始点云，包含有 7 个面片。图 7.3（b）和图 7.3（e）为尺度为 2 m 情况下，形态学重建及其修正后结果，剩下 4 个面片，T_1^0、T_5^0和T_6^0被消除，其中坡面T_3^0和T_4^0的结构被保持。图 7.3（e）和图 7.3（f）为最终层次的建筑物点云，其尺度值为 4 m。

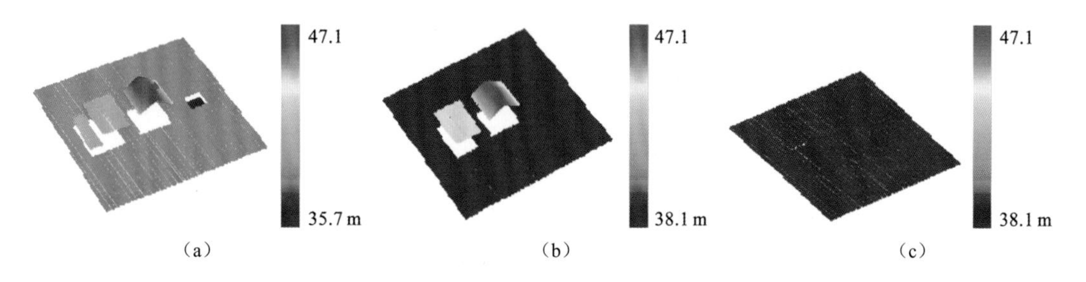

（a）　　（b）　　（c）

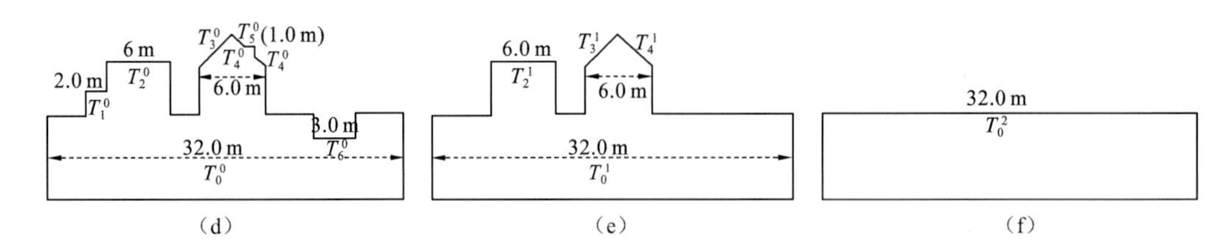

图 7.3　多细节层次建筑物点云生成案例

（a）～（c）为建筑物点云三个层次对应的结果；（d）～（f）为建筑物点云三个层次结果对应的横截面

多细节层次建筑物点云生成后，各尺度对应的数据也都已经被分割成不同的面片。根据不同尺度之间面片的包含关系，生成尺度间拓扑关系图。如果更为详细层次的建筑物面片内大部分点云包含在相邻且更为粗略层次建筑物某一面片内，则两面片之间存在包含关系，如图 7.3（d）中的T_5^0和图 7.3（e）中的T_4^1。如图 7.4 所示，其中黑色线即为图 7.3 对应的尺度间拓扑关系构建结果。此外，本节方法同时对同一尺度内面片与面片之间的拓扑关系进行标记。同一尺度内面片之间的关系存在4种类型，如：相交（intersection）、阶跃（step）、相交且包含（intersetion and inclusion）、阶跃且包含（step and inclusion），如图 7.5 所示，红色的虚线和实线即为标记的结果。对某一层内面片之间拓扑关系进行标记，以第一层为例，其过程如下。

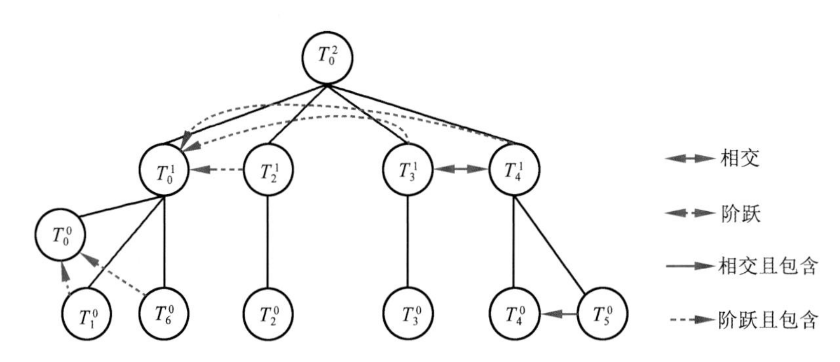

图 7.4　图 7.3 中多细节层次建筑物点云对应的拓扑关系图

步骤一：根据面片在 TRG 图中的父节点，将第一层的面片划分成不同的子集合，即具有相同父节点的面片被分配到相同的子集合。如图 7.4 所示，第一层内面片被划分成 4 个子集合$\left\{\{T_0^0,T_1^0,T_6^0\},\{T_2^0\},\{T_3^0\},\{T_4^0,T_5^0\}\right\}$。

步骤二：遍历各子集合，判断其中任意两面片在平面上是否相邻。如果相邻，则两面片组成面片对。例如：子集合$\{T_0^0,T_1^0,T_6^0\}$中存在两组面片对$\left\{\{T_0^0,T_1^0\},\{T_0^0,T_6^0\}\right\}$。

步骤三：遍历各子集合中所有的面片对，确定其拓扑关系。对面片对中的两面片进行求交，从而得到相交线。如果相交线一定邻域内存在两面片内的点云，则两面片为相交关系；否则，两面片之间是阶跃关系。进一步，判断其中一面片是否包含于另一面片中。如果存在包含关系，则在相交或阶跃关系的基础上再标记出包含关系，如图 7.5 中面片对$\{T_0^0,T_6^0\}$。

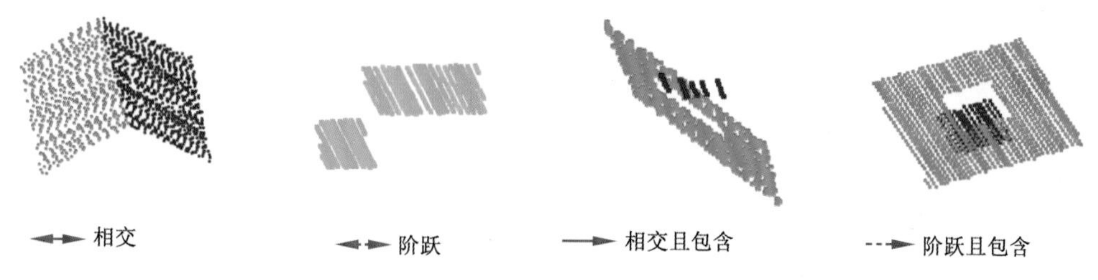

图 7.5　同一尺度内面片之间 4 种拓扑关系类型示例
不同颜色代表不同的面片

7.3.2　多细节层次建筑物模型构建

在多细节层次建筑物数据生成之后，对各层次点云构建三维模型。在三维模型构建方面，目前主要有模型驱动和数据驱动两类方法。为了更好地适应形状复杂、屋顶结构丰富的建筑物，本小节选择数据驱动方法。对于某一层次建筑物模型构建，算法根据 TRG 图将建筑物分成不同的组分，对不同组分进行独立建模，并将不同组分所得模型组合成最终的建筑物模型。首先，将建筑物点云划分成不同的组分，提取各组分点云的边界并对其进行规则化；然后，提取各组分点云内的结构线；最后，根据所得结构线生成各组分的屋顶模型，并组合构建最终的建筑物模型。其详细过程如下。

1. 同一层次面片之间拓扑关系图生成及其建筑物点云分解

根据 TRG 图，对单层内面片之间的拓扑关系图进行构建。其中，具有相同父节点的两面片拓扑关系在 TRG 中已存在，而对于来自不同父节点的两面片，则可以根据其父节点之间拓扑关系推理计算得到。

此外，为了使复杂建筑物建模简单化，需要将其拆解成不同组分，并分别重建。本小节将面片进行连通性分析，从而将建筑物点云分成不同的组分。其中，连通分析中唯一的条件是：当且仅当两面片之间存在相交且不包含关系时，两面片属于同一组分。

2. 各组分点云边界提取及其规则化处理

利用 Alpha shape 算法提取各组分点云的边界，并对其进行规则化处理。在规则化处理的优化过程中，需要将所有组分的直线段边界进行整体优化，以确保模型内直线段之间固有的平行、正交等关系。

3. 各组分所含结构线提取

除各组分的规则化边界外，对各组分提取其内部的结构线，即面片之间的特征线。对于不同类型的拓扑关系需要采用不同的特征线提取方法，如图 7.6 所示。如果面片之间属于相交关系，则利用平面与平面相交得到结构线，如图 7.6（b）所示。如果面片与面片之间是阶跃关系，则根据两面片相邻区域边界点云拟合一个虚拟竖直面，然后利用竖直面与两面片分别求交，以得到结构线，如图 7.6（c）所示。因此，可以根据 TRG 中各组分内面片之间的拓扑关系，确定结构线提取方法，从而得到面片之间的结构线。

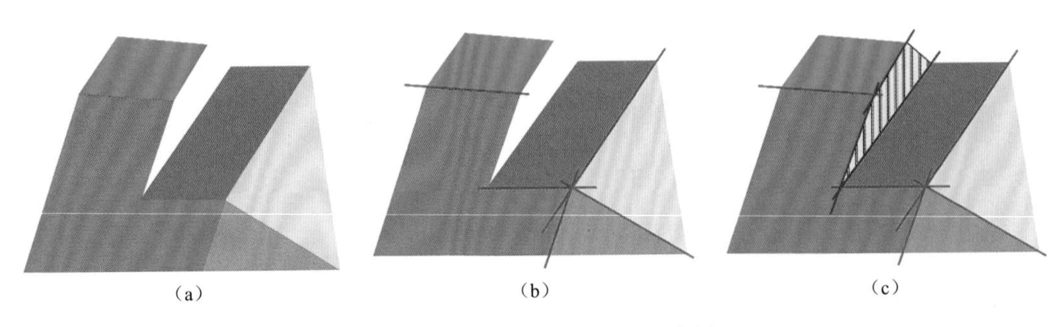

图 7.6　面片之间结构线提取示意图

(a) 分割结果，不同颜色代表不同的面片；(b) 对具有相交关系的面片对进行相交处理，提取结构线，如图中红色线；(c) 添加虚拟立面来提取具有阶跃关系的面片对之间的结构线，如图中蓝色线

此外，结构线端点的确定非常关键，其中涉及几种处理方式。其一，根据文献（Perera et al.，2014），检测拓扑关系图中相交关系的最小闭合环，以此计算所涉及面片共有的角点，来确定相交线的端点，如图 7.7（a）中红色六角形所示。其二，利用虚拟竖直面与相邻面片构建虚拟的相交关系，然后检测相交关系最小闭合环，从而通过多个平面之间求交来确定虚拟角点，以此作为相关结构线的端点，如图 7.7（b）中红色圆点所示。其三，根据结构线与对应组分的规则化边界求交，确定其端点位置，如图 7.7（c）中蓝色方块点所示。

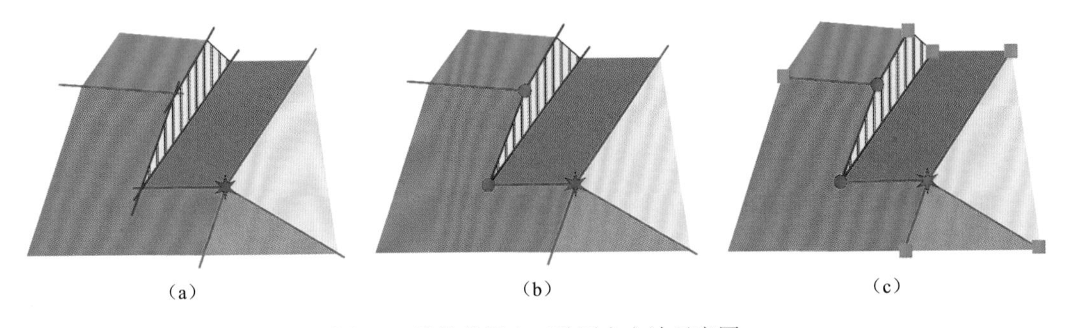

图 7.7　结构线端点三种固定方法示意图

(a) 根据拓扑关系图中相交关系最小闭合环，确定角点，并将相关结构线端点固定，如图中红色六角形；(b) 利用虚拟立面构建相交关系最小闭合环，以此得到虚拟角点，并将相关结构线端点固定，如图中红色圈点；(c) 利用规则化后的边界与结构线相交来固定端点，如图中蓝色的方块点

4. 各组分模型生成及其建筑物模型合成

结构线提取后，对各组分模型进行生成。其中，各组分模型由所包含面片对应的三维多边形组成。因此，方法遍历组分中所有的面片，搜索与面片相关的结构线，并结合邻近的规则化边界，以构建封闭的多边形。在各面片对应三维封闭多边形得到后，将其组合生成对应组分屋顶模型。最后，将各组分屋顶模型合成，并虚拟构建竖直立面，从而生成建筑物最终三维模型。

以图 7.3 中第一层次建筑物点云为例，详细描述其三维模型构建过程。首先，根据 TRG 图构建建筑物同一层次下屋顶面片的拓扑关系图，如图 7.8 所示，并据此对建筑物屋顶进行组分划分，其结果如图 7.9 所示。然后，提取各组分点云边界，并对其进行规则化处理，结果如图 7.10 所示。其次，提取各组分内的结构线，结果如图 7.11 所示。最后，根据结构线构建各组分内面片的三维面模型，以此生成各组分的三维屋顶模型，如图 7.12 所示，最终组合成建筑物模型，如图 7.13 所示。按照第一层建筑物点云三维模型构建方式，可以对其余两层点云进行建模，由此生成建筑物的多细节层次模型，如表 7.1 所示。

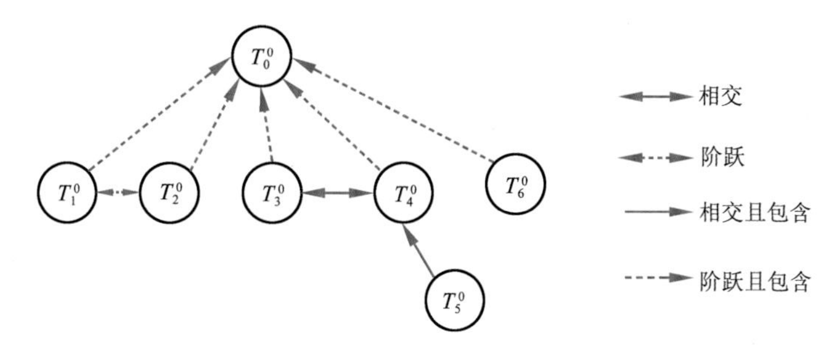

图 7.8　同一层次下建筑物屋顶面片拓扑关系图

图 7.9　建筑物组分划分结果

不同组分赋予不同颜色

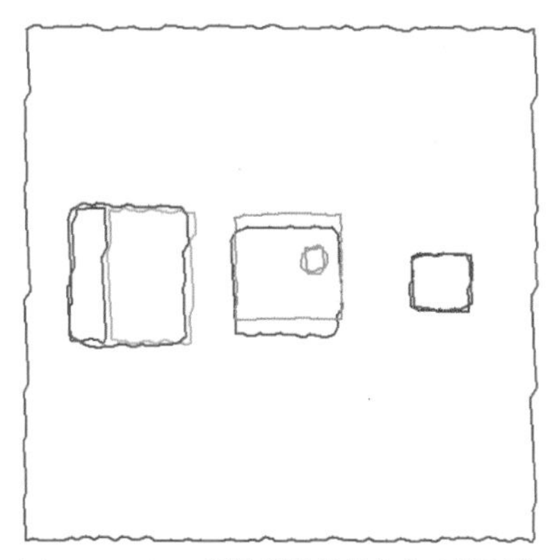

（a）Alpha shape 算法所提各组分点云的边界，不同颜色代表不同组分的边界

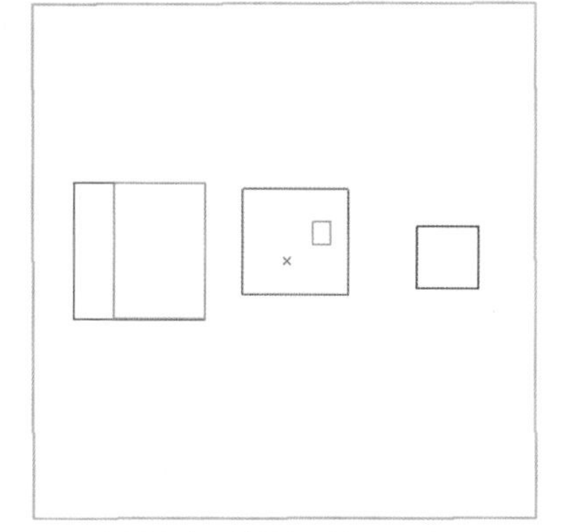

（b）各组分点云边界规则化处理结果，不同颜色代表不同组分边界规则化结果

图 7.10　各组分点云边界提取及其规则化处理

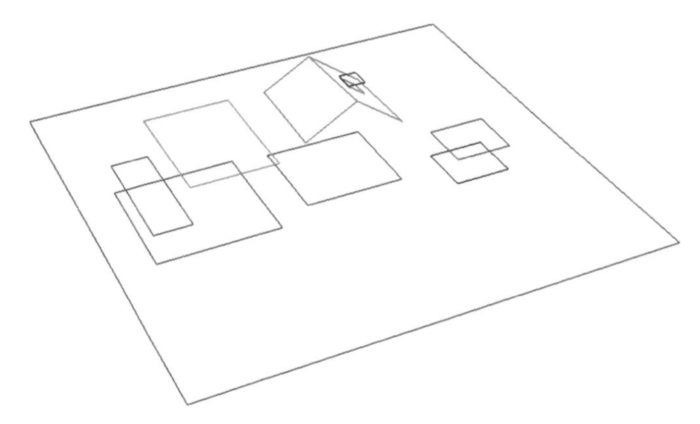

图 7.11　建筑物结构线提取结果

不同颜色代表不同组分内的结构线

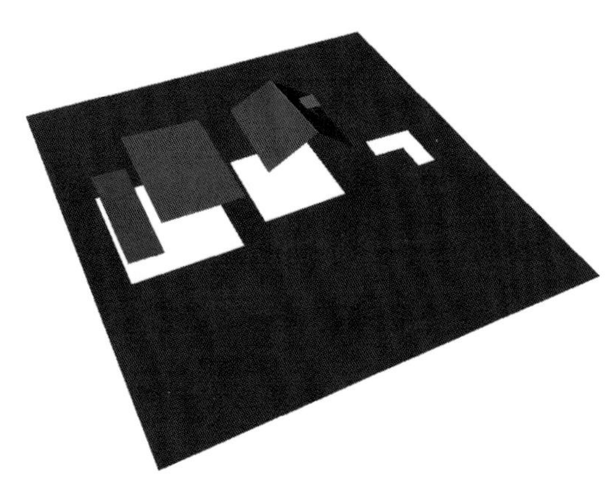

图 7.12　各组分屋顶模型生成

不同颜色代表不同组分屋顶模型

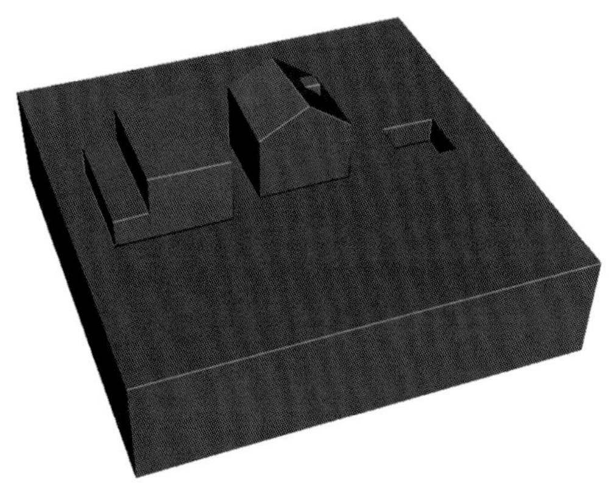

图 7.13　建筑物模型合成

不同颜色代表不同组分模型

表 7.1　多细节层次建筑物三维模型构建结果

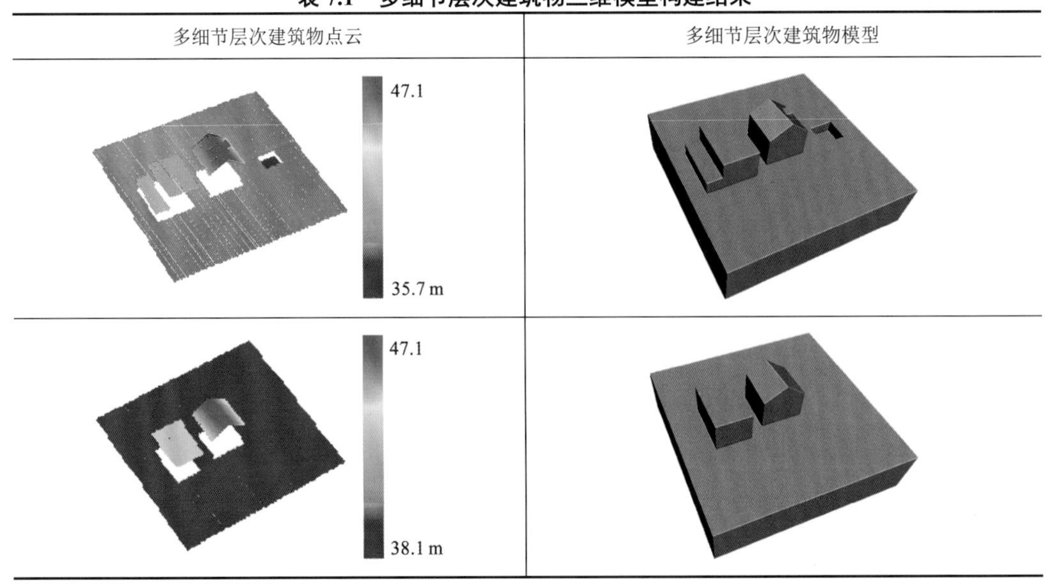

续表

多细节层次建筑物点云	多细节层次建筑物模型
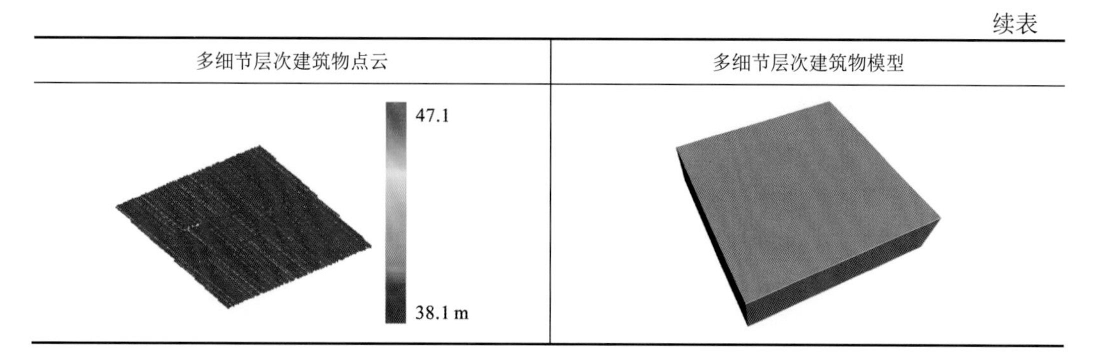	

7.3.3　实验验证

为了验证本节方法的有效性和性能，本小节选择城市区域数据进行实验，数据如图 7.14 所示。该数据区域内，建筑物类型多样且屋顶结构复杂，非常适合测试建筑物的多层次细节模型构建方法。此外，区域内地形整体上较为平坦，但是也存在较多小型的地形断裂特征，如：建筑物地下车库入口等，对地形断裂特征的提取也具有一定挑战。在地形和建筑物模型构建之前，利用自适应分区的点云滤波方法和基于自顶向下策略的建筑物点云提取方法分别提取地面和建筑物点云，如图 7.15 所示。

图 7.14　实验数据

首先，对地面和建筑物点云，分别提取地形断裂特征和建筑物边界，并且将建筑物边界进行规则化，其结果如图 7.16 中的青色和蓝色线条所示。以此两种特征线作为约束，利用反距离加权插值方法内插出高质量 DEM，如图 7.16（b）所示。与图 7.16（a）不带特征约束的 DEM 相比，带特征约束的 DEM 在突变地形和建筑物区域具有更好的结果。

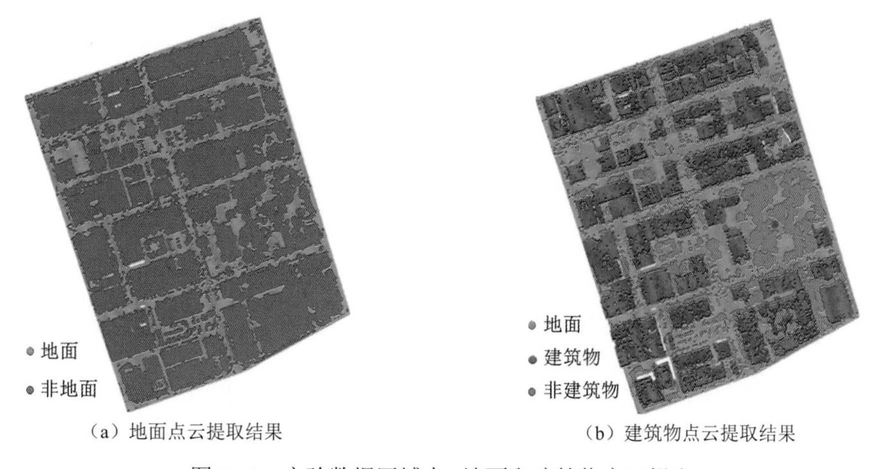

（a）地面点云提取结果　　（b）建筑物点云提取结果

图 7.15　实验数据区域内，地面和建筑物点云提取

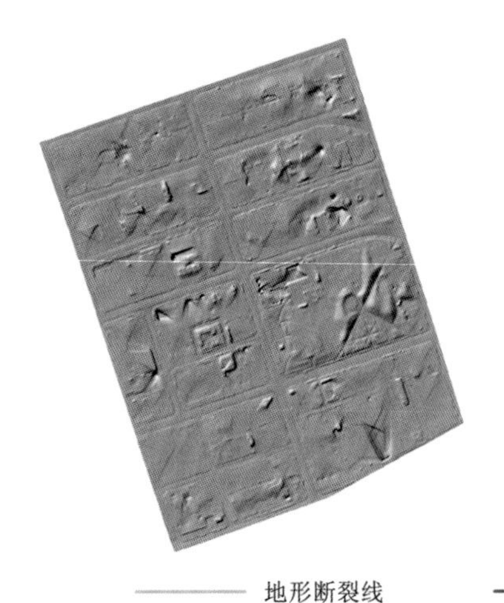

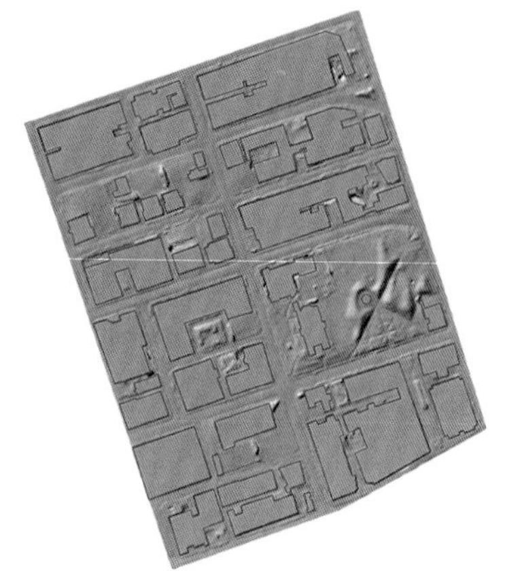

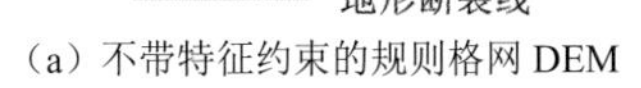

（a）不带特征约束的规则格网 DEM　　（b）带特征约束的规则格网 DEM

图 7.16　实验区域有无特征约束的规则格网 DEM 模型生成

然后，利用形态学重建方法对建筑物进行不同尺度处理，以得到多细节层次建筑物点云，并对各层次点云利用数据驱动方法进行建筑物模型构建，其结果如图 7.17 所示。从图中可以看出：随着尺度的增加，建筑物屋顶结构由复杂逐渐简单化，直到每个建筑物屋顶

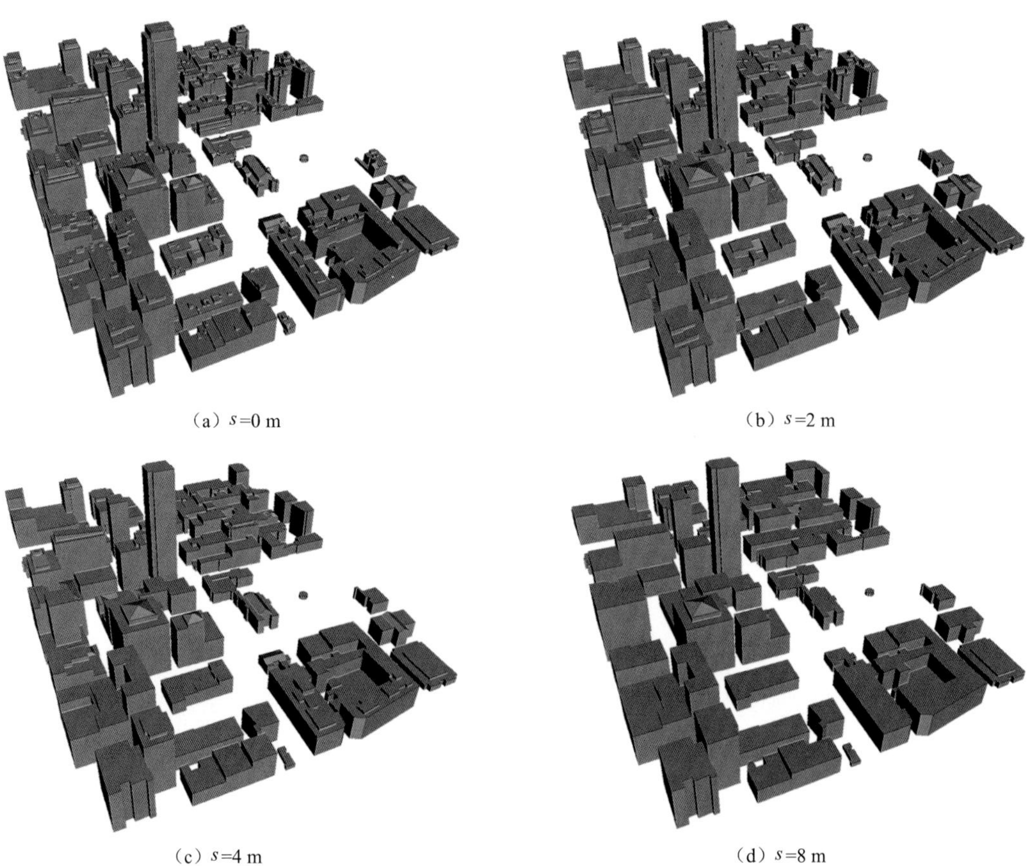

（a）s=0 m　　（b）s=2 m

（c）s=4 m　　（d）s=8 m

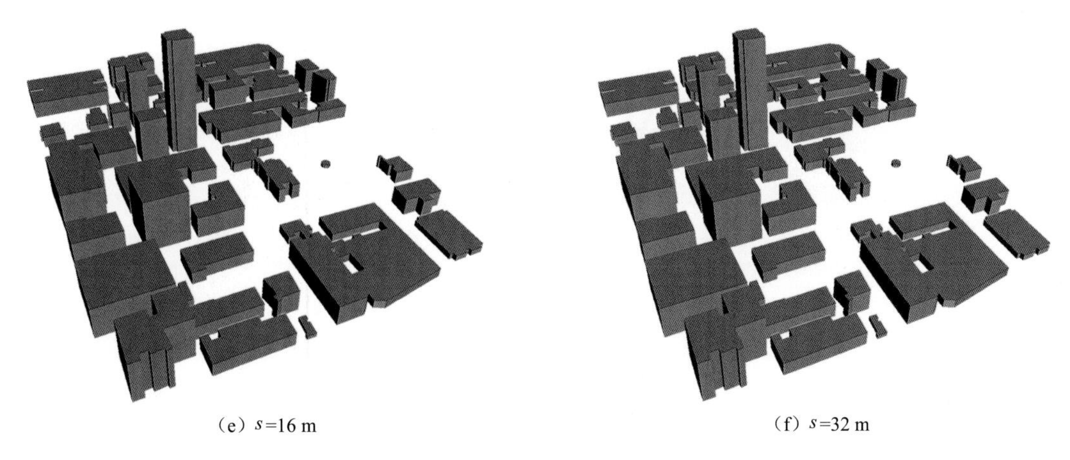

（e）s=16 m　　（f）s=32 m

图 7.17　实验区域多细节层次建筑物模型

均为平面为止；根据各建筑物的尺寸、屋顶结构复杂程度，每栋建筑物的细节层次数目都不同，从 3 层到 6 层不等；当尺度比建筑物的局部结构小时，建筑物结构特征保持不变。此外，最为重要的是本节的方法可以直接生成某特定的层次，而不用从最精细层次通过简化综合得到。例如：本节的方法可以直接对原始建筑物点云通过基于结构约束的形态学重建得到 s=4 m 层次的点云，并采用数据驱动方法对该层次点云直接三维重建。

为了明显地反映本节方法构建多细节层次建筑物模型的结果，选择两栋建筑物进行分析，如图 7.18 和图 7.19 所示。图 7.18 是一栋由三个部分组成的连体楼，且带有附属结

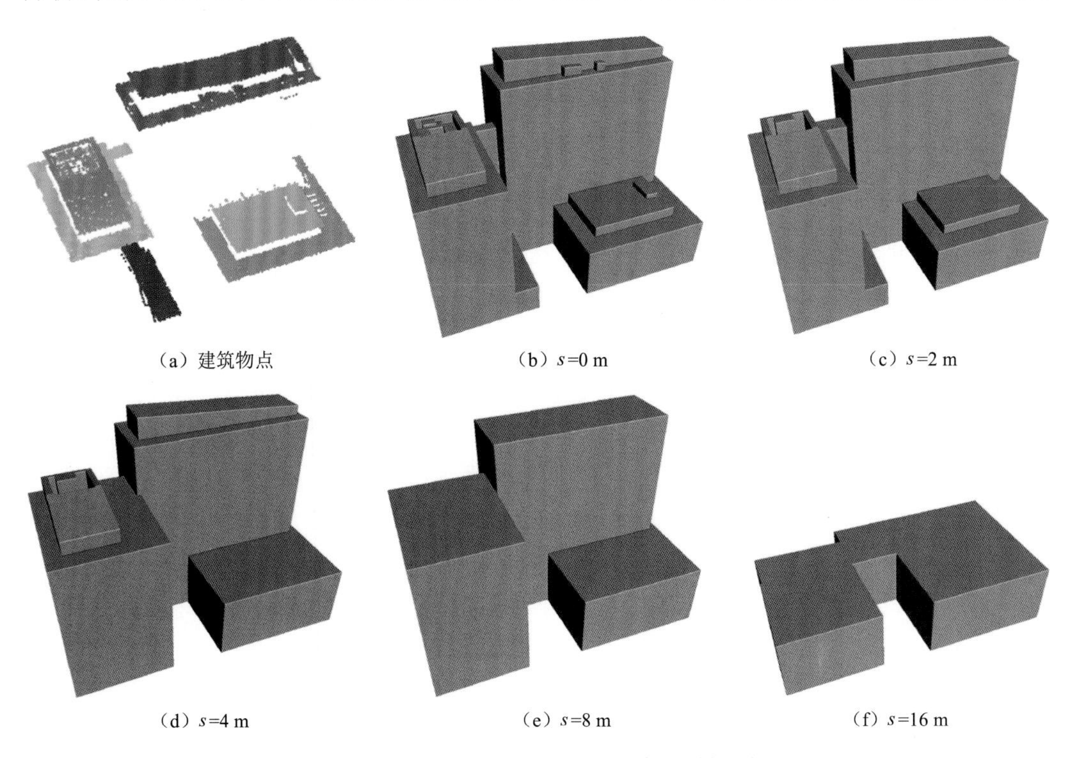

（a）建筑物点　　（b）s=0 m　　（c）s=2 m

（d）s=4 m　　（e）s=8 m　　（f）s=16 m

图 7.18　本节方法所得多细节层次建筑物模型案例 1

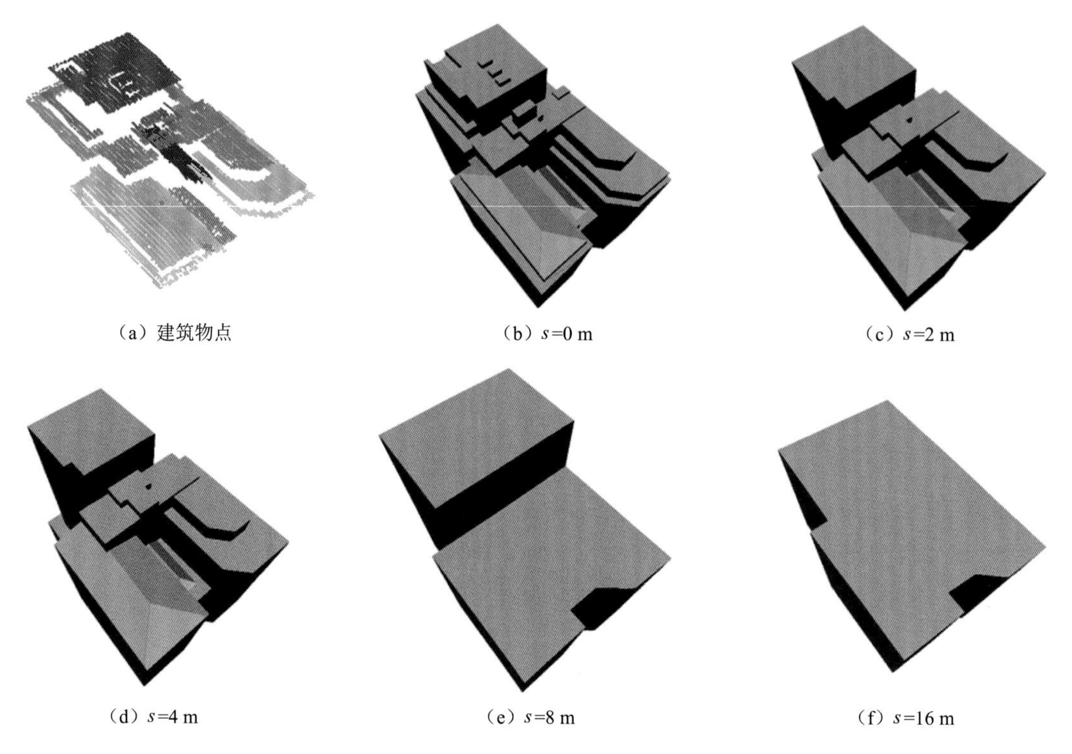

(a) 建筑物点　(b) s=0 m　(c) s=2 m

(d) s=4 m　(e) s=8 m　(f) s=16 m

图 7.19　本小节方法所得多细节层次建筑物模型案例 2

构和各种屋顶部件。从结果图中可以发现，本节方法构建的多细节层次模型有 5 层，可以相邻层之间的差异较小，使得多尺度渐进显示时相邻尺度间建筑物细节变化的跨度不会太大。图 7.19 是另外一栋建筑物，其屋顶结构类型多样，如：平面屋顶、三角形屋顶等。从结果图中可以发现，本节方法在一定尺度下能够很好地保持屋顶结构的特征。

7.4　典型复杂对象多粒度按需建模

粒度（granularity）也称尺度或层次，是指点云中点间距或各点代表的局部范围大小，精细粒度的点云可以描述目标的细节特征，而粗糙粒度的点云则注重刻画大尺寸的几何特征，如图 7.20 所示。对象往往拥有多细节层次信息，包含着立体的几何信息，若基于某一固定粒度处理该对象，会造成部分信息缺失，从而影响相关产品质量，因此本节研究一种视距相关的多粒度表达方法，通过构建对象的多粒度点云描述其立体的几何信息。

基于尺度空间理论的多粒度表达方法最早被广泛用于二维影像的分割、特征提取中。为解决三维目标的配准、识别等问题，很多学者直接扩展了尺度空间理论，采用三维点坐标替换了高斯核函数中的影像灰度值（Schlattmann，2006），通过直接平滑实现对目标的多粒度表达，但这会改变目标表面采样点的位置，引起曲面形变。为此，Bariya 等（2012）采用法向量图替代原始距离影像，通过处理法向量避免改变原始点云。与此类似，也有方法通过投影三维目标点云生成二维影像，进而采用二维的尺度空间理论构建多粒度点

图 7.20　不同层次细节的特征点

红，黄，绿，蓝绿，蓝色点分别对应最粗糙和最精细粒度的特征点

云（Hua et al.，2008；Novatnack et al.，2007），但这难免会引入一定的投影误差。此外，其他很多应用也采用了多粒度表达策略并取得理想的结果，如：机载点云分类（Zhang et al.，2016）、DEM 的多粒度构建（Zhou et al.，2011）、建筑物屋顶提取与重建（Chen et al.，2014）等。

另一方面，三维点云获取技术的飞速发展极大提高了其数据量，为目标的真实再现和实时处理增加了难度。近年来考虑人眼视觉系统（human visual system，HVS）特征减少点云冗余的研究已逐渐受到计算机视觉领域的关注，这类基于视觉感知理论的技术可以保证产品具有良好的视觉质量，这有利于三维点云的相关应用。此外，三维表面模型的视觉质量还与视距（或投影比例）相关，而目前综合考虑这两个因素的点云选择技术却鲜见发表。为解决该问题，在目标多粒度点云的基础上，采用 Zadravec 等（2005）的方法构建各粒度不规则三角网模型，并结合视觉降质度量和主观性实验选择出高视觉质量数据。

视觉掩蔽效应（visual masking）是 HVS 中常见的特征，指一部分信息受其他信息的干扰而无法被合理地感知到（Breitmeyer et al.，2006），常出现在模型的几何信息中，考虑该特征可使模型质量的衡量更合理。基于 Karni 等（2000）提出的几何拉普拉斯方法，Corsini 等（2007）提出了粗糙度的概念，即：原始模型和水印后模型间的几何距离变化程度，用其衡量水印后三维模型的质量。Qu 等（2006）则在三维网格模型的优化之中考虑了掩蔽效应，使优化后的模型具有更高的视觉质量。然而，上述视觉降质度量主要用于衡量点数相同的模型，且没有综合考虑视距因素，因此该方面仍有待研究。

本节结合大地线距离和三维高斯平滑量化各点的局部曲面变化程度；采用径向基函数模型考虑邻近点分布对当前点的影响，计算出各点的显著度，实现目标的多粒度表达。其中，各粒度点云的确定取决于目标的内在几何属性，通过保留不同视距下可显著觉察的点，保证各粒度间连续平滑过渡。构建的多粒度点云描述了不同尺寸的特征，若选择的粒度过于精细会引入大量冗余，若较粗糙则会丢失很多有意义的信息。本节根据各粒度的视觉降质值，结合视距（或投影比例）条件选择出已简化掉细微特征的粒度，为后续处理提供有效的点云。

7.4.1 局部曲面变化度量

局部曲面变化量可反映目标局部表面弯曲程度或几何变化特性，可描述目标表面的主要几何信息，常见的测度包括法向量、高斯球、曲率等，在配准、识别、简化等方面应用广泛。由于高斯核函数常用于多粒度表达（尺度空间构建），本小节结合三维高斯平滑提出一种可用于多粒度表达的简单度量。

高斯平滑的本质是对各点及其邻域的加权平均，以减少当前点与邻域点属性的差异，三维的高斯核函数可定义为

$$G(u,v;\delta)=\frac{1}{2\pi\delta^2}\exp\left[-\frac{1}{2\delta^2}d(u,v)^2\right] \tag{7.10}$$

式中：δ 为三维核函数的均方根，表示平滑的宽度；$d(u,v)$ 为邻域点 u 到当前点 v 的距离，本小节采用大地线距离。根据该函数可得各邻域点权重，通过归一化可得平滑后新的点坐标。通过控制均方根的取值和平滑窗口对应的范围，可获取不同模糊程度的点云，检测到不同尺寸的细节特征，这一特点使其适用于多粒度表达中。

本小节结合三维高斯平滑定义了一种新测度，对于点云 M，P_v 为 M 中任一点，N 为 P_v 的邻域点个数，P_v 的局部曲面变化可定义为

$$V_{P_v}=\left\|P_v-\frac{\sum_{u=1}^{N}P_u g(u,v;\delta)}{\sum_{u=1}^{N}g(u,v;\delta)}\right\| \tag{7.11}$$

式中：P_u 为 P_v 的任一邻域点；$g(u,v;\delta)$ 为各邻域点权值；V_{P_v} 为点 P_v 在平滑前后的位移，可衡量邻域曲面的变化。当该值较小时，表明邻域曲面较平滑，反之则相反。图 7.21 为某一目标根据不同粒度的曲面变化值渲染结果，图中表明：特征区域均可被检测出来，且不同粒度的曲面变化值反映了不同尺寸的几何特征。

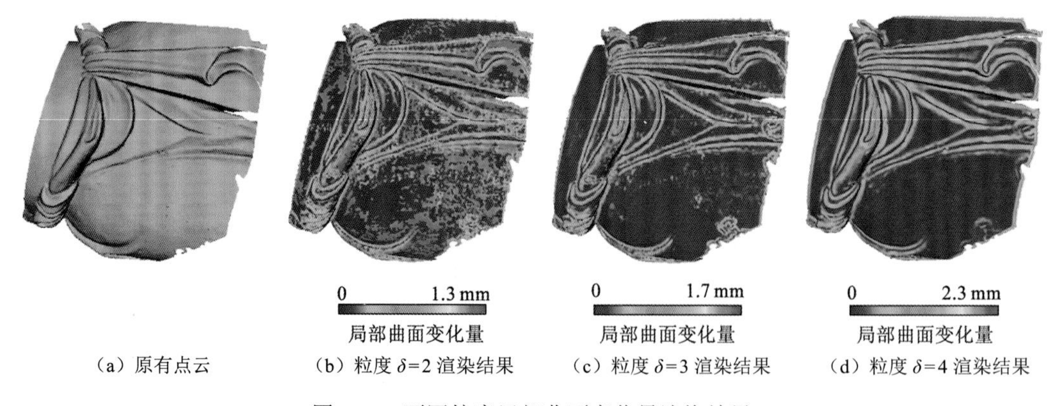

（a）原有点云 （b）粒度 δ=2 渲染结果 （c）粒度 δ=3 渲染结果 （d）粒度 δ=4 渲染结果

图 7.21 不同粒度局部曲面变化量渲染结果

为更真实地反映目标表面的几何属性，在上述三维高斯核函数中均采用大地线距离。为计算曲面上任意两点间的大地线距离，本小节采用影响范围图（spheres-of-influence graph，SIG）描述各点的邻接关系，并采用最短路径搜索获取大地线路径。假设 $V=\{p_1,p_2,\cdots,p_n\}$ 为点集，点 p_i 的影响范围球定义为：以该点为球心，以到最近点的距离为半径。若任两点间的影响范围球相交即认为两点间存在连接边，其权重为两点间距离，通过考虑任两点间的影响范围即可构建出该点集的 SIG，如图 7.22 所示。

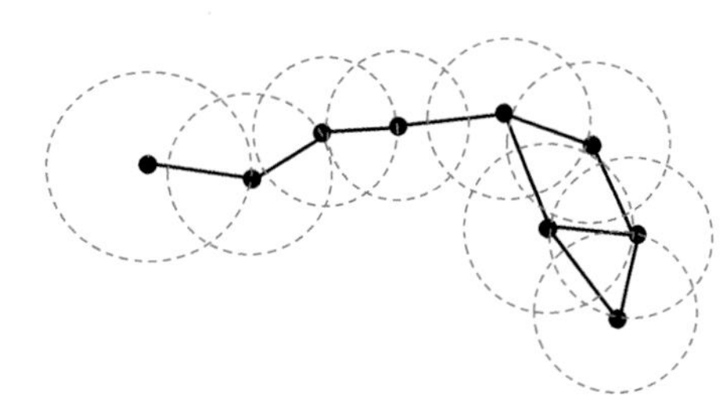

图 7.22　影响范围球构建原理图

然而，在构建的 SIG 中，点密度变化区域容易产生“孔洞”，从而影响大地线距离的计算，如图 7.23（a）中红框所示。为解决这一问题，Klein 等（2004）将各点影响范围球的半径设为到第 k 个最近点的距离（$k>1$），但当 k 值较大时易产生较长的边。

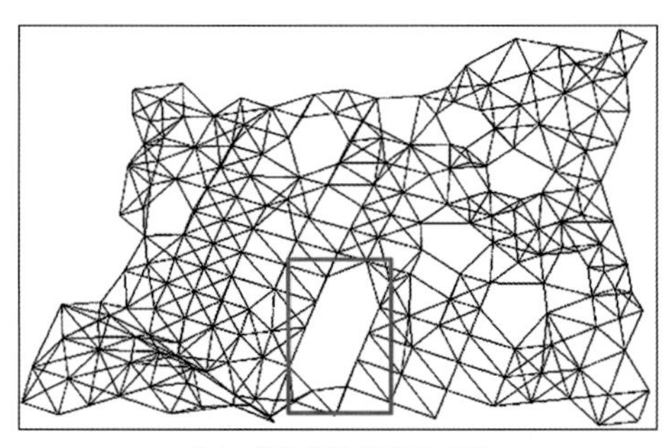

（a）原有方法构建的 SIG

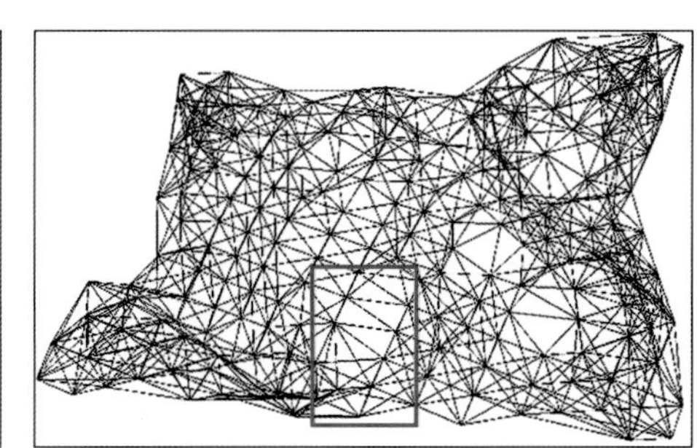

（b）本小节方法构建的 SIG

图 7.23　两种方法构建的 SIG 结果图

为有效解决“孔洞”问题，本节根据各点邻域范围的点密度推导出其影响范围球的半径如下：

$$r=L\sqrt{\frac{\pi}{\text{Num}}} \tag{7.12}$$

式中：Num 为当前点的邻域点个数；L 为邻域点中最长的两点距离。图 7.23 为采用两种不同方法构建的影响范围图，图 7.23（b）证明了该方法不仅有效修复了点云“孔洞”同时兼顾了点密度均匀区域使其不致过密。

基于点集的 SIG 采用最短路径搜索算法在 SIG 中搜索曲面上任意两点间的大地线路径，根据各边权值计算其大地线距离。

7.4.2　基于径向基函数模型的几何显著性测度

径向基函数模型（radial basis function，RBF）是以径向函数为基函数，以已知点与待测点的欧氏距离为自变量，通过线性叠加构造的模型。它考虑了邻域点分布对当前点的影响，是一种性能良好的近似模型，多用于插值应用中。径向基函数的基本形式为

$$S(x)=\sum_{i=1}^{N}\lambda_i\boldsymbol{\varphi}(r_i,c) \tag{7.13}$$

式中：$\boldsymbol{\varphi}(\cdot)$ 为该模型的基函数；$\boldsymbol{\varphi}=[\varphi(r_1,c)\cdots\varphi(r_N,c)]^{\mathrm{T}}$；$\lambda$ 为相应基函数的加权系数，$\boldsymbol{\lambda}=[\lambda_1\cdots\lambda_N]^{\mathrm{T}}$；$r_i$ 为第 i 个已知点到点 x 的欧氏距离 $r_i(x)=\|x-x_i\|$；c 为非负常数。

径向基函数模型的基函数形式多样，常用到的有：高斯函数 $\varphi(r)=\exp(-cr^2)$、二次函数（multiquadric）$\varphi(r)=(r^2+c^2)^{1/2}$、薄板样条（thin-plate spline）$\varphi(r)=r^2\log r$、立方函数（cubic）$\varphi(r)=r^3$。

采用上述形式的径向基函数模型，其计算、存储的开销巨大。为降低时间复杂度，Wendland（1995）构造了正定对称的紧支撑径向基函数（compactly supported radial basis function，CSRBF），其基函数的统一形式为

$$\phi(r_i)=\begin{cases}\varphi\left(\dfrac{r_i}{R}\right), & \dfrac{r_i}{R}<1\\ 0, & \dfrac{r_i}{R}\geqslant 1\end{cases} \tag{7.14}$$

式中：R 为 CSRBF 的支撑半径，当点 x 与已知点的距离大于支撑半径时，其基函数 $\varphi(r)=0$。此外，Wendland 还分别提供了 C^0、C^2、C^4 阶连续的基函数形式。由于 CSRBF 的局部支撑性质，超过支撑范围的点的基函数为 0，这使线性的系数矩阵具有带状稀疏的特性，从而有效降低了计算量。

另一方面，各点空间分布的密集程度会影响其显著性，因此各点显著性的度量应考虑两方面因素：各点局部曲面变化量和邻近点的密集程度。上述的曲面变化度量可反映各点的局部特征但由于没有综合考虑其邻近点的影响，无法代表该点的显著性。而径向基函数则直接采用各邻近点到当前点的距离作为自变量，因此采用该函数模型衡量邻近点的影响十分恰当。

本小节结合局部曲面变化度量和径向基函数模型提出一种可用于检测多粒度显著点的测度，描述各点在不同粒度下的突出程度，如下所示：

$$\begin{cases} S_i=\dfrac{V_{P_i}}{c+W\sum\limits_{j=1}^{N}\varphi\left(\|x_j-x_i\|/\lambda\right)} \\ \varphi(r)=(1-r)_+^4(1+4r)=\begin{cases}(1-r)^4(1+4r), & \text{如果 } 1>r\\ 0, & \text{如果 } 1\leqslant r\end{cases}\end{cases} \tag{7.15}$$

式中：V_{P_i} 为当前点 x_i 的局部曲面变化量；由于 Wendland C^2 连续的基函数在插值中效果更好，本处采用 C^2 连续的基函数 $\varphi(r)$；λ 为支撑半径，表示了有效支撑范围，取决于局部曲面变化量的计算范围；x_j 为支撑范围内的任一点；c、W 为权重系数，决定了邻近点对当前点的影响程度，经实验可知当 $c=1.0$，$W=5.0$ 时，效果较好。

式（7.15）中，计算局部曲面变化量的范围与各粒度的均方根相对应，通过控制各粒度的均方根即可得到不同粒度下的局部特征点。另一方面，对于一特征点，当周围特征点分布较密集时，其显著度较低，在多粒度表达中该点被保留的概率应降低。反之，当周围特征点分布较少时，其显著度较高，被保留的概率则较高。式（7.15）中，$\sum\varphi\left(\|x_j-x_i\|/\lambda\right)$

量化了邻近点分布对当前点的贡献，贡献值与邻近点的数量与分布相关，当邻近点分布密集时，贡献值将增加，显著性降低，反之则相反，这一函数特点与上述规律相符合。

7.4.3　基于显著性测度的点云多粒度表达

1. 多粒度曲面变化范围的确定

由于不同粒度下的显著点不尽相同，通过保留各粒度下较显著的点，即可实现三维目标的多粒度表达，计算不同粒度下各点的显著度是多粒度表达的关键。由式（7.15）可知，不同粒度下各点的显著度取决于各点局部曲面变化量的计算范围，因此将该范围与不同粒度的均方根合理的关联，通过控制均方根即可构建出多粒度点云。

在一定距离处观察目标时，由于人眼系统的特点，所能感知到的最细微特征的尺寸是有一定限度的。平时观察到的目标多层次细节特征其实均为大于该尺寸的几何特征，而小于该尺寸的几何特征则无法被感知到。为使构建的多粒度点云更有意义，本小节根据观察距离确定出不同粒度均方根所对应的局部范围。

根据光学原理，在中等亮度、中等对比度下，人眼系统的角分辨率为[1.0', 2.0']。不失一般性，本小节中选择 1.5'作为角分辨率，这意味着：在固定观察距离（或投影比例）下，只有尺寸大于 1.5'的几何特征可以被感知到。根据固定观察距离（或投影比例）和角分辨率可以计算出最小可察觉尺寸，不妨将该尺寸作为最精细粒度 δ=1.0 的局部范围，如图 7.24 所示。此外，若该尺寸小于数显设备（如：电脑屏幕）的像素尺寸或原有点云的平均点间距，则将后者作为粒度 δ=1.0 的局部范围。

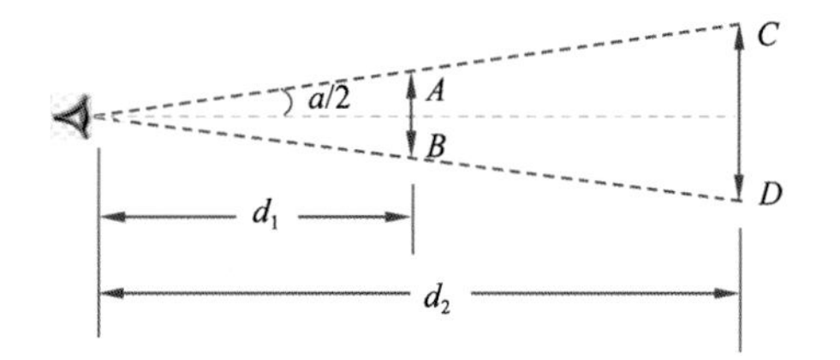

图 7.24　最小可察觉尺寸计算原理图

a 为角分辨率；*AB* 为投影尺寸；*CD* 为实物尺寸，d_1 和 d_2 分别为到屏幕和实物的视距

根据三倍中误差原理，为使平滑更准确，高斯核函数的三倍均方差常被用作平滑模板的半径，因此不同粒度局部范围间的比例与其相应的均方根比例一致，确定了最精细粒度的局部范围后，根据不同粒度均方根的比例，即可确定出其他较粗糙粒度的局部范围。

2. 多粒度点云构建算法

在计算局部曲面变化量时，由于边缘点的特殊性，其值极高，这会影响基于显著度的多粒度点云构建。本小节采用 Bendels（2005）的角度准则方法检测复杂对象的边缘点集，该法利用局部点云的空间分布特征，其基本思想是：若某点局部点的分布偏向某一侧，则认为该点为边界点；若其局部点围绕该点均匀分布则为内部点。

边缘点检测算法的具体步骤为：首先根据当前点及其邻域点计算法向量，构造局部切平面，并将邻域点投影到该平面上得到二维点集；然后计算各投影点与当前点连线构成的夹角得到一个夹角集合，并按夹角大小对其排序；最后，取出相邻投影点间组成的最大夹角Δ，判断该点是否为边缘点，该点属于边缘点的概率为

$$P_{\text{edge}}=\min\left\{\frac{\Delta-2\pi/N_p}{\pi-2\pi/N_p},1.0\right\} \tag{7.16}$$

式中：N_p为邻域点的个数，通过该法可稳健地检测出不同点密度区域的边缘点，如图 7.25 所示，其中红色点为检测出的边缘点。

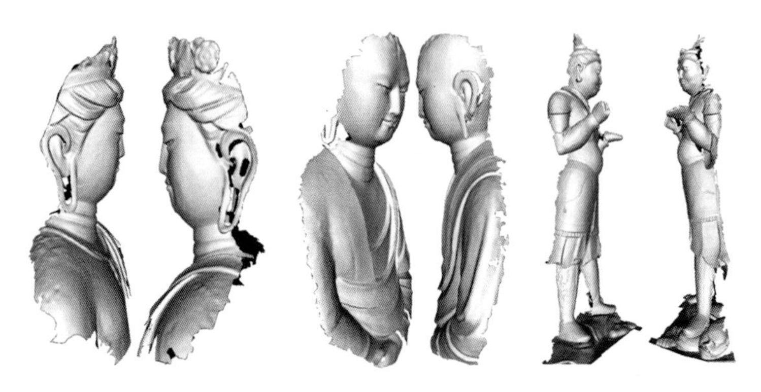

图 7.25　边缘点检测结果

基于计算出的各点显著度，具体采用如下步骤确定出某一粒度的点。

步骤 1：根据当前粒度的局部范围，计算原始点云中各点的局部曲面变化量，并按照各点的变化量降序排列各点。

步骤 2：在排序后的各点中选择前一定比例处（如 80%）某点的局部曲面变化量值作为选择该粒度点云的显著度阈值。

步骤 3：按照排序后的顺序从原始点集中取出一个非边缘点放入目标点集中，根据式（7.19），由该点的曲面变化量和目标点集中的新邻域点计算出该点的显著度。

步骤 4：判断该点的显著度是否大于阈值，若大于则保留该点，否则将其从目标点集中删除。

步骤 5：重复步骤 3～4，直至依次考虑完所有的点。

采用上述步骤选择完所有粒度下较显著的点后，将某一粒度的点云与其更粗糙粒度的点云合并作为该粒度的最终点云，这样可使构建的各粒度点云忽略掉了无意义的点同时又可全面地描述多个粒度的特征信息，这与现实情况是一致的。

7.4.4　表面模型的视觉降质度量

三维表面模型中的局部区域一般有三类，即：平滑区域、边区域和特征区域，如图 7.26 所示。如果采用纯几何降质度量衡量这三类区域中某一相同程度的突变特征时，其值相同，但在实际观察中，由于三维视觉掩蔽效应使得：观察平缓区域时，突变特征易被察觉；而在特征区域中的突变特征，受背景影响往往显得并不显著，因此有必要研究考虑该视觉特征的降质度量，通过融入视距和多粒度因素使其可用于多粒度表面模型的评估中。与本小节相关的视觉降质度量如下。

图 7.26　表面模型中三类区域

1. 多粒度粗糙度度量

Corsini 等（2011）提出了多粒度粗糙度度量（roughness metric）的概念，通过衡量水印前后模型的多粒度粗糙度，实现对三维水印模型的视觉降质评估。对一系列水印模型的评估实验，证明质量评估结果与主观性实验推导出的结果较吻合。本小节主要借鉴其多粒度度量的方法，其主要算法如下。

对于一个不规则三角格网模型，其中任一三角面片 T 的粗糙度可定义为

$$R(T)=\frac{G_1\cdot V_1+G_2\cdot V_2+G_3\cdot V_3}{V_1+V_2+V_3} \tag{7.17}$$

式中：G_1 是点 P_1 周围的各三角面片 T，T_1～T_4 夹角的均值，如图 7.27（a）所示，即分别计算 TT_1、T_1T_2、T_2T_3、T_3T_4、T_4T 间的夹角。如图 7.27（b）所示，两相邻三角面片 T_1T_2 拥有相同的边 E，两者间的夹角 a 在[0,180]。实际中常采用 $G=1-\boldsymbol{N}_1\cdot\boldsymbol{N}_2$ 表示其夹角，$\boldsymbol{N}_1$,$\boldsymbol{N}_2$ 分别为两面片的法向量。V_1 则为这些相邻面片夹角的方差值。通过分别考虑围绕面片 T 的各顶点 P_1，P_2，P_3，可计算出面片 T 的粗糙度。式（7.17）中各夹角均值由相应的方差加权，可反映出面片周围的粗糙程度，衡量模型中的特征区域。

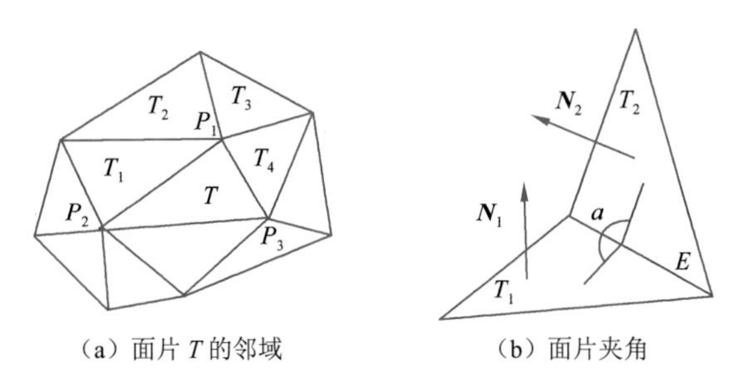

（a）面片 T 的邻域　　（b）面片夹角

图 7.27　面片 T 的邻域和面片夹角图

将各面片的粗糙度转化为各点的粗糙度为

$$R^N(v)=\frac{1}{\left|S_v^N\right|}\sum_{i\in S_v^N}R(T_i)A(T_i) \tag{7.18}$$

式中：S_v为顶点 v 周围 N 环内的各面片集合；$|S_v|$为包含的面片个数；$A(T_i)$为任一面片的面积。

实际应用中，由于各点邻域曲面隆起范围不等，为考虑多种情况，分别计算各顶点周围三个尺度范围的粗糙度，即 1 环、2 环和 4 环的范围，从中选取最大粗糙度作为该点最终粗糙度：

$$R(v)=\max\left\{R^1(v),R^2(v),R^4(v)\right\} \tag{7.19}$$

被评估模型的总粗糙度为各顶点粗糙度之和，表示为

$$R(M)=\sum_{i=1}^{N_v}R(v_i) \tag{7.20}$$

式中：N_v 为模型中点数。将被评估模型与原始数据模型间粗糙度的增量作为两者间的视觉度量，并采用原始数据模型的粗糙度对其规则化，可表示为

$$R(M,M^d)=\log\left[\frac{R(M)-R(M^d)}{R(M)}+k\right]-\log(k) \tag{7.21}$$

式中：$R(M)$为原始数据模型总粗糙度；$R(M^d)$为待评估模型总粗糙度。式（7.21）中采用对数可放大较小的几何差异，使其更易于辨别，k 为一常数为了避免数值不稳定，同时将差异值规则化到[0,10]。

为使模型间质量差异的度量更符合主观特征，将上式由高斯心理函数拟合如下：

$$R^*(M,M^d)=G\left[a,b,R(M,M^d)\right]=\frac{1}{2\pi}\int_{a+bR}^{\infty}\mathrm{e}^{-\frac{t^2}{2}}\mathrm{d}t \tag{7.22}$$

式中：参数 a，b 的取值由主观性实验获取，$a=1.9428$，$b=-0.2571$。

2. 多粒度视距相关的结构化降质度量

Lavoué 等（2006）基于局部区域的曲率差异、对比差异、结构差异，提出了结构化降质度量（3D mesh structural distortion measure，MSDM），通过降低特征区域处的质量差异值达到与视觉掩蔽效应一致的效果。另一方面，MSDM 的效率高，适用于评估多粒度表面模型的视觉降质值，且 MSDM 易于扩展以衡量不同点数的模型。本小节基于 7.4.4 小节中的多粒度方法，并融入视距因素改进该视觉降质度量。

构建的各粒度模型与原始模型中的点数与各点间的拓扑关系均有所不同，因此原有的 MSDM 无法直接使用。为解决该问题，依次判断原始模型中的各点是否存在于各粒度模型中，若不存在，则在该粒度表面模型中搜索最近的三角面片，将原始点投影到三角面片上得到一新点，添加新点到该粒度点云中作为与原始点相对应的点。这样既不改变各粒度点云的几何性质同时又可满足 MSDM 的计算条件，图 7.28 为补充缺失点后的前后对比结果。

此外，因为原始点云与各粒度点云均含有多粒度几何信息，为合理衡量各粒度模型与原始模型间的差异，需要全面描述两者的信息，而仅采用某一固定粒度的局部范围计算 MSDM 显然无法保证该点。本小节通过计算多个粒度局部范围（如：$\delta=1,3,5,7$）下的原始各点的曲率，根据 Bariya 等（2012）的方法确定出各点的固有尺度（intrinsic scale），

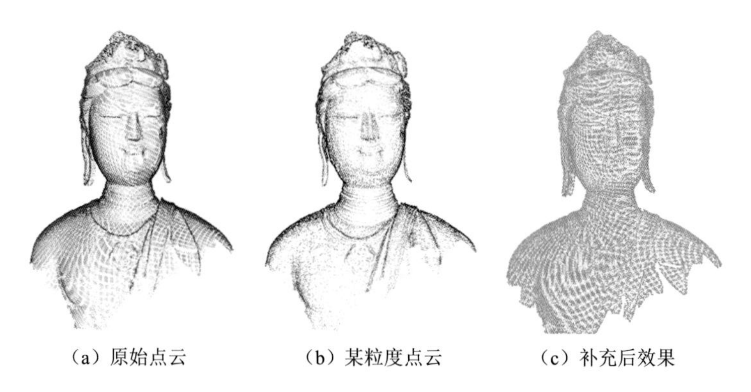

（a）原始点云　（b）某粒度点云　（c）补充后效果

图 7.28　某粒度缺失点补充效果
橘红色为该粒度点，绿色为补充的点

并将各点固有尺度对应的局部范围作为原始点及其对应的各粒度点的局部范围。这样在计算视觉度量时，可根据各点的固有属性自适应地采取相应的局部范围，同时由于结合了粒度的局部范围该度量同时可考虑视距因素。

视觉度量 MSDM 的计算步骤如下。

步骤 1：根据原始数据中各点的固有局部范围，分别计算原始各点和各粒度点的曲率。对于一点，根据其局部范围的各点的曲率，分别计算其局部曲率均值 $\mu_u = \frac{1}{n}\sum_{p_i \in u} k(p_i)$，局部曲率方差 $\sigma_u = \sqrt{\frac{1}{n}\sum_{p_i \in u}(k(p_i)-\mu_u)^2}$ 和曲率协方差 $\sigma_{uv}^2 = \frac{1}{n}\sum_{p_i \in u}(k(p_i)-\mu_u)(k(q_i)-\mu_v)$。

步骤 2：根据原始各点与相应的粒度点局部曲率属性，分别计算如下：

$$L(u,v)=\frac{\|\mu_u-\mu_v\|}{\max(\mu_u,\mu_v)},\quad C(u,v)=\frac{\|\sigma_u-\sigma_v\|}{\max(\sigma_u,\sigma_v)},\quad S(u,v)=\frac{\|\sigma_u\sigma_v-\sigma_{uv}\|}{\sigma_u\sigma_v} \tag{7.23}$$

式中：L 为曲率差异；C 为对比差异；S 为结构差异。

步骤 3：根据 L、C、S 值分别计算该粒度模型与原始模型间的视觉降质：

$$\mathrm{MSDM}(u,v)=\left[\frac{1}{N}\sum_{i=1}^{N}\alpha L(u_i,v_i)^t+\beta C(u_i,v_i)^t+\gamma S(u_i,v_i)^t\right]^{\frac{1}{t}} \tag{7.24}$$

式中：α,β,γ 为常数，$\alpha+\beta+\gamma=1$；t 为[2.5，4.0]的常数。

上述步骤中，采用 L、C、S 变量全面描述了两处局部区域间的差异；特征区域由于其局部曲率均值和标准差均较大，所以步骤 2 中各变量的分母值较大，从而降低各变量值，压缩了质量差异，这与三维掩蔽效应一致。

3. 改进的结构化降质度量与其他降质度量比较

本小节将比较改进的 MSDM 度量与三种常用的几何降质度量，这些几何降质度量包括：Hausdorff 距离、曲率差异和二次误差指标。不妨以三组复杂目标构建的多粒度模型为测试数据，分别采用几种降质度量评估各粒度模型的降质值。为了便于比较，以原始模型和最粗糙粒度模型的降质值为基准，将各粒度降质值规范化到[0，10]。另一方面，选择多名志愿者，在一定的观察条件下（具体测试条件如 7.4.5 小节所述），分别给各粒度模型打分，同样可得到一组介于[0，10]的分数。采用皮尔逊相关系数，计算分析这些质量降质值与主观测试间的相关性。表 7.2 为各降质度量的皮尔逊相关系数，图 7.29 展示了所有模型的均值与方差。

表 7.2　多种降质度量与 MOS 结果的相关系数

数据	目标投影比例	Hausdorff 距离	曲率差异	二次误差	MSDM
左菩萨	6:1	0.94	0.93	0.89	0.96
	12:1	0.92	0.92	0.87	0.95
阿难	6:1	0.90	0.91	0.86	0.93
	12:1	0.85	0.88	0.82	0.92
左天王	6:1	0.87	0.90	0.87	0.95
	12:1	0.86	0.88	0.86	0.93
均值		0.89	0.90	0.86	0.94
方差		0.079	0.047	0.052	0.035

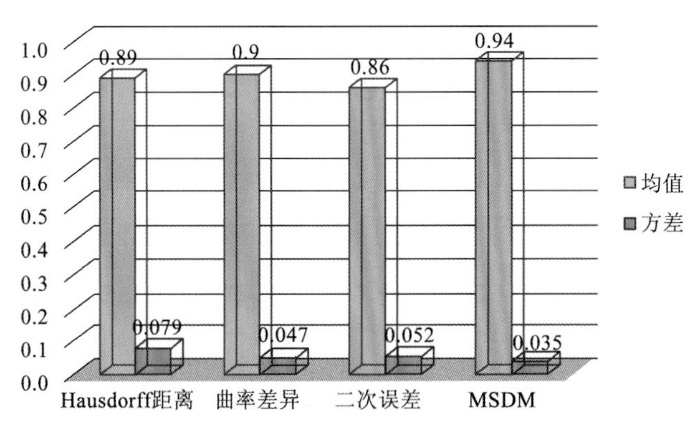

图 7.29　多组数据视觉降质值的均值与方差

从表 7.2 和图 7.29 中可看出，对于三组不同的数据，改进的 MSDM 度量均有着比其他降质度量较高的相关系数，其均值为 0.94，方差为 0.035。较高的相关系数均值说明改进的 MSDM 度量与 HVS 识别的相似性较高，因此在衡量质量降质值时更合理；而较低的方差值则说明该度量的稳定性良好。因此相比其他几何降质度量，改进的 MSDM 度量性能最好，主要原因有以下几点。

首先，改进的 MSDM 考虑了局部区域各点的曲率值，计算出曲率差异、对比差异和结构差异等变量，可以良好地模拟视觉掩蔽效应。而其他三种几何降质度量均没有考虑 HVS 特征，因此无法对模型降质值有效评估；其次，改进的 MSDM 考虑了各点的多个粒度的局部范围，通过计算不同范围下曲率值，选择出包含信息最丰富的局部范围比较其质量差异，而其他几种度量则仅提供单一粒度评估降质值，因此改进的 MSDM 度量更加真实准确；最后，改进的 MSDM 度量中其局部范围的选择是取决于视距或目标投影比例，因此在不同的视距（或投影比例）条件下均可自适应的评估目标的视觉降质值。综上所述可知，改进后的 MSDM 度量是一种有效的视觉降质度量，适用于本文的高质量粒度选择。

7.4.5　基于主观性阈值的最佳粒度选择

为满足在一定视距（或投影比例）条件下的高质量粒度选择需求，本小节基于粒度点云选择出最佳粒度。由于多粒度表达是视距相关的，构建的多粒度可全面描述当前视觉条件下的各层次细节信息。对多粒度点云构建的表面模型，采用改进的 MSDM 分别衡量其视觉降质值，为从中选择出最佳粒度需要得到一个合适的 MSDM 视觉降质阈值。本小节通过参考主观性实验的粒度选择结果确定出通用的、HVS 可接受的视觉降质阈值，进而用于最佳粒度的自动选择，实现不同视距（或投影比例）条件下的自适应选择。

为使主观性实验的结果更可信，从武汉大学测绘遥感信息工程国家重点实验室的学生中选择 20 名测试者，其相关信息如表 7.3 所示。测试者们从适当的距离（离屏幕大约 45 cm）观察三维模型，并允许他们对模型进行简单的交互操作（如：模型旋转、平移）。本小节不妨以三套自由曲面对象数据（菩萨、天王、阿难）的原始模型和从 $\delta=1$ 到 $\delta=7$ 的 13 个不同的粒度模型分别作为实验数据，投影到 2 880×1 800 分辨率电脑屏幕上的 0.05×0.05 m^2 区域内，其投影比例分别为 12:1、15:1 和 28:1。测试者们被邀请从多粒度点云中选择出与原始模型无显著区别且数据压缩率最高的粒度，其投票结果如表 7.4 所示。

表 7.3　测试者相关信息表

编号	年龄	性别	矫正视力	专业	教育背景
1	21	男	5.0	摄影测量与遥感	本科
2	22	女	4.9	摄影测量与遥感	本科
3	22	男	4.7	计算机技术	本科
4	22	女	5.1	计算机技术	本科
5	22	男	5.0	地图学	本科
6	23	男	4.9	地理信息系统	硕士
7	23	男	5.0	地理信息系统	硕士
8	24	男	5.0	地理信息系统	硕士
9	24	女	5.0	计算机技术	硕士
10	25	男	4.9	计算机技术	硕士
11	25	女	5.1	通信与信息系统	硕士
12	23	男	5.0	通信与信息系统	硕士
13	24	男	4.8	测绘工程	硕士
14	24	女	5.0	测绘工程	硕士
15	24	男	4.9	测绘工程	硕士

续表

编号	年龄	性别	矫正视力	专业	教育背景
16	27	男	4.7	摄影测量与遥感	博士
17	28	男	4.8	摄影测量与遥感	博士
18	28	女	4.9	地理信息系统	博士
19	29	男	4.9	地理信息系统	博士
20	28	男	4.8	计算机技术	博士

表 7.4　最佳粒度投票结果表

数据集	粒度						
	δ=2.0	δ=2.5	δ=3.0	δ=3.5	δ=4.0	δ=4.5	δ=5.0
左菩萨	2	14	1	2	1	0	0
阿难	0	3	10	5	1	1	0
左天王	2	9	4	1	2	1	1

由图 7.30 所示，对于三组不同的实验数据，测试者们选择出最佳粒度模型，其中左菩萨数据的最佳粒度为δ=2.5、阿难数据为粒度δ=3.0，左天王数据为粒度δ=2.5。从图中计算出的各粒度降质值可看出，这些最佳粒度的视觉降质值均位于[0.25,0.35]，因此本小节以 0.3 作为视觉降质值的阈值。

通过选择小于该阈值的最粗糙粒度作为最佳粒度，实现粒度选择。综上所述，与原始数据相比，选择出的粒度可有效减少数据冗余，同时可接受的视觉降质使其具有较高的保真度，有利于从冗余数据中选择出合适的数据。

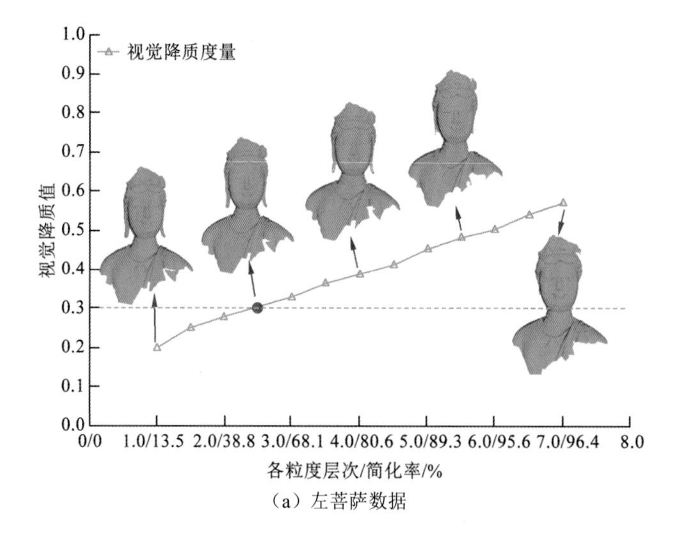

（a）左菩萨数据

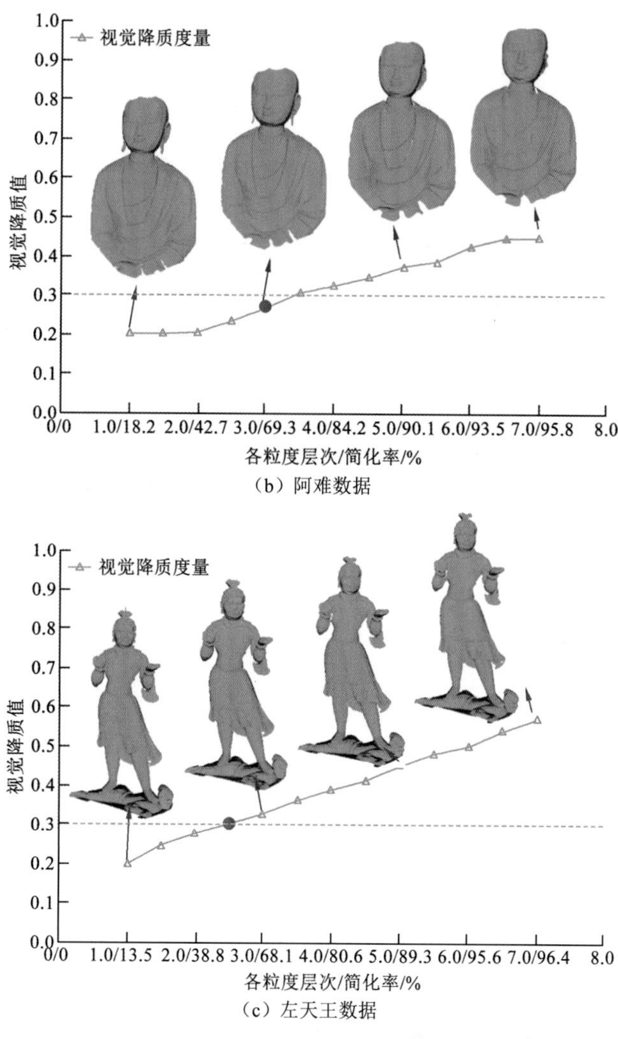

图 7.30　多组数据各粒度模型降质值及最佳选择结果

蓝线为主观性实验确定的阈值，红点为最终确定的粒度

7.4.6　视距依赖的多粒度表达实验分析

1. 多粒度表达实验

以左菩萨、阿难、左天王数据为例，图 7.31 中的第二列显示了采用基于大地线距离的三维高斯核函数的不同尺度平滑结果，核函数的尺度分别取 $\delta=2$ 、$\delta=4$ 和 $\delta=6$ 。从该列可以看出，不同层次的几何特征被过滤掉了，引起了严重的信息丢失。另一方面，不同粒度的局部曲面变化量（如图 7.31 最后一列所示）可以描述出不同粒度的几何特征，这意味着利用局部曲面变化量从原始点云中选择出不同粒度的点云可以不改变点的几何信息，是一个较合理的方法。

（a）左菩萨数据

（b）阿难数据

（c）左天王数据

图 7.31　三个粒度直接高斯平滑结果与局部曲面变化量渲染

为验证多粒度点云选择的有效性，将各点云投影到电脑屏幕上 0.05×0.05 m^2 的区域内，则投影比例分别为 12:1、15:1 和 28:1，距离屏幕的观测距离为 0.45 cm，屏幕的分辨率为 2 880×1 800 像素。根据上述的方法可计算出三组数据的初始粒度 δ=1 的局部邻域范围分别为：1.2 mm、1.5 mm 和 2.8 mm，进而可计算出其他粒度的局部邻域范围。图 7.32 显示了 δ=2 、δ=3、δ=4 和 δ=5 多个粒度点云，其中 SR 表示点云的简化率。

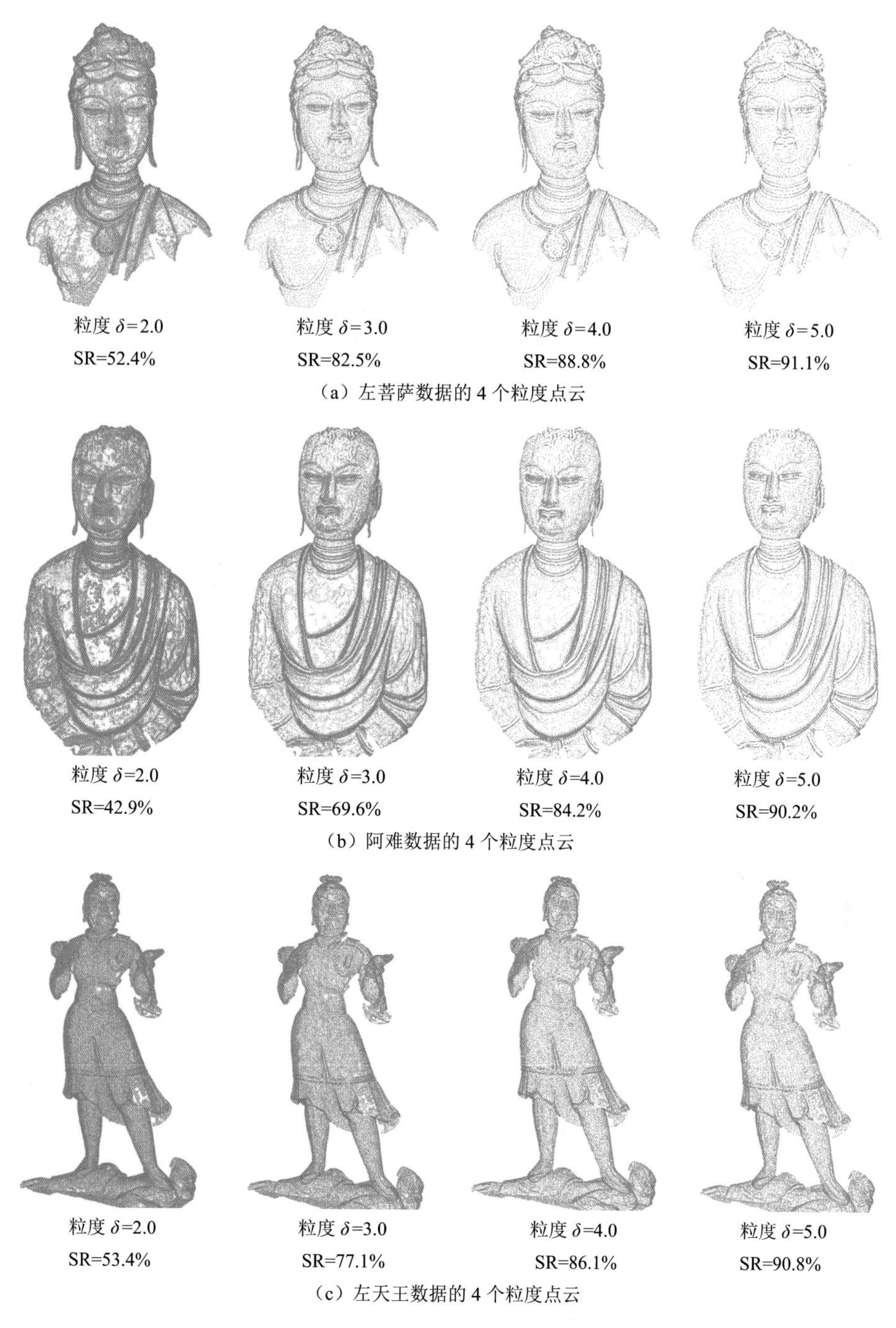

（a）左菩萨数据的 4 个粒度点云

（b）阿难数据的 4 个粒度点云

（c）左天王数据的 4 个粒度点云

图 7.32　三套数据的多粒度点云

从图 7.32 中可以看出，选择出的各粒度点云可以描述目标的多层次细节信息，且在平缓区域没有产生明显的点云“漏洞”，特征区域也没有选择出过密的点。此外，各粒度点云具有较高的压缩率，有效地简化了点云的冗余度。另一方面，各粒度点云中局部区域的几何细节得到了很好的保留，如图 7.33 所示。

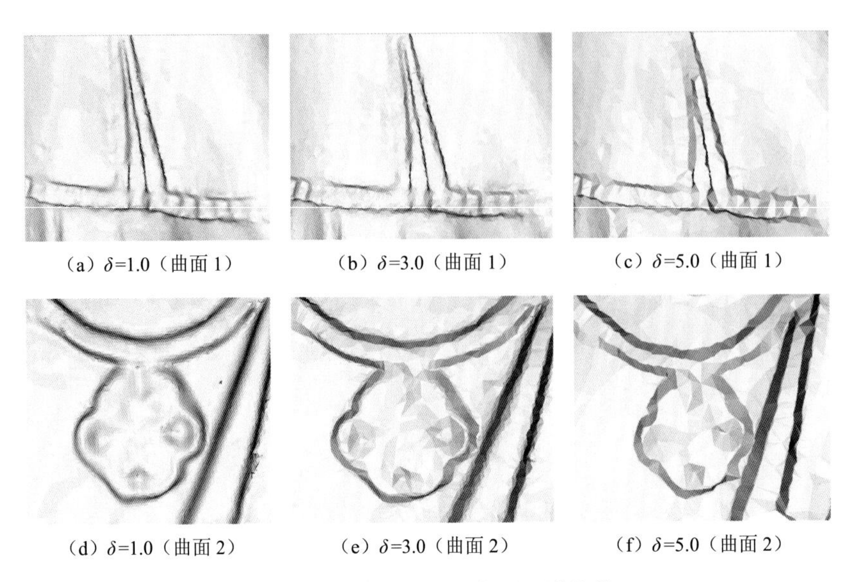

（a）δ=1.0（曲面 1）　（b）δ=3.0（曲面 1）　（c）δ=5.0（曲面 1）

（d）δ=1.0（曲面 2）　（e）δ=3.0（曲面 2）　（f）δ=5.0（曲面 2）

图 7.33　不同粒度相同曲面区域比较

2. 多粒度表达的参数选择实验

从式（7.15）中可以看出，权重系数 W 和有效支持半径 λ 影响各粒度点云的确定。W 影响支持范围内各点贡献的总权重；λ 决定了相关点的范围和各点的贡献大小。为测试这些参数值的影响，分析左菩萨数据取不同参数值时的实验，如图 7.34 和图 7.35 所示。图 7.34 显示了在 5 个不同权重系数 W 时粒度 δ=3 的结果。图 7.35 显示了在不同有效支持半径 λ 时，δ=3、δ=4 和 δ=5 的粒度点云。

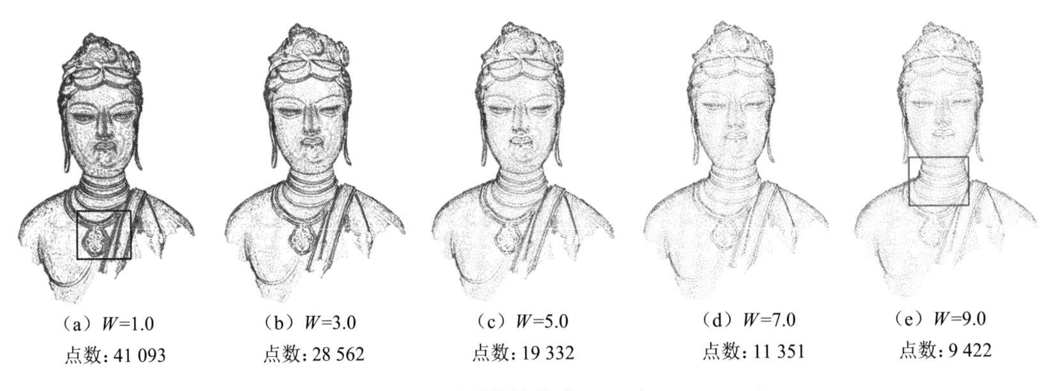

（a）W=1.0 点数：41 093　（b）W=3.0 点数：28 562　（c）W=5.0 点数：19 332　（d）W=7.0 点数：11 351　（e）W=9.0 点数：9 422

图 7.34　不同权重系数的粒度 δ=3 点云（λ=4.0）

图 7.34 表明支持范围内各点的总权重是与权重系数 W 成比例的，较小的权重系数 W 将导致较大的显著值，进而产生更多的点（如红框所示）；而较大的权重系数 W（如：9.0）将产生较稀疏的点，从而导致严重的几何信息缺失。通过人工检查发现 W=5.0 时，计算出的各点显著值较可靠。

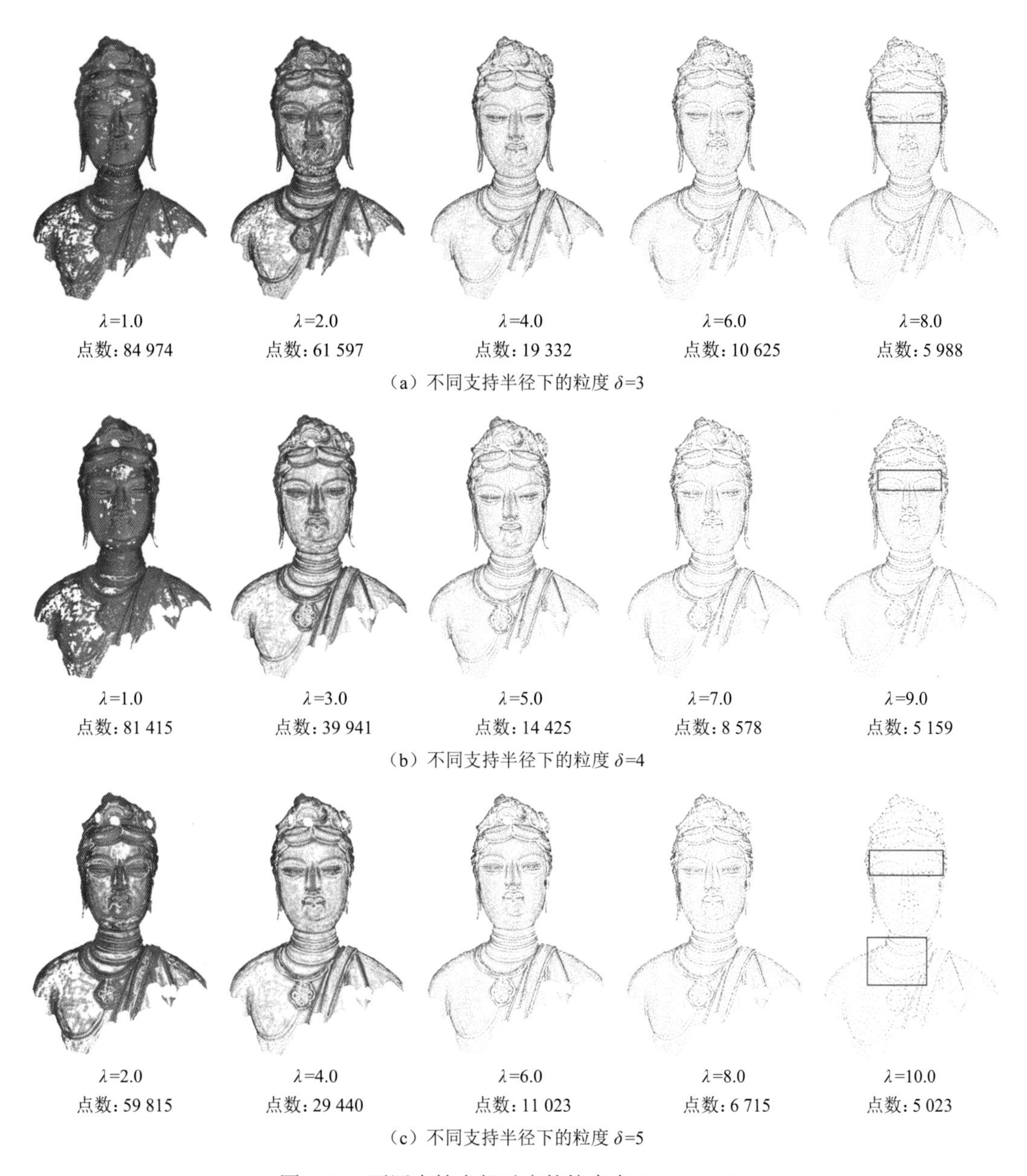

（a）不同支持半径下的粒度 δ=3

（b）不同支持半径下的粒度 δ=4

（c）不同支持半径下的粒度 δ=5

图 7.35　不同支持半径对应的粒度点云（W=5.0）

图 7.35 显示了在权重系数 W=5.0 时，不同支持半径下粒度点云的确定结果。从图中可以发现，较小的支持半径将使各点的显著值增大，从而产生较多的粒度点，反之亦然。此外，图中显示：支持半径分别为 4.0、5.0、6.0 时，确定出粒度点云分布较好且疏密适中。根据前文的方法可知，粒度 δ=3、δ=4 和 δ=5 的局部邻域范围分别为 3.6 mm、4.8 mm 和 6.0 mm，综上分析可知，当各粒度的支持半径设置为其相应的局部范围时可取得较理想的效果。

3. 不同投影比例的多粒度表达实验

在上述观察条件下，以左菩萨数据为实验数据验证不同投影比例下的多粒度表达方法。通过控制屏幕上投影的区域大小，可以得到不同的投影比例，本节验证在投影比例18:1 和 24:1 时的多粒度构建结果，如图 7.36 所示。从图中可看出，随着投影比例的增大，构建的多粒度点云也逐渐稀疏，描述的几何特征尺寸逐渐增大。这是因为投影比例影响各粒度局部范围的大小，对粒度点云的稀疏程度有一定控制作用。这表明本小节的多粒度表达方法是视距依赖的，为满足一定视觉需求选择模型提供了重要的依据。

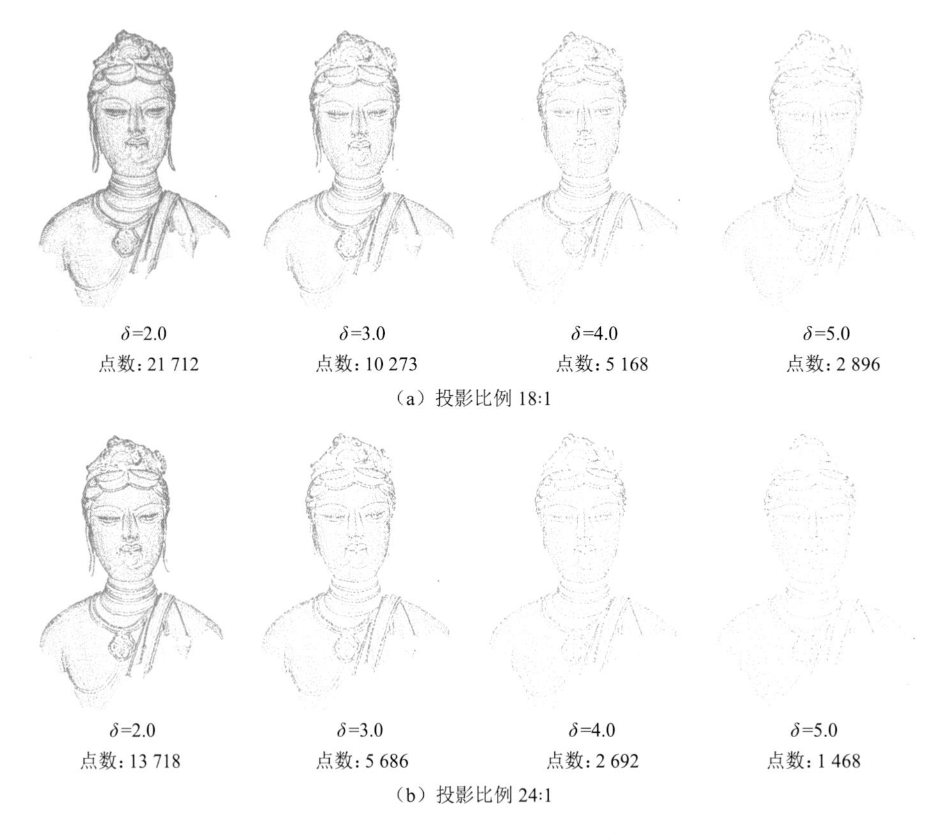

图 7.36　不同投影比例下的多粒度点云

7.4.7　不同视觉条件的按需选择实验

在 7.4.6 小节的观测环境下，本小节对三组数据在不同投影比例下分别进行按需选择实验。根据前文所述方法，可分别计算出各粒度点云的视觉降质值。选择出的最佳粒度点云和其构建的各投影比例的 Tins（不是真实比例，仅保持相对比例）如图 7.37 所示，相应的信息如表 7.5 所示。

图 7.37 的前三列和表 7.5 表明选择出的最佳粒度点云的点数随着投影面积的增大（投影比例越小）而减少。图 7.37 的后三列表明不同投影比例下选择出的最佳粒度的表面模型中，难以发现显著的视觉失真，证明了各投影比例下选择出的粒度模型具有较高的视觉

（a）投影比例为 10:1、12:1、15:1 时选择的最优粒度数据

（b）投影比例为 12:1、15:1、19:1 时选择的最优粒度数据

（c）投影比例为 22:1、28:1、35:1 时选择的最优粒度数据

图 7.37　不同投影比例下选择的最优粒度模型

表 7.5　不同投影比例下最佳粒度选择信息

数据	总点数	投影比例	最佳粒度点数	三角面片数	MSDM 值	运行时间/s
左菩萨	110 385	10:1	53 353	105 762	0.28	51
		12:1	32 375	64 058	0.29	75
		15:1	20 677	40 743	0.22	108
阿难	179 831	12:1	64 161	129 165	0.21	119
		15:1	38 060	78 184	0.26	175
		19:1	22 796	46 076	0.25	236

续表

数据	总点数	投影比例	最佳粒度点数	三角面片数	MSDM 值	运行时间/s
左天王	418 517	22:1	139 635	277 159	0.27	252
		28:1	93 372	185 008	0.29	336
		35:1	64 640	127 795	0.29	495

质量，同时也说明了本节按需选择方法可以根据不同的视距或投影比例自适应地选择出最佳粒度模型。此外，表 7.5 中的运行时间表明该方法适合于处理较大数据量的点云。

7.5 本章小结

本章主要介绍了多细节层次建筑物三维模型构建，以及结合多粒度表达的文物对象按需建模方法。首先详细地介绍了基于形态学重建尺度空间理论的建筑物多细节层次三维建模方法，在点云层面上生成多细节层次建筑物点云，并利用数据驱动方法构建各层次的建筑物模型。为了验证算法的有效性，选择了建筑物类型多样且屋顶部件复杂的城市环境数据进行实验并对实验结果进行了分析。然后结合文化遗产数字化保护的需求，介绍了多粒度表达算法，包括结合高斯核函数的局部曲面变化量的计算方法，基于径向基函数的邻域分析，以及不同粒度下的显著度计算等方法，并分析了多组复杂数据的多粒度表达实验，验证了本章按需选择方法的自适应性和可靠性，可实现在满足一定视距（投影比例）条件下的按需三维建模。基于形态学尺度空间的建筑物 LoD 模型生成方法和文化遗产的多粒度按需三维建模方法在智慧城市、三维可视化等方面具有十分重要的作用和意义。

参考文献

BARIYA P, NOVATNACK J, SCHWARTZ G, et al., 2012. 3D geometric scale variability in range images: Features and descriptors. International Journal of Computer Vision, 99(2): 232-255.

BENDELS, G H, SCHNABEL R, KLEIN R, 2005. Detail-preserving surface inpainting// The 6th International Symposium on Virtural Reality, Archaeology and Intelligent Cultural Heritage, Pisa, Italy: 41-48.

BILJECKI F, LEDOUX H, STOTER J, 2016. An improved LOD specification for 3D building models. Computers, Environment and Urban Systems, 59: 25-37.

BILJECKI F, LEDOUX H, STOTER J, et al., 2014. Formalisation of the level of detail in 3D city modelling. Computers, Environment and Urban Systems, 48: 1-15.

BOISSONNAT J D, CAZALS F F, 2001. Coarse-to-fine surface simplification with geometric guarantees. EUROGRAPHICS'01, Conf. Proc., Manchester, UK: 490-499.

BREITMEYER B G, OGMEN H, 2006. Visual masking: Time slices through conscious and unconscious vision. Oxford: Oxford University Press.

CHEN Y, CHENG L, LI M, 2014. Multiscale grid method for detection and reconstruction of building roofs from airborne LiDAR data. IEEE Journal of Selected Topics in Applied Earth Observations & Remote Sensing, 7(10): 4081-4094.

CORSINI M, GELASCA E D, EBRAHIMI T, 2007. Watermarked 3-D mesh quality assessment. Multimedia, IEEE Transactions on, 9.2: 247-256.

CORSINI M, GELASCA E D, EBRAHIMI T, 2011. A multi-scale roughness metric for 3D watermarking quality assessment. The Workshop on Image Analysis for Multimedia Interactive Services. SPIE, 2011.

DEY T K, GIESEN J, HUDSON J, 2001. Decimating samples for mesh simplification. Proc. 13th Canadian Conference on Computational Geometry, Waterloo, Canada: 85-88.

ELBERINK S O, VOSSELMAN G, 2009. Building reconstruction by target based graph matching on incomplete laser data: analysis and limitations. Sensors, 9(8): 6101-6118.

FAN H, MENG L, 2012. A three-step approach of simplifying 3D buildings modeled by CityGML. International Journal of Geographical Information Science, 26(6): 1091-1107.

FORBERG A, 2007. Generalization of 3D building data based on a scale-space approach. ISPRS Journal of Photogrammetry and Remote Sensing, 62(2): 104-111.

GOUTSIAS J, VINCENT L, BLOOMBERG D S, 2006. Mathematical morphology and its applications to image and signal processing. Dordrecht: Springer Science & Business Media.

GRÖGER G, KOLBE T H, NAGEL C, et al., 2012. OGC city geography markup language (CityGML) encoding standard. Open Geospatial Consortium.

HAN H, HAN X, SUN F, et al., 2015. Point cloud simplification with preserved edge based on normal vector. Optik-International Journal for Light and Electron Optics, 126(19): 2157-2162.

HUA J, LAI Z, DONG M, et al., 2008. Geodesic distance-weighted shape vector image diffusion. IEEE Trans. on Visual. and Comput. Graph., 14(6): 1643-1650.

JARZĄBEK-RYCHARD M, BORKOWSKI A, 2016. 3D building reconstruction from ALS data using unambiguous decomposition into elementary structures. ISPRS Journal of Photogrammetry and Remote Sensing, 118: 1-12.

JOCHEM A, HOFLE B, RUTZINGER M, et al., 2009. Automatic roof plane detection and analysis in airborne lidar point clouds for solar potential assessment. Sensors, 9(7): 5241-5262.

JUNG C R, SCHARCANSKI J, 2003. Adaptive image denoising and edge enhancement in scale-space using the wavelet transform. Pattern Recognition Letters, 24(7): 965-971.

KADA M, 2006. 3D building generalization based on half-space modeling. International Archives of Photogrammetry, Remote Sensing and Spatial Information Sciences, 36(2): 58-64.

KARNI Z, GOTSMAN C, 2000. Spectral compression of mesh geometry. Proceedings of SIGGRAPH. New Orleans, LA: ACM Press/Addison-Wesley Publishing Co., 2000: 279-286.

KIM D B, PAJAROLA R, LEE K H, 2012. Efficient reduction of point data sets for surface splatting using geometry and color attributes. The International Journal of Advanced Manufacturing Technology, 61(5-8): 787-796.

KIM S J, KIM C H, LEVIN D, 2002. Surface simplification using a discrete curvature norm. Computers & Graphics, 26(5): 657-663.

KLEIN J, ZACHMANN G, 2004. Point cloud surfaces using geometric proximity graphs. Computers and Graphics, 28(6): 839-850.

LAVOUÉ G, 2011. A multiscale metric for 3D mesh visual quality assessment. Computer Graphics Forum, 30(5): 1427-1437.

LAVOUÉ G, GELASCA E D, DUPONT F, et al., 2006. Perceptually driven 3D distance metrics with application to watermarking. SPIE Optics+ Photonics. International Society for Optics and Photonics:

63120L-63120L-12.

LOPEZ-MOLINA C, DE BAETS B, BUSTINCE H, et al., 2013. Multiscale edge detection based on Gaussian smoothing and edge tracking. Knowledge-Based Systems, 44: 101-111.

MA X, CRIPPS R J, 2011. Shape preserving data reduction for 3D surface points. Computer-Aided Design, 43(8): 902-909.

MAAS H G, VOSSELMAN G, 1999. Two algorithms for extracting building models from raw laser altimetry data. ISPRS Journal of Photogrammetry and Remote Sensing, 54(2): 153-163.

MAO B, BAN Y, HARRIE L, 2011. A multiple representation data structure for dynamic visualisation of generalised 3D city models. ISPRS Journal of Photogrammetry and Remote Sensing, 66(2): 198-208.

MAYER H, 2005. Scale - spaces for generalization of 3D buildings. International Journal of Geographical Information Science, 19(8-9): 975-997.

MIAO Y, DIAZ-GUTIERREZ P, PAJAROLA R, et al., 2009. Shape isophotic error netric controllable re-sampling for point-sampled surfaces. Shape Modeling and Applications, 2009. SMI 2009. IEEE International Conference on9: 28-35.

MOENNING C, NEIL A D, 2003. A new point cloud simplification algorithm.Proc. Int. Conf. on Visualization, Imaging and Image Processing. 2003.

NOVATNACK J, NISHINO K, 2007. Scale-dependent 3D geometric features. Computer Vision. ICCV 2007. IEEE 11th International Conference on: 1-8.

PAULY M, GROSS M, KOBBELT L P, 2002. Efficient simplification of point-sampled surfaces. Proceedings of the conference on Visualization'02. IEEE Computer Society: 163-170.

PERERA G S N, MAAS H G, 2014. Cycle graph analysis for 3D roof structure modelling: Concepts and performance. ISPRS Journal of Photogrammetry and Remote Sensing, 93: 213-226.

QU L, MEYER GW, 2006. Perceptually Driven Interactive Geometry Remeshing. I3D. Redwood City, California, 2006: 199-206.

QU L, MEYER GW, 2008. Perceptually guided polygon reduction. IEEE Trans. Vis. Comput. Graphics, 14(5): 1015-1029.

ROTTENSTEINER F, SOHN G, GERKE M,et al., 2014. Results of the ISPRS benchmark on urban object detection and 3D building reconstruction. ISPRS Journal of Photogrammetry and Remote Sensing, 93: 256-271.

SAMPATH A, SHAN J, 2010. Segmentation and reconstruction of polyhedral building roofs from aerial lidar point clouds. IEEE Transactions on Geoscience and Remote Sensing, 48(3): 1554-1567.

SAREEN K K, KNOPF G K, CANAS R, 2009. Contour-based 3D point cloud simplification for modeling freeform surfaces. science and technology for humanity (TIC-STH), IEEE Toronto International Conference: 381-86.

SCHLATTMANN M, 2006. Intrinsic features on surfaces. Central European seminar on computer graphics, 72: 169-176.

SESTER M, 2000. Generalization based on least squares adjustment. International archives of Photogrammetry and Remote Sensing, 33(B4/3): 931-938.

SONG H, FENG H Y, 2009. A progressive point cloud simplification algorithm with preserved sharp edge data. The International Journal of Advanced Manufacturing Technology, 45(5-6): 583-592.

THIEMANN F, SESTER M, 2004. Segmentation of buildings for 3D-generalisation// Proceedings of the ICA Workshop on Generalisation and Multiple Representation, Leicester, UK: 2021.

TSENG J L, 2014. Surface simplification of 3D animation models using robust homogeneous coordinate transformation. Journal of Applied Mathematics(2014): 1-4.

VERDIE Y, LAFARGE F, ALLIEZ P, 2015. LOD Generation for urban scenes. ACM on Graphics, 34: 1-14.

VINCENT L, 1993. Morphological grayscale reconstruction in image analysis: Applications and efficient algorithms. IEEE Transactions on Image Processing, 2(2): 176-201.

WENDLAND H, PIECEWISE P, 1995. Positive definite and compactly supported radial functions of minimal degree. Advances in computational Mathematics, 4(1): 389-396.

WILLIAMS N, LUEBKE D, COHEN J D, et al., 2003. Perceptually guided simplification of lit, textured meshes. Proceedings of the 2003 symposium on Interactive 3D graphics. ACM, 2003: 113-121.

WU J, KOBBELT L, 2004. Optimized Sub - Sampling of Point Sets for Surface Splatting. Computer Graphics Forum. Blackwell Publishing, Inc, 23(3): 643-652.

XIONG B, JANCOSEK M, OUDE ELBERINK S, et al., 2015. Flexible building primitives for 3D building modeling. ISPRS Journal of Photogrammetry and Remote Sensing, 101: 275-290.

YU Z, WONG H, PENG H, et al., 2010. ASM: An adaptive simplification method for 3D point-based models. Computer-Aided Design, 42(7): 598-612.

ZADRAVEC M, ŽALIK B, 2005. An almost distribution-independent incremental Delaunay triangulation algorithm. The Visual Computer, 21(6): 384-396.

ZHANG Z, ZHANG L, TONG X,et al., 2016. A multilevel point-cluster-based discriminative feature for als point cloud classification.

ZHOU Q, CHEN Y, 2011. Generalization of DEM for terrain analysis using a compound method. ISPRS Journal of Photogrammetry and Remote Sensing, 66(1): 38-45.

第8章　点云工程化典型应用

8.1　引　　言

点云三维信息在基础测绘，如：数字地面模型生成/数字城市三维建模，地球系统科学研究，如：冰川信息提取等方面具有十分广泛的应用，同时也是智慧城市、智能交通、重大基础设施的健康状况监测、自然资源调查、文化遗产数字化保护等工程化应用的重要支撑。在智慧城市方面，点云三维信息在城市能源和通信仿真、城市精细化管理、城市安全分析等方面发挥越来越重要的作用，通过数据、结构、功能为一体的智能集成，把室内室外、地上地下、水上水下的三维几何信息、语义信息及准确空间关系一体化表达，实现按需多细节层次建模，为复杂城市提供翔实的全空间、动静态信息保障。在智能交通方面，点云三维信息是运动目标实时发现与定位、实时避障、高清地图生产等方面的核心支撑，激光扫描避障已成为无人驾驶的标配，高清地图要素的精准提取使无人驾驶能够为用户提供准确直观的三维位置信息和超越传感器能力的精确路径规划控制策略。在重大基础设施的健康状况监测方面，点云三维信息通过关键结构的精细化建模以及多目标精准识别与空间关系计算，为电力线路安全监测（安全距离等）、道路路面健康普查（塌陷、破损等）、桥梁、隧道形变发现等提供精准有效的三维信息，为基础设施的运营安全做出重要保障。在自然资源调查方面，点云三维信息准确刻画植被、冰川、岛礁与周边的水下地形的三维形态结构，为全球森林的蓄积量和生物量估算、全球冰川物质平衡、海洋经济开发与管理、海防安全等提供重要支撑。在文化遗产数字化保护方面，点云三维信息可为文化遗产数字化高精度重建、虚拟修复、网络化传播提供从数据采集到精细化重构到传承与保护的系统化科学支撑，大幅提高了文化遗产保护的工作效率，丰富了文化遗产成果表现形式，如：文物碎片拼接、文物三维模型重建、文物修复等。

8.2　室内空间5G信号覆盖仿真

由于现代建筑材料对室外无线信号的阻隔，室外无线部署方法无法很好地解决室内覆盖的问题；而且随着所使用频率越来越高，5G信号的穿透能力也与4G时代无法比拟，无法保证室内深度覆盖需要的良好体验。因此，华为在国际上首次提出室内5G目标网建网理念，助力运营商打造5G时代数字化的室内覆盖网络。目前，80%的业务将发生在室内场景，且由于室内场景复杂多样、目标遮挡严重、目标间重叠等特点，与室外网络建设相比，室内网络建设花费时间更长、更加困难，为了保证室内深度覆盖的良好体验，需要精准的进行5G信号覆盖仿真，如图8.1所示。

图 8.1　室内空间 5G 信号仿真示意图

室内三维空间的布局对 5G 信号的传播具有直接的影响。基于点云重建的高精度三维室内模型具有属性、语义、几何等结构信息，包含天花板、地板、墙面、窗户、门等结构要素，对模拟仿真 5G 信号室内覆盖的具有重要的作用。无线信号在传播过程中如果中间无阻挡被视为直线传播［视距传播（line of sight，LoS）］，在实际环境中由于受到障碍物的影响，无线信号从发射端到接收端无法直线传播［非视距传播（not line of sight，NLoS）］，此时的传播方式主要为直射、反射、透射、绕射、散射等（江巧捷　等，2018）。直射即电磁波从天线发射出来后，信号在没有任何障碍物遮挡的情况下发送到了接收机天线；电磁波在无线传播过程中，会因为信号环境的不同有不同的传播机制，比如当传播过程中入射到玻璃上，一部分信号反射，一部分发生透射，一部分会因玻璃表面不够光洁发生散射等现象，直到信号被接收机天线接收，此时接收到的电磁波信号是经历了多径后到达接收机，因此接收的信号会在幅度、相位上发生变化（许拓，2018）。为了保证移动用户的通话和通信质量，确保基站覆盖服务区的通信业务，通信基站在建站时，需要使用合适的传播模型精确地计算和仿真收发天线间的空间传播损耗。电磁波信号在无线信道中的损耗包括大尺度损耗和小尺度损耗，影响因素为收发天线间的角度、发射天线的高度位置、物体的介电常数、电导率等。针对 5G 毫米波无线信号传播而言，其穿透损耗大，主要与射频信号收发天线间的直射和反射过程的路径损耗有关（杨光　等，2018），因此，选择合适的传播模型对于 5G 信号仿真具有很重要的作用。目前，有 4 个主要组织各自发布了 5G 信号传播模型，频率适用范围都是 0.5～100 GHz，分别是 3GPP、5GCM、METIS 2020、mmMAGIC；其中 5GCM、METIS 2020 和 mmMAGIC 是在 3GPP 发布的模型基础上进行校正的，适用于特定的场景和环境，而 3GPP 组织则根据 5G 组织的最新测试情况，对 3GPP 传播模型进行及时更新，以满足各种应用场景①。其中，在典型的室内环境下 5G 信号非视距传播损耗模型为式（8.1），视距传播损耗模型为式（8.2）：

$$L_{\mathrm{fs,dB-NLoS}} = 32.4 + 31.9 \cdot \lg(d_p) + 20 \cdot \lg(f), \quad 1 \leqslant d_p \leqslant 86\ \mathrm{m} \tag{8.1}$$

$$L_{\mathrm{fs,dB-LoS}} = 32.4 + 17.3 \cdot \lg(d_p) + 20 \cdot \lg(f), \quad 1 \leqslant d_p \leqslant 100\ \mathrm{m} \tag{8.2}$$

① 引自：3GPP, TR 38.901 (V14.0.0 Release 14), “5G; Study on channel model for frequencies from 0.5 to 100 GHz,” European Telecommunications Standards Institute (ETSI) TR 138 901 V14.0.0 (2017-05).

式中：$L_{\mathrm{fs,dB}}$ 为信号损耗值；d_p 为收发天线的间距；f 为电磁波的频率，该公式表明信号的频率越大或传播距离越长，传播损耗越大。在理想的室内环境（无衰减损耗）下，当频率保持恒定时，传播损耗随距离的增大而增大，从而接收的信号会减小。

在实际的室内场景的5G信号仿真中，无线信号会受到多种不确定性的因素影响，包括：移动的物体、不同材质的室内物品等，很难获得完全确定性的结果，所以只能计算室内固有建筑物的主要多路径而舍弃影响小的多径，利用比较普遍的建筑物材质参数代替无法准确获取信息的建筑物特征。在重建的三维结构化模型下的5G信号仿真原理是利用射线追踪法，假设从发射源发射出多条射线与三维模型的mesh面片发生入射和反射，当射线入射到物体，会根据物体的表面的属性计算出入射、反射的方向和大小，然后继续进行传播，当射线发射路径超出了仿真的路径，停止射线追踪。在多路径传播模型下的接收机接收信号强度等于所有路径信号之和。为了精确模拟信号传播情况，需要将重建的结构化室内模型划分为三维格网，在接近天花板的位置给定高程确定二维水平面，同时，在二维水平面给定基站位置，根据信号的传播模型计算基站发射信号范围和强度（即三维格网信号覆盖情况，每个格网是入射、反射信号的强度值累加），信号的传播示意图如图8.2所示。

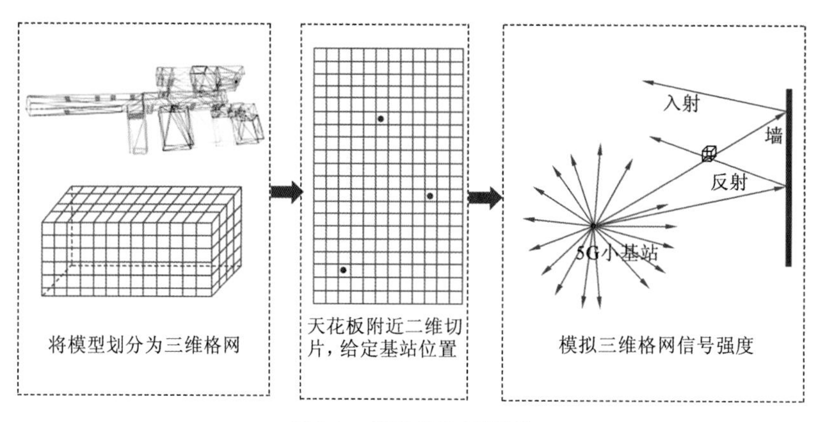

图8.2　信号的传播原理

图8.3为单个5G信号射线在NLoS下的多路径传播,颜色渐变表示为信号强度变化。图8.4～图8.6是为基于重建的结构化模型的仿真过程，首先在走廊和房屋分别布设了三

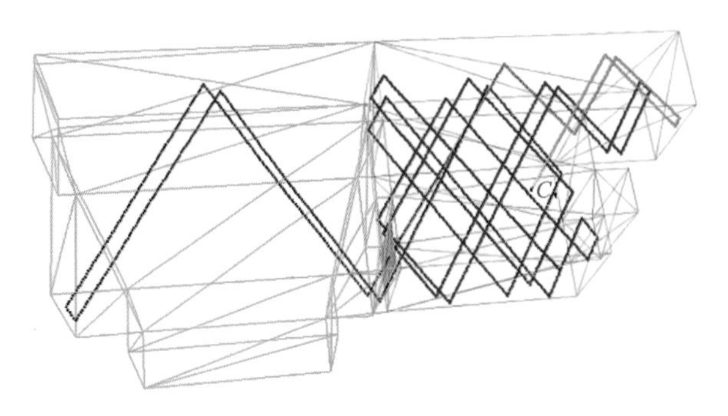

图8.3　单个信号的多路径传播

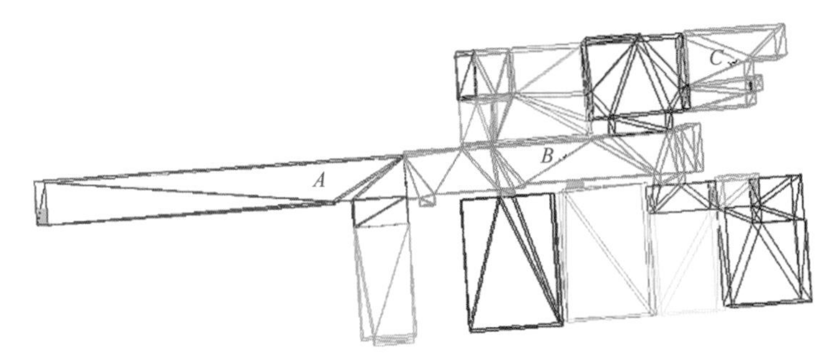

图 8.4　基站位置

图 8.5　信号多路径传播

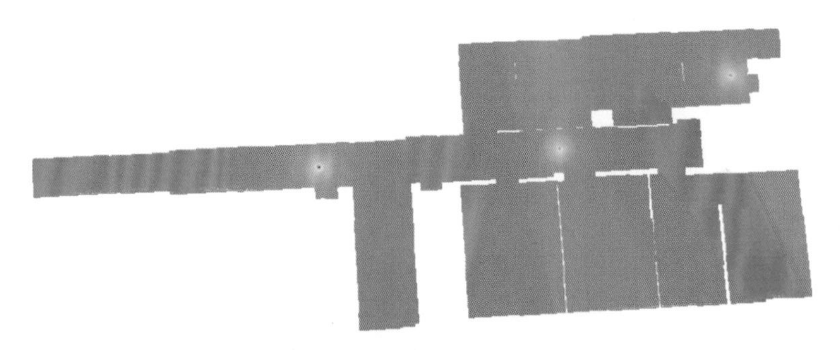

图 8.6　信号强度的水平切片

个基站，以每个基站为球体的中心，任意方向发射若干条射线，最大传播距离为 100 m，信号仿真效果如图 8.5 所示，最后，为了更为直观表达信号传播的强度变化，将已知信号强度的节点利用反距离加权插值方法得到水平剖面的强度，结果如图 8.6 所示，该仿真结果服务于未来室内 5G 小基站优化选址。

8.3　城市太阳能潜力分析

太阳能具有清洁、环保、安全、可再生等特点，是地球表面能源的主要来源，其分布与地表形态密切相关。如何更有效地评估和利用太阳能，以应对当前越来越高的能源需求，缓解化石能源日益匮乏的危机，并减少化石能源的消耗造成的污染，对于城市建设与发展具有重要意义。传统的太阳能潜力分析中使用的数据类型，可分为二维数据和三维数据。其中二维数据主要是影像或数字表面模型，这些二维数据通常只包含单一的高程或色彩信息，缺少侧视视角的信息，难以对建筑物立面等区域进行精细分析。三维数据主要是指建筑物模型，精细的建筑物模型重建，往往涉及大量交互操作，耗时耗力。“广义点云”模型充分利用多源数据的互补优势，在精细表达地表三维形态的同时，利用丰富的语义信息提取场景要素，为多尺度的太阳能潜力分析提供了有力的支撑，主要包括多源点云融合、日照时长估计、太阳能辐射估计，其方法流程如图 8.7 所示。

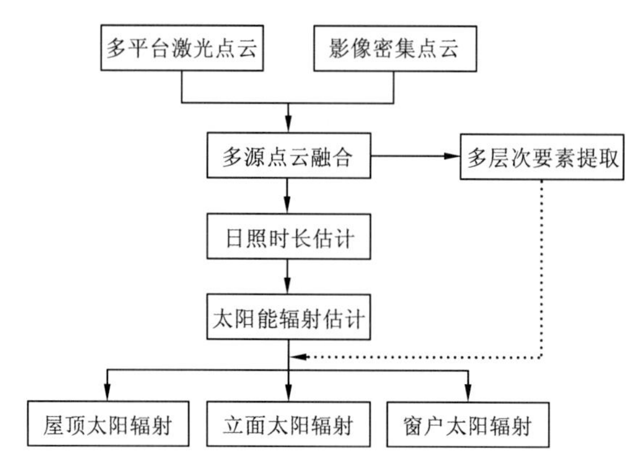

图 8.7　基于广义点云模型的太阳能潜力估计方法流程

首先，通过特征提取、同名特征匹配、精匹配等环节，将多平台激光点云、影像密集点云等数据进行基准统一，从而得到完整的、语义丰富的地表三维形态模型（图 8.8）。同时，从融合点云中进行多层次要素提取，得到建筑物、门窗等要素的位置和形态信息。

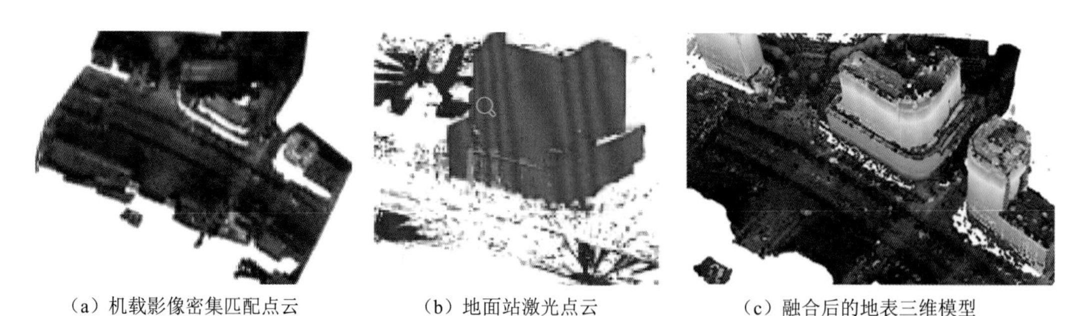

（a）机载影像密集匹配点云　　（b）地面站激光点云　　（c）融合后的地表三维模型

图 8.8　多源点云融合效果图

然后，通过可见性分析，对三维地表模型进行日照时长估计。这一工作可以通过射线法计算实现，其原理如图 8.9 所示。太阳光可以认为是平行入射光，其入射角只与给定时间相关，因此在每个点模拟从该点出发的射线簇，通过判断每条射线是否与周围相交，即可确定该点在任意指定时刻下的日照可见性。

最后，在多层次要素提取与可视性分析的基础上，结合地表太阳辐射模型，实现不同尺度下的建筑表面太阳能潜力估计与分析。地表太阳辐射模型描述了在指定时刻下，太

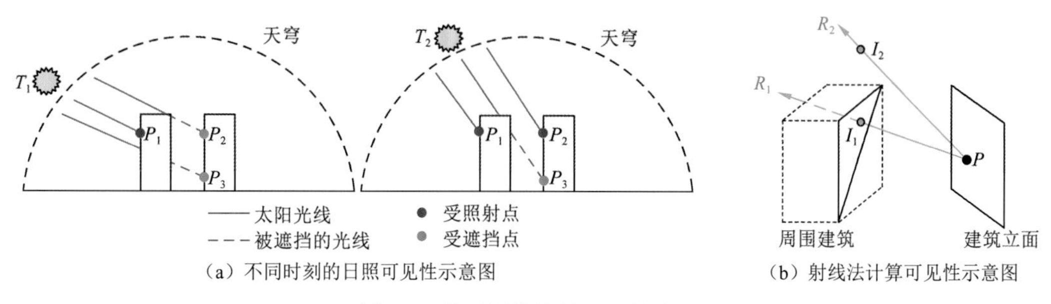

（a）不同时刻的日照可见性示意图　（b）射线法计算可见性示意图

图 8.9　基于射线法的可见性估计

阳辐射在地表上某一倾斜表面的分布，包括直接辐射、散射辐射和反射辐射三部分。建筑表面的倾斜角可以由表面法向量与水平面夹角估计得到。图 8.10 显示了不同尺度下的太阳能辐射分布的例子，图 8.10（a）～图 8.10（d）分别展示了建筑物的顶面、立面、窗户上的太阳能潜力分布，以及不同窗户上的辐照度随时间变化的趋势。

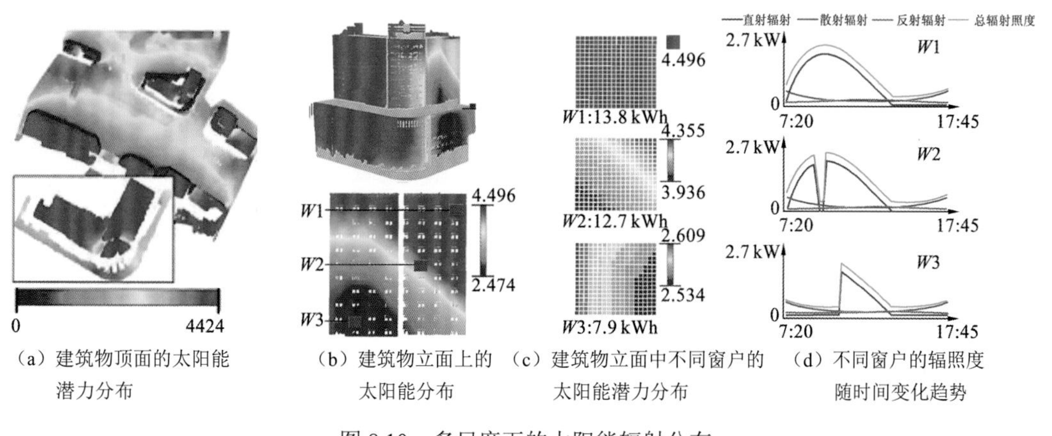

（a）建筑物顶面的太阳能潜力分布　（b）建筑物立面上的太阳能分布　（c）建筑物立面中不同窗户的太阳能潜力分布　（d）不同窗户的辐照度随时间变化趋势

图 8.10　多尺度下的太阳能辐射分布

8.4　高速公路改扩建

高速公路改扩建是我国交通基础设施建设的一个新方向，也是今后高速公路设计施工中的一项迫切而重要的任务。高速公路改扩建需要充分考虑并利用已有的路基、路面、桥梁及沿线地形地物信息，来选择经济社会效益最高的设计施工方案。为了最大限度利用已有路面，实现道路结构无缝拼接，对路面的勘测精度要求达到平面 5 cm，高程 2cm，远高于新建高速公路的要求。然而传统的测量方案，存在精度、效率、安全等方面的缺陷。近年来，点云处理与表达被用于高速公路及沿线附属设施的勘测建模，有效克服了以上缺陷，成为公路改扩建工程实践中的一项创新技术应用。

该技术手段的主要思想是：在基础控制测量时空框架下，融合大规模多来源点云，对高速公路及沿线地形地物进行智能化结构化提取，并构建全要素多细节层次的高速公路三维数字模型。整体技术路线如图 8.11 所示。

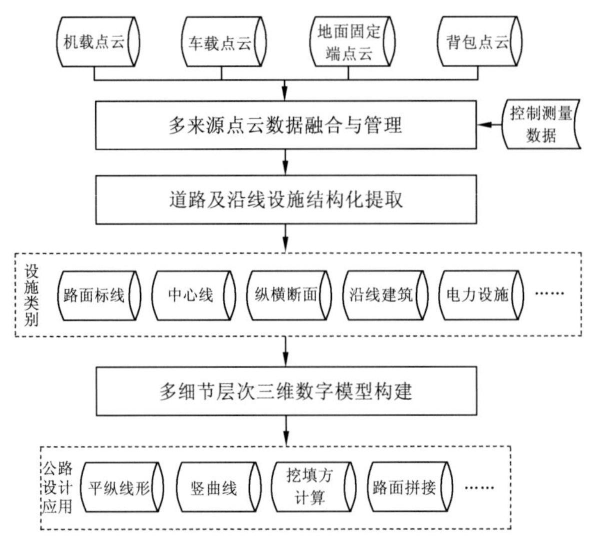

图 8.11　基于点云的高速公路改扩建技术路线

（1）多源点云融合。多来源点云融合的目的是统一来自不同测站、不同航带、不同平台点云的空间坐标基准，并利用控制测量成果、扫描平台位姿观测值、点云特征之间的约束关系，改善点云质量。在工程实践中，地面固定站、机载、车载、背包扫描系统为主要数据源。点云范围覆盖高速公路两侧数百米，而相邻沿线控制点间隔约 500 m，采用人工布靶标和刺点的方式进行数据融合效率非常低，因此采用基于少量控制点的自动化融合方法。

针对高速公路场景的跨平台点云融合问题，作者创新地构建全局位姿图模型（图 8.12），其中重叠配准型约束边用局部优化得到的位姿变化赋值，同时加入航迹平滑型约束边，

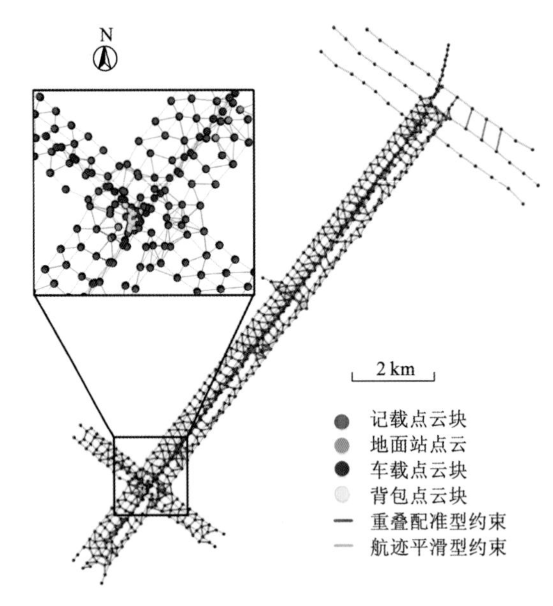

图 8.12　位姿图示意图

约束边的权重根据其连接的点云类型设置。将其中精度较高的数据，如地面固定站点云，视为广义的“控制点”并固定，有效实现了跨平台点云的融合和精度改善。

（2）道路及沿线设施提取。高速公路及沿线设施的智能化提取以多源点云为基础，提取的道路结构包括路面、车道线、中心线、纵横断面、立交桥等，两侧附属设施包括建筑物、农田、次级公路、电力设施等。高速公路的边界、道路中心线、道路附属设施等三维信息的提取可采用本书第 6 章介绍的方法进行。

（3）高速公路三维数字模型构建。数字化的三维模型需要根据工程需求，以不同层次的精细程度对不同公路及附属设施进行结构化表达。在公路改扩建设计中，路面中心线［图 8.13（a）］、横断面［图 8.13（b）和图 8.13（c）］等要素需要有厘米级的绝对定位精度；两侧建筑物、电力设施等要素需要完整的 3D 边界信息；道路标线标牌除位置信息外，还需具备语义信息；而相对平缓的山地，则可以采用 DEM 或等高线进行表达。

（a）公路中心线

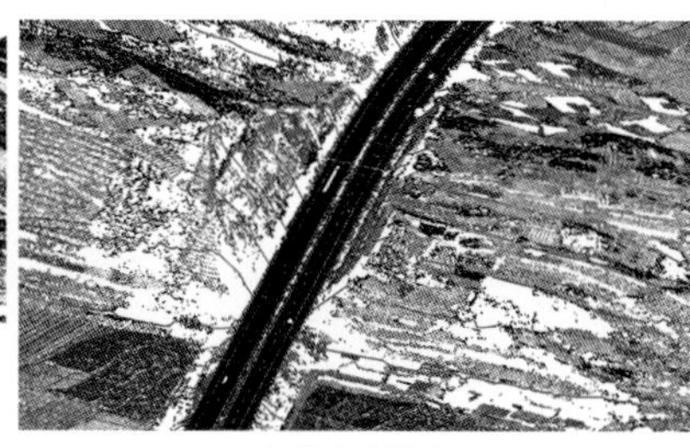
（b）高速公路横断面

（c）高速公路横断面

图 8.13　山区公路中心线和横断面

点云智能处理理论和方法在高速公路改扩建勘测设计中的成功应用证明了其有效性和可靠性。随着数据采集平台的质量提升和价格下降，海量的高精度点云的获取越来越高效，建立高速公路的 BIM 模型将变为现实，从而可以完成基本 BIM 的施工、设计、改造等全数字化流程。

8.5　高清驾驶地图生产

地图在消费者、移动终端和物联网中起到重要的纽带作用，具体的应用场景包括基于位置的搜索、社交网络、车端追踪和自动驾驶等。准确、可靠的地图数据确保了这一切活动的有序、高效运营。人类社会的发展对地图数据的几何精度、语义和拓扑关系的准确度、新鲜度等有了新的需求。从原始传统的纸图到数字化的导航地图，再到未来的高清地图（high-definition map，HD Map）的革新过程中，地图的精度在不断提升，由原始的百米级到米级再到未来的厘米级。同时，地图在国民生产生活中的作用也在不断扩充：由纸图的浏览作用到电子导航地图的引导功能，再到高精度地图的功能安全保障功能，对地图的新鲜度和实时空间分析能力的需求不断提升。

高清地图除用于传统户外道路导航外，未来的应用场景包括但不限于以下内容。

（1）作为不同关键任务应用下的关键基础设施，不仅为车辆提供基础的定位导航数据，而且为自动驾驶状态下的车辆提供车装传感器无法实时获取的数据及实时路径规划，以确保自动驾驶车辆的稳定性和安全性。

（2）行人可穿戴设备。

（3）室内导航：为行人、机器人在机场、工厂、港口、停车场等封闭场景中提供定位与导航服务。

（4）非机动车应用场景：可作为政府部门决策支持数据，智慧城市中城市规划和管理数据。

基于高清地图的广泛应用场景，高精度地图需包括以下内容（刘经南 等，2019）：

（1）静态内容：三维道路、车道模型，以及道路环境中的所有地物的高精度三维几何、语义、拓扑信息；这些静态内容是对场景的高精度三维表达，将作为高精度地图的基础数据，为用户提供准确、直观的三维位置信息（Zang et al.，2017）和超越传感器能力的精确路径规划控制策略，如图 8.14 所示。

（a）高速场景高清地图

（b）城市场景高清地图

图 8.14　高清驾驶地图主要静态内容（刘经南 等，2019）

（2）动态内容：包括根据实时交通和事件信息，实时分析后预测出的隐患警告等；高精度地图的静态、动态内容的耦合，将实现基于实时在线服务的路径规划，有助于保障无人车的平稳、安全运营，如表 8.1 所示。

表 8.1　不同级别自动驾驶对地图的需求（SAE International）

<table>
<tr><th>环境监控主体</th><th>分级</th><th>名称</th><th>定义</th><th>系统作用域</th><th>数据内容</th><th>地图精度/m</th><th>采集方式</th><th>地图形态</th><th>地图目的</th></tr>
<tr><td rowspan="4">人类</td><td>L0</td><td>无自动化</td><td>完全人类驾驶</td><td>无</td><td>传统地图</td><td>10</td><td rowspan="3">GPS 轨迹+IMU</td><td rowspan="3">静态地图</td><td rowspan="2">道路导航</td></tr>
<tr><td>L1</td><td>驾驶辅助</td><td>单一功能辅助，如 ACC（adaptive cruise control）</td><td>限定</td><td>传统地图</td><td>10</td></tr>
<tr><td>L2</td><td>部分自动化</td><td>组合功能辅助，如 LKA（lanc keeoing assist）</td><td>限定</td><td>传统地图+ADAS 数据</td><td>1～5</td><td>主动安全</td></tr>
<tr><td>L3</td><td>有条件自动化</td><td>特定环境实现自动驾驶，需要驾驶员介入</td><td>限定</td><td>静态高精地图</td><td>0.2～0.5</td><td>高精度 POS+图像提取</td><td>静态地图+动态交通信息</td><td></td></tr>
</table>

续表

环境监控主体	分级	名称	定义	系统作用域	数据内容	地图精度/m	采集方式	地图形态	地图目的
系统	L4	高度自动化	特定环境实现自动驾驶，无须驾驶员介入	限定	动态高精地图	0.05～0.20	高精度 POS+激光点云	静态地图+动态交通和事件信息	自动驾驶
	L5	完全自动化	完全自动控制车辆	任意	智能高精地图		多源数据融合（专业采集+众包）	静态地图+动态交通和事件信息+分析数据	

基于以上高清地图的众多应用场景及主要内容，其生产流程主要包括以下内容（甄文媛，2018；杨玉荣　等，2018）。

（1）数据采集。

（2）图层构建：道路极其两侧地物三维几何、语义、拓扑信息的提取及结构化、精细化表达，静–动态数据融合表达。

（3）质量检核与控制。

（4）测试。

（5）数据发布：按指定格式生成高精度地图数据，并同时装载于移动端与云端，保证数据可实时动态增量式更新。

毫米波雷达、车间通讯传感器（V2X，Vehicle to Everything）等可实时获取构建动态图层的数据。除此之外，高精度地图在使用的过程中须实现自动增量式更新，这主要依赖于人工智能和深度学习算法实时处理传感器获取的数据，并动态更新高精度地图，最终实现高精度地图的闭环、增量式自动更新。

目前，高精度地图的量化生产依然面临着巨大挑战，包括：缺乏标准数据格式；由于现实场景的复杂性差异导致质量控制困难；量产高覆盖率、高精度、高新鲜度地图成本较高；自动化生产程度低等。

8.6　电力线路走廊安全监测

电力工业是一个国家重要的支柱产业，为适应国家经济的快速发展，世界各国均在大力建设电网。输电线路是电力系统的重要组成部分，它的安全可靠运行直接关系一个国家经济的稳定发展。输电线路由于长期暴露在自然环境中，不仅要承受正常机械载荷和电力负荷的内部压力，还要经受污秽、雷击、强风、滑坡、沉陷及鸟害等外界侵害，这些因素将会促使线路上各元件的老化，如不及时发现和消除，就可能发展成为各种故障，对于电力系统的安全和稳定构成严重的威胁。因此，输电线路的巡检是有效保证输电线路及其设备安全的一项基础工作，通过对输配线路的巡视检查来掌握线路运行状况及周围环境的变化，及时发现设备缺陷和危及线路安全的隐患，提出具体检修意见，以便及时消除缺陷、预防事故发生，或将故障限制在最小范围，从而保证输配电线路安全和电力系统稳定。

为了防止和杜绝输电线路事故的发生，电网运行维护部门每年都要投入大量的人力、物力和财力对输电线路进行巡检。传统的输电线路人工巡检方法的流程是工作人员亲自到现场巡视线路，主要是依靠地面的交通工具或者徒步行走，利用普通仪器或肉眼来巡查电力设施、处理设备缺陷，巡视对象主要是杆塔、导线、变压器、绝缘子、横担、隔离开关等设备，并以纸介质方式记录巡视情况，然后再人工录入到计算机中（梁静 等，2012；穆超，2010；陈晓兵 等，2008）。我国电网现行的高压输电线路巡检方式，是通过维护人员依靠地面交通工具，利用手持仪器或肉眼来巡查设施处理缺陷，其劳动强度大，工作条件艰苦，劳动效率低，并且难以管理，已不能适应现代化电网的发展和安全运行需要，超、特高压电网急需安全、先进、高效的电力巡检方式。

近年来，随着传感器技术的发展及遥感技术的不断进步，利用无人机多传感器获取多源数据已经成为可能，这为解决上述问题提供了新的思路和有利条件。在这种背景下，世界各国均在研究利用摄影测量与遥感技术来辅助或取代传统的人工巡线工作的可能性。利用机载传感器系统进行电力巡线是近年来国内外应用较为广泛的一项高新技术，在不拉闸断电的情况下经过一次飞行可以直接获取电力线走廊内的高分辨率影像和精确的空间三维信息。因此，利用现代先进、高效的遥感技术，航空摄影测量技术及计算机图像特征提取和分割技术，结合高分辨率遥感影像及机载激光扫描数据，为输电线路设施提供安全可靠、经济适用的巡线和维护手段将对电网生产带来巨大的经济效益和社会效益（穆超，2010）。

基于激光雷达测量技术的电力巡线方式则具有无可比拟的优势。其可快速获得高精度电力线路走廊地形地貌、线路设施设备，以及走廊地物的精确三维空间信息和三维模型，从而精确、快速地量测线路走廊地物（特别是树木、房屋、交叉跨越）到输电线的距离、导线间的距离等（梁静 等，2012），为电网设计和管理的精细化、科学化、高效化提供快速的空间数据获取支持。随着无人机技术的发展，无人机电力线路走廊安全巡检监测成为现实。无人机巡检既克服了载人机巡检效率低、飞行审批程序复杂、使用维护成本高等缺点，又避免了人工巡检方式漏检事件的发生，减小了巡检人员的工作强度，提高了输电线路巡检的工作效率，是一种高效便捷的输电线路巡检方式。无人机输电线路走廊安全巡检基于无人机的热红外影像、紫外影像、可见光影像、激光点云独立与融合处理可以稳健检测电力设施安全状况，及时发现和排除安全隐患，保障线路的安全运营（杨敏祥，2011）。该系统可划分为基于 LiDAR 的电力线路信息提取及安全诊断、可见光影像电力线路信息提取及安全诊断、红外影像电力线路信息提取及安全诊断、紫外视频电力线路信息提取及安全诊断 4 个子系统。其系统结构及系统界面分别如图 8.15 和图 8.16 所示。

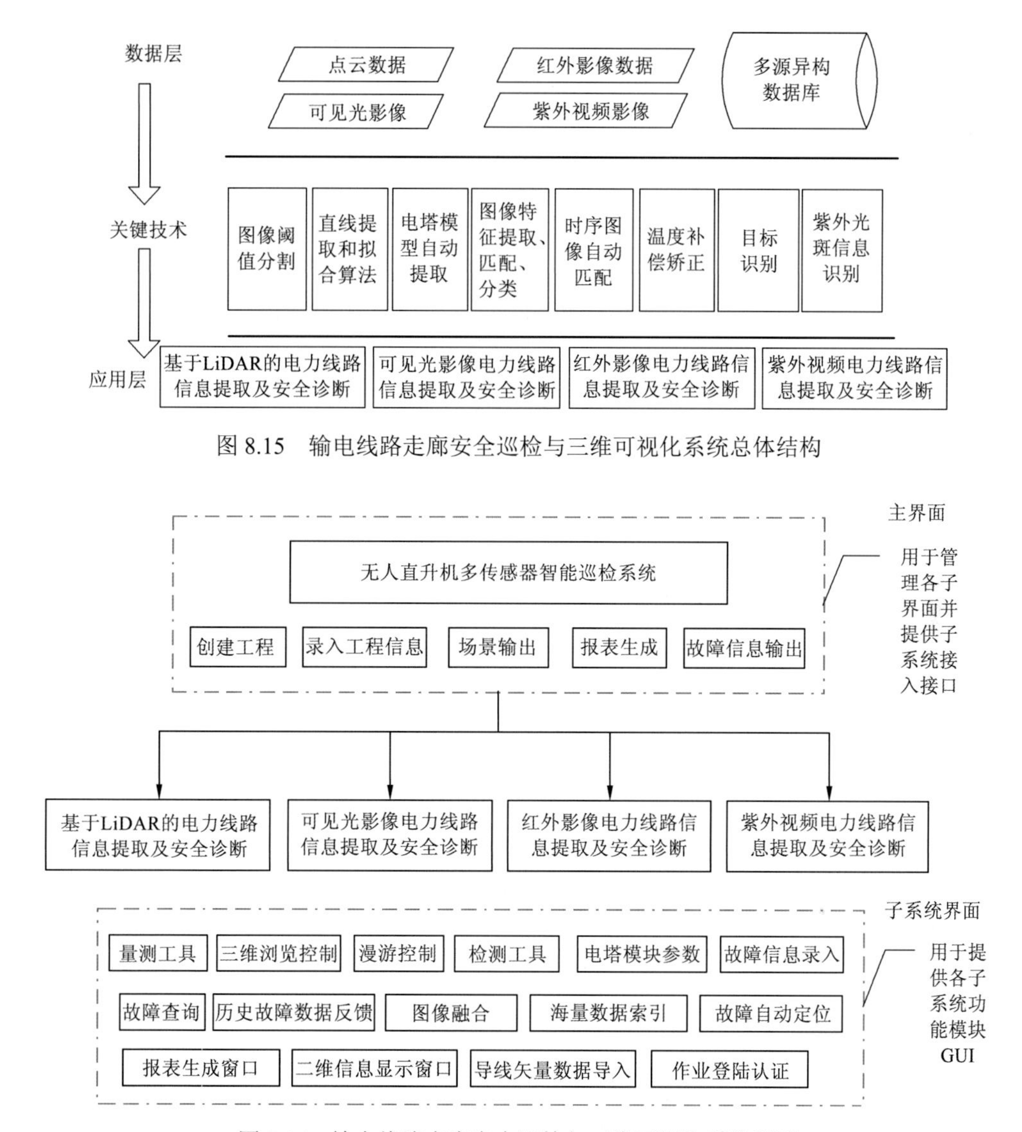

图 8.15　输电线路走廊安全巡检与三维可视化系统总体结构

图 8.16　输电线路走廊安全巡检与三维可视化系统界面

采用无人机载激光雷达技术可直接获取线路走廊内的大量高精度激光点云，从大量无序的激光点云中提取电力线矢量数据及电线塔信息是解决激光雷达电力巡线的一项关键工作。由于激光点云相对于其他数据有精准的位置信息，对激光点云的数据处理并和其他数据源进行融合，有助于线路故障的精确确认及定位，从而方便用户进行故障场景可视化及判别诊断，因此成为其他判别手段的前提和基础；同时，由于电力线以及电塔矢量数据是线路走廊三维重建的基础数据之一，基于机载激光点云的电力线路信息提取子系统旨在完成自动化的电力线、电线塔提取方案，生成精准的电力线矢量模型及电线塔位置信息，并基于获取数据进行线路安全诊断，实现安全预警，为输电线路走廊安全巡检与三维可视化系统完成危险地物检测、悬垂度分析等功能。基于机载激光点云可进行线路走廊地形、线路及电塔的三维建模，从而对输配电线路进行识别，对线间距离和地物至电力线间的距离进行量测，也可对电塔位置与设计是否相符进行判断。利用提取出的电力线矢量数据建立电力线数据库，可通过定制的GIS系统对其进行科学的管理与分析，提高管理运行效率，通过空间分析的方法探测到线路存在的安全隐患等，为电力线抢修和维护提供决策支持。

采用无人机亦可同时获取高分辨率航空数码影像、热红外影像及紫外影像。根据可见光数据丰富的纹理信息，利用成熟的图像处理手段包括图像特征提取、图像分类等技术，可完成电力线提取、绝缘子的提取和定位、电力线线路锈蚀缺陷图像识别、进行导线覆冰检测；利用红外影像电力线路信息主要用来针对绝缘子进行热异常诊断；利用紫外视频电力线路信息检测电力线路中的电晕现象，进而对引起放电的设备进行故障诊断。针对异源数据所各自拥有的不同特点，对不同的故障进行诊断，并同激光点云融合，得到精准的位置信息，将综合得到的结果反馈给用户。

武汉大学在南方电网科技项目的支持下，研发了无人机电力巡检遥感安全监测系统，服务我国多个地区的输电线路安全巡检，获得了2019年中国测绘学会科技进步奖特等奖。其中的电力线路安全诊断系统以无人机多传感器获取的高精度三维激光点云、高分辨率航空影像、红外视频及影像、紫外视频及影像为基础数据源，融合异源数据各自所拥有的不同特点，实现了多种类型故障的自动发现与定位，有效保障了线路的安全运营。该系统不但为用户提供相对应的决策依据。同时，还能够提供相应位置的可视化模块及场景信息，方便用户直观进行故障判别，提高故障检测率，如图8.17所示。

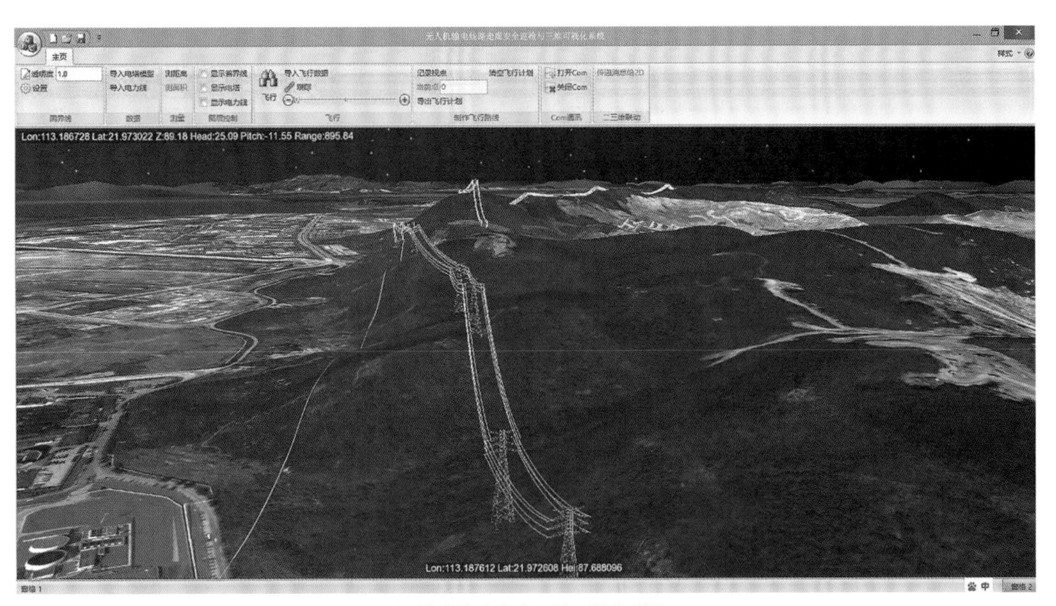

（a）输电线路走廊三维可视化系统

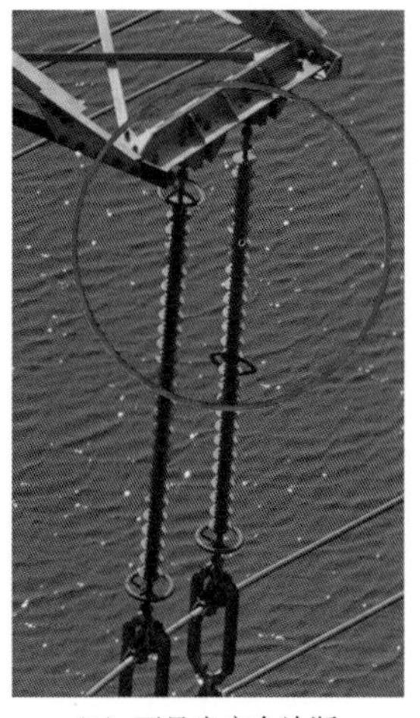

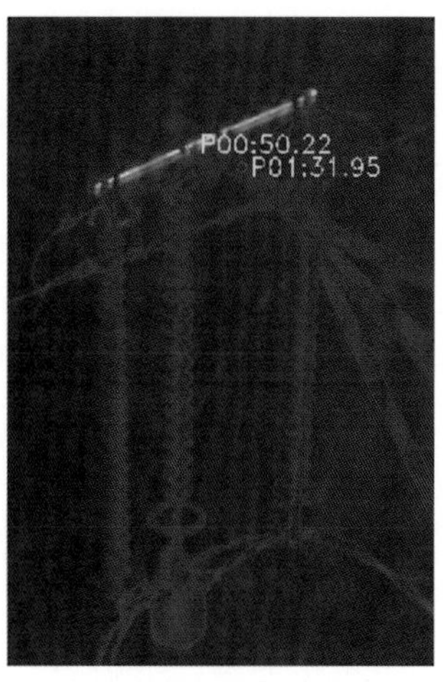

（b）可见光安全诊断　　（c）红外发热异常诊断安全

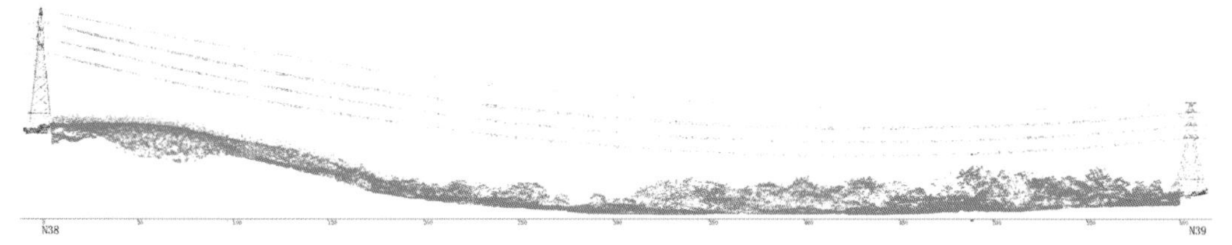

（d）激光扫描系统安全距离诊断

图 8.17　无人机输电线路走廊三维可视化和安全诊断系统

8.7　森林资源调查

森林是陆地上面积最大的生态系统，对改善生态环境，维护生态平衡具有不可替代的作用。森林资源状况及其消长变化，不仅影响社会经济的持续发展，而且还影响地区乃至全球环境的变化，对于全球和区域的碳循环、水循环及能量平衡极为重要。因此，快速、准确、高效地获取森林资源信息，并且及时监测森林资源的动态变化具有重要的意义。

森林资源估测是根据已有森林资源清查资料和现状，通过定性和定量的科学计算方法，对空间和时间范围内的森林资源的数量和质量所进行的科学推断，以便科学地利用森林资源。主要的森林参数包括森林高度、冠幅、蓄积量和生物量等。森林生物量通常指地上生物量，即除树根外，所有木质部分的干重之和（曹林　等，2013）。蓄积量是森林单位面积活立木的材积总量。

传统的外业调查方法，需要耗费大量的人力物力，而且难以获取大范围的森林信息。遥感技术因其具有宏观性、实效性、综合性、可重复性和成本低的特点，成为研究森林资源现状及其动态变化的重要手段。遥感技术具有多空间分辨率和多时间分辨率的优点，可以对森林资源进行局部、区域和全球尺度的连续观测。随着遥感技术的发展，遥感手段已经越来越多的应用到林业森林资源调查，弥补了传统调查方法的不足。

近几年来遥感技术的迅速发展，特别是激光雷达技术的发展，为我国森林资源调查带来了新的机遇和挑战（杨必胜 等，2017）。由于激光脉冲对森林冠层具有穿透性，可以获得从森林冠层表面到林下地形之间详细的三维结构信息。激光雷达与传统的被动光学遥感技术（例如航空摄影测量、陆地资源卫星）相比，在森林高度和冠层垂直结构测量方面具有无可比拟的优势。普通的被动光学传感器仅能提供森林水平分布的信息而很难提供垂直分布的信息，而激光雷达遥感可以提供高精度的森林水平和垂直的信息（刘旺清，2009）。用于林业的激光雷达主要有两类：记录完整波形数据的大光斑激光雷达与仅记录少量回波的小光斑激光雷达。前者主要通过回波波形用于反演大范围森林的垂直结构与生物量等参数，后者则利用高密度的激光点云进行精确的单木水平上的高度估测等工作。

激光雷达技术森林参数提取是当前研究的热点之一。激光雷达能够直接测量的冠层表面的特征参数包括树高、冠幅等。对于不能直接测量的参数，根据树木生长的相关规律，需要通过相关生长方程间接估测，例如蓄积量、生物量等。最早公开发表应用激光雷达进行森林参数测量的是前苏联（Solodukhin et al.，1977），结果表明激光雷达估测的树高与摄影测量估测结果的均方根误差为 14 cm。随后美国和加拿大的 Arp 等（1982）、Aldred 等（1985）和 Maclean 等（1986）开展了一些试验研究。加拿大林业研究所展示了激光雷达剖面数据进行林分高度、郁闭度和林下地形的估测能力（Aldred et al.，1985）。在同一时期，激光雷达在中美洲被用于热带雨林制图（Arp et al.，1982）。进入 21 世纪后，随着激光雷达技术的快速发展，研究者提出了许多激光雷达数据反演林木参数的算法（Liang et al.，2018；Wang et al.，2016；Wulder et al.，2012；Hyyppä et al.，2008；Lefsky et al.，2002），极大地推进了激光雷达在林业上的应用。随着小光斑激光雷达的商业化发展和数据质量的提高，小光斑激光雷达用于森林结构参数林冠形态的研究也越来越多。Hyyppä 等（2001）首次在机载点云单木提取的基础上，成功地提取了树干的蓄积量和生物量。Næsset 等（2005）利用机载激光点云的一系列冠层特征对林分水平的平均树高，断面积和蓄积量进行建模，并用不同时段的激光点云估计了森林的生长量。Wang 等（2016）介绍了不同的机载点云的单木提取的方法，分析了机载点云对单木的刻画能力，表明单木提取效果与树冠形状有关。Liang 等（2018）介绍了基于地基激光雷达的点云在单木参数估计的研究进展，表明地基激光雷达在森林调查中的缺点是对于森林结构复杂的区域，由于遮挡现象，难以完整地刻画所有单木。激光雷达遥感已经展现出直接测量和间接估计主要森林参数的能力，如表 8.2 所示（庞勇 等，2005）。

表 8.2 激光雷达成功反演的森林参数（庞勇 等，2005）

森林参数	小光斑激光雷达系统	大光斑激光雷达系统
冠层高度（canopy height）	直接测量	直接测量
冠幅（crown size）	通过分割点云推算	—
林下地形（subcanopy topography）	直接测量	直接测量
截面的垂直分布（vertical distribution of intercepted surfaces）	直接测量	直接测量
胸高断面积（base area）	通过相关生长方程估算	通过相关生长方程估算
平均胸径（mean stem diameter）	通过相关生长方程估算	通过相关生长方程估算

续表

森林参数	小光斑激光雷达系统	大光斑激光雷达系统
冠层体积（canopy volume）	通过分割点云推算	通过波形分解计算
地上生物量（above ground biomass）	通过相关生长方程估算	通过相关生长方程估算
大树的株数密度（large tree density）	通过分割点云推算	通过波形推算
郁闭度（canop density）	通过点云分解推算	通过波形分解计算
叶面积指数（leaf area index）	通过分割点云推算	通过波形分解计算

从激光点云中进行单木提取，是单木参数估计的基础。在单木特征识别的基础上，可以进行单木参数估测。图 8.18 展示了地基激光点云的单木提取的结果示例（Yang et al., 2016）。最常见的单木参数有树高、冠幅、胸径（diameter at breast height，DBH）、枝下高、生物量、蓄积量等。胸径指 1.3 m 处树干的直径，是最基本的测树因子之一。枝下高是林木第一个活枝所在位置处的高度。树高、冠幅、枝下高等参数可以从单木点云中直接估测，如图 8.19 所示，蓄积量，生物量等需要通过相关生长方程间接估测。

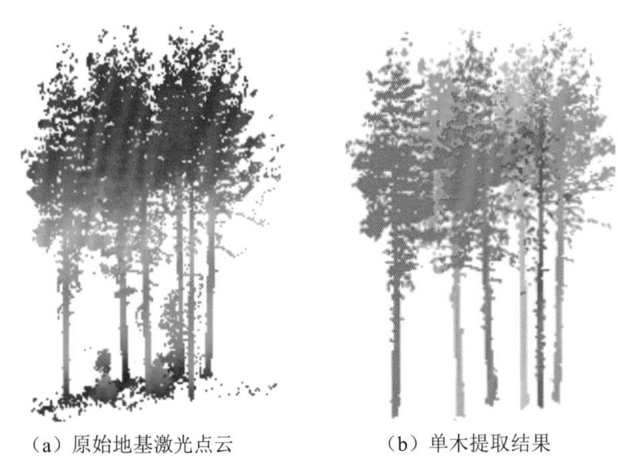

（a）原始地基激光点云　（b）单木提取结果

图 8.18　基于地基激光点云的单木提取结果（Yang et al., 2016）

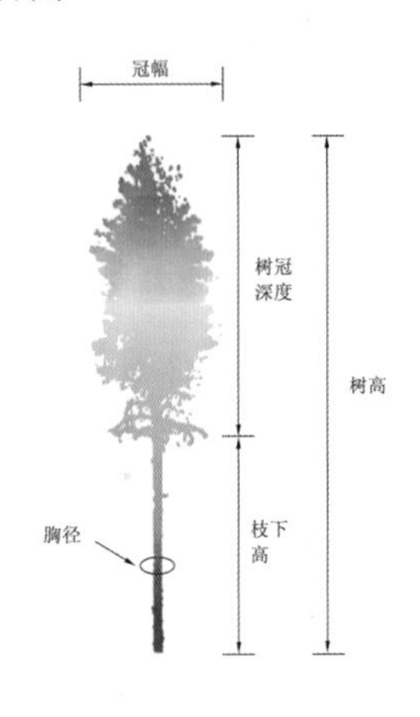

图 8.19　单木参数示意图

8.8　文化遗产数字化保护

文物承载灿烂文明，传承历史文化，维系民族精神，是人类的宝贵遗产。然而，多年来，自然因素的影响、人为破坏严重、过度旅游及文化遗产保护措施不力等多种因素造成了我国世界文化遗产遭受了各种各样的损坏，目前已岌岌可危，亟须科学合理的干预性保护。

文物保护具有庞大的体系，整体上可分为预防性保护，抢救性保护和研究性保护。点云是文物数字化记录和破碎文物虚拟化修复的重要数据源。文物数字化记录，即文物三维信息留存，是一种针对大型且不可以移动文物点信息系统建立的方式。其目的是准确获取物体表面空间坐标（厘米级、毫米级）、纹理等信息，加以组织、处理、存储、管理、应用及可视化，进而服务于文物保护决策和实施。传统的记录方式依赖于影像，文字资料，难以服务于分析和修复工作，故需要发掘新技术实现数据三维可视化，进而满足于管理、利用、研究及预防性保护方面的需求。

三维激光扫描技术凭借其非接触，高密度等特性被广泛应用于文物数字化记录系统的各个阶段。通过激光点云构建高细节还原度的文物虚拟模型是当前研究热点之一（侯妙乐 等，2017；杨必胜 等，2016）。但 Maurice 等（2009）前瞻性的指出模型应仅仅作为信息载体，提出（historic building information modelling，HBIM）的概念。Dore 等（2012）、Brumana 等（2013）在其基础上进行了改进和发展，随后逐步构成集构件化建模，检测，辅助决策，指导修复一体的文物数字化记录系统，如图 8.20（Brumana et al.，2013）所示。

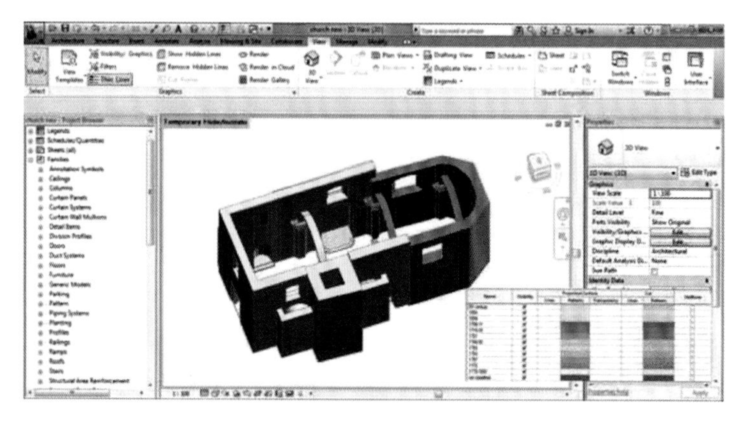

图 8.20　文物数字化记录系统

而在破碎可移动文物修复领域，借助三维激光扫描和计算机视觉技术实现文物碎片的自动化、高精度拼接可为文化遗产虚拟修复与模型重建提供重要的信息，基本流程如图 8.21 所示 ，文物碎片虚拟修复及模型重建示例如图 8.22 所示。

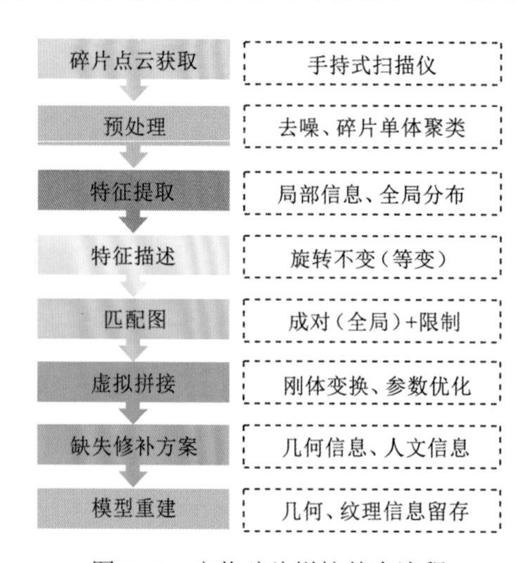

图 8.21　文物碎片拼接基本流程

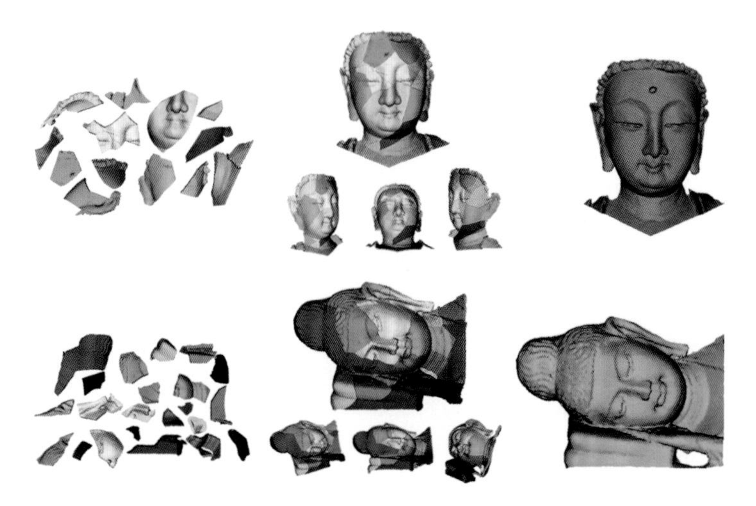

图 8.22　敦煌莫高窟文物碎片虚拟修复及模型重建示例

三维激光扫描技术应用于文物保护也存在一些缺陷。数据方面，大型建筑扫描数据量过于庞大导致处理费时，存储不易，实时可视化计算量庞大等问题，小型可移动文物高精度数据获取成本高；规范方面，缺失系统的健康检测技术，指标规范，修复规范等权威指导性文件和体系；理论知识方面，作为一个庞大且复杂的体系，文物保护需要包括测绘、材料学、理论力学等学科充分交叉融合。文物保护任重道远，可持续的保护文物需要统一指导性规范；充分集成专家知识；构建配合多尺度特征数据库；更新算法实现高效模型搭建模块和可实时检测更新模块；针对多类型文物的可移植自动拼接修复模块；人性化补全指导方案模块等。多模块集成文物虚拟修复系统，进而服务于文物预防性保护，抢救性保护，研究型保护和可持续性保护。

8.9　本 章 小 结

2018 年发布的《欧洲地理空间产业展望报告》在传统地理空间产业三大领域（GNSS 与定位、GIS 与空间分析、遥感）中增加了三维点云，并预测三维点云市场将成为 4 大领域中增长最快的市场，将大力推进智慧城市、智能交通、全球测图等产业的快速发展。结合课题组承担的工程项目，本章重点介绍了点云智能化处理成果在室内空间 5G 信号仿真、城市太阳能潜力分析、高速公路改扩建、高清驾驶地图生产、电力走廊安全诊断、森林资源调查、文化遗产保护等领域的应用。

参 考 文 献

曹林, 佘光辉, 代劲松, 等, 2013. 激光雷达技术估测森林生物量的研究现状及展望. 南京林业大学学报(自然科学版), 37(3): 163-169.

陈晓兵, 马玉林, 徐祖舰, 等, 2008. 无人飞机输电线路巡线技术探讨.南方电网技术, 2(6): 56-61.

侯妙乐, 姜利利, 胡云岗, 2017. 文物三维模型研究及其在应用中面临的问题. 遗产与保护研究, 2: 82-88.

江巧捷, 林衡华, 岳胜, 2018. 5G 传播模型分析. 移动通信, 42(10): 19-23.

梁静, 张继贤, 刘正军, 2012. 利用机载 LiDAR 点云数据提取电力线的研究. 测绘通报 (7):.

刘经南, 詹骄, 郭迟, 等, 2019. 智能高精地图数据逻辑结构与关键技术. 测绘学报, 48(8): 939-953.

刘清旺, 2009. 机载激光雷达森林参数估测方法研究. 北京: 中国林业科学研究院.

穆超, 2010. 基于多种遥感数据的电力线走廊特征物提取方法研究. 武汉: 武汉大学.

庞勇, 李增元, 陈尔学, 等, 2005. 激光雷达技术及其在林业上的应用. 林业科学, 41(3): 129-136.

许拓, 2018. 28GHz 毫米波在室内电波传播特性及建模. 武汉: 武汉理工大学.

杨光, 陈锦浩, 2018. 5G 移动通信系统的传播模型研究. 移动通信, 42(10): 28-33.

杨必胜, 张帆, 方莉娜, 等, 2016. 复杂几何对象高精度数字化重建理论与方法. 科技创新导报(17): 176-177.

杨必胜, 梁福逊, 黄荣刚, 2017. 三维激光扫描点云数据处理研究进展、挑战与趋势. 测绘学报, 46(10): 1509-1516.

杨敏祥, 2011. 华北电网鸟害成因及等级区划方法研究. 北京: 华北电力大学(北京).

杨玉荣, 李峰, 2018. 基于激光点云扫描的高精导航地图关键技术研究. 现代计算机(专业版) (9): 7.

甄文媛, 2018. 高德的高精地图技术路线图. 汽车纵横(9): 28.

ALDRED A, BONNERM, 1985. Application of airborne lasers to forest surveys. Canadian Forestry Service, Petawawa National Forestry Centre, Information Report PI- X- 51.

ALTANTSETSEG E, MATSUYAMA K, KONNO K, 2014. Pairwise matching of 3D fragments using fast fourier transform. Visual Computer. 30(6-8): 929-938.

ARP H, GRIESBACH J, BURNS J, 1982. Mapping in tropical forests: a new approach using the laser APR. Photogrammetric Engineering and Remote Sensing, 48: 91-100.

BESL P J, MCKAY H D, 1992. A method for registration of 3-D shapes. IEEE Transactions on Pattern Analysis and Machine Intelligence, 14(2): 1-256.

BRUMANA R, ORENI D, RAIMONDI A, et al., 2013. From survey to HBIM for documentation, dissemination and management of built heritage: The case study of St. Maria in Scaria d'Intelvi// 2013 Digital Heritage International Congress (DigitalHeritage). IEEE, 1: 497-504.

DORE C, MURPHY M, DORE C, et al., 2012. Integration of historic building information modeling (HBIM) and 3D GIS for Recording and managing cultural heritage sites// International Conference on Virtual Systems & Multimedia: 369-376.

HYYPPÄ J, HYYPPÄ H, LECKIE D, et al., 2008. Review of methods of small-footprint airborne laser scanning for extracting forest inventory data in boreal forests. International Journal of Remote Sensing, 29(5): 1339-1366.

HYYPPÄ J, KELLE O, LEHIKOINEN M, et al., 2001. A segmentation-based method to retrieve stem volume estimates from 3-d tree height models produced by laser scanners. IEEE Trans. Geosci. Remote Sensing 39(5): 969-975.

LEFSKY M A, WARREN B C, GEOFFREY G P, et al., 2002. Lidar Remote Sensing for Ecosystem Studies. BioScience, 52(1):19- 30.

LIANG X, HYYPPÄ J, KAARTINEN H, et al., 2018. International benchmarking of terrestrial laser scanning approaches for forest inventories. ISPRS J. Photogramm. Remote Sens, 144: 137-179.

MACLEAN G A, KRABILL W B,1986. Gross-merchantable timber volume estimation using an airborne LiDAR system. Canadian Journal of Remote Sensing, 12(1): 7-18.

MURPHY M, MCGOVERN E, PAVIA S, 2009. Historic building information modelling (HBIM). Structural

Survey, 27(4): 311-327.

NæSSET E, GOBAKKEN T, 2005. Estimating forest growth using canopy metrics derived from airborne laser scanner data. Remote Sensing of Environment, 96(3-4): 453-465.

OXHOLM G, NISHINO K, 2013. A flexible approach to reassembling thin artifacts of unknown geometry. Journal of Cultural Heritage, 14(1): 51-61.

SOLODUKHIN V I, ZUKOV A J,MAZUGIN I N, 1977. Laser aerial profiling of a forest. LewNIILKh Leningrad Lesnoe Khozyaistvo, 10: 53-58.

WANG Y, HYYPPÄ J, LIANG X, et al., 2016. International benchmarking of the individual tree detection methods for modeling 3-D canopy structure for silviculture and forest ecology using airborne laser scanning. IEEE Transactions on Geoscience and Remote Sensing, 54(9): 5011-5027.

WULDER M A, WHITE J C, NELSON R F, et al., 2012. Lidar sampling for large-area forest characterization: A review. Remote Sensing of Environment, 121: 196-209.

YANG B S, HUANG R, DONG Z, et al., 2016. Two-step adaptive extraction method for ground points and breaklines from lidar point clouds. ISPRS Journal of Photogrammetry and Remote Sensing, 119: 373-389.

ZANG A, LI Z, DORIA D, et al., 2017. Accurate vehicle self-localization in high definition map dataset//Proceedings of the 1st ACM SIGSPATIAL Workshop on High-Precision Maps and Intelligent Applications for Autonomous Vehicles. ACM, 2017: 2.

第 9 章 总结与展望

点云是物理世界三维精细数字化的直接表达，已被广泛运用于科学研究和工程应用。本书系统地阐述了点云获取的手段、点云模型与管理、点云配准与融合、点云三维信息提取、点云 LoD 建模、点云应用方面的理论与方法，建立了点云智能的理论方法，为点云智能化处理提供了理论方法支撑与科学工具。随着传感器、芯片、物联网、搭载平台等方面的高速发展，点云大数据获取的效率与质量不断提高。城市规模点云场景乃至全球精细尺度的点云场景时代即将来临。同时边缘计算、5G 通信、深度学习、3D 视觉等技术的快速发展也将进一步提升大数据的算力。点云智能的理论方法需要进一步拓展，服务更多的应用场景。未来，以下几方面值得进一步深入探索研究。

（1）点云采集的新装备。点云采集已形成星载、机载、车载、地面、背包、手持等多平台、多分辨率的数据采集装备。未来新装备的发展将走向轻小型、多功能、高效率，主要体现在：①小型化多光谱激光雷达，在点云获取内容上将从几何为主走向几何与光谱/纹理的同步获取；②单光子/多光子激光雷达，在成像方式上将从扫描式三维成像到面阵单光子/量子三维成像转变，提升三维成像效率；③轻小型无人机蓝绿激光雷达，解决水下、岛礁等区域的三维点云获取问题。

（2）点云智能的新理论。借鉴人工智能、压缩感知、机器视觉、物联网、误差处理等技术，进一步拓展点云大数据智能处理的数据模型、处理模型和表达模型，利用 5G 传输、边缘/云计算、区块链等技术提高点云大数据云存储与计算能力，借助深度学习、强化学习、迁移学习等人工智能手段提升点云大数据信息提取与表达能力，解决点云大数据面临的储存与更新、配准与融合、分类与提取、表达与分析等核心问题，为三维地理信息的动态建模、实时模拟分析等提供核心理论支撑，驾设点云与地学分析应用的桥梁。

（3）点云智能的新方法。①点云存储与更新。云端存储、云计算等信息技术驱动下，应加强建设云存储中心与终端节点边缘计算相结合的“云—边—端”协同计算，减轻云端存储中心的压力，为二三维一体化计算、分析、展示、可视化决策等提供稳健的“算力”支撑，有效克服当前海量数据高效管理与协同计算面临的难题。因此，发展适合云端存储、快速可视化、自主更新的点云数据结构，探索面向地物特征的点云变化发现方法，支撑点云存储、计算、可视化分析之间的协同耦合，实现点云的分类存储、动态更新，达到一测多用，提升点云的使用价值。②点云深度学习。点云场景理解是点云智能的核心之一。点云语义标识、全景分割、实例提取等方面亟待深入探讨。当前的点云深度学习在大规模场景处理的能力、实例提取的准确性等方面存在欠缺。因此，一方面，需要设计满足上述需求的点云深度学习网络结构，对点云的密度、场景的尺度、目标描述的完整性、场景的迁移性等方面具有健壮性；另外一方面，需建立具有代表性的点云场景目标样本库，服务点云场景高层次知识的提取。其次，点云深度学习应从点云语义标识与分类走向点云三维建模，在场景方面应从室内小场景走向城市级的大场景。③点云 Benchmark 数据集。多源点云配准、点云语义和实例分割、点云模型重建、点云 SLAM 等是点云处理的关键内容，发布公开的数据集用于评价研究方法的性能与健壮性等是推进该方面研究的重要途径之一。当前已有数据集在数据规模、场景多样性、标注精细度等方面还不能满足各类研究的需要。在面向多源点云配准的公开数据集方面，需要进一步提升数据集的规模、场景类型的丰富度、搭载平台的多样性、采集设备的多元化等。2020 年作者的课题组发布了包含城市地铁、高铁站台、山区、森林、公园、校园、住宅区、河岸、古建筑、地下洞穴、隧道 11 个场景类型，超过 17.4 亿个点的地面站点云配准公开数据集，为相关研究人员提供了高质量的实验数据，具体下载和使用见 http://3s.whu.edu.cn/ybs/en/benchmark.htm。在面向点云实例和语义分割的标准数据集方面，需要在大规模复杂场景的点云语义标识的层次性、多样性，点云实例的细粒度结构化标注等方面建立具有代表性的公开数据集，用于客观评价和比较方法的性能。课题组近期也将公布用于点云语义分割和实例分割的大规模城市车载点云和机载点云的公开数据集，便于相关研究人员在相同的基础上对不同方法进行更好的比较和分析。④点云三维标准规范。点云既是一种数据，也是一种产品。点云是三维地理信息提取的重要来源与应用的关键支撑。因此，要加强点云的采集标准规范、数据库建设标准规范、点云三维建模标准等方面的研究。另外，要进一步提升其服务国家重大需求和行业应用的能力，如：自动驾驶的高清地图、全球变化的产品服务、数字孪生建设、空间安全、城市生态环境评估、重大基础设施健康监测等。深度挖掘点云的使用价值，提升与其他地理信息数据（如：影像、SAR/InSAR 数据、物联网数据等）、产品（如：倾斜摄影产品等）的集成度，推进地理信息使用由目前简单的地理可视化和空间查询层面到决策分析与效率提升的转变。